高等职业化学检验技能操作与实训

分析仪器操作技术与维护

第二版

黄一石　主编

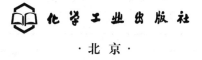

·北京·

本书是依据劳动部（人力资源与社会保障部）颁发的分析检验工技术等级标准和职业技能鉴定规范的要求进行编写的，主要介绍了当前在生产企业、科研部门和学校中广泛使用的分析仪器，包括紫外-可见分光光度计、电化学分析仪器、原子吸收分光光度计、气相色谱仪、高效液相色谱仪、红外吸收光谱仪、等离子体原子发射光谱仪（ICP-AES）、气相色谱-质谱联用仪等。在介绍上述仪器性能、工作原理、基本结构、基本操作方法、使用注意事项、仪器维护和保养、故障分析和排除的基础上，通过对仪器中比较有代表性的型号的具体操作方法介绍，进一步强调了仪器操作的规范性，以提高读者的业务水平和分析、解决实际问题的能力。本书为了便于读者更好地掌握仪器的使用，还安排了一定数量具有代表性技能训练项目和相应的技能考核评分表以供读者自评。此外，为了提高本书的可借鉴性，书中还扩展介绍了上述分析仪器的新知识、新技术的进展。

本书可作为高职高专工业分析与检验、环境监测技术等专业的教材，也可作为企业和科研部门从事分析仪器操作人员的培训教材和工具参考书。

图书在版编目(CIP)数据

分析仪器操作技术与维护/黄一石主编．—2版．—北京：化学工业出版社，2013.1（2025.5重印）

高等职业化学检验技能操作与实训

ISBN 978-7-122-15959-5

Ⅰ.①分… Ⅱ.①黄… Ⅲ.①分析仪器-操作-高等职业教育-教材②分析仪器-维修-高等职业教育-教材　Ⅳ.①TH830.7

中国版本图书馆 CIP 数据核字（2012）第 288660 号

责任编辑：陈有华　蔡洪伟　　　　　文字编辑：林　媛
责任校对：徐贞珍　　　　　　　　　　装帧设计：张　辉

出版发行：化学工业出版社（北京市东城区青年湖南街 13 号　邮政编码 100011）
印　　装：北京天宇星印刷厂
850mm×1168mm　1/32　印张 15½　字数 432 千字
2025 年 5 月北京第 2 版第 5 次印刷

购书咨询：010-64518888　　　　　　售后服务：010-64518899
网　　址：http://www.cip.com.cn
凡购买本书，如有缺损质量问题，本社销售中心负责调换。

定　价：45.00元　　　　　　　　　　　　　　　版权所有　违者必究

前　言

近年来分析仪器的发展异常迅速，它广泛地应用于国民经济的各个领域。快速、简便的仪器分析方法已成为现代分析测试的重要手段。

编写本书的目的旨在给企业和科研部门中操作和使用分析仪器的分析人员、大中专及本科院校工业分析与检验、环境监测技术、药物分析检测及品质管理与监督等专业的在校师生和自学人员提供一本实用的分析仪器实际操作技术和维护保养指导书籍。本书是依据劳动部（人力资源与社会保障部）颁发的分析检验工技术等级标准和职业技能鉴定规范的要求进行编写的，在范围和深度广度上与相应职业岗位群的要求紧密挂钩；注重各类仪器使用方法的介绍并配有相应的技能训练项目，以期对规范操作、提高仪器操作技能具有指导作用。

在遵循第一版编写原则的基础上，本书第二版作了如下更新和改动：

（1）更新仪器型号。全书仪器型号更新率达 50％，所引用的均是当前化学、化工、环保、生物、冶金等行业的生产企业、科研部门和高职高专及中职院校使用广泛且具有先进性的新型仪器。

（2）增加新技术。本次修订加强了各类仪器软件使用方法的介绍，增加介绍仪器联用技术及仪器发展趋势。

（3）更换技能训练项目和练习题。本次修订注重从工作实际出发，更换了部分技能训练项目并配合仪器分析技能对练习题作了适当改动。

（4）增强实用性。对全书的内容进行了删繁就简的处理，进一步做到语言简练、系统性强、信息量大，并加强图解法的应用，通过大量的图示帮助读者在短时间的阅读中获取尽可能多的分析信息。

书中相关概念和所引用的资料准确，符合最新标准，全书使用法定计量单位。

本书第一章～第三章由黄一石修改，第四、五章由吴朝华修改，绪论和第六、七章由徐瑾修改。全书由徐瑾统稿。

本书在编写过程中得到化学工业出版社领导和本书责任编辑的大力支持。许多仪器生产厂家为本书提供了大量的参考资料，编者在此表示衷心感谢。

由于编者水平有限，缺点不足之处在所难免，欢迎广大读者批评指正。

编者

2012 年 10 月

第一版前言

近年来，仪器分析的发展异常迅速，它广泛地应用于国民经济的各个领域。快速、简便的仪器分析方法已成为现代分析测试的重要手段。

编写本书的目的旨在给操作和使用分析仪器的分析人员及分析检验专业的在校师生提供一本实用的分析仪器实际操作技术和维护保养指导书籍。

本书在编写过程中，力求体现如下特色。

1. 涉及的仪器类型多，涵盖面较广。针对生产和科研部门的需求，本书介绍了当前广泛使用的分析仪器，内容包括紫外-可见分光光度计、红外分光光度计、原子吸收分光光度计、电化学分析仪器（酸度计、离子计、自动电位滴定仪、自动永停滴定仪、微库仑分析仪、水分测定仪）、气相色谱仪、高效液相色谱仪及 ICP 发射光谱仪等。

2. 选择介绍的仪器具有通用性、先进性和新颖性。本书在介绍每类仪器时，对该类仪器的型号和档次作了精心选择，既介绍了中、小企业中使用较为普遍的通用型仪器，也介绍新型的较高档次的仪器；既介绍国产仪器，也介绍部分在国内使用较广泛的国外产品。

3. 内容实用，对规范操作、提高仪器操作技能具有指导作用。本书依据国家劳动部颁发的分析工技术等级标准和职业技能鉴定规范的要求进行编写，比较全面地介绍了 19 种常用仪器的性能、工作原理、基本结构、操作方法、使用注意事项、仪器维护保养、故障分析和排除等，强调仪器操作规范化，注重仪器的维护保养，培养工作中排除故障的实际能力。为了使读者能更好地掌握常用仪器的使用，书中安排了一定数量的技能训练实验和自测实验，并配有技能考核评分表。

4. 书中概念和所引用的资料准确，符合最新标准。全书使用法定计量单位。

本书第一章～第五章由黄一石编写，绪论和第六章、第七章由徐瑾编写。全书由黄一石统稿。

本书在编写过程中得到了化学工业出版社的大力支持。许多仪器生产厂家为本书提供了大量的参考资料。江苏常州工程职业技术学院的黄金海老师为本书插图做了大量工作；沈吕星老师为本书搜集了大量的资料，编者在此表示衷心的感谢。

由于编者水平所限，缺点和不足之处在所难免，恳请广大读者批评指正。

编者

2005 年 1 月

目 录

绪 论 ··· 1
  一、仪器分析的特点 ··· 1
  二、仪器分析方法简介 ·· 1
  三、分析仪器的组成和分类 ····································· 2
  四、分析仪器的主要性能参数 ·································· 4
  五、分析仪器的发展趋势 ·· 6

第一章 电化学分析仪的使用 ·· 9
第一节 酸度计和离子计的使用 ··· 10
  一、仪器基本结构 ··· 10
  二、仪器工作原理 ··· 11
  三、常用仪器型号和特点 ·· 12
  四、pHS-3F 型酸度计的使用 ····································· 14
  五、PXSJ-216 型离子计 ·· 20

第二节 电位滴定分析仪的使用 ··· 29
  一、仪器基本结构 ··· 29
  二、电位滴定仪工作原理和终点确定 ···························· 30
  三、常用仪器型号和特点 ·· 31
  四、ZDJ-4A 自动电位滴定仪的使用 ······························ 34
  五、ZYD-1 型自动永停滴定仪的使用 ····························· 44

第三节 WK-2D 型微库仑分析仪的使用 ································ 49
  一、工作原理 ·· 50
  二、主要技术参数 ··· 51
  三、仪器的主要部件 ··· 51
  四、仪器安装与调试 ··· 57
  五、仪器操作方法 ··· 59
  六、仪器维护、保养和常见故障的排除 ·························· 65

  第四节　WA-1C 型水分测定仪 ………………………………………… 67
   一、工作原理 ………………………………………………………… 67
   二、主要技术参数 …………………………………………………… 67
   三、仪器主要部件 …………………………………………………… 67
   四、仪器操作方法 …………………………………………………… 70
   五、仪器日常维护和常见故障排除 ………………………………… 74
  第五节　技能训练 …………………………………………………………… 76
   训练 1-1　直接电位法测定溶液的 pH ……………………………… 76
   训练 1-2　自动电位滴定法测定 I^- 和 Cl^- 的含量 ………………… 80
   训练 1-3　微库仑滴定法测定有机溶剂中的微量水 ……………… 83
  练习一 ………………………………………………………………………… 85
   一、知识题 …………………………………………………………… 85
   二、操作技能考核题 ………………………………………………… 86
   三、技能考核评分表 ………………………………………………… 86

第二章　紫外-可见分光光度计的使用 ……………………………………… 91
  第一节　概述 ………………………………………………………………… 91
   一、仪器工作原理 …………………………………………………… 92
   二、仪器的类型和基本组成部分 …………………………………… 92
   三、常用仪器型号和特点 …………………………………………… 95
  第二节　722 型可见分光光度计的使用 …………………………………… 98
   一、仪器主要技术参数 ……………………………………………… 98
   二、仪器结构 ………………………………………………………… 99
   三、仪器操作方法 …………………………………………………… 102
   四、仪器的调校方法 ………………………………………………… 103
   五、仪器的维护和保养 ……………………………………………… 106
   六、常见故障分析和排除方法 ……………………………………… 108
   七、减除仪器因素误差的措施 ……………………………………… 109
  第三节　754C 型紫外-可见分光光度计的使用 …………………………… 109
   一、仪器主要技术参数 ……………………………………………… 109
   二、仪器结构 ………………………………………………………… 110
   三、仪器操作方法 …………………………………………………… 112

四、仪器的调校方法 ·· 114
　　五、仪器的维护和保养 ·· 117
　　六、常见故障分析和排除方法 ······································ 117
　第四节　UV-1801型紫外-可见分光光度计的使用 ···················· 118
　　一、仪器技术参数 ·· 118
　　二、仪器结构 ··· 119
　　三、仪器安装 ··· 119
　　四、仪器使用方法 ·· 121
　　五、光源灯的更换 ·· 131
　　六、仪器维护与保养 ·· 134
　第五节　技能训练 ··· 136
　　训练2-1　可见分光光度计仪器调校 ································ 136
　　训练2-2　紫外分光光度法——有机物的定性与定量分析 ········ 137
　练习二 ··· 140
　　一、知识题 ··· 140
　　二、操作技能考核题 ·· 141
　　三、技能考核评分表 ·· 142

第三章　原子吸收分光光度计的使用 ······························ 145
　第一节　概述 ··· 145
　　一、仪器工作原理 ·· 145
　　二、仪器基本结构 ·· 145
　　三、常用仪器型号和主要性能 ······································ 152
　第二节　AA320型原子吸收分光光度计的使用 ······················ 156
　　一、仪器主要技术参数 ··· 156
　　二、仪器结构 ··· 156
　　三、仪器的安装 ·· 158
　　四、仪器操作方法 ·· 167
　　五、仪器的调校方法 ·· 170
　　六、仪器的维护和保养 ·· 171
　　七、常见故障分析和排除方法 ······································ 173
　第三节　TAS990型原子吸收分光光度计的使用 ····················· 178

一、仪器主要技术参数 ……………………………………………… 178
　　二、仪器主要部件的规格 …………………………………………… 179
　　三、仪器的安装 ……………………………………………………… 180
　　四、TAS990 型火焰原子吸收分光光度计操作方法 ……………… 182
　　五、石墨炉原子吸收分光光度计操作方法 ………………………… 189
　　六、仪器的维护和保养 ……………………………………………… 195
　　七、常见故障分析和排除方法 ……………………………………… 196
　第四节　技能训练 ……………………………………………………… 199
　　训练 3-1　火焰原子吸收分光光度计基本操作和工作曲线法测定水中
　　　　　　　微量镁 ……………………………………………………… 199
　　训练 3-2　火焰原子吸收法测钙的实验条件优化 ………………… 204
　　训练 3-3　石墨炉原子吸收光谱法测定食品类样品中微量铅 …… 208
　　训练 3-4　火焰原子化法测铜的检出限和重复性的检定 ………… 212
　练习三 …………………………………………………………………… 214
　　一、知识题 …………………………………………………………… 214
　　二、操作技能考核题 ………………………………………………… 214
　　三、技能考核评分表 ………………………………………………… 215

第四章　红外光谱仪的使用 …………………………………………… 220
　第一节　概述 …………………………………………………………… 220
　　一、仪器工作原理和主要部件 ……………………………………… 220
　　二、常用仪器型号和特点 …………………………………………… 224
　第二节　4010 型红外分光光度计的使用 …………………………… 226
　　一、仪器主要技术参数 ……………………………………………… 226
　　二、仪器结构 ………………………………………………………… 226
　　三、仪器基本操作方法 ……………………………………………… 228
　　四、红外光谱仪辅助设备的使用 …………………………………… 230
　　五、仪器的调校方法 ………………………………………………… 234
　　六、仪器的维护和保养 ……………………………………………… 237
　　七、常见故障分析和排除方法 ……………………………………… 239
　第三节　Spectrum RX I 型 FT-IR 光谱仪的使用 ………………… 239
　　一、仪器主要技术参数 ……………………………………………… 239

二、仪器结构 ··· 240
　　三、数据采集基本过程 ·· 241
　　四、仪器的操作 ··· 243
　　五、仪器的维护和保养 ·· 247
　第四节　技能训练 ··· 250
　　训练 4-1　液体、固体薄膜样品透射谱的测定 ···························· 250
　　训练 4-2　正丁醇-环己烷溶液中正丁醇含量的测定 ······················ 253
　练习四 ··· 255
　　一、知识题 ·· 255
　　二、操作技能考核题 ··· 256

第五章　气相色谱仪的使用

　第一节　概述 ··· 257
　　一、仪器工作原理 ·· 257
　　二、仪器基本结构 ·· 259
　　三、气相色谱仪的使用规则 ·· 269
　　四、常用仪器型号、性能和主要技术指标 ································· 270
　第二节　GC9790 型气相色谱仪的使用 ·· 276
　　一、仪器主要技术参数 ·· 276
　　二、仪器工作原理与结构 ··· 276
　　三、仪器的安装与气路的检漏 ··· 280
　　四、工作条件的设置 ··· 283
　　五、GC9790 型气相色谱仪的基本操作 ···································· 289
　　六、色谱数据处理机的使用 ·· 291
　　七、仪器的维护和保养 ·· 300
　　八、常见故障分析和排除方法 ··· 305
　第三节　GC7890A 型气相色谱仪的使用 ······································ 311
　　一、仪器主要技术参数 ·· 311
　　二、仪器结构和操作盘 ·· 313
　　三、GC7890A 型气相色谱仪基本操作 ····································· 316
　　四、仪器的安装 ··· 321
　　五、仪器维护和保养 ··· 324

  六、常见故障分析和排除方法 …………………………………… 326
 第四节 技能训练 ………………………………………………… 327
  训练 5-1 气路系统的安装和检漏 ………………………… 327
  训练 5-2 气相色谱填充柱的制备 ………………………… 330
  训练 5-3 热导检测器灵敏度的测定 ……………………… 333
  训练 5-4 氢火焰离子化检测器灵敏度的测试 …………… 335
  训练 5-5 程序升温毛细管柱色谱法分析白酒主要成分 …… 336
 练习五 ……………………………………………………………… 340
  一、知识题 …………………………………………………… 340
  二、操作技能考核题 ………………………………………… 341
  三、技能考核评分表 ………………………………………… 343

第六章 液相色谱仪的使用 …………………………………… 345

 第一节 概述 …………………………………………………… 345
  一、仪器工作原理 …………………………………………… 345
  二、仪器基本结构 …………………………………………… 346
  三、常用仪器型号和主要性能 ……………………………… 357
  四、液相色谱仪的发展趋势 ………………………………… 359
 第二节 P1201 型高效液相色谱仪的使用 …………………… 364
  一、仪器主要技术指标 ……………………………………… 364
  二、仪器结构 ………………………………………………… 365
  三、仪器的安装 ……………………………………………… 370
  四、仪器的系统测试 ………………………………………… 372
  五、仪器操作方法 …………………………………………… 375
  六、EC2006 色谱工作站 …………………………………… 382
  七、仪器的维护和保养 ……………………………………… 389
  八、常见故障分析和排除方法 ……………………………… 393
 第三节 PE200LC 型液相色谱仪的使用 ……………………… 404
  一、仪器主要技术参数 ……………………………………… 404
  二、仪器的主要组成部件 …………………………………… 404
  三、仪器操作方法 …………………………………………… 408
  四、仪器的维护和保养 ……………………………………… 417

五、常见故障分析和排除方法 ………………………………………… 417
　第四节　其他液相色谱仪使用方法简介 ………………………………… 417
　　一、LC-20A 型高效液相色谱仪的使用方法简介 ……………………… 417
　　二、Agilent 1100 型高效液相色谱仪的使用方法简介 ……………… 422
　第五节　技能训练 ………………………………………………………… 425
　　训练 6-1　高效液相色谱柱性能的评价 ……………………………… 425
　　训练 6-2　混合维生素 E 的反相 HPLC 分析条件的选择 …………… 429
　练习六 ……………………………………………………………………… 431
　　一、知识题 ………………………………………………………………… 431
　　二、操作技能考核题 ……………………………………………………… 432
　　三、技能考核评分表 ……………………………………………………… 433

第七章　原子发射光谱仪的使用简介 ……………………………………… 438
　第一节　概述 ……………………………………………………………… 438
　　一、仪器工作原理 ………………………………………………………… 438
　　二、仪器的基本组成部分 ………………………………………………… 439
　　三、常用仪器型号和主要性能 …………………………………………… 441
　　四、原子发射光谱仪的发展趋势 ………………………………………… 446
　第二节　WLD-2C 型 ICP 直读光谱仪的使用 …………………………… 448
　　一、仪器主要技术参数 …………………………………………………… 448
　　二、仪器结构 ……………………………………………………………… 449
　　三、仪器操作方法 ………………………………………………………… 455
　　四、自激稳定式 ICP 光源的使用 ………………………………………… 458
　　五、WLD-2C（7502C）ICP 直读光谱仪软件的使用 …………………… 460
　　六、仪器性能测定 ………………………………………………………… 470
　　七、仪器的维护和保养 …………………………………………………… 472
　　八、故障分析与处理 ……………………………………………………… 475
　第三节　技能训练 ………………………………………………………… 475
　　训练 7-1　ICP 光源的观察和分析参数的研究 ……………………… 475
　　训练 7-2　ICP 发射光谱法测定饮用水中总硅 ……………………… 476
　练习七 ……………………………………………………………………… 478

参考文献 …………………………………………………………………… 479

绪 论

一、仪器分析的特点

仪器分析（instrumental analysis）是以物质的物理或物理化学性质为基础，探求这些性质在分析过程中所产生的分析信号与被分析物质组成的内在关系和规律，从而对其进行定性、定量，进行形态、结构分析的一类测定方法。由于这类方法通常要使用比较特殊的仪器，因而称为"仪器分析"。

与化学分析（chemical analysis）相比，仪器分析具有取样量少、测定快速、灵敏、准确和自动化程度高的显著特点，常用来测定相对含量低于1%的微量甚至痕量组分，是目前分析化学的主要发展方向。

随着激光技术、微电子技术、智能化计算机技术等的迅猛发展，仪器分析正在进行着前所未有的深刻变革。在分析理论上与其他学科相互渗透、相互交叉、有机融合；在分析技术上与各种技术扬长避短、相互联用、优化组合；旧有的仪器分析方法不断更新、强化和改善，灵敏准确、功能齐全的新型分析仪器不断涌现并日趋完善。在化学学科本身的发展上以及和化学相关的各类科学领域中，仪器分析正起着越来越重要的作用。因此，常用分析仪器的一些基本原理和使用技术是必须要掌握的基础知识和基本技能。一旦掌握了这些知识和技能，将会迅速而精确地获得物质系统的各种信息，并能充分利用这些信息作出科学的结论。

二、仪器分析方法简介

仪器分析法内容丰富，种类繁多，为了便于学习和掌握，这里将部分常用的仪器分析法按其最后测量过程中所观测的性质进行分类并列表（见表0-1）。

表 0-1　常用仪器分析法的分类

方法的分类	被测物理性质	相应的分析方法(部分)
光学分析法 (optical analysis)	辐射的发射	原子发射光谱法(AES)
	辐射的吸收	原子吸收光谱法(AAS),红外吸收光谱法(IR),紫外及可见吸收光谱法(UV-VIS),核磁共振波谱法(NMR),荧光光谱法(AFS)
	辐射的散射	浊度法,拉曼光谱法
	辐射的衍射	X射线衍射法,电子衍射法
电化学分析法 (electrochemical analysis)	电导	电导法
	电流	电流滴定法
	电位	电位分析法
	电量	库仑分析法
	电流-电压特性	极谱分析法,伏安法
色谱分析法 (chromatography)	两相间的分配	气相色谱法(GC),高效液相色谱法(HPLC),离子色谱法(IC)
热分析法 (thermal analysis)	温度	差热分析法(DTA)
	热量	差示扫描量热法(DSC)
	质量	热重分析法(TGA)
其他分析法	质荷比	质谱法

三、分析仪器的组成和分类

分析仪器是一种向分析工作者提供准确、可靠信息的一种装置或设备,作用是把通常不能由人直接检测或理解的信号转变成可以检测和被人理解的形式。

数十年来,分析仪器得到迅猛发展,使得现有分析仪器的型号、种类繁多,根据原理一般可将分析仪器分为八类(见表0-2)。

表 0-2　分析仪器的分类

仪器类别	仪器品种
电化学仪器	离子计、酸度计、电位滴定仪、库仑计、电导仪、极谱仪等
热学仪器	热导式分析仪(SO_2测定仪、CO测定仪等)、热化学式分析仪(酒精测定仪、CO测定仪等)、差热分析仪等
磁式仪器	热磁分析仪、核磁共振波谱仪、电子顺磁共振波谱仪等
光学仪器	紫外-可见分光光度计、红外光谱仪、原子吸收分光光度计、原子发射光谱分析仪、荧光计、磷光计等
机械仪器	X射线分析仪、放射性同位素分析仪、电子探针等
离子和电子光学仪器	质谱仪、电子显微镜、电子能谱仪
色谱仪器	气相色谱仪、液相色谱仪
物理特性仪器	黏度计、密度计、水分测定仪、浊度仪、气敏式分析仪等

不同的分析方法对应不同的分析仪器，但是无论分析原理如何，仪器的复杂程度如何，分析仪器一般由信号发生器、检测器和信号工作站组成，而信号工作站包括信号处理器、信号读出装置及与其相关联的计算机工作软件，如图0-1所示。

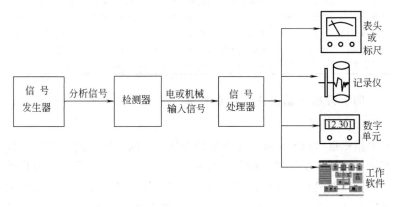

图0-1　分析仪器的组成

信号发生器（signal generator）使样品产生分析信号，它可以是样品本身，如 pH 计的信号是溶液中氢离子的活度，但是大多数仪器的信号发生器比较复杂，如紫外分光光度计的信号发生器除了样品以外，还包括入射光源、单色器和切光器等。

检测器（detector）是将某种类型的信号转变为另一种类型的信号的装置，如分光光度计中的光电倍增管将光信号转变成易于测定的电流信号，红外光谱仪中的热电偶将热信号转变为电压信号，离子选择性膜电极则将离子活度信号转变成电位信号等。

读出装置（readout device）将信号处理器放大的信号显示出来，它可以是表针、记录仪、打印机、数显装置或计算机显示器。较高档的仪器通常备有功能齐全的全程工作站，通过计算机软件对整个分析过程进行程序控制操作和信号处理，自动化程度高。

常用分析仪器的基本组成见表0-3。

表 0-3　常用分析仪器的基本组成

仪器名称	信号发生器	分析信号	检测器	输入信号	信号处理器	读出装置
离子计	样品	离子活度	选择性电极	电位	放大器	数显
库仑计	样品、电源	电量	电极	电流	放大器	记录仪或数显
分光光度计	样品、光源	衰减光束	光电倍增管	电流	放大器	记录仪或数显
红外光谱仪	样品、光源	干涉光	光电倍增管	电流	放大器	记录仪或工作站
气相色谱仪	样品	电阻或电流	热导池等	电阻	放大器	记录仪或工作站
液相色谱仪	样品	电阻或电流	光度计等	电流	放大器	工作站
化学发光仪	样品	相对光强	光电倍增管	电流	放大器	记录仪或数显

四、分析仪器的主要性能参数

1. 精密度

精密度（precision）是指相同条件下对同一样品进行多次平行测定，各平行结果之间的符合程度。同一人员在同一条件下分析的精密度叫重复性（repeatability），不同人员在各自条件下分析的精密度叫再现性（reproducibility）。通常所说的精密度是指前一种情况。

精密度一般用标准偏差 S（对有限次数测定）或相对标准偏差 RSD（%）表示，其值越小，平行测定的精密度越高。

标准偏差 S 的计算公式如下。

$$S=\sqrt{\frac{\sum_{i=1}^{n}(x_i-\bar{x})^2}{n-1}}$$

式中　n——测定次数；

x_i——个别测定值；

$\bar{x}$——平行测定的平均值；

$n-1$——自由度。

相对标准偏差 RSD 的计算公式如下。

$$RSD=\frac{S}{\bar{x}}\times 100\%$$

2. 灵敏度

仪器或方法的灵敏度（sensitivity）是指被测组分在低浓度区，

当浓度改变一个单位时所引起的测定信号的改变量,它受校正曲线(calibration curve)的斜率和仪器设备本身精密度的限制。两种方法的精密度相同时,校正曲线斜率较大的方法灵敏度较高,两种方法的校正曲线的斜率相等时,精密度好的灵敏度高。

根据国际纯粹与应用化学联合会(IUPAC)的规定,灵敏度的定义是指在浓度线性范围内校正曲线的斜率,各种方法的灵敏度可以通过测量一系列的标准溶液来求得。

3. 线性范围

校正曲线的线性范围(linear range)是指定量测定的最低浓度到遵循线性响应的最高浓度间的范围。在实际应用中,分析方法的线性范围至少应有两个数量级,有些方法的线性范围可达 5~6 个数量级。线性范围越宽,样品测定的浓度适用性越强。

4. 检出限

检测下限简称检出限(detection limit),是指能以适当的置信度被检出的组分的最低浓度或最小质量(或最小物质的量)。它是由最小检测信号值推导出的。设测定的仪器噪声的平均值为 $\overline{A}_0$(空白值信号),在与样品相同的条件下对空白样进行足够多次的平行测定(通常 $n=10\sim20$)的标准偏差为 S_0,在检出限水平时测得的信号平均值为 $\overline{A}_L$,则最小检测信号值为 $\overline{A}_L - \overline{A}_0 = 3S_0$。

最小检出量(q_L)或最低检出浓度(c_L)计算如下。

$$q_L = \frac{3S_0}{m}$$

$$c_L = \frac{3S_0}{m}$$

式中,m 为灵敏度,即校正曲线的斜率。检出限和灵敏度是密切相关的,但含义不同。灵敏度是指分析信号随组分含量的变化率,与检测器的放大倍数有直接关系,并没有考虑噪声的影响。因为随着灵敏度的提高,噪声也会随之增大,信噪比和方法的检出能力不一定会得到提高。检出限与仪器噪声直接相联系,提高精密度、降低噪声,可以改善检出限。

5. 选择性和准确度

选择性（selectivity）是指分析方法不受试样基体共存物质干扰的程度，选择性越好干扰越少。准确度（percent of accuracy）是多次测定的平均值与真值相符合的程度，用误差或相对误差描述，其值越小准确度越高。实际工作中，常用标准物质或标准方法进行对照实验确定，或者用纯物质加标进行回收率实验估计，加标回收率越接近100%，分析方法的准确度越高，但加标回收实验不能发现某些固定的系统误差。

五、分析仪器的发展趋势

我国目前发展高科技的战略重点是生物技术、信息技术、航天技术、新材料技术、新能源技术、海洋技术和绿色高技术等7大高技术领域组成的高技术群体。这些高科技没有现代分析仪器作基础很难发展起来，1991年诺贝尔奖金获得者恩斯特教授指出"现代科学的进步越来越多地依靠尖端仪器的发展"。现代分析仪器是基于多学科的高科技产物。既得益于各种技术成果，又接受其挑战，特别是微电子技术、计算机科学的巨大进步，已成为分析仪器飞跃发展的巨大推动力，其发展趋势可概括为如下几点。

（1）微型化、自动化　采用计算机实现自动化，并基于高超的软件技术（如芯片技术）提高仪器性能，使得一大批体积小、自动化程度高的分析仪器逐渐走向小型研究室和生产实验室。小型化一方面可以节省分析测试仪器在实验室所占的空间，更重要的是可以节约分析测试仪器使用的水、电、气及试剂的消耗。分析测试仪器的小型化也将有利于分析测试仪器向便携式发展，这样可实现样品的现场、实时分析测试。

（2）仿生化和进一步智能化　所谓分析仪器智能化是指仪器具有随外界条件变化确定应有的正确行为的拟人应变力。现代分析仪器几乎都配有一台计算机。仪器在计算机系统支配下，能自动收集、选择、理解外部信息，并能根据信息的变化去模拟人的思维，确定仪器最佳工作方式、工作条件，最终获得满意的分析结果或提供最佳监控输出信号。因此，智能化分析仪器具有感知外界信息的传感器，有能对信息进行快速自动处理的计算机硬件系统。更重要的是配有能综合信息,在理解、推理、判断、优选的基础上,能模拟人的智能的软件设施。

分析仪器的核心是信号传感。化学传感器逐渐发展为小型化、仿生化,诸如生物芯片、化学和物理芯片,嗅觉(电子鼻)、味觉(电子舌)、鲜度和食品检测传感器等不断出现。生物传感器正在各学科领域,如医学、临床、生物、化学、环境、农业、工业甚至机器人制造等方面得到广泛应用。生物传感器都是基于电化学、光学、热学等的原理构成。其探头均由两个主要部分组成,一是对被测定物质(底物)具有高选择性的分子识别能力的膜所构成的"感受器",二是能把膜上进行的生物化学反应中消耗或生成的化学物质或产生的光和热转变为电信号的"换能器"。所得的信号经电子技术处理,即可在分析仪器上显示和记录下来,实现分析仪器的仿生化。

(3)通用型和专用型 通用型仪器的功能越来越全,应用范围越来越宽,在相当大的范围内可适应多种分析检测目的,如原子发射光谱仪器向远紫外领域的拓展,波长范围已拓宽到 180nm 以下,扩大了可测定元素的种类;紫外-可见分光光度计的波长向近红外范围拓展,光谱范围覆盖了紫外、可见和近红外区,拓展了仪器的应用范围。

现代化学工业朝着大规模、高质量方向发展,迫切要求生产过程中连续检测中间产物和最终产品特性的在线分析监测仪器。传统的"通用"型分析仪器多在实验室内使用,因此结构较复杂,成本也高,工厂或技术监督部门买了这种分析仪器往往只用其中一种功能,其他功能都被闲置,造成很大的浪费。在这种"通用"型分析仪器的基础上,简化其结构,开发适应某一具体分析检测目的的专用型分析仪器,既可降低成本,又可提高分析仪器的可靠和使用寿命,操作也相应简单了许多。因此为生产过程中的质量控制和产品的质量监督检验开发"专用"的分析仪器是近年来分析仪器厂家的发展方向。

(4)各种联用技术层出不穷 分析仪器原理不同、功能不同。如色谱类仪器有较高分离能力,但无鉴别能力;红外、核磁、质谱类仪器等有极高鉴别能力，同样无分离能力。二者联机，互为补充，相辅相成，各显神通，可谓完善。分析测试仪器的联用可以大大提高分析测试的速度、结果的准确性和重复性。近年来除了分析测试仪器之间的相互联用（如色谱-色谱、色谱-质谱、质谱-质谱、色谱-光谱、色谱-波谱等）得到进一步发展外，将样品处理仪器与分析测试仪器联用也是各个分析测试器生产厂商研发新产品的热点。如将固相萃取（SPE）与 HPLC 联用，能实现全自动在线样品富集-快速分析检测，具有灵敏度高、重现性好、分析速度快等优点。

  本书主要介绍化学化工、农林牧、生物技术、食品科学、环境科学、生命科学等常用的现代分析仪器以及与这些分析仪器密切相关的附加设备，内容着重于各类典型仪器的基本使用、日常维护和保养以及一般故障的排除。

第一章　电化学分析仪的使用

电化学分析是利用被分析物质在电化学电池中的电化学特性而建立起来的分析方法，是仪器分析的一个重要分支。电化学分析法主要有电位分析法（potential analysis）、库仑分析法（coulometry）、极谱分析法（polarographic analysis）、电导分析法（conductive analysis）及电解分析法（electrolytic analysis）等。电化学分析法的灵敏度、选择性和准确度都很高，测定范围也广（如电位分析法及微库仑法用于测定微量组分的测定；电解分析法、电位滴定法用于常量组分的分析）。

每一种电化学分析法都有相应的仪器，如电位分析仪、库仑分析仪、电导仪、酸度计等。电化学分析的仪器设备较简单，价格低廉，仪器的调试和操作都较简单。

以测量化学电池两电极的电位差或电位差变化为基础的化学分析方法称为电位分析法。用作电位分析的仪器称为电位分析仪。电位分析仪主要有电位差计、pH 计（酸度计）、离子计（pX 计）、电位滴定仪（potentiometric titrator）等。

根据法拉第电解定律，由电解某种物质所需的电量来确定该物质含量的方法称为库仑分析法。按电解方式以及电量测量方式的不同，库仑分析法分为控制电位库仑法、恒电流库仑法及动态库仑法。恒电流库仑分析法又称控制电流库仑分析法或库仑滴定法。动态库仑分析法又称微库仑分析法，它是一种新型的库仑分析法。在测定过程中，其电位和电流都是不恒定的，而是根据被测物质浓度变化，应用电子技术进行自动调节，其准确度、灵敏度和自动化程度更高，更适合作微量分析。用作微库仑分析的仪器称为微库仑仪。

随着科学技术的发展，新型电化学分析仪器也在不断涌现。近年来，微型电化学分析仪器常是现场、原位、活体检测技术的基础；将电化学分析技术和其他分离手段联用（如高效液相色谱-电化学、光谱-电化学等），可提供方便、快速、现场、高灵敏度的检测手段。总之，研发高灵敏度、响应快、微型化、可动态在线检测并经济适用的新型电化学分析仪器，以满足环境、生命科学、能源、出入境检疫检验与食品安全等公共安全领域监测检测对常规仪器的需求，是当今电化学分析仪器发展的趋势。

限于篇幅，本章只介绍酸度计、离子计、电位滴定仪和微库仑仪等在生产实践中常用的仪器。

第一节　酸度计和离子计的使用

测定溶液pH的仪器是酸度计（又称pH计），是根据pH的实用定义设计而成的。测定溶液中待测离子的活（浓）度的仪器是离子计。酸度计（pH计）和离子计（pX计）由于都是测量具有高内阻化学电池两电极间的电动势，因此其结构原理基本相同，甚至往往同一台仪器具有多种功能，既可测量pH和pX，又可测量mV。此类仪器有电位差计式、直读式（直接读取pH、mV和pX）和数字显示式（直接显示pH、mV和pX）。有些数字显示式仪器还可以直接读取被测离子的浓度。酸度计和离子计都属小型仪器，其结构简单，体积小，如果具有直流电源，还可以提携到野外进行环境监测。酸度计和离子计按其精度不同可分为0.1pH（pX）、0.02pH（pX）、0.01pH（pX）和0.001pH（pX）等不同等级；使用者可根据需要选择不同类型仪器。

一、仪器基本结构

实验室用酸度计和离子计的型号很多（见表1-1），但其结构一般均由两部分组成，即电极系统和高阻抗毫伏计两部分。电极与待测溶液组成原电池，以毫伏计测量电极间电位差，电位差经放大电路放大后，由电流表或数码管显示。酸度计和离子计的基本结构如图1-1所示。

根据pH玻璃电极和各种离子选择性电极（ion selective elec-

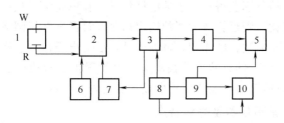

图 1-1 酸度计和离子计的基本结构框图
1—化学电池（W 为指示电极，R 为参比电极）；2—差分对电路；3—运算放大器；
4—反对数放大器；5—显示器；6—恒流源；7—负反馈电路；8—温度补偿网络；
9—减法器；10—量程扩展电路

trode) 的特性，要求酸度计和离子计有较高的阻抗，具有正负极性，能测量试液的正负离子；仪器要有较好的稳定性，因此在仪器的输入部分由输入阻抗较高的场效应晶体管组成差分对电路，由双三极管组成的恒流源，保证差分对的工作点固定不变以减少信号的漂移程度；仪器中设有滤波电路，以防止高频信号的干扰；温度补偿网络的作用是使电极信号不受温度变化的影响。具有浓度直读功能的离子计，还加入了反对数放大器，把 pX 值换算成被测离子的浓度值由显示器直接显示出来。

二、仪器工作原理

酸度计的化学电池中，指示电极为 pH 玻璃电极，参比电极为饱和甘汞电极。现在酸度计多使用将二者组合在一起的 pH 复合电极，复合电极的使用方法见本节四-3-(3)。

离子计的化学电池中，指示电极多为各种离子选择性电极，参比电极亦多为饱和甘汞电极。这两种仪器的工作原理相同。在测量过程中，仪器的化学电池所产生的电位信号进入由差分对组成的源跟随器作阻抗变换，变成低阻信号后，由一电阻器输至运算放大器的同相端，经运算放大器放大后，输出的信号分别通过仪器的 mV 挡、pH 挡、pX 挡（一般的通用离子计都具有这三种功能），然后又经过反馈电路源跟随器的场效应晶体管的栅极再进入运算放大器的反相输入端，形成电压串联负反馈。于是在 mV、pH、pX 同相输入的各挡分别获得放大了的电极信号。在电化学过程中，如果发生温度变化，则运算放大器的输出信号经过温度补偿网络后，得到校正。由于减法器的作用，将温度补偿后的电极信号过滤，凡满足"额定电位值"的整数部分被减去，由量程扩展器挡显示，凡不足"额定电位值"的尾数值，均由显示器的表头显示。

三、常用仪器型号和特点

表 1-1 列出部分目前常用的酸度计和离子计的型号、性能与主要技术指标，供参考。

表 1-1 部分酸度计和离子计的型号和主要技术指标

仪器型号	主要性能和特点	主要技术参数
PHSJ-5 型 pH 计	采用微处理技术，液晶显示，全中文操作界面；仪器可以测量溶液的电位、pH、温度值，具有一点标定、二点标定和多点标定（最多 5 点）功能；对测试结果可以储存、删除、打印、查阅、通信；仪器具有断电保护功能，在关机或非正常断电情况下，仪器内部储存的测量数据、标定好的斜率值以及设置的参数不会丢失	仪器级别为 0.001 级；mV 测量范围为 $(0.0\sim\pm1999.9)$ mV；pH 测量范围为 $(-2.000\sim18.000)$ pH；温度测量范围为 $(-5.0\sim105.0)℃$。pH 分辨率为 0.001pH；mV 分辨率为 0.1mV；温度分辨率为 0.1℃。pH 基本误差为 0.002pH±1 个字；mV 基本误差为 ±0.03%(FS)±1 个字；温度基本误差为 ±0.2℃±1 个字。温度补偿范围为 $(-5\sim105)℃$；被测溶液温度为 $(5\sim60)℃$；输入阻抗大于 $3\times10^{12}\Omega$；输出方式为触摸式 320×240 点阵液晶显示屏；RS232 输出接口
PHSJ-3F 型 pH 计	采用微处理技术，液晶显示，全中文操作界面；具有自动温度补偿、自动校准、自动计算电极百分理论斜率功能；对测试结果可以储存、删除、打印；在 $(0.0\sim60)℃$ 范围内可选择五种标准缓冲溶液对仪器进行一点或二点自动标定	仪器级别为 0.01 级；mV 测量范围为 $(-1999\sim1999)$ mV；pH 测量范围为 $(-2.00\sim18.00)$ pH；温度测量范围为 $(0.0\sim100.0)℃$。pH 分辨率为 0.01pH；mV 分辨率为 1mV；温度分辨率为 0.1℃。pH 基本误差为 0.01pH±1 个字；mV 基本误差为 ±1mV±1 个字；温度基本误差为 ±0.3℃±1 个字。稳定性为 0.01pH±1 个字/3h；温度补偿范围为 $(0.0\sim100)℃$；被测溶液温度为 $(5\sim60)℃$；输入阻抗大于 $1\times10^{12}\Omega$

续表

仪器型号	主要性能和特点	主要技术参数
PHS-3C型pH计	LED数字显示,按键操作,具有手动温度补偿功能,可进行二点校正	仪器级别为0.01级;pH测量范围为(0.00~14.00)pH;mV测量范围为(-1800~1800)mV;pH分辨率为0.01pH;mV分辨率为1mV;pH基本误差为0.01pH±1个字;mV基本误差为1mV±1个字;输入阻抗大于1×10^{12} Ω;稳定性为0.01pH±1个字/3h;温度补偿范围为(0.0~60)℃;被测溶液温度为(5~60)℃
PHB-4型便携式pH计	液晶显示;具有自动标定功能;可同时显示pH、温度或mV;具有手动温度补偿功能;携带方便	仪器级别为0.1级;pH测量范围为(0.00~14.00)pH;mV测量范围为(-1400~1400)mV;pH分辨率为0.01pH;mV分辨率为1mV;pH基本误差为0.03pH±1个字;mV基本误差为±0.2%(FS)±1个字;稳定性为0.03pH±1个字/3h;温度补偿范围为(0.0~60)℃;被测溶液温度为(5~60)℃;输入阻抗大于5×10^{11} Ω
原位pH计	原位仪器使用不锈钢探头,直接测量潮湿土壤及半固体食品、肉、水果等食品的pH、mV和温度。适用于任何液态、半固态以及黏稠状物质测量	mV测量范围为(-1800~1800)mV;pH测量范围为(0.00~14.00)pH;温度测量范围为(0.0~105)℃。pH分辨率为0.01pH;mV分辨率为1mV;温度分辨率为0.1℃。温度基本误差为±0.3℃±1个字。供电电源为AAA5号电池4节
PXSJ226型离子计	液晶显示,全中文操作界面;测量浓度单位可在mg/L、mol/L、pX间相互转换;具有5点自动识别标定液;可以测量溶液中各离子模式相应的电位、pX(或pH)值、浓度值及温度值;测量结果可储存、删除、查阅、打印或传送到PC机	温度测量范围为(-5.0~105.0)℃;浓度测量范围为与电位测量范围和指示电极相应的各种浓度值。pH/pX分辨率为0.01/0.001 pH;mV分辨率为0.1/0.01mV;温度分辨率为0.1℃

续表

仪器型号	主要性能和特点	主要技术参数
PXS-270型离子计	$3\frac{1}{2}$位 LED 数字显示,电位自动极性显示五挡量程可供选择,分别为 mV、pX^{+1}、pX^{-1}、pX^{+2}、pX^{-2};具有定位调节、等电位调节、温度补偿、斜率校正等功能	mV 测量范围为($-1999 \sim 1999$)mV;$pX^{\pm 1}$或 $pX^{\pm 2}$测量范围为($0.00 \sim 14.00$)pX;pX 分辨率为 $0.01pX$;mV 分辨率为 $1mV$;$pX^{\pm 1}$、$pX^{\pm 2}$基本误差为 $0.01pX \pm 1$ 个字;mV 基本误差为 $\pm 0.1\%$(FS)± 1 个字;稳定性为 $0.01pX \pm 1$ 个字/3h;温度补偿范围为($0.0 \sim 60$)℃;斜率调节范围为 $80\% \sim 120\%$;等电位调节范围为($1.00 \sim 8.00$)pX
ZH297型微处理机离子计	配合不同的离子选择电极,测量十几种离子的浓度,离子浓度有三种单位(pX、mol/L、mg/L)选择表示;具有自动或手动温度补偿功能,液晶显示器实时显示离子名称、分析方法、离子浓度、温度、时间等多种状态信息;测量结果可储存、打印	仪器级别为 0.001 级;mV 测量范围为($0.0 \sim \pm 1999.9$)mV;pX 测量范围为($0.000 \sim 19.999$)pX;温度测量范围为($0.0 \sim 99.9$)℃。pX 分辨率为 $0.001pX$;mV 分辨率为 $0.1mV$;温度分辨率为 0.1℃。pX 基本误差为 $0.005pX \pm 1$ 个字;mV 基本误差为 $\pm 0.03\%$(FS)± 1 个字;温度基本误差为 ± 0.4℃± 1 个字。温度补偿范围为($0.0 \sim 99.9$)℃;电子单元稳定性为 $\pm 0.003pX \pm 1$ 个字/3h;输入阻抗大于 $3 \times 10^{12} \Omega$

注:1. 表中"FS"表示电子单元的满量程。

2. 各型号仪器的主要性能特点和指标参数应以产品实物为准,表中相关数据仅供读者参考。

四、pHS-3F 型酸度计的使用

实验室用酸度计目前应用较广的是数显式精密酸度计。下面以 pHS-3F 型酸度计为例说明酸度计的使用方法。

1. 主要技术参数

① 测量范围:pH0~14.00;0~±1999mV(自动显示极性)。

② 分辨率:pH 挡为 0.01pH;mV 挡为 1 mV。

③ 精度:pH 挡为 0.01pH;mV 挡≤±0.1%FS±1 个字。

④ 稳定性≤0.01pH/3h。

⑤ 输入阻抗＞$10^{12}\Omega$。
⑥ 溶液温度补偿范围为 0～60℃（手动）。

2. 仪器各部件调节钮和开关的作用

pHS-3F 型酸度计外形如图 1-2 所示。

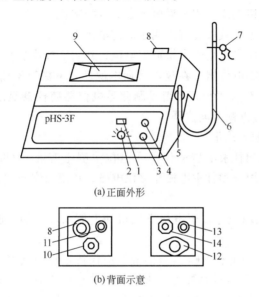

图 1-2　pHS-3F 型酸度计

1—mV-pH 按键开关；2—"温度"调节器；3—"斜率"调节器；4—"定位"调节器；
5—电极架座；6—U 形电极架立杆；7—电极夹；8—玻璃电极输入座；
9—数字显示屏；10—调零电位器；11—甘汞电极接线柱；
12,13—仪器电源插座与电源开关；14—保险丝座

图中的各部件调节钮和开关的作用简要介绍如下。

（1）mV-pH 按键开关　是一个功能选择按钮，当按键在"pH"位置时，仪器用于 pH 的测定；当按键在"mV"位置时，仪器用于测量电池电动势，此时"温度"调节器、"定位"调节器和"斜率"调节器无作用。

（2）"温度"调节器　是用来补偿溶液温度对斜率所引起的偏差的装置，使用时将调节器调至所测溶液的温度数值（或先用温度计测知）即可。

(3)"斜率"调节器　用它调节电极系数,使仪器能更精确地测量溶液的 pH。

(4)"定位"调节器　它的作用是抵消待测离子活度为零时的电极电位,即抵消 E-pH 曲线在纵坐标上的截距。

(5)电极架座　用于插电极架立杆的装置。

(6)U 形电极架立杆　用于固定电极夹。

(7)电极夹　用于夹持玻璃电极、甘汞电极或复合电极。

(8)调零电位器　在仪器接通电源后(电极暂不插入输入座)若仪器显示不为"000",则可调此零电位器使仪器显示为正或负"000",然后再锁紧电位器。

3.电极的使用

(1)饱和甘汞电极的使用　电位法测定溶液 pH 的工作电池中,通常使用饱和甘汞电极作参比电极。在使用饱和甘汞电极时应注意如下几点。

① 使用前应先取下电极下端口和上侧加液口的小胶帽,不用时戴上。

② 电极内饱和 KCl 溶液的液位应保持足够的高度(以浸没内电极为止),不足时要补加。为了保证内参比溶液是饱和溶液,电极下端要保持有少量 KCl 晶体存在,否则必须由上加液口补加少量 KCl 晶体。

③ 使用前应检查玻璃弯管处是否有气泡,若有气泡应及时排除掉,否则将引起电路断路或仪器读数不稳定。

④ 使用前要检查电极下端陶瓷芯毛细管是否畅通。检查方法是:先将电极外部擦干,然后用滤纸紧贴瓷芯下端片刻,若滤纸上出现湿印,则证明毛细管未堵塞。

⑤ 安装电极时,电极应垂直置于溶液中,内参比溶液的液面应较待测溶液的液面高,以防止待测溶液向电极内渗透。

⑥ 饱和甘汞电极在温度改变时常显示出滞后效应(如温度改变 $8℃$ 时,3h 后电极电位仍偏离平衡电位 $0.2\sim0.3mV$),因此不宜在温度变化太大的环境中使用。但若使用双盐桥型电极,加置盐桥可减小温度滞后效应所引起的电位漂移。饱和甘汞电极在

80℃以上时电位值不稳定,此时应改用银-氯化银电极。当待测溶液中含有 Ag^+、S^{2-}、Cl^- 及高氯酸等物质时,应加置 KNO_3 盐桥。

(2)pH 玻璃电极的使用　测定溶液 pH 的工作电池中,以 pH 玻璃电极作为指示电极。使用 pH 玻璃电极时要注意以下几个问题。

① 初次使用或久置重新使用时,应将电极玻璃球泡浸泡在蒸馏水或 0.1mol/L HCl 溶液中活化 24h。

② 使用前要仔细检查所选电极的球泡是否有裂纹,内参比电极是否浸入内参比溶液中,内参比溶液内是否有气泡。有裂纹或内参比电极未浸入内参比溶液的电极不能使用。若内参比溶液内有气泡,应稍晃动以除去气泡。

③ 玻璃电极在长期使用或储存中会"老化",老化的电极不能再使用。玻璃电极的使用期一般为一年。

④ 玻璃电极玻璃膜很薄,容易因为碰撞或受压而破裂,使用时必须特别注意。

⑤ 玻璃球泡沾湿时可以用滤纸吸去水分,但不能擦拭。玻璃球泡不能用浓 H_2SO_4 溶液、洗液或浓乙醇洗涤,也不能用于含氟较高的溶液中,否则电极将失去功能。

⑥ 电极导线绝缘部分及电极插杆应保持清洁干燥。

(3)复合电极的使用　测定溶液 pH 用的指示电极和参比电极分别是 pH 玻璃电极和饱和甘汞电极,目前实验室多是使用将 pH 玻璃电极和饱和甘汞电极组合在一起的 pH 复合电极(见图 1-3)。pH 复合电极最大优点是使用方便,它不受氧化性或还原性物质的影响,且电极平衡速度较快。使用复合电极要注意以下几个问题。

① 使用时电极下端的保护帽应取下,取下后应避免电极的敏感玻璃泡与硬物接

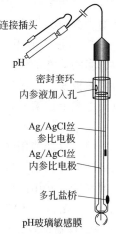

图 1-3　复合电极结构

触,防止电极失效。使用后应将电极保护帽套上,帽内应放少量外参比补充液(3mol/L KCl),以保持电极球泡湿润。

② 使用前发现帽中补充液干枯,应在 3mol/L KCl 溶液中浸泡数小时,以保证电极性能。

③ 使用时电极上端小孔的橡皮塞必须拔出,以防止产生扩散电位,影响测定结果。溶液可以从小孔加入。电极不使用时,应将橡皮塞塞入,以防止补充液干枯。

④ 应避免将电极长期浸泡在蒸馏水、蛋白质溶液和酸性溶液中,避免与有机硅油接触。

⑤ 经长期使用后,如发现斜率有所降低,可将电极下端浸泡在氢氟酸溶液(质量分数为 4%)中 3~5s,用蒸馏水洗净,再在 0.1mol/L HCl 溶液中浸泡,使之活化。

⑥ 被测溶液中如含有易污染敏感球泡或堵塞液接界的物质而使电极钝化,会出现斜率降低,发生这种现象应根据污染物的性质,选择适当的溶液清洗,使电极复新。如:污染物为无机金属氧化物,可用浓度低于 1mol/L HCl 溶液清洗;污染物为有机脂类物质,可用稀洗涤剂(弱碱性)清洗;污染物为树脂高分子物质,可用酒精、丙酮或乙醚清洗;污染物为蛋白质、血细胞沉淀物,可用胃蛋白酶溶液(50g/L)与 0.1mol/L HCl 溶液混合后清洗;污染物为颜料类物质,可用稀漂白液或过氧化氢溶液清洗。

⑦ 电极不能用四氯化碳、三氯乙烯、四氢呋喃等能溶解聚碳酸树脂的清洗液清洗,因为电极外壳是用聚碳酸酯树脂制成的,其溶解后极易污染敏感球泡,从而使电极失效。同样也不能使用复合电极去测上述溶液。

4. pHS-3F 型酸度计的操作方法

(1) 仪器使用前准备　打开仪器电源开关预热 20min。将两电极夹在电极夹上,接上电极导线。用蒸馏水清洗两电极需要插入溶液的部分,并用滤纸吸干电极外壁上的水。

(2) 溶液 pH 的测量

① 仪器的校正(以二点校正法为例)。将两电极插入一 pH 已知且接近 pH=7 的标准缓冲溶液(pH=6.86,25℃)中。将功能

选择按键置"pH"位置,调节"温度"调节器使所指示的温度刻度为该标准缓冲溶液的温度值。将"斜率"钮顺时针转到底(最大)。轻摇烧杯,待电极达到平衡后,调节"定位"调节器,使仪器读数为该缓冲溶液在当时温度下的pH。取出电极,移去标准缓冲溶液,用蒸馏水清洗两电极,并用滤纸吸干电极外壁上的水后,再插入另一接近被测溶液pH的标准缓冲溶液中。旋动"斜率"旋钮,使仪器显示该标准缓冲溶液的pH(此时"定位"钮不可动)。若调不到,应重复上面的定位操作。调好后,"定位"和"斜率"二旋钮不可再动。

② 测量试液的pH。移去标准缓冲溶液,清洗两电极,并用滤纸吸干电极外壁上的水后,将其插入待测试液中,轻摇试杯,待电极平衡后,读取被测试液的pH。

(3) 测量溶液的电极电位(mV) 仪器接上各种适当的离子选择性电极和参比电极,用蒸馏水清洗选择性电极对,然后把电极插入待测溶液内。将功能选择按键置"mV"位置上,开动电磁搅拌器,搅拌均匀后,停止电磁搅拌器,即可读出该电极的电位值(mV),并自动显示极性。

5. 酸度计的维护和保养

① 酸度计应放置在干燥、无振动、无酸碱腐蚀性气体及环境温度稳定(一般在5~45℃之间)的地方。

② 酸度计应有良好的接地,否则将会造成显示不稳定。若使用场所没有接地线,或接地不良,需另外补接地线。简易方法是:用一根导线将其一端与仪器面板上"+"极接线柱(即甘汞电极接线柱)或仪器外壳相连,另一端与自来水管连接。

③ 仪器使用时,各调节旋钮的旋动不可用力过猛,按键开关不要频繁按动,以防止发生机械故障或破损。温度补偿器不可旋过位,以免损坏电位器或使温度补偿不准确。

④ 仪器应在通电预热后进行测量。长时间不使用的仪器预热时间要长些;平时不用时,最好每隔1~2周通电一次,以防因潮湿而影响仪器的性能。

⑤ 仪器不能随便拆卸。每隔一年应由计量部门对仪器性能进

行一次检定。

6. pHS-3F 型酸度计的故障分析和排除方法

pHS-3F 型酸度计常出现的故障现象、故障产生原因和排除方法见表 1-2。

表 1-2 pHS-3F 型酸度计常见故障分析和排除方法

故 障 现 象	故障产生原因	排 除 方 法
电源接通,数字乱跳	仪器输入端开路	插上短路插头或电极插头
定位器能调 pH6.86,但不能调 pH4.00	电极失效	更换电极
"斜率"调节器不起作用	斜率电位器坏	更换斜率电位器

五、PXSJ-216 型离子计

PXSJ-216 型离子计是一种智能型实验室用离子计,可以测量溶液的电位、pH、pX、浓度值以及温度值,仪器设有多种斜率校准方法,测量结果可以储存、删除、查阅、打印或传送到 PC 机。

1. 仪器主要技术参数

(1) 测量范围 mV 挡为 $(0\sim\pm1800.0)$ mV;pH/pX 挡为 $(0.000\sim14.000)$ pH/pX;温度为 $(-5.0\sim105.0)$ ℃。

(2) 基本误差 mV 基本误差为 $\pm0.03\%(FS)\pm1$ 个字;pX 基本误差为 ±0.005 pX±1 个字;浓度基本误差为 $\pm0.5\%\pm1$ 个字;温度基本误差为 ±0.3 ℃±1 个字。

(3) 输入阻抗 $>3\times10^{12}\Omega$。

(4) 输入和输出方式 输入方式:双高阻输入;输出方式:64×128 智能化点阵液晶显示屏;具有 RS232 输出接口。

2. 仪器键盘功能

PXSJ-216 型离子计由主机和 JB-1A 型电磁搅拌器两部分组成(见图 1-4)。仪器键盘(见图 1-5)上共有 15 个操作键(见图 1-5),其中除"确认"、"取消"、"ON/OFF"是单功能以外,其他的键都是复用的,它们有两个功能,即功能键和数字键,需要使用某功能时,按这些键可以完成相应的功能,而需要输入数据时,这些键又是数字键。如"mV/7"键,平时按此键,可以在仪器的起始状态下将测量模式切换到 mV 测量;在输入数字时,按此键,将输入数字"7"。主要键的功能说明如下。

第一章 电化学分析仪的使用　21

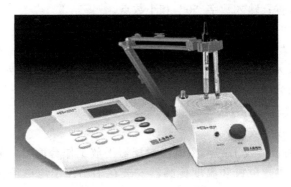

图 1-4　PXSJ-216 型离子计

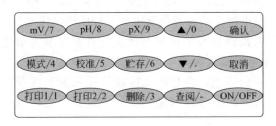

图 1-5　仪器键盘

(1)"删除/3"键　用于删除储存的全部测量数据；输入数字"3"。

(2)"模式/4"键　用于有关浓度测量以及浓度打印、浓度查阅、浓度删除等的操作；输入数字"4"。

(3)"校准/5"键　用于校准电极的斜率；输入数字"5"。

(4)"mV/7"键　用于切换仪器至 mV 测量状态；输入数字"7"。

(5)"pH/8"键　用于切换仪器至 pH 测量状态；输入数字"8"。

(6)"pX/9"键　用于切换仪器至 pX 测量状态；输入数字"9"。

(7)"▲/0"、"▼/."键　在电极插口选择、斜率校准方法选择、浓度测量方法选择以及查阅存储的测量数据时，用于上下翻看选项和数据；输入数字"0"和小数点。

(8)"确认"键　用于确认仪器当前的操作状态。

(9)"取消"键　用于终止功能模块，然后返回到仪器的起始状态；输入数据有错时，可以清除数据，重新输入（按两次）。

(10)"ON/OFF"键　用于仪器的开机或关机。

3. 仪器使用方法

(1)仪器安装

① 将仪器及 JB-1A 型电磁搅拌器平放工作台面上，分别将测量电极、参比电极和温度传感器安装在 JB-1A 型电磁搅拌器的电极架上（见图 1-4）。

② 拔去测量电极 1 和测量电极 2 插座上的短路插头，将玻璃电极接入测量电极 1 插座或测量电极 2 插座内（注意！另一个暂不使用的测量电极插口必须接短路插头，否则仪器无法进行正确测量）；将甘汞电极接入参比电极接线柱上；将温度传感器的插头插入温度传感器插座上；将打印机连接线接入 RS232 接口内；将通用电源器接入电源插座内（见图 1-6）。这样，就可以接通电源开机了。

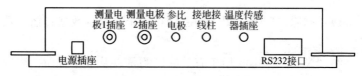

图 1-6　PXSJ-216 型离子计后面板示意图

(2)检查并开机　检查仪器后面的电极插口上是否插有电极或短路插头，位置是否与仪器设置的电极插口相一致（必须保证插口处连接有测量电极或者短路插头，否则有可能损坏仪器的高阻器件），其他附件是否连接正确。检查完毕，按下"ON/OFF"键。

(3)进入仪器的起始状态　按下 ON/OFF 键后，仪器将显示"PXSJ-216 离子分析仪、厂家商标"等。数秒后，仪器自动进入电位测量状态［见图 1-7(a)］。显示屏上方显示当前测量的 mV 值，下方为仪器的状态提示，即表示当前为 mV 测量状态，电极插口设置为 1 号。

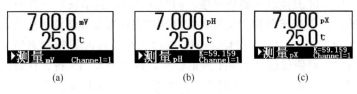

图 1-7 仪器起始状态

在此状态下，可以根据需要直接按"pH/8"或"pX/9"键进行 pH 或者 pX 测量，显示如图 1-7(b) 和图 1-7(c)。显示屏显示当前使用的电极斜率值，图中 pH 和 pX 的电极斜率分别为 59.159 和 59.159（pH 和 pX 具有各自独立的电极斜率值）。

以上三种状态统称为仪器的起始状态，在此状态下可以完成仪器所有测量功能。

(4) 选择仪器电极插口　为了保证测量的准确，在使用前应检查测量电极插口的位置是否与仪器设置的电极插口相一致，如果不是，则需要重新选择电极插口，此时只需在仪器的起始状态下，按下"取消"键，仪器显示如图 1-8，按"▲/0"或"▼/."键移动光标至实际测量电极的位置，例如将测量电极连接在电极插口二上，则可移动光标至"电极插口二"上，然后按"确认"键，仪器即将电极插口选择为电极插口二，并返回起始状态。

图 1-8 选择电极插口

(5) 校准斜率　因为仪器的 pH、pX 测量使用各自独立的斜率，其相应的斜率校准方式有所不同；另外，在浓度测量时，对应不同的浓度测量模式，其斜率校准方式也有不同。因此除电位测量外，其余的 pH、pX、浓度测量都需要进行斜率校准。但由于仪器本身具有断电保护功能，因此，不必在每次使用前进行斜率校准。但是，如果是下面几种情况则必须进行校准。一是电极校准的时间较长了（一个月以上）；二是在浓度测量时，改变了浓度单位（仪器会自动要求进行斜率校准，否则测量将无法进行）；三是在浓度测量前已进行过斜率校准，测量结束后，由于浓度单位的不同，下次进行 pX 测量时，还必须在 pX 测量模式下再进行斜率校准。

① pH 测量时的斜率校准。pH 测量时，斜率校准方式有一点校准、二点校准两种。仪器具有自动识别标准缓冲溶液的能力，标准缓冲溶液为 pH4、pH7、pH9 三种。在仪器的起始状态下，按"pH/8"键使仪器处于 pH 测量状态，按"校准/5"键，仪器进入 pH 斜率校准状态。开始时为一点校准，先将电极清洗干净，并放入标准缓冲液中。仪器显示"把电极插入标液中"，稍后仪器显示出当前的 pH 值和温度值［如图 1-9(a)］。等显示稳定后，按"确认"键，仪器即完成一点校准，显示出当前的电极斜率值为 59.159，并提示"二点校准吗"［见图 1-9(b)］。此时若不进行二点校准，则按"取消"键，仪器将直接返回起始状态。如果需要二点校准，按"确认"键即可进行二点校准。同样，校准前应先将电极从原标准缓冲液中取出，并清洗干净，再放入另一种标准缓冲液中，仪器即显示当前的 pH 和温度值，等显示稳定后，按"确认"键，仪器显示校准好的电极斜率值［见图 1-9(c)］，再按"确认"键，仪器完成斜率校准，并返回起始状态。

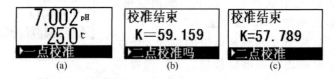

图 1-9　pH 测量时的斜率校准

② pX 测量时的斜率校准。pX 测量时的斜率校准方式有一点校准、二点校准和多点校准三种。在仪器的起始状态，按"pX/9"键，使仪器处于 pX 测量状态，按"校准/5"键，进入选择斜率校准方式［如图 1-10(a)］，然后按"▲/0"或"▼/."键翻看斜率校准方式，选中后，再按"确认"键即可进行相应的斜率校准。斜率校准方式中二点校准是比较常用的斜率校准法，它是通过测量两种不同标准溶液的电位值，计算出电极的实际斜率值。例如，已知两种标准溶液的 pX 分别为 4、9，则二点校准的具体操作如下（其他斜率校准方式的操作方法，因篇幅关系，本教材不作介绍，请参阅仪器说明书）。

选择二点校准并按"确认"键后,仪器显示"电极插入标液一",将电极和温度传感器清洗干净后放入标准溶液一中。稍后,仪器要求输入标液一的 pX 值〔见图 1-10(b)〕,输入标液一的 pX 值"4",输入完毕,按"确认"键,仪器显示标液一的电位和温度值〔如图 1-10(c)〕。等显示稳定后,按"确认"键,仪器显示"电极插入标液二"字样,此时,将电极和温度传感器从标液一中取出,并清洗干净,放入标准溶液二中。仪器要求输入标液二的 pX 值,输入标液二的 pX 值后,按"确认"键,仪器即显示标液二的电位和温度值。等显示稳定后,按"确认"键,仪器即显示出校准好的电极斜率。至此,二点校准结束,按"确认"键,返回仪器的起始状态。

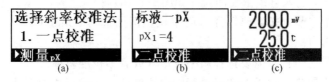

图 1-10　pX 测量时的斜率校准

③ 浓度测量时的斜率校准。浓度测量时的斜率校准与 pX 测量时的斜率校准基本相同,有一点校准、二点校准、多点校准。当采用添加法模式测量浓度时,可以采用多次添加法校准斜率。比较常用的斜率校准法也是二点校准法,具体操作与 pX 测量时的斜率校准相似,只需将输入标液的 pX 值改为输入标液的浓度值即可。

(6) 测量

① mV 测量。在仪器的起始状态下,按"mV/7"键即可切换到 mV 测量状态。仪器显示的是当前的电位、温度值。

② pH 测量。在进行过 pH 测量时的斜率校准后,取出电极和温度传感器,用去离子水清洗干净并用滤纸吸干外壁水,放入实测试液中,在仪器的起始状态下,按"pH/8"键,将仪器切换到 pH 测量状态,此时仪器显示的是当前被测溶液的 pH 和温度值。

③ pX 测量。在进行过 pX 测量时的斜率校准后,取出电极和温度传感器,用去离子水清洗干净并用滤纸吸干外壁水,放入实测

试液中,按"pX/9"键,将仪器切换到 pX 测量状态,此时仪器显示的是当前的被测溶液的 pX、温度值。

④ 浓度测量。仪器共设有四种浓度测量模式,包括直读浓度、已知添加、试样添加、GRAN 法等。在仪器的起始状态下,按"模式/4"键进入浓度模式功能选择[见图 1-11(a)],按"▲/0"或"▼/."键选择所需的浓度测量模式,按"确认"键,进行相应的浓度测量。在测量前还要选择需要表达的浓度单位,仪器共设有四种浓度单位即"mmol/L"、"μmol/L"、"mg/L"、"μg/L",操作者可通过按"▲/0"或"▼/."选择所需的浓度单位,再按"确认"键即可。下面是直读浓度模式测量的具体操作步骤。

第一步:在仪器的起始状态下,按"模式/4"键,再按"确认"键,进入直读浓度测量[如图 1-11(a)];

第二步:按需要选择浓度单位,例如选为"mmol/L"[如图 1-11(b)];

第三步:按需要选择斜率校准(或者不校准斜率);

第四步:按需要选择进行空白浓度校准(或者选为不进行空白校准);

第五步:将电极清洗干净,放入被测试样液中,仪器显示当前的电位和温度值;等显示稳定后,按确认键,仪器即计算出当前的浓度值[见图 1-11(c)]。至此,测量结束。

图 1-11 直读浓度测量模式

图 1-12 数据存储示意

(7) 存储测量数据 存储当前测得的数据 mV、pH、pX(或浓度值),只需在仪器的起始状态下(或者在浓度测量结束后),按

"贮存/6"键,即可将当前测量数据储存起来(注意!每种测量模式最多存储 50 套测量数据,若超过,仪器将自动重复从头存储)。存储时,仪器显示当前存储号和存储标志。图 1-12 为 mV 测量状态下 mV 存储时的显示示意图。存储完毕,仪器自动返回仪器的起始状态(或者浓度测量结束状态)。

4. PXSJ-216 型离子计的维护和保养

① 仪器必须有良好的接地,否则会造成显示不稳定。若使用场所没有接地线,或接地不良,需另外补接地线。

② 仪器在开机前,须检查电源是否按要求接妥;接通电源后,按"ON/OFF"键,若显示屏不亮,应检查电源器是否有电输出。

③ 两测量电极插口如果在使用时,只用一个,则另一个必须接上短路插头,仪器才能正常工作。

④ 测量完毕,所用电极和温度传感器应按要求,规范清洗,妥善保管;仪器外罩上防尘罩。

⑤ 仪器不使用时,短路插头也要接上,以免仪器输入开路或受潮而损坏仪器。仪器若长期不使用,应定期开机驱潮。

5. 常用离子选择性电极的使用

(1) 氟离子选择性电极的使用

① 氟电极在使用前应在纯水中浸泡数小时或过夜,或在 10^{-3} mol/L 的 NaF 溶液中浸泡活化 1~2h,再用去离子水反复清洗,直至达空白值 300mV 左右,方能正常使用。

② 试样和标准溶液应在同一温度下测定,用磁力搅拌器搅拌的速度应相等。

③ 测量前电极用去离子水清洗后,应用滤纸擦干,再插入试液中。测定时,应按溶液浓度从稀到浓的顺序测定。每次测定后都应用去离子水清洗至空白电位值,再测定下一个试样溶液,以免影响测量准确度。

④ 电极晶片勿与坚硬物碰擦,晶片上如有油污,用脱脂棉依次以酒精、丙酮轻拭,再用蒸馏水洗净。电极引线和插头要保持干燥。

⑤ 电极内充液为 AgCl 饱和的 10^{-3}mol/L 的 NaF 溶液和 10^{-1}mol/L 的 NaCl 溶液。配制后陈化 12h 后再加入。

⑥ 为了防止晶片内侧附着气泡，测量前，让晶片朝下，轻击电极杆，以排除晶片上可能附着的气泡。

⑦ 电极使用完毕，用去离子水清洗至空白值，干放保存。间歇使用可浸泡在水中。

（2）氯离子选择性电极的使用

① 电极在使用前应活化 2h，经常使用每天用完后擦干即可，用前活化 1h。长期不用时，可用电极帽套住电极头，干放保存。

② 与氯电极配套使用的参比电极最好使用双盐桥饱和甘汞电极。外盐桥为 KNO_3 溶液。

（3）钙离子选择性电极的使用

① 使用前拧下电极头，加入内参比溶液，注入量为内充液室的 4/5 为宜，再拧上电极头，动作要慢，并用棉球垫着 PVC 膜，勿使 PVC 膜严重凸出，然后将电极浸泡在 0.1mol/L $CaCl_2$ 溶液中 30min 以上，用去离子水清洗至空白电位（402 型钙电极空白电位值约为 -70mV）。

② 内参比溶液为 AgCl 饱和的 0.1mol/L $CaCl_2$ 溶液。配制后陈化 12h 再使用。

③ 电极使用完毕，用去离子水清洗至空白电位，拧下电极头，甩净内参比溶液，用滤纸将 AgCl 内参比电极吸干，避光保存。

④ 电极引线和插头应保持干燥。

（4）银离子选择性电极的使用

① 电极在使用前，需在 10^{-3}mol/L $AgNO_3$ 溶液中浸泡活化 1h 以上，再用去离子水清洗至空白电位（304 型银电极的空白电位值为 160mV）。

② 防止电极敏感膜被碰擦和污染，如敏感膜表面钝化、磨损、污染，应在抛光机上抛光处理，或在湿麂皮上放少量优质牙膏摩擦活化电极。

③ 电极使用完毕，用去离子水清洗至空白电位，用滤纸吸干，避光保存。

④ 电极导线应保持干燥。

第二节 电位滴定分析仪的使用

电位滴定分析法是指以指示电极、参比电极、试液组成工作电池，用标准溶液进行滴定，记录滴定过程中指示电极电位变化，并利用指示电极电位的突然变化的特点来指示滴定反应终点的电化学分析方法。在电位滴定分析法中，用来测量、记录、显示电极电位突变的仪器称为电位滴定分析仪。

一、仪器基本结构

电位滴定仪的仪器设备，有的很简单，有的比较复杂；可以自行组装，也有成套的商品仪器。在商品仪器中，有手动电位滴定仪和自动电位滴定仪。自动电位滴定仪是由计算机控制的全自动化仪器。

1. 手动电位滴定基本仪器装置

手动电位滴定用基本仪器装置如图 1-13 所示。装置中电位滴定池是一只烧杯，杯中放搅拌子和试液，烧杯

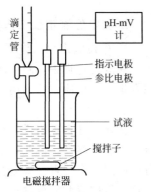

图 1-13　电位滴定装置示意图

放在电磁搅拌器上，试液中插有指示电极和参比电极。参比电极多用饱和甘汞电极，指示电极则应根据实际样品来选择。烧杯上方有一根滴定分析用滴定管（根据需要或选择常量的，或选择微量的）。用于测量两极电位差的仪器是高阻抗毫伏计，或用 pH 计，或用离子计均可。

2. 自动电位滴定仪

自动电位滴定仪是由计算机控制的全自动化仪器，它至少包括两个单元，即更换样品系统和测量系统，测量系统中有自动加试剂部分以及数据处理部分，其结构框图见图 1-14。

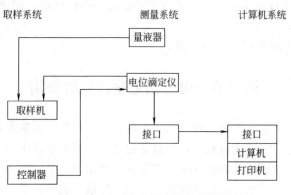

图 1-14　自动电位滴定仪结构框图

二、电位滴定仪工作原理和终点确定

1. 电位滴定仪工作原理

在滴定过程中，随着滴定剂的加入，由于待测离子与滴定剂之间发生化学反应，待测离子浓度不断变化，造成指示电极电位也相应发生变化。

在化学计量点附近，待测离子活度发生突变，指示电极的电位也相应发生突变。因此，通过测量滴定过程中电池电动势的变化，可以确定滴定终点。最后根据滴定剂浓度和终点时滴定剂消耗体积计算试液中待测组分含量。

2. 电位滴定仪确定滴定终点的方法

（1）手动电位滴定仪终点的确定　进行手动电位滴定时，先要称取一定量试样并将其制备成试液。然后选择一对合适的电极，经适当的预处理后，浸入待测试液中，并按图 1-13 连接组装好装置。开动电磁搅拌器和毫伏计，先读取滴定前试液的电位值（读数前要关闭搅拌器），然后开始滴定。滴定过程中，每加一次一定量的滴定溶液就应测量一次电动势（或 pH），滴定刚开始时速度可快些，测量间隔可大些（如可每滴加 5mL 标准滴定溶液测量一次），当标准滴定溶液滴入约为所需滴定体积的 90% 时，测量间隔要小些。滴定进行至近化学计量点前后时，应每滴加 0.1mL 标准滴定溶液测量一次电池电动势（或 pH），直至电动势变化不大为止。记录每次滴加标准滴定溶液后滴定管读数及测得的电动势（或 pH）。根据所测得的一系列电动势（或 pH）以及滴定消耗的体积用 E-V 曲线法或二阶微商法确定滴定终点。

(2) 自动电位滴定仪终点的确定　自动电位滴定仪确定终点的方式通常有三种。

① 保持滴定速度恒定，自动记录完整的 E-V 滴定曲线，然后再确定终点（确定终点的方法可参阅《仪器分析》教材）。

② 将滴定池两电极间电位差同预设置的某一终点电位差相比较，两信号差值经放大后用来控制滴定速度。近终点时滴定速度降低，终点时自动停止滴定，最后由滴定管读取终点滴定剂消耗体积。

③ 基于在化学计量点时，滴定池两电极间电位差的二阶微分值由大降至最小，从而启动继电器，并通过电磁阀将滴定管的滴定通路关闭，再从滴定管上读出滴定终点时滴定剂消耗体积。

这种仪器不需要预先设定终点电位就可以进行滴定，自动化程度高。

三、常用仪器型号和特点

表 1-3 列出目前实验室内常用电位滴定分析仪生产厂家、型号、性能与主要技术指标，以供参考。

表 1-3　部分电位滴定仪型号、性能和主要技术参数

型号	主要性能和特点	主要技术参数
ZD-2 型自动电位滴定仪	仪器选用于实验室滴定分析，也可用单独用作 pH 计或高阻 mV 计使用。仪器可按设定电位控制滴定终点；可进行预控制电位（或 pH）调节；仪器可作手动、自动、恒 pH（电位）滴定；设有滴定终点的延迟电路；仪器由电磁阀控制液滴	仪器级别为 0.5 级；pH 测量范围为 (0.00～14.00) pH；mV 测量范围为 (−1400～1400) mV；pH 分辨率为 0.01 pH；mV 值分辨率为 1 mV；pH 基本误差为 0.03 pH±1 个字；mV 值基本误差为 5 mV±1 个字；输入阻抗为 3×10^{11} Ω；稳定性为 0.01 pH/3h；仪器滴定分析重复性误差为 0.2%

续表

型号	主要性能和特点	主要技术参数
ZDJ-5型自动电位滴定仪	ZDJ-5是一种精度较高的实验室仪器;仪器采用模块化设计,由滴定装置、控制装置和测量装置(包括电位测量、电导测量、永停滴定三种)三部分组成。仪器有预滴定、预设终点滴定、空白滴定或手动滴定等功能,可自行生成专用滴定模式,扩大了仪器使用范围。当滴定仪的控制装置用计算机代替时,可在计算机虚拟滴定仪操作界面上进行各种滴定分析。在线显示滴定曲线和测量数据。并可进行滴定方法编辑管理、滴定结果计算公式编辑、数据处理和统计等功能	pH测量范围为(0.00~14.00)pH;mV测量范围为(-1999.0~1999.0)mV;温度测量范围为(-5.0~-105)℃;pH分辨率为0.01pH;mV值分辨率为0.1mV;温度值分辨率为0.1℃;pH基本误差为0.01pH±1个字;mV值基本误差为0.03%满度;温度值为±0.3℃±1个字;控制滴定灵敏度为±2mV
ZDJ-4A型自动电位滴定仪	仪器采用液晶显示屏,中文操作界面,能显示有关测试参数和测量结果;仪器具预滴定、预设终点滴定、空白滴定或手动滴定功能,且可根据操作者习惯生成专用滴定模式;选用不同的电极可进行酸碱滴定、氧化还原滴定、沉淀滴定、络合滴定、非水滴定等多种滴定及pH测量;仪器可连接打印机打印测试数据、滴定曲线和计算结果,使用滴定专用软件可与计算机通信,可在计算机上即时显示;另可对滴定模式进行编辑和修改,实现遥控操作,并进行多种统计结果的计算	仪器级别为0.05级;pH测量范围为(0.00~14.00)pH;mV测量范围为(-1800~1800)mV;温度测量范围为(-5.0~-105)℃;pH分辨率为0.01pH;mV分辨率为0.1mV;温度值分辨率为0.1℃;pH基本误差为0.01pH±1个字;mV值基本误差为0.03%FS;温度值为±0.3℃±1个字;20mL滴定管容量允差为±0.035mL,分辨率为2/10000;10mL滴定管容量允差为±0.025mL,分辨率为1/10000;滴定管输液或补液速度为(50±10)s(滴定管满度时);滴定分析重复性为0.2%;滴定控制灵敏度为±2mV

续表

型　号	主要性能和特点	主要技术参数
海能 T890 自动滴定仪	仪器采用模块化设计，由滴定装置、控制装置和测量装置三部分组成。仪器有预滴定、预设终点滴定、空白滴定及手动滴定等功能可自行生成专用滴定模式；仪器采用可快捷更换的 PTFE 滴定管路；液路切换速度快、残液少；仪器设有多种滴定模式供选择；抗高氯酸腐蚀的滴定系统可进行非水滴定；仪器显示屏可实时显示滴定曲线及其一阶导数曲线；触摸屏控制人机交互操作界面，可实时显示滴定曲线及其一阶导数曲线；配备 PC 软件操作平台可进行图谱对比分析；仪器具有数据存储管理功能可实现数据的可溯源性，自动记录电极数据，还设有提醒功能	pH 测量范围为（0.00～14.00）pH；mV 测量范围为（-1999.0～1999.0）mV；温度测量范围为（-5.0～105）℃；pH 分辨率为 0.01pH；mV 值分辨率为 0.1mV；温度值分辨率为 0.1℃；pH 基本误差为 0.01pH±1 个字；mV 值基本误差为 0.03% FS；温度值为 ±0.3℃±1 个字；稳定性为（±0.3mV±1 个字）/3h。仪器控制滴定灵敏度为 ±2mV；滴定分析重复性为 0.2%
瑞士梅特勒-托利多 T50 全自动电位滴定仪	仪器采用模块化的设计理念，可随意进行功能扩展与升级，以满足不同滴定分析需要。仪器智能化程度高，能自动识别和智能查找电极、滴定剂和各种附件；根据型号不同，可同时连接多个滴定管和传感器，进行自动多步滴定、返滴定等各种复杂滴定测试。选用不同电极还可进行各种类型的滴定，如酸碱滴定、络合滴定、非水滴定、氧化还原滴定，甚至卡尔·费休水分测定、气体水分测定等；使用 Rondo 系列自动进样器；滴定仪控制方式为中文彩色触摸屏、电脑中文 Labx 软件同时控制或分别控制；彩色触摸屏分辨率为 320×240 像素操作界面	滴定管驱动器分辨率为 1/20000；滴定管排空和充满时间为 20s（100%充液速率）；mV/pH 测量电极测量范围为 ±2000mV；2 个 mV/pH 测量电极接口；1 个极化电极接口（卡尔·费休水分滴定、永停滴定）；1 个参比电极接口；1 个 PT1000 温度电极接口；1 个电导率电极/NTC 电极接口

注：各型号仪器的主要性能特点和指标参数应以产品实物为准，上表中相关数据仅供读者参考。

四、ZDJ-4A 自动电位滴定仪的使用

ZDJ-4A 自动电位滴定仪（见图 1-15）采用微处理技术，液晶显示屏，操作者可利用其滴定专用软件与计算机进行人机对话。仪器设有预滴定、预设终点滴定、空白滴定或手动滴定等功能。滴定系统采用抗高氯酸腐蚀的材料，可进行多种滴定反应。利用操作软件可对滴定模式进行选择和编辑，实现遥控操作，并进行多种统计结果的计算，显示并打印出有关测试参数、滴定曲线图和测量结果。

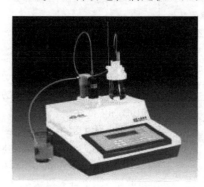

图 1-15 ZDJ-4A 自动电位滴定仪外形

1. 仪器主要技术参数

ZDJ-4A 自动电位滴定仪主要技术参数见表 1-4。

表 1-4 仪器主要技术参数

项 目	pH	电位值/mV	温度/℃
测量范围	0.00～14.00	-1800～1800.0	-5.0～105.0
分辨率	0.01pH	0.1	0.1
基本误差	±0.01pH±1 个字	±0.03%FS	±0.3℃±1 个字
	10mL 滴定管	20mL 滴定管	
滴定管容量允差/mL	±0.025	±0.035	
滴定管输液或补液速度/s	50±10(滴定管满度时)		
滴定分析重复性/%	0.2		
滴定控制灵敏度/mV	±2		

2. 仪器安装

(1) 安装环境要求　操作室环境温度为 5～35℃，室内相对湿度不大于 80%；供电电源为交流 220V±22V，频率为 50Hz±1Hz，如达不到要求，应配备稳压电源。仪器需有良好接地，实验

室除地磁场外，无强电磁场干扰。操作室内要有通风装置，装有化验盆、水龙头等设施，工作台坚固防振。实验室还应备有专用废液收集桶，配有窗帘，避免阳光直射。

（2）仪器安装

① 详细阅读仪器说明书。按仪器说明书，检查仪器零部件是否齐全。

② 安装搅拌器和溶液杯。把电极杆旋入主机面板右上角螺孔内，旋紧。在电极杆上装上搅拌器，并用紧固螺钉锁紧搅拌器，然后在其上方再装上溶液杯支架，并旋紧固定螺钉。

③ 安装滴定管。安装滴定管时，先将活塞连杆拔出，将滴定管上的活塞杆插入顶杆的燕尾槽内，往下压紧旋转滴定管，检查是否吻合，旋紧滴定管上的压紧螺母。

④ 连接输液管，安放溶液杯。将最长的一根作为进液管，最短的一根作为连接三通阀和滴定管，另一根输液管连接三通阀和滴定毛细管，旋紧接口处螺母，以防止液体泄漏。注意，输液管安装要平整不能弯折，应呈现自然弯曲状态；旋紧时，输液管不能有位移和弯折现象。将滴液管插在支架上的滴液管孔内。在溶液杯里放入搅拌子，将溶液杯装在溶液杯支架上，并调整好位置，使之置于搅拌器上（见图1-16）。

图1-16　安装溶液杯

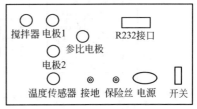

图1-17　仪器后面板示意图

⑤ 安装电极，连接电源。将搅拌器电源插头插入仪器后背搅拌器插座内（见图1-17）。按具体分析需要，安装上电位滴定所需

要的电极,如酸碱滴定可选择 pH 复合电极和温度传感器。安装时,先拔出复合电极电极套,再将电极插头插入仪器后背测量电极 1 插座内(注意,测量电极 2 插座上接有 Q9 短路插头不能拔出,必须保证测量电极 2 上的 Q9 插头短路良好),将电极插入溶液杯支架上的电极孔内。将温度传感器插头插入仪器后背温度电极插座内,传感器同样也插入溶液杯支架上的孔内。在洁净且干燥的溶液杯中移进一定量的试液,放入搅拌子,小心移动电极支架,将电极和温度传感器浸入试杯溶液中,连接仪器电源。

⑥ 仪器与计算机连接。连接计算机与仪器 RS232 通信接口;连接打印机。

⑦ 开启计算机,将光盘放入光驱中,安装仪器工作软件(软件由厂商提供)。

3. 仪器操作键的功能和使用

仪器面板上设有 22 个键(见图 1-18),分别为 0~9 数字键、"•"、"－"、"F1"、"F2"、"F3"、"mV/pH"、"标定"、"模式"、"设置"、"搅拌"、"打印"和"退出"键,其中有些键为共用键。下面简要介绍这些键的功能和使用方法。

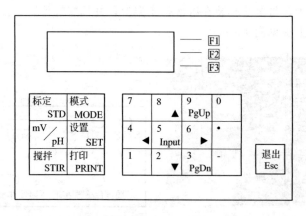

图 1-18 面板键盘位置示意图

(1) 0~9 数字键、"•"和"－" 用于数据输入,其中数字键"2"、"4"、"6"、"8"分别兼作下调、左调、右调、上调键用,

"3"、"9"分别为兼作 PgDn（下页）和 PgUp（上页）键，"5"兼作"Input"键，这些都是共用键。左调和右调键，下调和上调键在许多状态下，用于移动光条和调节数值。在设置过程中，左调或右调键可选择终点数，黑色表示选中；按上调或下调键可移动光标进行选项；PgDn 键和 PgUp 键用于菜单翻页；Input 键用于模式名称输入。

（2）F1、F2、F3 键　它们分别表示在仪器当前状态下，显示屏右方格中所显示的相应的功能（见图 1-19）。例如，仪器在某状态下，与 F1 键相应位置的显示屏右方格显示"滴定"，此时按下 F1 键仪器进入滴定功能；与 F2 键相应位置的显示屏右方格显示"补液"，此时按下 F2 键，仪器进入补液功能；F3 键对应"清洗"，按"F3"键，仪器进入清洗功能。若仪器在某另一状态下，F2 键对应"设置"，按 F2 键，仪器进行参数修改；F3 键对应"下页"，按 F3 键，仪器显示屏将显示下页内容。

（3）模式键　按下此键，仪器进入模式滴定功能，包括模式的载入、模式参数的修改、模式删除以及模式的生成等（详细操作方法请阅读说明书）。

（4）设置键　用于设置参数，包括用于设置测量电极插口、滴定管、滴定管系数、日期、时间、预滴定参数和预控滴定参数等（详见说明书）。

（5）mV/pH 键　用于 mV、pH 两种测量状态之间的切换。

（6）标定键　用于标定 pH 电极的斜率。

（7）打印键　用于检测打印机，打印滴定结果、滴定数据、滴定曲线等。

（8）搅拌键　用于启动搅拌器并可设置搅拌速度。

（9）退出键　用于退出仪器的当前功能模式。按下此键，仪器退出当前的功能模式，返回到上一次菜单，相当于"Esc"键。

4. 滴定模式简介

仪器设有如下 5 种滴定模式。

（1）预滴定模式　这是仪器主要滴定模式之一，许多模式滴定都要从预滴定模式产生，仪器可通过预滴定模式自动找到滴定终

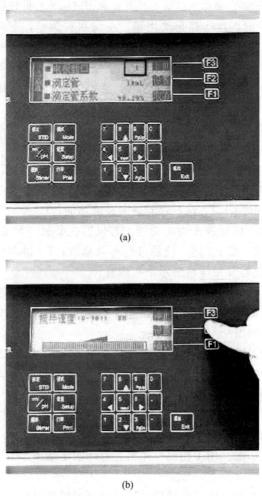

图 1-19 仪器参数设置

点,从而生成专用滴定模式。

(2) 预设滴定终点　如果操作者已知滴定终点的 pH 或电位值,可用预设终点滴定功能进行滴定。此时只需输入终点数,如终点 pH 或电位值或预控点值(预控点是指快速滴定到慢速滴定的切换点),即可进行滴定。

(3) 模式滴定　仪器提供两种专用模式滴定。A 模式为 HCl 滴定 NaOH；B 模式为 $K_2Cr_2O_7$ 滴定 Fe^{2+}；其余模式滴定需要操作者先进行预滴定，取得滴定参数，再通过按"模式"键，将所得参数储存于仪器中方可生成专用滴定模式。此后只需载入此模式即可进行滴定（模式生成方法详见说明书）。

(4) 手动滴定　仪器通过设定添加体积进行手动滴定，利用手动滴定模式可帮助操作者找到滴定终点，从而生成专用滴定模式。

(5) 空白滴定　该模式适用于滴定剂消耗少（1mL 以下）的滴定体系。在此模式中，仪器每次添加体积为 0.02mL，操作者可以修改此参数，也可以自己设置预加体积数，以加快滴定速度，从而以此寻找滴定终点，生成专用滴定模式。

5. 仪器参数设置

仪器参数设置包括：设置电极插口、设置滴定管、设置滴定管系数、设置搅拌器开始速度、设置预滴定参数、设置预控滴定参数、设置日期和时间、设置打印机类型等。

(1) 电极插口设置　当电极插在电极插口 1 时，必须相应地将电极插口设置为"插口 1"［见图 1-19(a)］；如若电极插在插口 2 上，则应将电极插口设置为"插口 2"。操作如下：在仪器的起始状态下，按设置键，仪器进入设置模式。仪器光标显示在"电极插口"上，按"F2"设置键，再按"PgDn"或"PgUp"键，使仪器显示"电极插口 2"，然后按"F2"键确认即可。

(2) 滴定管设置　仪器提供 10mL 和 20mL 两种体积滴定管。操作时应根据所选择的滴定管体积进行设置。如使用 20mL 滴定管应将滴定管设置为 20mL。否则将直接导致仪器不能正确显示滴定溶液的体积。设置操作方法是：在仪器的起始状态下，按仪器"设置"键，仪器进入设置模式，移动光标至滴定管上，按"F2"设置键，再按"PgDn"或"PgUp"键，使仪器显示"滴定管 20mL"，按"F2"确认键，确认设置。

(3) 滴定管系数设置　每支滴定管均标有滴定系数，使用时应按以下方法设置：按"设置"键，进入设置模式，按"▼"键，使光标显示在滴定管系数上，按"F2"键，按上调或下调键，调节滴定管系数至已知数值，调节完毕，按"F2"确认键，确认设置。

（4）预滴定参数设置　一般情况下不必设置预滴定参数，因为仪器一般已能满足滴定要求。当预滴定突跃偏低或噪声太大，无法正确找到滴定终点时，则需将终点突跃设置为"小"。仪器只提供"预滴定结束体积"和"预滴定终点突跃"2个参数量。

① 预滴定结束体积设置。在预滴定时，找到一个滴定终点后，仪器自动进行下一个终点寻找，并不停止滴定，必须按终止键或根据结束体积设置值停止滴定。结束体积省缺值为40mL，可根据实际需要重新设置。设置方法是：按"设置"键进入设置模式，移动光标至"结束体积"，按"F2"设置键，仪器进入"预滴定结束体积"的设置状态，按需要用数字键输入预滴定结束体积值，输入完毕，按"F2"确认键。

② 预滴定终点突跃设置。突跃量大小一般无需修改，因为更动突跃量大小会直接影响下次滴定的终点。若需要更动，先移动光标至"终点突跃"，按"F2"设置键，仪器进入"预滴定终点突跃"设置状态，一般只需选择终点突跃为"大"、"中"、"小"即可。

（5）搅拌器速度设置　在预置有一定量被测溶液的溶液杯中放入搅拌子，并将溶液杯置搅拌器上，按下搅拌键，仪器进入搅拌器速度设置状态［见图1-19（b）］，按上调或下调逐步增加或降低搅拌器速度（也可按"F2"设置键，再输入搅拌速度值，按"F2"确认键，退出输入状态），搅拌器即可按新速度开始搅拌。如果输入有误可按"F3"消除键清除后重新输入。

（6）打印机设置　仪器兼容PT-16、PT-24和PT-40三种型号打印机，一般多使用PT-40型。使用时应设置相应的型号。设置方法：在起始状态下，按"设置"键，再按"▲"或"▼"键，选中"打印机"，按"F2"设置键，进入打印机设置状态，按"PgDn"或"PgUp"键，选择对应的打印机型号，选择结束按"F2"确认键。

（7）日期设置　按"设置"键，进入设置状态，按"▲"或"▼"键，移动光标至日期上，按"F2"设置键，即可设置日期，再按左调或右调键,移动左右光标至需要设置的年、月、日上,再按左调或下调键调节至具体的年、月、日。

6. 仪器使用操作步骤

以酸碱滴定(预设终点法)为例。

(1) 实验前准备

① 仔细阅读仪器说明书和软件使用说明。

② 打开仪器电源开关,预热几分钟;打开电脑,进入软件起始状态。

③ 清洗输液管并赶走管内气泡 将输液管(管外壁的水已用吸水纸吸干),插入 0.1000mol/L HCl 标准溶液瓶中,将 200mL 空烧杯放在搅拌器上,按"F3"清洗键,按上调或下调键选择清洗次数(建议清洗 6 次以上)。再按下"F2"确认键,仪器开始清洗。清洗过程应检查输液管内是否有气泡或漏液现象,若有气泡可用中指轻弹输液管,使气泡沿液体流动方向排出。输液管清洗完毕界面自动返回起始状态。移去废液杯,将废水倒入废液桶内。

(2) 标定电极

① 安装电极和温度传感器。安装好分析所需的电极(已按使用规范预先处理好)和温度传感器(参阅本节四)。将复合电极上加液口护套取下,露出电极内充溶液加液口,用蒸馏水将电极洗净,吸去电极外部水分,移去废液杯。

② 标定电极。在溶液杯(已用标准缓冲溶液润洗过)中倒入标准缓冲溶液(pH=6.86,25℃),将洁净搅拌子放入杯中。将溶液杯放在搅拌器上,移动支架小心将电极和温度传感器浸入试杯溶液中,开启搅拌器开关。按"搅拌"键,进入设置搅拌速度界面,设定、输入搅拌速度数值,返回仪器起始状态。在仪器起始状态下,按仪器的"标定"键,仪器进入标定状态,此时仪器显示当前溶液的 pH 和温度值。待读数稳定后按下"F2"确认键,仪器显示电极的百分斜率和 E_0 值,至此一点标定结束。仪器显示"进行第二点标定?",按"F2"确认键(如不需要,按 F1 取消键),继续第二点标定。

将第一种标准缓冲液移出,换上空烧杯,用蒸馏水洗净电极,吸去外部水分，将烧杯取下。换上盛有另一种标准缓冲溶液（pH4.00 或 pH9.18）的溶液杯，在杯中放入搅拌子，开启搅拌器，仪器进入二点标定工作状态，待读数稳定后按"F2"确认键，仪器显示标定结束，按"F2"确认键或"F1"取消键退出标定模式。

（3）电极标定完毕　将标准缓冲溶液杯取下，换上空烧杯，用蒸馏水洗净电极，吸去外部水分。按"mV/pH"转换键，使显示切换到 pH 测量状态。

（4）取样　用移液管移取 0.1mol/L 的 NaOH 溶液 10mL，加入 40mL 去离子水至溶液杯中，将搅拌子（已清洗过）放入溶液杯，取下烧杯换上溶液杯。

（5）补液　仪器在起始状态下，如果滴定管活塞不在起始点，按"F2"补液键，补液完毕仪器自动返回起始状态，在补液过程中，按"F1"终止键，可停止补液，每次滴定结束，仪器会自动进行补液过程。

（6）预设终点滴定设置　在起始状态下，按"F1"滴定键进入滴定模式选择状态，按上调或下调键，移动光标至"预设终点滴定"上，按下"F2"确认键；再按上调或下调键，移动光标至选择"pH滴定"模式，选择完毕按下"F2"确认键。按"F3"搅拌键，仪器显示电极百分斜率和 E_0 值。按"F1"确认键，进入预设终点参数状态，按左调或右调键，根据不同实验选择相应的终点数（此实验选"1"，黑色表示选中）。选择完毕（黑色表示选中）按"F2"确认键，进入第一终点设置。按"F2"确认键，输入终点pH 数值，按"F2"确认键。如果需要设置预控滴定终点前的控制点，则按上调或下调键，移动光标至预控点，再按"F2"设置键，输入所需预控 pH 值，按"F2"确认键和滴定键，仪器进入自动滴定状态（注：仪器在当时状态下，屏幕上的"延时时间"一般不需更改。在滴定过程中，仪器提供以下几种滴定模式：重复上次滴定，预滴定，预设终点滴定，模式滴定，手动滴定，空白滴定等，这里只介绍预滴定和预设终点滴定，其余滴定模式请阅读说明书）。滴定完毕仪器将提供测量数据。记录并保存相关数据。

（7）结束工作　用清洗液或净水清洗仪器滴定管、输液管。关闭仪器电源开关。洗净电极，并对所用电极做好维护保养工作。处理废液，整理并清洁操作台，填写仪器使用登记表。

7．仪器使用注意事项和维护保养

① 电极输入端"1"、"2"插口必须保持干燥、清洁；在仪器不使用时，必须插上短路插头。

② 在进行滴定分析前输液管需用滴定剂至少清洗 6 次以上，才能保证分析精度。

③ 进行酸碱滴定时，为了保证测量准确性，电极应先用标准缓冲溶液进行二点标定。

④ 每测完一次都必须用去离子水清洗电极，并用吸水纸吸去电极外壁上的水。

⑤ 选择预设终点滴定法，必须事先已知该被测溶液终点 mV 或 pH（可通过预滴定来得到），再设置该溶液的终点值。

⑥ 仪器长时间不用时，应每隔 1～2 周通电一次，以防因潮湿而影响仪器性能。

8．仪器常见故障分析和排除方法

ZDJ-4A 自动电位滴定仪常见故障、产生原因及排除方法见表 1-5。

表 1-5　仪器常见故障、产生原因及排除方法

现　　象	产生原因	排除方法
开启电源开关仪器无反应	(1)电源未接通 (2)保险丝熔断 (3)仪器电源开关接触不良	(1)检查供电电源和连接线 (2)更换保险丝 (3)更换仪器电源开关
mV 测量不正确	(1)电极性能不好 (2)另一电极插口短路不好	(1)更换新电极 (2)更换 Q9 短路插头
pH 测量不正确	(1)电极性能不好 (2)另一电极插口短路不好 (3)电极插口设置错误	(1)更换新电极 (2)更换 Q9 短路插头 (3)重新设置正确的电极插口
预滴定找不到终点	(1)终点突跃太小 (2)滴定剂或样品错误 (3)终点体积较小 (4)电极选择错误	(1)将突跃设置为"小" (2)更换滴定剂或正确取样 (3)改用"空白滴定"模式 (4)正确选择电极

续表

现　　　象		产生原因	排除方法
预滴定找到假终点		预滴定参数设置不合适	将滴定突跃设置为"大"
滴定模式错误	预滴定找到假终点	预滴定找到假终点	将假终点关闭
	滴定结果为0.00mL	电极插口选择错误	设置正确电极插口
	找不到终点	模式选择错误	选择正确滴定模式
预设终点滴定错误	两个以上终点时参数设置完毕后无法进行滴定	参数设置错误	重新设置正确参数
	滴定时显示"预控点设置错误"	参数设置错误或电极插口设置错误	重新设置正确预控点，设置正确的电极插口
搅拌器不转		(1)搅拌器没连接 (2)搅拌设置错误 (3)搅拌器坏 (4)溶液杯内无搅拌子	(1)连接好搅拌器连线 (2)加快搅拌速度 (3)更换搅拌器 (4)放置搅拌子
输液管有气泡		输液管接口漏液	安装好输液管
机械动作不正常		滴定管安装不正确	安装好滴定管
电极标定错误		(1)pH电极性能差 (2)缓冲溶液配制错误 (3)电极插口选择错误	(1)更换pH电极 (2)重新配制标准缓冲溶液 (3)设置正确的电极插口

五、ZYD-1型自动永停滴定仪的使用

永停终点法（也称死停终点法）是电位滴定法的一个特例，其原理与电位滴定法相比较有所不同。

将两支相同的铂电极插入被测溶液中，在两个电极间外加一个小量电压（一般为10～100mV），通过观察滴定过程中电解电流的变化来确定滴定终点，这种方法称为永停终点法。在永停终点法中，用来测量、显示滴定过程溶液电流变化的仪器称永停滴定仪。永停滴定仪在进行重氮化滴定和卡尔·费休滴定等滴定分析时，可作自动滴定、终点指示及控制滴定用。

1. 仪器工作原理

当溶液中存在氧化还原电对时，插入一支铂电极，它的电极电

位服从能斯特方程,但在该溶液中插入两支相同的铂电极时,由于电极电位相同,电池电动势等于零。这时若在两个电极间外加一个很小的电压,接正端的铂电极发生氧化反应,接负端的铂电极发生还原反应,此时溶液中有电流流过。这种外加小电压引起电解反应的电对称为可逆电对(如 I_2/I^-、Ce^{4+}/Ce^{3+} 等)。反之,有些电对在此小电压下不能发生电解反应,则称为不可逆电对(如 $S_4O_6^{2-}/S_2O_3^{2-}$)。例如,用 I_2 标准滴定溶液滴定 $S_2O_3^{2-}$ 溶液,在化学计量点前,溶液中存在过量的不可逆电对 $S_4O_6^{2-}/S_2O_3^{2-}$,溶液中无电流通过;到了化学计量点,再过量半滴 I_2 标准滴定溶液,多余的 I_2 与溶液中的 I^- 构成 I_2/I^- 可逆电对,产生电解反应,电流计立即产生较大的偏转,指示滴定终点的到达。反之,若用 $S_2O_3^{2-}$ 标准溶液滴定 I_2,则电流计从有电流偏转回零点,即使再过量也不变动。ZYD-1 型自动永停滴定仪就是利用滴定过程中,两电极回路中电流突变来确定终点的,其工作原理框图如图 1-20 所示。

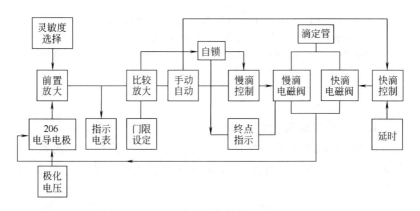

图 1-20 ZYD-1 型自动永停滴定仪的原理框图

2. 主要技术参数

① 极化电压(mV):50,70,100。

② 门限值(%):0,10,20,30,40,50,60,70,80,90,100。

③ 灵敏度选择（A）：10^{-7}，10^{-8}，10^{-9}。
④ 电源：220V，50Hz。

3. 仪器各部件调节钮和开关的作用

ZYD-1型自动永停滴定仪面板上各开关、旋钮的位置见图1-21，滴定装置见图1-22。

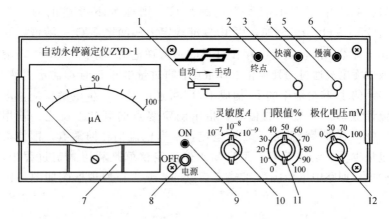

图 1-21　ZYD-1型自动永停滴定仪面板示意
1—手动-自动转换开关；2—终点指示灯；3—快滴开关；4—快滴指示；5—慢滴开关；
6—慢滴指示；7—指示表头；8—电源开关；9—电源指示灯；10—灵敏度选择；
11—门限值选择；12—极化电压选择

4. 仪器的使用方法

（1）安装自动滴定装置

① 如图1-22所示，将立杆装入立杆座中，并拧紧紧固螺钉；将电磁阀组合装在立杆上；将支撑杆装在支撑座内，并将螺钉拧紧。

② 将滴定管组装夹固定在支撑杆上，并装上滴定管，固定在适当位置，然后将小三通装在滴定管尖嘴下；把玻璃滴嘴装在电磁阀组合上，然后装快、慢滴乳胶管并插在玻璃滴嘴上。

③ 把已活化的电极（电极在使用前，应用清洁液浸泡2min并冲洗干净）夹在电极夹上，使电极的铂片与烧杯的圆周方向一致，电极处于滴嘴与溶液旋涡的下游位置，滴嘴与电极距离小于

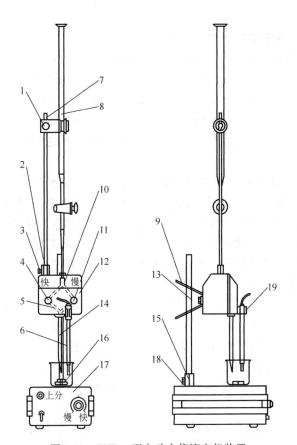

图 1-22 ZYD-1 型自动永停滴定仪装置

1—滴定管夹；2—支撑座；3—螺钉；4—快滴电磁阀；5—乳胶管；6—206 铂电导电极；7—支撑杆；8—滴定管；9—弹簧夹；10—小三通；11—慢滴电磁阀；12—电磁阀组合；13—立杆；14—玻璃滴嘴；15—立杆座；16—搅拌子；17—搅拌器；18—螺钉；19—电极夹

2.5cm。滴定时电极处于高浓度区域，如在自动滴定过程中，出现表头的指针有反偏现象，可将电极在原来位置上作 180°的调转。将电极插头和电磁阀插头插入滴定仪相应插孔中；连接好磁力搅拌器和滴定仪电源连接线。

在完成上述安装工作并检查无误后，可以开始下一步骤的操作。

(2) 开机并调至工作状态

① 打开电源开关,将"手动-自动"开关置"手动"挡,按"慢滴"开关,则黄灯亮;按"快滴"开关,则黄灯和绿灯同时亮。

② 把电极调节在适当高度上,放上盛有蒸馏水的烧杯,放入搅拌子。打开电磁搅拌器电源开关,观察是否运转正常,如果调速旋钮在"min"位置启动困难时,可将调速旋钮调节至"max"位置。

③ 将极化电压开关置"50"mV挡、灵敏度开关置"10^{-9}"挡,门限值开关置"0"挡,将"手动-自动"开关置"自动"挡,再将门限值开关置"10%",此时黄灯亮。约过5~8s后,绿灯应亮。然后再将门限值开关置"0"位置,黄、绿灯即暗,过60s左右时,红灯亮并报警。将"手动-自动"开关置"手动"位置,红灯灭,报警停止。

④ 向滴定管(已清洗过)内注入标准滴定溶液。将电磁阀门打开,开启仪器"快滴"或"慢滴"开关,标准溶液流下,管内气泡亦带出。待导管内无气泡时,盖上电磁阀门盖。

⑤ 调节滴液速度。拧动左边电磁阀调节螺钉,使快滴变成线状;拧动右边电磁阀调节螺钉,使慢滴速度为0.02~0.03mL/次(即1~3滴/s)。

⑥ 将极化电压、灵敏度、门限值按照测定的样品调节至规定范围(一般滴定,极化电压可调至50mV,灵敏度为$10^{-9}A$,门限值为60%)。

⑦ 再向滴定管内注入标准滴定溶液至零标线以上,按慢滴开关,使滴定管内标准溶液液面于零刻度线上。提起电极,用蒸馏水冲洗,并用滤纸吸干电极外壁水。

⑧ 移取一定量的试液于一洁净的烧杯中,将烧杯置搅拌器上,并将电极插入液面,打开搅拌开关,调节搅拌速度适中(注意,搅拌子不应与电极相碰)。

⑨ 把开关置于"自动"挡,滴定开始,待红灯亮,并报警时则终点到,记录滴定管上的读数。

⑩ 将"手动-自动"开关置于"手动"挡,用蒸馏水冲洗电极,从⑦开始,重复操作下一个样品的滴定。

5. 仪器的维护和保养

① 仪器应安放在坚固平稳的工作台上,周围无强烈振动,工作环境温度为 0～40℃,相对湿度应≤85%。

② 实验室供电电源应符合仪器要求(220V);仪器接地必须良好。

③ 仪器的输入端(电极插座)必须保持干燥、清洁。

④ 仪器开机前应仔细检查各接插件位置是否正确,接触是否良好。

⑤ 仪器使用时,各调节旋钮的旋动不可用力过猛,按键开关不要频繁按动,以防止发生机械故障或破损。

⑥ 仪器使用一段时间后,乳胶管会老化,失去弹性,出现漏液现象,应定期更换。更换乳胶管的方法如下。

a. 将电磁阀流量调节螺栓旋下,将老化的乳胶管从电磁阀中取出。

b. 将电磁阀盖取下。把新乳胶管从电磁阀自上而下穿出,使胶管架在电磁阀塑料盖内的刀口上(注意,千万避免乳胶管弯向两旁)。将电磁阀塑料盖装上并拧紧。

c. 将流量调节螺钉旋入塑料盖,并按要求调节好流量。

⑦ 仪器较长时间不用时,最好每隔 1～2 周通电一次,以防因潮湿而影响仪器的性能。

第三节 WK-2D 型微库仑分析仪的使用

微库仑分析法不同于恒电位库仑分析法和恒电流库仑分析法,它是随着库仑滴定技术和仪器精度的提高,应用现代电子技术发展起来的一种库仑分析法。在测定过程中,其电位和电流都不是恒定的,而是根据被测物浓度的变化,应用电子技术进行自动调节,其准确度、灵敏度和自动化程度更高,更适合作微量分析。WK-2D 型微库仑综合分析仪就是用于微库仑滴定的测量仪器,它主要用于石油化工产品中微量硫、氯、氮的分析。

一、工作原理

WK-2D型微库仑综合分析仪是应用微库仑滴定原理,由零平衡工作方式设计的库仑放大器与滴定池和适宜的电解液组成了一种闭环负反馈系统。仪器的工作原理如图1-23所示。

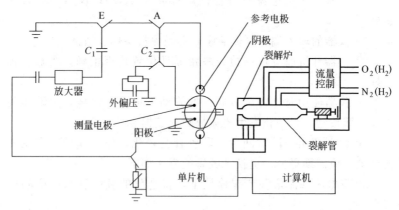

图1-23　WK-2D型微库仑综合分析仪工作原理

滴定池中的参考电极供给一个恒定的参比电位,并与测量电极组成指示电极对产生一电压信号。这一信号与外加给定偏压反向串联后,加在库仑放大器的输入端。当两电压值相等时,放大器输入为零,输出也为零,在电解电极对之间没有电流通过,仪器显示器上是一条平滑的基线。当样品由注射器注入裂解管,样品中的待测物质反应转化为可滴定离子,并由载气带入滴定池,消耗电解液中的滴定剂。滴定剂浓度的变化使滴定池中的指示电极对的电位发生变化,其值的变化送入微机控制的微库仑放大器,经放大后加到电解电极对(阴极、阳极)上,在阳极上电解产生出滴定剂(即电生滴定剂),以补充消耗的滴定剂。上述过程随着滴定离子的消耗连续进行,直至无消耗滴定离子的物质进入,并已电生出足够的滴定离子,使指示电极对的值又重新等于给定偏压值,仪器恢复平衡。在消耗-补充滴定离子的过程中,测量电生滴定剂消耗电量,依据法拉第定律进行数据处理,即可计算出样品含量。

二、主要技术参数

① 最大发生电流：±2mA。
② 放大器最大输出电压：±30V。
③ 给定偏压范围：0～500mV，连续可调。
④ 分析范围：硫为0.2～5000mg/L；氯为0.5～5000mg/L；氮为0.5～5000mg/L。
⑤ 控温范围及精度：室温～1000℃，±1% ±5℃。
⑥ 重复性误差。
a. 试样浓度＜1.0mg/L时，重复性误差不大于50%。
b. 1.0mg/L≤试样浓度≤10mg/L，重复性误差不大于10%。
c. 试样浓度＞10mg/L时，重复性误差不大于5%。

三、仪器的主要部件

WK-2D型微库仑综合分析仪由计算机、微库仑综合分析仪主机、温度流量控制器、搅拌器及进样器等组成。

1. 主机

仪器主机是信号放大和数据处理的关键部件（见图1-24），其前面板左上方有电源指示灯；后面板有串行口、温控口、电极插口、电源插口和电源开关（见图1-25）。

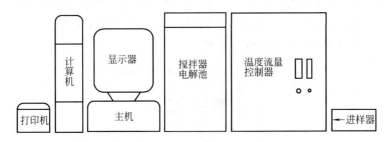

图1-24 仪器前面板示意

2. 温度流量控制器

温度流量控制器由一个三段分别升温的高温管状炉及相应的控制电路和气体流量装置组成。其前面板上有两个气体流量计及控制相应的气体流量大小的调节旋钮，反应气和载气由后面板接入，如

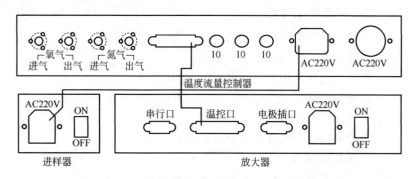

图 1-25　仪器后面板示意

图 1-25 所示,通过针形阀调节其流量大小,并由气体流量计直接读出。一般接入气体的操作压力控制在 100~200MPa,反应气和载气分别为氧气和氮气。

3. 搅拌器

样品的裂解产物被气流带入滴定池后,要保证其与电解液中滴定剂之间进行快速和充分接触,这项工作是通过磁力搅拌器来完成的。磁力搅拌器工作原理如图 1-26 所示。它通过 +12V 直流电机带动磁钢转动,滴定池内的磁力搅拌棒将随磁钢的转动而均匀转动,从而达到搅拌电解液的目的。搅拌时,速度不宜过快或过慢,以电解液产生微小旋涡为宜。同时,应把滴定池放在磁钢的正上方,以免搅拌棒碰撞电解池池壁。

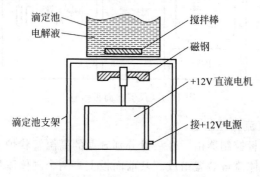

图 1-26　磁力搅拌器工作原理示意

4. 进样器

① 液体进样器由单片机控制步进电机来带动丝杆进行样品的注入。当进样（按前进键）完毕后，丝杆自动后退。通过调节两组拨盘开关来设定丝杆的进程和速度。一般情况下，进程和速度分别设为3挡和8挡。

② 对气体样品通常用1~10mL的注射器进行样品注入。用注射器取样时，取样速度要快，以防气体从针头跑出。在进样时速度不宜太快，以保证较高的氧分压，让样品完全燃烧，防止裂解管壁形成积炭。也可用气体进样器来实现样品的进样。

③ 对于固体或高沸点的黏稠液体试样，可使用带样品进样舟的固体进样器进样。固体进样器的构造如图1-27所示。进样时先利用推动棒将样品送到裂解管预热部位，待30~60s后，再将进样舟推至加热部位让样品进行裂解，裂解产物由载气带入滴定池进行滴定。然后将进样舟拖至裂解管入口附近冷却，再进行第二次样品测定。

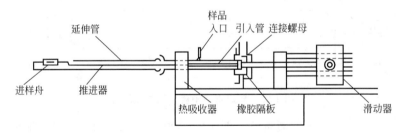

图1-27 固体进样器构造示意

5. 裂解管

裂解管由石英制成，它的作用是将样品中的有机硫、氯、氮、碳和氢各元素分别转变为能与电解液中滴定离子发生作用的SO_2、HCl、NH_3和不发生反应的CO_2、H_2O、CH_4等化合物。

(1) 测定轻油中硫、氯的裂解管 如图1-28所示，样品用注射器穿过硅橡胶堵头注入裂解管入口汽化，氮气通过靠近堵头的螺旋管A经过预热后，进入汽化室与样品气相混合，再以较快的流速通过喷嘴P进入燃烧室，与另一侧管B供给的氧气充分混合后

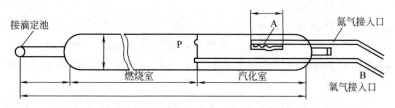

图 1-28 测定轻油中硫、氯的裂解管

燃烧,生成 SO_2、HCl。SO_2、HCl 的转化率除受裂解管结构影响外,裂解区温度,氧、氮分压比,池子工作状态以及仪器操作选择的偏压和增益等因素也会影响测定结果。

(2)测定重油中硫、氯的裂解管 图 1-29 为测定重油中硫、氯的裂解管示意,它与测定轻油中硫、氯裂解管相比扩大了燃烧室容量,增加了一个支管导入氧气,增大了喷嘴,使燃烧更加完全,这就为增加样品处理量和提高反应速度创造了条件。

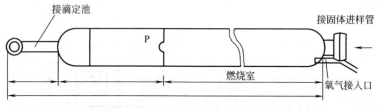

图 1-29 测定重油中硫、氯的裂解管

(3)测定氮的裂解管 图 1-30 为测定氮的裂解管示意。液体试样注入裂解管入口段进行汽化,并在此与氢气混合,氢气由侧管引入,它起着载气和反应气的作用。当混有样品的氢气通过加热的催化剂层时,样品中的有机氮转变为 NH_3,然后由 H_2 将反应产物带入滴定池,并与滴定剂进行反应。

6. 滴定池

滴定池是微库仑滴定仪的重要部件,它起着将试样裂解产生的被测物质和电解液中的滴定剂发生反应的作用。滴定池由池盖、池体、电极等组成。图 1-31 是氧化法测定硫的滴定池,只要改变电极材料或改变滴定池池体结构即可用于氧化法测定氯和还原法测定

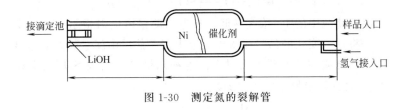

图 1-30　测定氮的裂解管

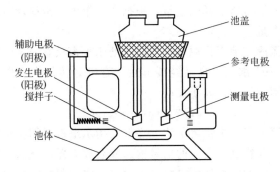

图 1-31　氧化法测定硫滴定池

氮等。为了减少滴定池反应室体积，一般将参考电极和辅助电极装在侧臂，通过微孔毛细管与反应室相连。测量电极和发生电极装在池盖上。这样，滴定池反应室内一般装入 10~12mL 电解液，即可满足实验需要，并能达到较高的灵敏度和较快的响应速度。由燃烧管进来的气体通过滴定池的毛细管入口进入滴定池。因为滴定池入口顶端特殊的构造，可将进入的气体在搅拌作用下打碎成小气泡，搅拌子可使反应物质与滴定剂之间进行快速和充分接触，并形成一均匀的扩散层。

为了防止周围电场对滴定池形成的电干扰，搅拌器必须接地良好。特别是使用氯滴定池测定氯化物时，由于增益较高，更需注意防止静电干扰。此外，氯电解池对光反应灵敏，还应采取避光措施。

(1) 硫滴定池工作原理　当系统处于平衡状态时，滴定池中保持恒定的 I_3^- 浓度，当有 SO_2 进入滴定池时，就与 I_3^- 发生如下反应，即

$$I_3^- + SO_2 + H_2O \longrightarrow SO_3 + 2H^+ + 3I^-$$

反应使池中的 I_3^- 浓度降低,参考与测量电极对指示出这一变化,并将这一变化的信号输入库仑放大器,然后由库仑放大器输出一相应的电流加到电解电极对上。电解阳极电生出被 SO_2 所消耗的 I_3^-,直到恢复原来的 I_3^- 浓度。

$$3I^- \longrightarrow I_3^- + 2e$$

测量电解时所消耗的电量,根据法拉第电解定律就可求得样品中总硫的含量。

(2) 氯滴定池工作原理　当系统处于平衡状态时,滴定池中保持恒定的 Ag^+ 浓度,样品经裂解后,有机氯转化为氯离子,再由载气带入滴定池同银离子反应。

$$Ag^+ + Cl^- \longrightarrow AgCl$$

反应使滴定池中银离子浓度降低,指示电极对即指示出这一信号的变化,并将这一变化的信号输入库仑放大器,然后由库仑放大器输出一相应的电流加到电解电极对上。电解阳极电生出被 Cl^- 所消耗的 Ag^+,直至恢复原来的 Ag^+ 浓度。测出电生 Ag^+ 时所消耗的电量,根据法拉第电解定律就可求得样品中总氯的含量。

(3) 氮滴定池工作原理　样品经汽化并由氢气携带通过 800℃ 的蜂窝状镍催化剂,经深度加氢裂解,样品中氮化物转化为氨。裂解气流经过 300℃ 氢氧化锂填充层时,其中的酸性气体被吸收,氨气则随氢气进入滴定池并与电解液中的氢离子发生如下反应,即

$$NH_3 + H^+ \longrightarrow NH_4^+$$

反应使氢离子浓度降低,消耗的氢离子通过电解加以补充。

$$H_2 \longrightarrow 2H^+ + 2e$$

测量补充氢离子时所消耗的电量,根据法拉第电解定律就可求得样品中总氮的含量。

另外,滴定池对温度比较敏感,实践表明,滴定池环境温度变化 1℃,偏压就要改变 0.8mV 左右。在实际工作中,由于微库仑分析仪采用的是零平衡放大器,当温度缓缓变化时,仪器会自动平衡,在显示器上得到的仍是一条平滑的基线。不过,当滴定池受到

突然变化的温度影响,这种温度效应仍然可以觉察到。因此,在操作时要保持滴定池环境温度的相对稳定,避免炉温及周围环境温度的骤然变化。

四、仪器安装与调试

1. 仪器工作环境

① 仪器工作的环境温度应为 0~40℃;室内相对湿度应不大于 85%。

② 仪器应使用交流 220V±20V,频率 50Hz±0.5Hz,接地良好(接地电阻应小于 5Ω)的工作电源;其裂解炉升温时工作电流为 15A 以上,额定功率为 3kW 以上,且必须与仪器的其他部分的工作电源分相使用。仪器主机不应与大功率高频设备接在同一电源上。

③ 仪器应安装在无强腐蚀性气体和强电场或强磁场干扰的实验室内,避免阳光直射。

2. 仪器的连接

① 按图 1-24 所示,将打印机、计算机等仪器各组成部分依次整齐排放在干净的工作台上。

② 按图 1-25 所示,将电源线、电极线、计算机串行口连接线及温控连接线对应接好,接通电源。

3. 配制电解液

配制电解液所用的试剂若无特殊说明均为分析纯以上,所用水均为去离子水或二次蒸馏水(阻抗大于 1MΩ)。测定硫、氯、氮样品所用的试剂见表 1-6。

表 1-6 测定硫、氯、氮样品所用的试剂

分析元素	所需试剂	
硫	碘化钾(KI)	叠氮化钠(NaN_3),化学纯
	冰醋酸(HAc),优级纯	碘(I_2)
氯	醋酸银(CH_3COOAg),化学纯	氯化钠(NaCl),优级纯
	冰醋酸(HAc),优级纯	
	氰化银(AgCN)	氰化钾(KCN)
	碳酸钾(K_2CO_3),化学纯	硫酸亚铁($FeSO_4 \cdot 7H_2O$)

续表

分析元素	所需试剂	
氮	氢氧化锂(LiOH·H$_2$O)	氯铂酸(HPtCl$_6$·6H$_2$O)
	硼酸(H$_3$BO$_3$)	氢氟酸(HF)
	碳酸铅	硫酸铅(PbSO$_4$)
	镍催化剂(99.9%)	明胶
	铅条	

电解液的配制方法如下。

(1) 硫电解液的配制　将0.5g碘化钾、0.6g叠氮化钠（电解液中加叠氮化钠是为了除去样品中Cl、N对测S的干扰）、5mL的冰醋酸溶于去离子水中，并稀释至1000mL，存放于棕色瓶中，避光阴凉处保存。

(2) 氯电解液的配制　将700mL冰醋酸与300mL的二次蒸馏水混合，储于密闭玻璃瓶中（稀醋酸减少AgCl的溶解）。

(3) 氮电解液的配制　称取优级纯无水硫酸钠4g，溶解于去离子水中，并稀释至1000mL。此为$\rho_{Na_2SO_4}=4g/L$的硫酸钠电解液。

4. 硫滴定池的安装

(1) 滴定池的洗涤　用新鲜的洗液浸泡整个滴定池5~10min，然后分别用自来水、去离子水洗涤吹干，将侧臂活塞涂以少许真空硅脂，并用橡皮筋固定。

(2) 在参考臂中装入碘

① 取少量碘于一玛瑙研钵内，并倒入少量电解液［见本节四-3-(1)］覆盖，以防止碘的挥发，然后小心研磨到大约20~40筛目。

② 关闭两侧活塞，让池内、参考电极室、阴极室充满电解液，并保证侧臂无气泡。

③ 用小药勺将碘粒放入参考电极室，不要太紧或太满，否则参考电极很难插进。

④ 在参考电极的磨口上涂以少量真空硅脂，将参考电极小心

插入碘粒中，使电解液溢出参考电极室并除去气泡。注意，电极的铂丝应全部埋在碘粒中，无裸露，最后用橡皮筋固定好。

⑤ 打开参考侧臂活塞，用新鲜电解液冲洗池中心室和侧臂，然后关闭侧臂活塞。按此方法冲洗阴极臂。

⑥ 倾斜池体，小心地顺着池壁放入搅拌子。

⑦ 仔细放上池盖、电极，调整其位置，使测量电极和电解阳极与气体毛细管入口方向平行，并保证电解液液面在铂电极以上 5mm。

5. 氯滴定池的安装

(1) 洗涤滴定池（方法与硫滴定池相同）

(2) 在参考臂中装入醋酸银

① 将滴定池内充满 $\varphi_{HAc} = 70\%$ 的醋酸电解液 ［见本节四-3-(2)］排除两侧臂气泡。

② 用小勺慢慢地在侧臂放入醋酸银（所用的醋酸银应为白色或浅灰色，深灰色的醋酸银则不能使用）。

③ 以下步骤与硫滴定池同。

6. 氮滴定池的安装

(1) 洗涤滴定池（方法与硫滴定池相同）

(2) 在参考臂中装入硫酸铅

① 将滴定池内充满 $\rho_{Na_2SO_4} = 4g/L$ 的硫酸钠电解液 ［见本节四-3-(3)］排除两侧臂气泡。

② 用小药勺慢慢地在侧臂放入硫酸铅小颗粒。

③ 以下步骤与硫滴定池同。

五、仪器操作方法

① 依次打开微库仑综合分析仪主机、计算机、温度流量控制器、搅拌器、进样器的电源。把准备好的滴定池置于搅拌器内平台上，调节搅拌器的高度，使滴定池毛细管入口对准石英管出口，并用铜夹子夹紧，调整滴定池位置，使搅拌子转动平稳。

② 将库仑放大器的电极连接线按标记分别接到滴定池的参考、测量、阳极、阴极的接线柱子上，并拧紧以保证接触良好。

将洁净的石英裂解管用硅橡胶堵紧其进样口,并放入裂解炉,用聚四氟乙烯管（φ4）将石英裂解管的各路进气支管与温度流量控制器的对应输出口相连接。

③ 联机操作。在 Windows 98 桌面上打开"微库仑分析系统"应用软件,显示其主窗体。主窗体中有菜单栏、工具栏等,如图 1-32 所示。单击"联机"图标,联机正常后,主窗体左下方显示"联机状态"。否则,按屏幕提示重新检查端口和连线。

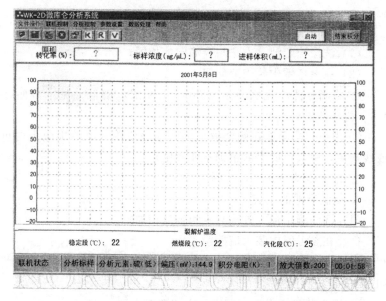

图 1-32 主窗体

④ 设置温度。单击"参数设置"栏,指向"温控参数设计",弹出"温控设计"的对话框,如图 1-33 所示。可分别设定三段所需的温度值（以分析硫含量为例,稳定段设为 700℃,燃烧段设为 800℃,汽化段设为 600℃）。要改变某段温度值,只要单击该段文本框,删除原温度值,输入所要设定的值,选择"确定"按钮即可。

⑤ 测试偏压。待炉温到达所设温度值,打开气源,用新鲜的电解液冲洗滴定池 2～3 遍,将滴定池与石英管连接好,即可采集

图 1-33 "温控设计"对话框

滴定池偏压。单击工具栏中"V"图标(偏压测试与设定),弹出"偏压测试与设定"对话框,如图 1-34 所示。单击"开始测量"按钮,仪器自动采集滴定池偏压,待偏压稳定后,单击"确定"按钮,完成滴定池偏压的测定。一般新鲜电解液冲洗过的硫滴定池,偏压应在 18mV 以上。

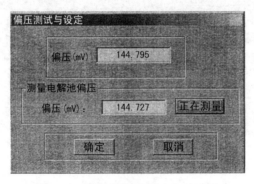

图 1-34 "偏压测试与设定"对话框

⑥ 修改偏压。单击菜单栏中的"分析控制"项,然后指向"工作挡",单击该项,使仪器处于工作挡。此时,若要修改滴定池偏压,单击"V"图标,弹出图 1-35 所示对话框,删除原有偏压值,输入所需偏压值,按"确定"按钮,完成滴定池偏压的修改。此时,基线的位置会有所改变,待仪器平衡一段时间后,基线重新回到原来的位置上。

⑦ 选择工作参数(以分析 $10ng/\mu L$ 液体硫标样为例)。单击"参数设定"项,然后指向"其他参数设定",单击该项,弹出"其他参数设定"对话框,如图 1-36 所示。单击"元素状态选择"框

图 1-35 "偏压测试与设定"对话框

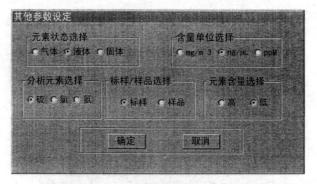

图 1-36 "其他参数设定"对话框

中的"液体","含量单位选择"框中自动选中"ng/μL";"分析元素选择"框中的"硫";"标样/样品选择"框中的"标样";"元素含量选择"框中的"低"(高或低由硫含量决定,通常高于100ng/μL,选择"高"挡),最后按"确定"按钮。

⑧ 选择放大倍数和积分电阻。在主窗体中单击"标样浓度"、"进样体积"数据输入框中的"?",用删除键删除"?",并输入标准浓度值"10"、进样体积数"8.4"。单击工具栏中的"K"图标(放大倍数选择),弹出"放大倍数选择"对话框,如图1-37所示,选择相应的放大倍数(100~500)后按"确定"按钮,完成放大倍数的设定。

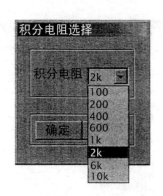

图 1-37 "放大倍数选择"对话框　　图 1-38 "积分电阻选择"对话框

与此相类似,单击工具栏中"R"图标(积分电阻选择),弹出"积分电阻选择"对话框,如图 1-38 所示,按上述步骤,完成积分电阻的设定。一般分析硫含量小于 $1\text{ng}/\mu\text{L}$ 时,积分电阻选 $10\text{k}\Omega$ 挡;硫含量大于 $10\text{ng}/\mu\text{L}$ 时,积分电阻选 $2\text{k}\Omega$ 挡以下。

⑨ 转化系统调试。完成了以上操作步骤,就可以用标样进行转化系统的分析,方法是:待基线平稳后,单击"启动"按钮,或按一下快捷键"Enter"后,"启动"按钮名称变为"正在积分",此时即可进样。出峰结束后,自动显示转化率及其序号(如"f1"、"f2"等),只要每次进样前按一下"Enter"键,或单击"启动"按钮,就可以进行标样的连续分析。如图 1-39 所示,若出峰太小或拖尾大,可单击"结束积分"按钮,强行停止数据的积分。转化系统正常时,其转化率应在 75%~115%之间。

⑩ 求平均转化率。单击"数据处理"菜单项,然后指向"求平均转化率",单击该项,弹出"平均转化率"对话框,如图 1-40 所示,选择合适的转化率,点击"确定"按钮,可求出平均转化率。

⑪ 求平均含量。转化系统分析完成后,就可进行样品分析。选择"样品/标样选择"框中的"样品",其余分析步骤与以上分析标样的步骤相同。在连续分析 3~6 次后,求出样品的平均含量,如图 1-41 所示。

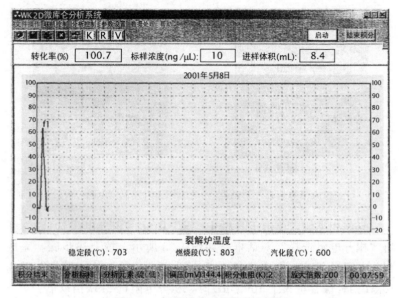

图 1-39 标样转化系统调试显示框

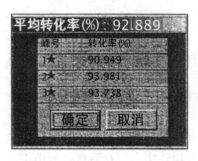

图 1-40 "平均转化率"对话框

图 1-41 "样品含量"对话框

⑫ 保存、打开、打印数据。标样分析结束后,单击"断开连接",单击"保存"图标,弹出"保存采样数据文件"对话框,输入文件名,保存结果,如图 1-42 所示。单击"打开"图标,弹出"打开采样数据文件"对话框,选择需要打开的数据文件,弹出"显示页面选择"对话框,即可显示或打印结果。

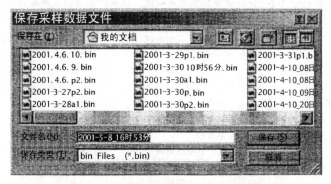

图 1-42 "保存采样数据文件"对话框

⑬ 关机顺序。依次关闭仪器主机、微机、显示器、打印机、搅拌器、进样器的电源，把滴定池与裂解管断开，给滴定池换上新鲜电解液。关闭气路阀，待炉温冷却 1~2h 后，关闭温度控制流量器电源。整理好仪器与试剂，清理好工作台，检查实验室水、电安全后方可离开。

六、仪器维护、保养和常见故障的排除

1. 仪器维护和保养

① 仪器所用的电源及工作场所应符合安装条件要求。

② 裂解管和滴定池系易损件，使用时请注意轻拿、轻放。

③ 滴定池应在避光、阴凉处保存。

④ 池中应始终保持有电解液，并使池盖电极浸没在电解液液面之下；参考电极室应无气泡；电解液应保持新鲜。

⑤ 在分析结束后，应用电解液冲洗池体及电极。如果滴定池受到较严重的污染，采用洗液或溶剂洗涤时，不允许溶剂进入参考侧臂，否则要重新安装整个滴定池。

⑥ 气体流量调节旋钮即针形阀，只供调节流量大小，不可作为气体流量的开关，以防止损坏。实验完毕后，必须将气体总阀关闭。

2. 常见故障的排除

WK-2D 型微库仑仪常见故障、故障产生原因及排除方法如表 1-7 所示。

表 1-7　WK-2D 型微库仑仪常见故障、故障产生原因及排除方法

故障现象	原因分析	排除方法
搅拌子不转动	(1)电源未接通或保险丝坏 (2)磁钢与电机轴之间松动 (3)三极管 A940 损坏或电机坏	(1)检查电源或更换保险丝 (2)锁紧螺钉 (3)更换三极管或电机
裂解炉不升温	(1)电源未接通或保险丝坏 (2)电炉丝烧断 (3)固态继电器开路	(1)检查电源或更换保险丝 (2)更换 (3)更换
裂解炉升温不至	(1)热电偶短路 (2)固态继电器电路短路	(1)更换或两极分开 (2)更换
基线不稳	(1)仪器机壳接地不良 (2)裂解炉与放大器没有分相 (3)滴定池参考臂有气泡 (4)滴定池污染 (5)气路不干净或载气不纯	(1)重新接好 (2)分相 (3)排除气泡 (4)清洗滴定池 (5)清洗气路或更换载气
电解池达不到预定的偏压	(1)水质不好,非去离子水 (2)电解液被污染 (3)化学试剂达不到要求	(1)用去离子水 (2)重配新鲜的电解液 (3)用符合要求的试剂
拖尾峰	(1)偏压低 (2)增益太低 (3)N_2、O_2 比例不合适 (4)滴定池、石英管被污染 (5)进样速度太慢	(1)升偏压或重冲滴定池 (2)提高增益 (3)重新调节 (4)清洗滴定池 (5)提高速度
超调峰(大于正常峰的 1/3)	(1)N_2 的流量太大 (2)偏压或增益太高 (3)进样速度太快	(1)减小流量 (2)降低 (3)减慢
双峰	(1)未接加热带 (2)偏压或增益太高 (3)搅拌速度不均匀	(1)连接 (2)降低 (3)调整速度
负峰	(1)样品含量太低(小于 2×10^{-7}) (2)有干扰物质	(1)增加取样量 (2)去除
转化率偏低	(1)偏压不合适或增益太高 (2)N_2、O_2 比例不合适或 N_2 不纯 (3)标样被污染	(1)重新调整偏压或降低增益 (2)重新调整或更换 (3)换标样
重复性不好	(1)样品本身不均匀 (2)气路漏气 (3)进样量不准 (4)滴定池、石英管被污染	(1)换样品 (2)检查气路 (3)准确进样 (4)清洗滴定池或反烧石英管

第四节　WA-1C 型水分测定仪

WA-1C 型水分测定仪是应用经典的卡尔·费休法测定微量水原理及微库仑滴定原理，结合现代电子技术设计而成的，它具有灵敏度高、分析速度快、结果准确、稳定性好及操作方便灵活等特点。

一、工作原理

WA-1C 型水分测定仪以按一定比例混合的卡尔·费休试剂、无水甲醇和三氯甲烷为电解液。当试样中存在水时，碘氧化二氧化硫，其反应如下：

$$I_2 + SO_2 + 3C_6H_5N + H_2O \longrightarrow 2C_6H_5N \cdot HI + C_6H_5N \cdot SO_3$$
$$C_6H_5N \cdot SO_3 + CH_3OH \longrightarrow C_6H_5N \cdot HSO_4CH_3$$

反应所消耗的碘由 I^- 在阳极上发生的氧化反应来补充。

$$2I^- - 2e \longrightarrow I_2$$

测量补充消耗碘所需的电量，即可示出试样的含水量，即

$$m = \frac{Q}{96500} \times \frac{18.02}{2}$$

式中　m——样品中水的质量，mg；
　　　Q——电解所消耗的电量，mC。

可见，每 1mC 电量相当于 $0.0933\mu g$ 水。

二、主要技术参数

① 测量范围：$10\mu g \sim 30mg$（H_2O）。
② 仪器灵敏度：$0.1\mu g$。
③ 准确度：$\pm 5\mu g \pm 1\%$。
④ 滴定池容积：150mL。

三、仪器主要部件

WA-1C 型水分测定仪的外形如图 1-43 所示。
图中主要部件调节钮和开关的作用简要介绍如下。

1. 键盘

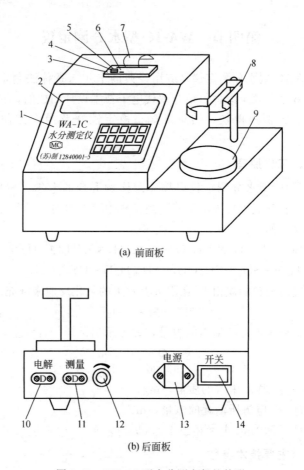

图 1-43 WA-1C 型水分测定仪的外形

1—键盘；2—显示器；3—打印机；4—走纸键；5—打印机在线/离线选择键；
6—打印机指示灯；7—打印纸；8—电解池夹持器；9—电解池固定座；
10—电解电极对插座；11—测量电极对插座；12—搅拌器速度调节钮；
13—电源插座（内置 0.5A 保险丝）；14—电源开关

WA-1C 型水分测定仪的键盘由数字键和功能键组成。

(1) 启动 每次进样前按一下该键，滴定开始。

(2) 日历/时钟 此键为循环转义键，与数字键联用，可用作修改日历时间，连续按该键，显示屏第二行按如下规律循环显示：

  Year（年）→ Month（月）→ Day（日）→ Hour（时）→ Minute（分）→ Second（秒）

  (3) 参量　为双功能键，与数字键联用，用作输入样品的密度 Density（g/mL）和进样体积 Volume（mL）。

2. 显示器

  WA-1C 型水分测定仪采用 2×20 液晶显示器，显示日历、时钟、操作参数及测量数据结果。如图 1-44 所示，显示屏上的第一行显示日历、时钟，第二行显示操作参数：电解速率、状态提示符以及结果等。

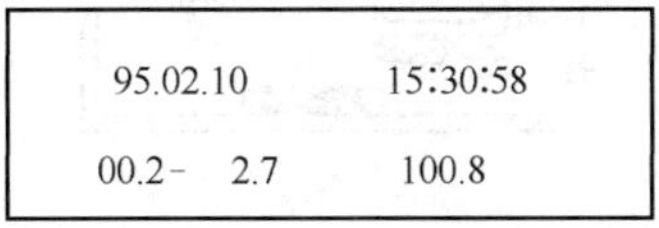

```
95.02.10      15:30:58
00.2-   2.7      100.8
```

图 1-44　显示屏

3. 打印机

  WA-1C 型水分测定仪采用 16 字符微型点阵打印机。按一下打印机在线/离线选择键 SEL，打印机指示灯亮，此时打印机处于在线方式；再按一下该键，指示灯灭，打印机处于离线方式。在打印机指示灯熄灭时，按一下走纸键 LF 可使纸向前走，再按一下该键走纸停止。

4. 滴定池

  (1) 滴定池结构　WA-1C 型水分测定仪滴定池的结构如图 1-45 所示。

  (2) 滴定池的组装

  ① 在滴定池池体磨口与池盖磨口处均匀涂以真空硅脂，旋转相磨连接好。

  ② 测量电极是在带磨口的玻璃棒下焊接两铂球构成。使用时在磨口处均匀涂上真空硅脂，插入相应的固定孔。

  ③ 将铂网阴极固定在阴极室盖上，阴极室与池盖连接处涂以润滑脂以连接密闭。

  ④ 铂网电解阴极由铂丝与铂网构成，铂丝封闭在玻璃棒中，铂网焊接在玻璃棒下端，由固定帽固定在池盖上。

  ⑤ 在干燥器磨口处，涂少量润滑脂后直接插入池盖相应的

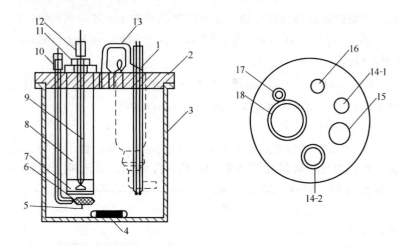

图 1-45　WA-1C 型水分测定仪滴定池结构

1—测量电极对；2—滴定池盖；3—滴定池体；4—搅拌子；5—电解阳极；
6—离子交换膜；7—阴极室帽；8—阴极室；9—电解阴极；10—电解
阳极固定帽；11—阴极室盖；12—电解阳极头；13—干燥器；
14-1—更换液体口；14-2—进样口；15—测量电极插孔；
16—干燥管插孔；17—电解阳极插孔；18—阴极室安装孔

孔中。

四、仪器操作方法

1. 准备工作

① 配制电解液。将卡尔·费休试剂、无水甲醇、三氯甲烷，按 1∶5.3∶8 比例配制，储于棕色瓶中备用。

② 在滴定池内加入电解液

a. 先用水清洗滴定池、干燥管、密封塞，然后在 80℃ 的烘箱内烘干，再让其自然冷却。用无水甲醇清洗阴极室、测量电极，然后用吹风机热风吹干。

b. 在干燥管下端置一小棉球，然后装入颗粒状硅胶（蓝色），上端用玻璃塞塞好。

c. 通过进样口将搅拌子小心滑入滴定池内。

d. 用注射器抽取 100～120mL 电解液由密封口注入阳极室；

再抽取适量电解液由阴极干燥管插口处注入阴极室，使阴极室、阳极室的液面基本水平，然后装好干燥管及密封塞（电解液装入工作应在通风橱内进行）。

e. 倾斜滴定池，慢慢转动摇晃，使池壁上的水分吸收到电解液中。至此，滴定池准备工作完毕。

③ 将滴定池置于仪器的滴定池固定座上，将测量电极插头和电解电极插头分别插到相应的插孔上（插孔位于仪器的后侧）。

④ 打开仪器电源开关，显示器第一行显示日历，第二行显示电解速率（左端）。调节搅拌器速度，仪器处于开机平衡状态，此时不响应键盘操作。

⑤ 对于刚加入的电解液，由于其中含过量的碘，显示器所示的电解速率值接近 0（约 0~0.5 之间）。此时可用 $100\mu L$ 微量注射器抽取适量的纯水，通过样品注入口慢慢注入阳极室电解液中，同时观察显示器电解速率值由小变大，电解液颜色由深变至浅黄色。当电解速率值发生变化时，应停止加水，让系统自行平衡。当电解速率值再次回到零点附近并较稳定时，说明系统已基本平衡。

⑥ 修改时间和输入参数。当系统平衡，显示器第二行出现提示符"－"时，可修改日历、时钟及输入参数，操作步骤如下。

a. 按 |日历/时钟| 键，显示器第二行显示：

```
Year     ( *    * )
```

用数字键输入当前年份，显示器显示如下：

```
Year     (04)：04
```

b. 再按 |日历/时钟| 键，可作月份修改。同样，可以继续修改日（Day）、时（Hour）、分（Minute）、秒（Second）。再按一下 |日历/时钟| 键，则将回到修改前的状态。

在修改过程中，可以按 |参数| 键或 |启动| 键，中止修改过程，而转为输入参数或进入测量。

c. 按 |参数| 键，显示器第二行显示：

Density

此时可输入被测样品的密度值,单位为 g/mL。如被测样品为水,则输入"1.00",显示器第二行显示:

Density:1.00

再按 参数 键,显示器显示:

Volume

此时可输入进样体积,单位是 mL,如为 $0.1\mu L$,则输入为 0.0001,显示器显示:

Volume:0.0001

再按 参数 键,则回到修改前的状态。

参数输入过程中,也可按 日历/时钟 或 启动 键,退出参数输入状态,而转为其他操作。

至此仪器准备工作完毕,可进行仪器的标定或样品测量工作。

2. 仪器标定

仪器达到初始平衡点且比较稳定时,可用纯水或已知水含量的标样进行标定。参照表 1-8 所给进样量,若实测结果符合准确度指标 $\pm 1\%$ 和 $\pm 5\mu g$,即可认为仪器正常,可以作样品分析。

表 1-8 标样的进样量及水含量

对 照 样 品	进 样 量/μL	水 含 量/μg
蒸馏水	0.1	100
蒸馏水	0.2	200
含水乙醇 $5\mu g/\mu L$	10	20
含水乙醇 $10\mu g/\mu L$	10	100

以蒸馏水标定为例(设输入参数为 $V=0.0001\mathrm{mL}$、$d=1.0000\mathrm{g/mL}$),标定操作步骤如下。

① 用 $0.5\mu L$ 注射器抽取 $0.1\mu L$ 蒸馏水。

② 按下启动键,此时蜂鸣器响一声,显示器第二行出现提示符"→"及累加初值"0.0"。

③ 将注射器针头，由样品注入口插入到电解液液面以下，将蒸馏水注入电解液中，此时滴定会自动开始。滴定过程中，显示器显示累加过程。至终点时，蜂鸣器响三声，提示符变动为"—"。

④ 打印数据时，若打印机处于在线方式，则将自动打印滴定结果［水的绝对量及质量分数（%）］，打印格式如表 1-9 所示；若打印机处于离线方式，则不打印。

表 1-9 打印格式及其含义

打印报告的格式		报告的含义
MOISTURE REPORTS		水分报告
Date:95.03.10		日期:95 年 3 月 10 日
Time:14:49		时间:下午 2 时 49 分
V:0.0001mL		进样体积:0.0001mL
D:1.0000g/mL		样品密度:1.0000g/mL
Bland:4.47mA		空白电流:4.47mA
$m/\mu g$	$w/\%$	绝对含量(μg)和质量分数(%)
101.2	101.2	实测结果
98.5	98.5	

一般平行标定 2～3 次，若滴定结果在误差范围内（$100\mu g \pm 6\mu g$），即可进行样品分析工作。

3. 样品分析

① 通过 参数 键输入样品的密度 Density（g/mL）及准备进样的体积 Volume（mL）。

② 根据样品含水量不同，选择相应容量的注射器，使绝对含水量的值在 $30\sim100\mu g$ 之间。

③ 用被测样品冲洗注射器 2～3 次，然后抽入设定体积的样品。

④ 按下 启动 键，蜂鸣器响一声，出现提示符"→"，然后将样品注入电解液中，滴定自动开始。

⑤ 滴定终点到，蜂鸣器响三声，自动打印分析结果。

4. 结束工作

实验结束，关闭仪器电源开关，清洗注射器。短期内不使用时，应倒出电解液，清洗滴定池、密封塞、阴极室和测量电极，干燥后装好备用。最后在仪器上盖上防尘罩。

五、仪器日常维护和常见故障排除

1. 仪器日常维护

（1）仪器工作环境

① 安放仪器的实验室室温应为 5～40℃，环境相对湿度 ≤75％；应避免阳光直接照射。

② 仪器使用 220V±22V、50Hz±0.5Hz 的电源，接地良好且不能与操作频繁的电气设备共用同一相电。

③ 实验室周围应无腐蚀性气体和强磁场或强电场存在。

④ 应使用电子交流稳压器，以确保仪器工作电源的稳定。

（2）滴定池的维护

① 滴定池在安装时，必须用生胶带把池口裹严，以保持滴定池的密封性。

② 干燥管中的变色硅胶要经常检查，如发现变色应及时更换。

③ 进样口硅橡胶垫长时间使用后，由于针孔过多会漏气而影响测定结果，因此需要注意更换。

④ 若滴定池已经出现拆卸困难，切勿用力过猛。此时，可在磨口结合处注入少量丙酮，然后轻轻转动。若仍不能拆卸，则可将滴定池放于一烧杯中，然后慢慢加入质量浓度为 50g/L 的氯化钾，使液面刚刚超过滴定池上盖的磨口（注意，千万不要让测量电极、电解电极的引线套端头浸入液体中）。约十几个小时后即可拆卸。测量电极被污染时，可用丙酮清洗。

⑤ 如需要搬动仪器，应将仪器重新包装，电解池用专用包装泡沫塑料放置。

（3）电解液的储存

① 电解液应放在阴凉、干燥处，不可放在潮湿、高温或阳光直射的地方。

② 电解液有一定的毒性并有刺激性气味且易燃。因此，在更换电解液时，应注意通风和防止明火，同时要避免皮肤直接接触及

吸入体内。

(4) 更换打印纸

① 先关闭主机电源,然后取下打印机的上盖板,用手指夹住打印机两侧活动"舌头",将整个打印机向上垂直拉出机箱。

② 由打印机上取下纸卷轴,更换新打印纸,并用力将纸卷轴压入打印机的道槽内(注意要安装牢固)。

③ 将打印纸纸头剪成三角形。打开主机电源,按 SEL 键,使 SEL 指示灯灭,然后按 LF 键,使机头转动,这时将纸头送入纸口,直至纸从机头上方露出一定长度,按 SEL 键或 LF 键停止走纸,关上电源。

④ 将打印机装回到仪器上,打印纸从上盖板出纸口中穿出,盖好打印机上盖板。

(5) 更换打印机色带 打印机色带使用久了以后,打出的字迹变淡,模糊不清,此时应更换色带,方法如下。

① 取下打印机盖板,用手捏住新色带两端,先将色带旋转轮的一端向上抬起,然后再将另一端向上拉,即可取下旧色带。

② 用与步骤①相反的过程将新色带安装到打印机上。

③ 用手按住色带上的旋转轮,按箭头的指示方向旋转数下,使色带绷紧。最后盖上打印机上盖板。

2. 常见故障排除

WA-1C 型水分测定仪的常见故障现象、原因及其排除方法见表 1-10。

表 1-10 常见故障现象、原因及排除方法

故障现象	故障原因	排除方法
仪器开机后,无显示,无指示灯亮,且搅拌不转	(1) 无 220V 交流电源; (2) 保险丝坏	(1) 检查供电电源、电源线等; (2) 更换保险丝
电解阳极不析碘,且铂网上有气泡冒出	电解电极阴阳极接反了	对调阴阳极

续表

故障现象	故障原因	排除方法
测量结果高或低	(1)结果偏高(或低)很多(大于20%),则是电解液失效; (2)注射器本身偏差,进样量不准或进样方式不对	(1)更换电解液; (2)更换注射器,纠正进样方式
电解速率值始终处于零点附近	(1)搅拌子转速过快,发生跳动,将电极碰歪; (2)拆卸测量电极时不小心将电极对碰至一处	(1)调节至适当转速,取出测量电极,用镊子轻轻将弯曲处拉直; (2)取出测量电极,用镊子轻轻将弯曲处拉直
搅拌器不转	搅拌器线头断落	将脱落线头焊好

第五节 技能训练

训练 1-1 直接电位法测定溶液的 pH

1. 训练目的

① 掌握酸度计的校正操作。

② 掌握电极的使用方法。

③ 掌握用直接电位法测定溶液 pH 的操作。

④ 掌握配制常用标准缓冲溶液。

2. 测定原理

在生产和科研中常会接触到有关溶液 pH 的问题,粗略的 pH 测量可用 pH 试纸,而比较精确的 pH 测量都需要用酸度计。用酸度计测量溶液的 pH,常用 pH 玻璃电极为指示电极,饱和甘汞电极为参比电极(也可用复合电极),与被测溶液组成工作电池。则 25℃时有

$$E_{电池}=K'+0.0592\text{pH}$$

式中,K' 在一定条件下虽有定值,但不能准确测定或计算得到。因此在实际测量中不可采用上式直接计算溶液 pH,而是使用已知准确 pH 的标准缓冲溶液为基准,通过比较标准缓冲溶液参

与组成和待测溶液参与组成的两个工作电池的电动势来确定待测溶液 pH，即测定一标准缓冲溶液（pH_s）的电动势 E_s，然后测定试液（pH_x）的电动势 E_x。则在 25℃ 时，在相同测量条件下，得

$$pH_x = pH_s + \frac{E_x - E_s}{0.0592}$$

由上式可知 E_x 和 E_s 差值与 pH_x 和 pH_s 的差值成线性关系，直线斜率是温度的函数，在 25℃ 时直线斜率为 0.0592。为了保证不同温度下测量精度符合要求，为了补偿由于温度变化造成的误差，测量中需要对酸度计进行校正，即对电极系统的斜率进行校准。斜率校正有一点校正、二点校正，常用的是二点校正。二点校正需要使用两种标准缓冲溶液，一般先用 pH 为 6.86（25℃）的标准缓冲溶液定位，然后再用与被测溶液 pH 接近的标准缓冲溶液测定斜率（精密测量时，要求电极斜率的实际值要达理论值的 95% 以上）。在测量未知液 pH 时，一般将样品溶液分成二份，分别测定，测得的 pH 读数至少稳定 1min。两次测定的 pH 允许误差不得大于 ±0.02。

pH 测量结果的准确度决定于标准缓冲溶液 pH_s 的准确度、两电极的性能及酸度计的精度和质量。

3. 仪器与试剂

（1）仪器　pHS-3F 型酸度计（或其他类型酸度计）；231 型 pH 玻璃电极和 232 型饱和甘汞电极（或使用 pH 复合电极）；温度计。

（2）试剂

① 两种不同 pH 的未知液 A 和 B。

② pH4.00 的标准缓冲溶液。称取在 110℃ 下干燥过 1h 的苯二甲酸氢钾 5.11g，用无 CO_2 的水溶解并稀释至 500mL。储于用所配溶液荡洗过的聚乙烯试剂瓶中，贴上标签。

③ pH6.86 的标准缓冲溶液。称取已于 120℃±10℃ 下干燥过 2h 的磷酸二氢钾 1.70g 和磷酸氢二钠 1.78g，用无 CO_2 水溶解并稀释至 500mL。储于用所配溶液荡洗过的聚乙烯试剂瓶中，贴上标签。

④ pH9.18 的标准缓冲溶液。称取 1.91g 四硼酸钠,用无 CO_2 水溶解并稀释至 500mL。储于用所配溶液荡洗过的聚乙烯试剂瓶中,贴上标签。

⑤ 广泛 pH 试纸。

4. 操作步骤

(1) 配制溶液　配制 pH 分别为 4.00、6.86 和 9.18 的标准缓冲溶液❶各 250mL。

(2) 酸度计使用前的准备

① 打开酸度计电源开关,预热 20min。

② 置选择按键开关于"mV"位置(注意,此时暂不要把玻璃电极插入座内),若仪器显示不为"0.00",可调节仪器"调零"电位器,使其显示为正或负"0.00",然后锁紧电位器。

(3) 选择、处理和安装电极

① 选择、处理和安装 pH 玻璃电极。根据被测溶液大致 pH 范围(可使用 pH 试纸试验确定),选择合适型号的 pH 玻璃电极,在蒸馏水中浸泡 24h 以上。将处理好的 pH 玻璃电极用蒸馏水冲洗,用滤纸吸干外壁水分后,固定在电极夹上,球泡高度略高于甘汞电极下端。

注意,玻璃电极球泡易碎,操作要仔细。电极引线插头应干燥、清洁,不能有油污。

② 检查、处理和安装甘汞电极。取下甘汞电极下端和上侧小胶帽,检查饱和甘汞电极内液位、晶体、气泡及微孔砂芯渗漏情况并作适当处理后,用蒸馏水清洗电极外部,并用滤纸吸干外壁水分后,将电极置电极夹上。电极下端略低于玻璃电极球泡下端。

将电极导线接在仪器后右角甘汞电极接线柱上;玻璃电极引线柱插入仪器后右角玻璃电极输入座。

(4) 校正酸度计(二点校正法)

① 将选择按键开关置"pH"位置。取一洁净塑料试杯(或

---

❶ 亦可用袋装商品"成套 pH 缓冲剂"配制。

100mL烧杯），用pH6.86（25℃）的标准缓冲溶液荡洗三次，倒入50mL左右该标准缓冲溶液。用温度计测量标准缓冲溶液温度，调节"温度"调节器，使指示的温度刻度为所测得的温度。

② 将电极插入标准缓冲溶液中，小心轻摇几下试杯，以促使电极平衡。

注意，电极不要触及杯底，插入深度以溶液浸没玻璃球泡为限。

③ 将"斜率"调节器顺时针旋足，调节"定位"调节器，使仪器显示值为此温度下该标准缓冲溶液的pH。随后将电极从标准缓冲溶液中取出，移去试杯，用蒸馏水清洗两电极，并用滤纸吸干电极外壁水。

④ 另取一洁净试杯（或100mL小烧杯），用另一种与待测试液A的pH相接近的标准缓冲溶液荡洗三次后，倒入50mL左右该标准缓冲溶液。将电极插入溶液中，小心轻摇几下试杯，使电极平衡。调节"斜率"调节器，使仪器显示值为此温度下该标准缓冲溶液的pH。

注意，校正后的仪器即可用于测量待测溶液的pH，但测量过程中不应再动"定位"调节器，若不小心碰动"定位"调节器或"斜率"调节器，应重复（4）中①～④步骤，重新校正。

（5）测量待测试液的pH

① 移去标准缓冲溶液，清洗电极，并用滤纸吸干电极外壁水。取一洁净试杯（或100mL小烧杯），用待测试液A荡洗三次后倒入50mL左右试液。用温度计测量试液的温度，并将"温度"调节器置此温度位置上。

注意，待测试液温度应与标准缓冲溶液温度相同或接近。若温度差别大，则应待温度相近时再测量。

② 将电极插入被测试液中，轻摇试杯以促使电极平衡。待数字显示稳定后读取并记录被测试液的pH。平行测定两次，并记录。

（6）测量另一未知溶液的pH　按（4）、（5）步骤测量另一未知溶液B的pH（若B与A的pH相差大于3个pH单位，则必须重新定位、定斜率,若相差小于 3 个 pH 单位,一般不需重新定位)。

(7) 实验结束工作　关闭酸度计电源开关,拔出电源插头,取出玻璃电极用蒸馏水清洗干净后浸泡在蒸馏水中。取出甘汞电极用蒸馏水清洗,再用滤纸吸干外壁水分,套上小帽存放在盒内。清洗试杯,晾干后妥善保存。用干净抹布擦净工作台,罩上仪器防尘罩,填写仪器使用记录。

5. 注意事项

① 酸度计的输入端(即测量电极插座)必须保持干燥清洁。在环境湿度较高的场所使用时,应将电极插座和电极引线柱用干净纱布擦干。读数时电极引入导线和溶液应保持静止,否则会引起仪器读数不稳定。

② 标准缓冲溶液配制要准确无误,否则将导致测量结果不准确。

③ 由于待测试样的 pH 常随空气中 CO_2 等因素的变化而改变,因此采集试样后应立即测定,不宜久存。

④ 注意用电安全,合理处理、排放实验废液。

6. 思考题

① 在测量溶液的 pH 时,既然有用标准缓冲溶液"定位"这一操作步骤,为什么在酸度计上还要有温度补偿装置?

② 测量过程中,读数前轻摇试杯起什么作用?读数时是否还要继续晃动溶液?为什么?

③ 校正酸度计时,若定位器能调 pH6.86 但不能调 pH4.00,可能的原因是什么?应如何排除?

训练 1-2　自动电位滴定法测定 I^- 和 Cl^- 的含量

1. 训练目的

① 学习用自动电位滴定法测定 I^- 和 Cl^- 含量的原理和方法。

② 掌握自动电位滴定仪使用方法。

2. 测定原理

用 $AgNO_3$ 溶液可以一次取样连续滴定 Cl^-、Br^- 和 I^- 的含量。滴定时，由于 AgI 的溶度积（$K_{sp,AgI} = 1.5 \times 10^{-16}$）小于 AgBr的溶度积（$K_{sp,AgBr} = 7.7 \times 10^{-13}$），所以 AgI 首先沉淀。随 AgNO$_3$ 溶液滴入，溶液中［I$^-$］不断降低，而［Ag$^+$］逐渐增大，当溶液中［Ag$^+$］达到使［Ag$^+$］［Br$^-$］$\geqslant K_{sp,AgBr}$ 时，AgBr 开始沉淀。如果溶液中［Br$^-$］不是很大，则 AgI 几乎沉淀完全时，AgBr 才会开始沉淀。同理，AgCl 的溶度积 $K_{sp,AgCl} = 1.56 \times 10^{-10}$，当溶液中［Cl$^-$］不是很大时，AgBr 几乎沉淀完全后 AgCl 才开始沉淀。这样就可以在一次取样中连续分别测定 I$^-$、Br$^-$、Cl$^-$ 的含量。若 I$^-$、Br$^-$、Cl$^-$ 的浓度均为 1mol/L，理论上各离子的测定误差小于 0.5%。然而在实际滴定中发现，当进行 Br$^-$ 与 Cl$^-$ 混合物滴定时，AgBr 沉淀往往引起 AgCl 共同沉淀，所以 Br$^-$ 的测定值偏高，而 Cl$^-$ 的测定值偏低，准确度差，只能达到 1%～2%。不过 Cl$^-$ 与 I$^-$ 或 I$^-$ 与 Br$^-$ 混合物滴定可以获得准确结果。

本实验用 AgNO$_3$ 滴定 Cl$^-$ 和 I$^-$ 的混合液，指示电极用银电极（也可用银离子选择性电极），其电极电位与［Ag$^+$］的关系符合能斯特方程。参比电极用 217 型双液接饱和甘汞电极，盐桥管内充饱和 KNO$_3$ 溶液。

3. 仪器与试剂

（1）仪器　自动电位滴定仪❶，银电极，217 型双液接饱和甘汞电极，滴定管，移液管。

（2）试剂　0.1000mol/L AgNO$_3$ 标准滴定溶液；饱和甘汞电极中的 Cl$^-$ 会向外扩散，影响滴定结果曲线；含 Cl$^-$、I$^-$ 的未知液。

4. 操作步骤

（1）准备工作

① 银电极的准备。用细砂纸将表面擦亮后，用蒸馏水冲洗干净置电极夹上。

---

❶ 可根据实验室情况采用不同型号的仪器进行训练，本实验步骤中仪器以 ZD-2 型为例。

② 饱和甘汞电极的准备。检查电极内液位、晶体和气泡及微孔砂芯渗漏的情况，并作适当处理后，用蒸馏水清洗干净，吸干外壁水分，套上装满饱和 KNO_3 溶液的盐桥套管，并用橡皮圈扣紧，置电极夹上。

③ 在用待装的标准滴定溶液润洗过的滴定管内装入 0.1000mol/L $AgNO_3$ 标准滴定溶液，排走管内气泡并将液位调至 0.00 刻度线上。

④ 按说明书连接好仪器，开启仪器电源，预热 20min。

(2) 手动滴定求滴定终点电位

① 100mL 烧杯中移取 25.00mL 含 Cl^- 和 I^- 的试液，加入 10mL 蒸馏水，插入电极。

② 将"功能"开关置"手动"位置，"设置"开关置"测量"位置，以 $AgNO_3$ 标准滴定溶液进行滴定。每加 2.00mL 记录一次电位值，当接近两个突跃点时，每加 0.05mL 记录一次。将电位 E 对 $AgNO_3$ 滴定体积 V 作图，画出滴定曲线，并求出两个终点 E_1 和 E_2。

(3) 自动滴定 Cl^-、I^- 含量

① 将"设置"开关置"终点"，"pH/mV"开关置"mV"，"功能"开关置"自动"，调节"终点电位"旋钮，使显示屏显示第一终点 E_1 值。

② 将"设置"开关置"预控点"，调节"预控点"旋钮，使显示屏显示所要设定的预控点数值。

③ 将"设置"开关置"测量"，打开搅拌器电源，调节转速使搅拌从慢逐渐加快至适当转速。

④ 按下"滴定开始"按钮，仪器即开始滴定，至终点指示灯亮，滴定结束。读取 $AgNO_3$ 溶液消耗体积 V_1，并记录。

⑤ 将预定终点设定调节至第二个终点电位 E_2 处，继续滴定至第二个终点，读取 $AgNO_3$ 溶液消耗的体积 V_2，并记录。

⑥ 平行测定三次。

(4) 结束工作

① 关闭电磁搅拌器，关闭滴定计电源开关。

② 清洗电极、烧杯、滴定管等器件，并放回原处，妥善保管。
③ 清理工作台，填写仪器使用记录。

5. 注意事项
① 测量前正确处理好电极。
② 每测完一份试液，电极均要清洗干净。银电极上黏附的沉淀物，用擦镜纸擦掉后再清洗。

6. 数据处理
① 由 $AgNO_3$ 标准滴定溶液消耗体积 V_1 计算试液中 I^- 的含量（以 mg/L 表示）。
② 由 $AgNO_3$ 标准滴定溶液消耗体积 V_2 计算试液中 Cl^- 的含量（以 mg/L 表示）。
③ 计算 I^-、Cl^- 含量的平均值与标准偏差。

7. 思考题
① 为什么 $AgNO_3$ 滴定卤素需要用双盐桥饱和甘汞电极作参比电极？如果用 KCl 盐桥的饱和甘汞电极对测定结果有何影响？
② 若滴定到达终点时，电磁阀关闭但仍有滴液滴下，应如何排除这种故障？
③ 若本实验使用 ZDJ-4A 自动电位滴定仪应如何操作？请写出操作步骤。

训练 1-3　微库仑滴定法测定有机溶剂中的微量水

1. 训练目的
① 掌握电解池的清洗、组装方法。
② 掌握水分测定仪的操作方法。
③ 掌握电解液的制备方法。

2. 仪器与试剂
（1）仪器　WA-1C 型水分测定仪（或其他型号），2μL、10μL 微量注射器，50mL（或 100mL）玻璃注射器。
（2）试剂　无水甲醇（A.R.）、三氯甲烷（A.R.）、卡尔·费休试剂（可购买，也可自行配制）。

3. 操作步骤

（1）准备工作

① 配制电解液。将卡尔·费休试剂、无水甲醇、三氯甲烷，按 1∶5.3∶8 比例配制，储于棕色瓶中备用。

② 清洗、干燥滴定池［详见本章第四节四-1-②］。

③ 在干燥管中装入干燥剂；在滴定池内放入搅拌子。

④ 用注射器抽取 100～120mL 电解液，由密封口注入阳极室；再抽取适量电解液由阴极干燥管插口处注入阴极室，使阴、阳极室的液面基本水平，然后装好干燥管及密封塞。

⑤ 倾斜滴定池，慢慢转动摇晃，使池壁上的水分吸收到电解液中。

⑥ 将滴定池置于仪器的滴定池固定座上。将测量电极插头和电解电极插头分别插到相应的插孔上。

⑦ 打开仪器电源开关，调节搅拌器速度。

⑧ 用微量注射器抽取适量的纯水，通过样品注入口，慢慢注入阳极室电解液中，当电解速率值发生变化时，停止加水，让系统自行平衡。当电解速率值回到零点附近，并较稳定时，可进行下步操作。

⑨ 用 日历/时钟 键修改时间，用 参数 键输入纯水参数。

（2）标定仪器　用微量注射器抽取 0.1μL 蒸馏水，按下启动键，蜂鸣器响后，将注射器针头由样品注入口插入到电解液液面以下，把蒸馏水注入电解液中，滴定自动开始。滴定到达终点时，蜂鸣器响，自动打印结果。平行标定 2～3 次。若测定结果在 100μg±6μg 范围，可进行样品测定。

（3）样品分析

① 通过 参数 键输入样品的密度及准备进样的体积（mL）。

② 用被测样品冲洗注射器 2～3 次。抽入一定体积的样品（使绝对含水量的值在 30～100μg 之间）。

③ 按下 启动 键，蜂鸣器响后，将样品注入电解液中，滴定自动开始。

④ 滴定终点到,蜂鸣器响,自动打印分析结果。

4. 结束工作

实验结束清洗注射器并复原仪器,填写使用记录。

练 习 一

一、知识题

1. 下列方法中不属于电化学分析法的是(   )。
   A. 电位分析法   B. 极谱分析法
   C. 电子能谱法   D. 库仑滴定法
2. 严格来说,根据能斯特方程电极电位与溶液中(   )呈线性关系。
   A. 离子浓度   B. 离子浓度的对数
   C. 离子活度的对数   D. 离子活度
3. pH 计在测定溶液的 pH 时,选用温度补偿应设定为(   )。
   A. 25℃   B. 30℃
   C. 任何温度   D. 被测溶液的温度
4. 实际测定溶液的 pH 时,一般采用(   )校正电极及仪器。
   A. 标准缓冲溶液   B. 电位计
   C. 标准电极   D. 标准电池
5. 电位法测定溶液 pH 时,"定位"操作的作用是(   )。
   A. 消除温度的影响   B. 消除电极常数不一致造成的影响
   C. 消除离子强度的影响 D. 消除参比电极的影响
6. 用离子选择性电极以标准曲线法进行定量分析时,要求(   )。
   A. 试液与标准系列溶液的离子强度相一致
   B. 试液与标准系列溶液的离子强度大于 1
   C. 试液与标准系列溶液中待测离子活度相一致
   D. 试液与标准系列溶液中待测离子强度相一致
7. 使用饱和甘汞电极、玻璃电极、pH 复合电极和氟离子选择电极时各要注意哪些问题?
8. 直接电位法测定溶液 pH 时,应如何校准 pH 计?
9. 使用 pH 计或离子计过程中,读数前轻摇试杯起什么作用?读数时是否还要继续晃动溶液?为什么?
10. 请设计一个实验方案,采用电位滴定法用 NaOH 标准溶液滴定 HCl 溶液,求得未知 HCl 溶液的浓度。(需注明所用仪器设备、实验过程及定量方法等)

11. 简述自动电位滴定仪的注意事项。

12. 使用水分测定仪测定有机溶剂中微量水分时，如何标定费休试剂的准确浓度？

13. 微库仑分析仪中裂解管的作用是什么？

二、操作技能考核题

1. 题目：电位滴定法测定亚铁离子含量

2. 考核要点

① 电位滴定仪的安装和组建。

② 参比电极、指示电极的检查、预处理、安装和使用。

③ 滴定管零刻度液位调节以及正确读数。

④ 滴定速度的正确控制。

⑤ 正确记录数据以及数据的正确处理。

⑥ 文明操作。

3. 仪器与试剂

（1）仪器　离子计（或精密酸度计），铂电极，双液接甘汞电极，电磁搅拌器，滴定管，移液管。

（2）试剂　基准试剂重铬酸钾（120℃干燥），H_2SO_4-H_3PO_4混合酸（1+1），邻苯氨基苯甲酸指示液（2g/L），硝酸溶液[$W(HNO_3)=10\%$]，硫酸亚铁铵试液。

4. 实验步骤

① 配制浓度为 $c(\frac{1}{6}K_2Cr_2O_7)=0.1000mol/L$ 的重铬酸钾标准溶液1000mL，已知 $M(K_2Cr_2O_7)=294.20g/mol$。

② 检查电极并进行相应的预处理。

③ 在洗净的滴定管中加入重铬酸钾标准滴定溶液。

④ 开机预热并将仪器调至工作状态。

⑤ 移取20.00mL硫酸亚铁铵试液于250mL的高型烧杯中，加入硫酸和磷酸混合酸10mL，稀释至约50mL左右。加一滴邻苯氨基苯甲酸指示液，放入洗净的搅拌子，将烧杯放在搅拌器盘上，插入两电极，电极对正确连接于测量仪器上。

⑥ 开启搅拌器，滴加重铬酸钾溶液，观察溶液颜色变化，记录对应的电位值及滴定体积。平行测定两次。

三、技能考核评分表

技能考核评分表见表1-11。

表 1-11　电位滴定法技能考核评分表

项目	考核内容		记录	分值	扣分
容量瓶使用操作（8）	容量瓶使用前试漏	已试		1	
		未试			
	容量瓶洗涤	合格		1	
		不合格			
	转移溶液操作	规范		1	
		不规范			
	稀释至总体积1/3~2/3时初步混匀	已摇匀		1	
		未摇匀			
	稀释过程瓶塞	未盖		1	
		盖			
	稀释至离刻度线0.5cm放置	已放置1~2min		1	
		未放置			
	稀释是否超过刻度线	正确		1	
		超过			
	摇匀操作	规范		1	
		不规范			
移液管使用操作（10）	移液管使用前洗涤	合格		1	
		不合格			
	移液前用所移溶液荡洗三次	已洗		1	
		未洗			
	吸液操作	熟练		1	
		不熟练			
	调节液面前液体高度	距刻度线0.5cm		1	
		高于0.5cm			
	调节液面前外壁擦干	已擦		1	
		未擦			
	调节液面前停留	已停		1	
		未停			
	调节液面操作	熟练、规范		1	
		不规范			

续表

项目	考核内容		记录	分值	扣分
移液管使用操作（10）	管尖是否有气泡	无		1	
		有			
	放液时管尖与盛器位置	碰壁成30°		1	
		管不垂直			
	流尽后停留15s后取出	已停		1	
		未停			
滴定前准备（16）	仪器预热	已预热		1	
		未预热			
	零点校正	已进行		1	
		未进行			
	滴定管清洗、润洗	正确		1	
		不正确			
	滴定管零刻度调节（静置、调零、残液处理）	正确		2	
		不正确			
	指示电极检查及预处理	正确		2	
		不正确			
	甘汞电极检查（液位、晶体、气泡、胶帽、瓷芯）	已检查		2	
		未检查			
	盐桥瓷芯检查	已进行		1	
		未进行			
	盐桥注液量	正确		1	
		不正确			
	盐桥安装	正确		1	
		不正确			
	搅拌子放入方法	正确		1	
		不正确			
	滴定装置安装	正确		2	
		不正确			
	电极安装（浸入溶液高度,极性选择）	正确		1	
		不正确			

续表

项目	考核内容		记录	分值	扣分
滴定测量（14）	滴定操作（姿势，速度）	正确		2	
		不正确			
	搅拌速度	正确		2	
		不正确			
	终点附近滴定剂加入体积	正确		2	
		不正确			
	终点判断是否熟练	是		2	
		否			
	是否停止搅拌后读数	是		1	
		否			
	滴定管尖残液处理	正确		1	
		不正确			
	读数（读数方法，读数是否正确）	正确		2	
		不正确			
	是否有失败的滴定	无		2	
		有			
文明操作（4）	实验过程台面	整洁有序		1	
		脏乱			
	废液、纸屑等	按规定处理		1	
		乱扔乱倒			
	实验后台面及试剂架	清理		1	
		未清理			
	实验后试剂、仪器放回原处	已放		1	
		未放			

续表

项目	考核内容		记录	分值	扣分
记录数据处理和报告（8）	原始记录	完整、规范		1	
		欠完整、不规范			
	是否使用法定计量单位	是		1	
		否			
	有效数字运算	符合规则		1	
		不符合规则			
	计算方法及结果	正确		3	
		不正确			
	报告（完整、明确、清晰）	规范		2	
		不规范			
结果评价（40）	结果精密度（相对平均偏差）	<0.2%		20	
		>0.2%			
	结果准确度	在允差范围内		18	
		在允差范围外			
	完成时间（从称样到报出结果）	结束时间		2	
		实用时间			

注：此考核评分表是针对技能考核题和考核所使用的仪器设计的，若更改试题或更换考核用仪器，此表要作相应的变动。

第二章 紫外-可见分光光度计的使用

第一节 概 述

紫外-可见分光光度法（ultraviolet-visible spectrophotometry）通常是指利用物质对200～800nm光谱区域内的光具有选择性吸收的现象，对物质进行定性和定量分析的方法。按测量光的单色程度（即含波长范围的宽窄程度）分为分光光度法（spectrophotometry）和比色法（colorimetry）。利用比较溶液颜色深浅的方法来确定溶液中有色物质的含量方法称比色法。应用分光光度计，根据物质对不同波长的单色光的吸收程度不同而对物质进行定性分析和定量分析的方法称分光光度法（又称吸光光度法）。分光光度法中，按所用光的波谱区域不同，又可分为紫外分光光度法和可见分光光度法，合称为紫外-可见分光光度法。在紫外及可见光区用于测定溶液吸光度的分析仪器称为紫外-可见分光光度计（简称分光光度计）。

用于测量和记录待测物质分子对紫外光、可见光的吸光度及紫外-可见吸收光谱，并进行定性定量以及结构分析的仪器，称为紫外-可见吸收光谱仪（ultraviolet-visible absorption spectrometer）或紫外-可见分光光度计（ultraviolet-visible spectrophotometer）。

紫外-可见分光光度计虽然是一类有着较长历史的分析仪器，但随着科学技术的发展，分光光度计也在不断吸收新的技术成果，焕发出其新的活力。扫描光栅型分光光度计结合计算机控制等新的技术成果，使得它成为企业分析检验工作中常用的测量分析设备。阵列式探测器的产生直接促成了固定光栅型分光光度计［又称为CCD（PDA）光谱仪或多通道光度计］的设计，使得此类仪器稳定性、适应性更强，测量速度更快。光纤技术使得紫外可见分光光度计的使用变得更方便,同时也使分光光度计的配置变得更灵活,光纤技术同时也是实现在线测量的重要手段。目前,仪器正朝着小型化、在线化,测量的现场化、实时化方向发展。随着集成电路技术和光纤技术的发展,联合采用小型凹面全息光栅和阵列探测器以及 USB 接口等新技术,已经出现了一些携带方便、用途广泛的小型化甚至是掌上型的紫外-可见分光光度计。在仪器控制方面,仪器配套软件的开发,提高了仪器自动化和智能化,提升了仪器的使用性能和价值。除了仪器控制软件和通用数据分析处理软件外,很多仪器生产企业针对不同行业应用,开发了专用分析软件,给仪器使用者带来了极大的便利。

一、仪器工作原理

物质的紫外-可见光谱直接地反映了物质分子的电子跃迁,与物质的结构直接相关,不同的物质其紫外-可见吸收光谱不同,而吸收强弱又与吸光物质的量有关。因此,可以由物质光谱的特异性对物质进行定性分析,并根据吸收强度对物质作定量测试。

在一定的条件❶下,吸光物质对单色光的吸收符合朗伯-比尔定律,即

$$A=\varepsilon bc$$

式中　A——吸光度;
　　　b——光程长度(即吸收池厚度),cm;
　　　c——吸光物质的物质的量浓度,mol/L;
　　　ε——摩尔吸光系数,L/(mol·cm)。

由上式可知,当 b、ε 一定时,吸光物质的吸光度为其浓度 c 的单值(线性)函数。因此对吸光物质的浓度的测试可直接归结为对吸光度 A 的测试。

二、仪器的类型和基本组成部分

1. 仪器的分类

---

❶ 应用朗伯-比尔定律的条件:一是必须使用单色光;二是吸收发生在均匀的介质中;三是吸收过程中,吸光物质互相不发生作用。

紫外-可见分光光度计按使用波长范围可分为可见分光光度计和紫外-可见分光光度计两类（统称为分光光度计）。前者的使用波长范围是 400～780nm；后者的使用波长范围为 200～1000nm。可见，分光光度计只能用于测量有色溶液的吸光度，而紫外-可见分光光度计可测量在紫外、可见及近红外光区有吸收的物质的吸光度。紫外-可见分光光度计按光路可分为单光束和双光束两类。单光束分光光度计是：光源发出的光经单色器分光后的一束平行光，轮流通过参比溶液和样品溶液，以进行吸光度测定。这种简易型仪器结构简单，操作方便，适用于常规分析。双光束分光光度计有二类，一是光源发出的光由单色器分光后，经反射镜分解为强度相等的两束光，一束通过参比池，另一束通过样品池。光度计能自动比较两束光的强度，此比值即为试样的透射比，经对数变换将它转换成吸光度，并作为波长的函数记录下来。此类仪器一般都能自动记录吸收光谱曲线。由于两光束同时分别通过参比池和样品池，还能自动消除光源强度变化所引起的误差。二是光源发出的光由单色器分光后被分成两束，一束直接到达检测器，另一束通过样品后到达另一检测器。这种仪器称为比例双光束分光光度计，它的优点是可以监测光源变化带来的误差，但并不能消除参比造成的影响。

2. 仪器的基本组成部分

目前，紫外-可见分光光度计的型号较多，但它们的基本结构都相似，都由光源、单色器、样品吸收池、检测器和信号显示系统五大部件组成，其组成框图见图 2-1。

图 2-1　紫外-可见分光光度计组成部件框图

由光源发出的光，经单色器获得一定波长单色光照射到样品溶液，被吸收后，经检测器将光强度变化转变为电信号变化，并经信号指示系统调制放大后，显示或打印出吸光度 A（或透射比 τ），完成测定。

（1）光源　光源是提供入射光的装置。对光源要求是：在所需的光谱区域内，发射连续的具有足够强度和稳定的紫外及可见光，并且辐射强度随波长的变化尽可能小，使用寿命长。可见光区常用的光源为钨灯和碘钨灯，其波长范围为350～1000nm；紫外光区常用的光源为氢灯或氘灯，其中氘灯的辐射强度大，稳定性好，寿命长，因此近年生产的仪器多使用氘灯，氢灯和氘灯发射的连续光谱波长范围为180～360nm。

（2）单色器

单色器是能从光源辐射的复合光中分出单色光的光学装置。单色器一般由入射狭缝、准光器（透镜或凹面反射镜使入射光成平行光）、色散元件、聚集元件和出射狭缝等几部分组成。其核心部分是色散元件，起着分光的作用。最常用的色散元件是棱镜和光栅。光栅是利用光的衍射与干涉作用制成的，它可用于紫外、可见及红外光域，而且在整个波长区具有良好的、几乎均匀一致的分辨能力，现在仪器多使用它。

入射、出射狭缝、透镜及准光镜等光学元件中狭缝在决定单色器性能上起重要作用。狭缝大会影响单色光的纯度，但过小的狭缝又减弱入射光强。

（3）吸收池　吸收池是用于盛装被测量溶液的装置。一般可见光区使用玻璃吸收池，紫外光区使用石英吸收池。紫外-可见分光光度计常用的吸收池规格有0.5cm、1.0cm、2.0cm、3.0cm、5.0cm等，使用时，根据实际需要选择。

（4）检测器　检测器是将光信号转变为电信号的装置。常用的检测器有硒光电池、光电管、光电倍增管和光电二极管阵列检测器。硒光电池结构简单，价格便宜，但长时间曝光易"疲劳"，灵敏度也不高；光电管的灵敏度比硒光电池高；光电倍增管不仅灵敏度比普通光电管灵敏，而且响应速度快，是目前高、中档分光光度计中最常用的一种检测器；光电二极管阵列检测器是紫外-可见光度检测器的一个重要进展，它具有极快的扫描速度，可得到三维光谱图。

（5）信号显示器　信号显示器是将检测器输出的信号放大并显示出来的装置。常用的装置有电表指示、图表指示及数字显示等。现在绝大多数紫外-可见分光光度计都装有微处理机，一方面将信号记录和处理，另一方面可对分光光度计进行操作控制。

三、常用仪器型号和特点

紫外-可见分光光度计的型号很多，表 2-1 列出部分型号仪器的性能特点和主要技术参数。

表 2-1　部分紫外-可见分光光度计的型号、性能特点和主要技术参数

型号	性能特点	主要技术参数
UV-2100 双光束紫外-可见分光光度计	仪器为双光束、全自动、扫描型，可扫描 190～900nm 内任意波长范围的样品光谱特性；可对光谱曲线进行求导、峰谷检测、图谱叠加及图谱的运算；可同时设置 10 个波长点；可应用标准对照法、双波长法等分析方法进行定量分析；可打印数据的谱图	波长范围为 190～900nm；光谱带宽为 0.1nm、0.2nm、0.5nm、1.0nm 和 2.0nm 共 5 挡；波长准确度为 ± 0.3nm；波长重现性 $\leqslant 0.1$nm；透射比准确度为：$\pm 0.3\% \tau (0\sim 100\%\tau)$、$\pm 0.002A(0\sim 0.5A)$、$\pm 0.004A(0.5\sim 1A)$；透射比重复性 $\leqslant 0.1\% \tau(0\sim 0.5A)$；测光方式为透光率、吸光度、浓度、能量、反射等；光度范围为 $-4\sim 4A$；杂散光 $\leqslant 0.01\% \tau$（220nmNaI 溶液、340nm NaNO$_2$）；基线平直度为 $\pm 0.001A$；稳定性为 0.0004A/h（500nm 预热后）
UV-2601 双光束紫外-可见分光光度计	波长范围宽广，自动化程度高；有五种带宽可根据使用者要求定制安装；采用进口光源和接收器；可进行波长扫描、时间扫描、多波长测定、定量分析和 DNA 蛋白质测量等多种测量；采用全自动 10mm 八联双翻盖样品池设计，可放置 5～50mm 吸收池；测量数据可通过打印机输出	波长范围为 190～1100nm；光谱带宽为 2.0nm（0.5nm、1nm、4nm、5nm 可选）；波长准确度为 ± 0.3nm；波长重现性 $\leqslant 0.15$nm；透射比准确度为：$\pm 0.3\% \tau (0\sim 100\%\tau)$、$\pm 0.002A(0\sim 0.5A)$、$\pm 0.004A(0.5\sim 1A)$；透射比重复性 $\leqslant 0.15\% \tau$；测光方式为透光率、吸光度、浓度、能量、反射等；光度范围为 $-0.3\sim 3.5A$；杂散光 $\leqslant 0.1\% \tau$（220nm NaI 溶液、340nmNaNO$_2$）；基线平直度为 $\pm 0.002A$；稳定性为 $\leqslant 0.001A$/h（500nm 预热后）；噪声为 $\pm 0.0005A$（500nm 预热后）；检测器为进口硅光二极管；光源为进口插座式氘灯、进口插座式钨灯
VIS-723N 可见分光光度计	该仪器具有波长扫描、时间扫描、多波长测定、双波长、定量分析、三波长等多种测量方法；有三种带宽可根据工作需要选择定制；手动四连池，最大样品池可达 10mm；测量数据可通过打印机输出	波长范围为 320～1100nm；光谱带宽为 2.0nm（1nm、5nm 可选）；波长准确度为 ± 0.5nm；波长重现性 $\leqslant 0.3$nm；透射比准确度为：$\pm 0.3\% \tau(0\sim 100\%\tau)$、$\pm 0.002A(0\sim 0.5A)$、$\pm 0.004A(0.5\sim 1A)$；透射比重复性 $\leqslant 0.15\% \tau$；测光方式为透光率、吸光度、浓度、能量等；光度范围为 $-0.3\sim 3A$；杂散光 $\leqslant 0.05\% \tau$（220nmNaI 溶液、340nmNaNO$_2$ 溶液）；基线平直度为 $\pm 0.002A$；稳定性为 $\leqslant 0.001A$/h（500nm 预热后）；光源为进口插座式钨灯；检测器为进口硅光二极管

续表

型号	性能特点	主要技术参数
T6 新世纪紫外可见分光光度计	T6 系列产品设有专用的功能卡槽,通过插入不同的功能卡完成不同的检测需求;杂散光低;稳定性好;自动化程度高,具备自动波长定位、自动换灯、自动波长校准、自动样品池切换功能和自动的灯寿命检测系统;具有四大常规测量功能和三维谱图功能;可与打印机相联;采用可清洗防尘过滤网设计,确保仪器内部清洁,便于维护;简便的拆卸方式;仪器底部的锁紧机构和背后的旋钮机构,方便用户的扩展和维护	波长范围为 190~1100nm;波长准确度为 ± 1.0nm(仪器可自动波长校正);波长重复性 $\leqslant 0.2$nm;光谱带宽为 2.0nm;光度准确度为 $\pm 0.3\%\tau(0\sim 100\%\tau)$;光度重复性 $\leqslant 0.15\%\tau$;杂散光 $\leqslant 0.05\%\tau$(220nmNaI,340nmNaNO$_2$);基线平直度为 ± 0.002A(1000~200nm,预热 1h 后);噪声为 ± 0.001A(开机预热 0.5h 后);基线漂移 $\leqslant 0.001$A/h;测光范围是:吸光度为 $-0.3\sim 3$A,透射比为 $0\sim 200\%\tau$;光源为 12V20W 卤素钨灯,氘灯(法兰型),检测元件为硅光电池;测光方式为双光束等比例检测
UV 765PC 紫外-可见分光光度计	该仪器为比例双光束分光光度计,稳定性好;杂散光低,波长精确度较高;具有光度测量、定量测定、光谱扫描、时间扫描等测量功能和自动校正、自动寻找灯源最佳位置及自诊断功能;仪器设有独立灯室、8 联样品架和 LCD 显示;可通过人机对话进行操作,也可显示和储存各种数据和图谱,支持专用打印机	波长范围为 190~1100nm;波长准确度为 ± 0.5nm;波长重复性 $\leqslant 0.2$nm;光谱带宽为 2nm;杂散光 $\leqslant 0.05\%\tau$;透射比测量范围为 $0.0\%\sim 200.0\%\tau$;吸光度测量范围为 $-0.301\sim 3.00$A;透射比准确度为 $\pm 0.3\%\tau$;漂移 $\leqslant 0.001$A/h;透射比重复性为 $0.15\%\tau$;基线直线性为 ± 0.002A;噪声:100%噪声 $\leqslant 0.15\%\tau$,0%噪声 $\leqslant 0.10\%\tau$
UV 757T 型紫外-可见分光光度计	能自动调整"0"和调整"100",具有 GOTO λ,时间扫描,自动 8 联样品架,自动扣除比色皿误差,浓度多点标定,斜率和截距设置等功能	波长范围为 200~1100nm;波长准确度为 ± 0.5nm;波长重复性 $\leqslant 0.2$nm;光谱带宽为 2nm;杂散光 $\leqslant 0.3\%\tau$(220nm 和 340nm 处);透射比测量范围为 $0.0\%\sim 200.0\%\tau$;吸光度测量范围为 $-0.301\sim 4.00$A;透射比准确度为 $\pm 0.3\%\tau$;透射比重复性 $\leqslant 0.15\%\tau$;噪声:100%噪声 $\leqslant 0.3\%\tau$、0%噪声 $\leqslant 0.20\%\tau$;稳定性 $\leqslant 0.004$A/30min;光源为 12V20W 卤素钨灯(进口),DD2.5 氘灯(进口);接收元件为硅光电池

续表

型号	性能特点	主要技术参数
UV 754（扫描型）紫外-可见分光光度计	仪器具有扫描、浓度直读、线性回归、定时打印、GOTOλ 等功能，测量读数重现性和稳定性良好；仪器的样品室宽大可用 10cm 比色皿；可配高速热敏打印机进行定时打印	波长范围为 200～1000nm；透射比范围为 0～125.0%；吸光度范围为 0～2.500A；波长准确度为 ±1 nm；波长准确度重复性 ≤0.5nm；光谱宽带为 4nm；透射比准确度为 ±0.5%；透射比准确度重复性 ≤0.2%；杂散光 ≤0.3%（220nm）
岛津 UVmini-1240	这是一款小型、普及型的单光束紫外可见分光光度计，具有波长扫描功能且扫描速度迅速，可以快速得到 190～1100nm 的光谱，并标出峰、谷的位置；利用标准的峰检功能，能确定最灵敏的测定波长；选购 UVProbe 软件可与电脑联机使用；多种定量方法具备从简单浓度测定到复杂定量计算的功能	波长范围为 190nm～1100nm；带宽为 5nm；测光方式为单光束；杂散光在 0.05% 以下
UV-1700 pharmaSpec	UV-1700 是一款为满足制药行业要求而开发的紫外-可见分光光度计，其波长准确性、测光精度等符合各国药典的要求；可按照 LCD 上的显示进行人机对话，加上仪器的专用键，使操作简便；若选 UVProbe 软件，可与电脑联机使用；仪器标准配备多波长测定、定量和定性用的功能，此外；还可利用 IC 卡进一步扩展功能	测试波长范围为 190.0～1100.0nm；谱带宽度为 1nm；波长准确性为 ±0.3nm；波长重复精度为 ±0.1nm；杂散光 0.04% 以下（220.0nm，340nm）；测光方式为双光束；分光器为消像差型闪耀全息光栅

续表

型 号	性 能 特 点	主 要 技 术 参 数
岛津 UV-2450/2550	UV-2450 和 UV-2550 均可用于有机、无机化合物的分析和 DNA、酶等生物化学样品、光学材料的特性等测定；UV-2550 采用 DDM（双闪耀衍射光栅、双单色器）技术，实现了超低杂散光和高光通量；UV-2450 虽采用单色器的光学系统，杂散光也仅为 0.015%；仪器配有适合网络新时代要求，能协助分析人员的测定工作、可有效地提供重要数据，具有多任务、报告功能等的 UV Probe 软件 U；仪器还设计有 8/16 多联池与 $50\mu L/100\mu L$ 样品容量构成四种组合以及池支架（池支架可选择常温或恒温）配件供使用者选配	测试波长范围为 190～900nm，使用特殊检测器时，可达 1100nm；波长确定性 ±0.3nm（内装有自动波长校正功能）；波长重复精度 ±0.1nm；扫描速度：波长移动时约为 3200nm/min，波长扫描时约为 900～160nm/min，监控扫描时约为 2500nm/min；谱带宽度可在 0.1nm、0.2nm、0.5nm、1nm、2nm、5nm 6 段转换；波长设置：扫描开始波长和扫描结束波长能够以 1nm 单位设置，其他为 0.1nm 单位；UV-2450 杂散光在 0.015%以下（220nm，NaI 10g/L 溶液），UV-2550 杂散光在 0.0003%以下（220nm，10g/L NaI 溶液）；吸光度范围为 -9.999～$9.999A$；0～$0.5A$ 之间测光准确度为 $±0.002A$，0.5～$1.0A$ 之间测光准确度为 $±0.004$，0～$100\%T$ 之间测光准确度为 $±0.3\%T$；测光方式为双光束方式（负反馈直接比例方式）；测光类型为吸光度（A）、透射比（$\%\tau$）、反射率（%）、能量（E）

注：各型号仪器的主要性能特点和指标参数应以生产厂家的产品实物为准，上表中相关数据仅供读者参考。

第二节 722 型可见分光光度计的使用

722 型分光光度计是以卤钨灯为光源，衍射光栅为色散元件，端窗式光电管为光电转换器的单光束、数显式可见分光光度计。

一、仪器主要技术参数

① 光学系统：单光束、衍射光栅。

② 波长范围：330～800nm。

③ 光源：卤钨灯，12V/30W。

④ 接收元件：光电管。

⑤ 波长准确度：±2nm。

⑥ 波长重复性：≤1nm。
⑦ 光谱带宽：6nm。
⑧ 杂散光：≤0.7‰τ（在360nm处）。
⑨ 透射比（τ）测量范围：0.0～100.0%。
⑩ 吸光度（A）测量范围：0.000～1.999。
⑪ 浓度直读范围：0～1999。
⑫ 透射比准确度：±1.0%。
⑬ 透射比重复性：≤0.5%。
⑭ τ-A 转换准确度：0.004A（在 A=0.5 处）。

二、仪器结构

1. 主要组成部件

722 型分光光度计由光源室、单色器、试样室（试样架可置 4 个吸收池）、光电管暗盒、电子系统及数字显示器等部件组成，其结构如图 2-2 所示。

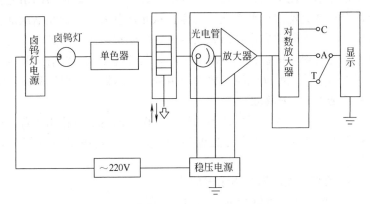

图 2-2　722 型分光光度计结构框图

2. 光路系统

722 型分光光度计的光学系统如图 2-3 所示。

卤钨灯发出的连续光经滤光片选择、聚光镜聚集后投向单色器的进光狭缝，此狭缝正好处于聚光镜及单色器内准直镜的焦平面上。因此，进入单色器的复合光通过平面反射镜反射到准直镜，变

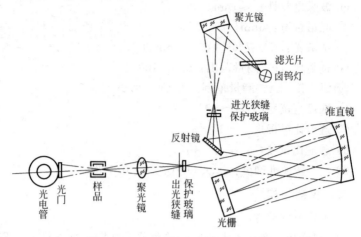

图 2-3　722 型分光光度计的光学系统

成平行光射向光栅,通过光栅的衍射作用形成按一定顺序排列的连续单色光谱。此单色光谱重新回到准直镜上,由于单色器的出光狭缝设置在准直镜的焦平面上,这样,从光栅色散出来的光谱经准直镜后利用聚光原理成像在出光狭缝上,出光狭缝选出指定带宽的单色光,通过聚光镜射在被测溶液中心,其透过光经光门射向光电管的阴极面。产生的光电流经放大,由数字显示器直接读出吸光度 A 或百分透射比 τ 或浓度。

仪器波长刻度盘下面的转动轴与光栅上的扇形齿轮相吻合,通过转动波长刻度盘而带动光栅转动,以改变光源出射狭缝的波长值。

3. 面板上控制器和指示器的功能

722 型分光光度计的外形如图 2-4 所示。

仪器面板上主要控制器和指示器的功能如下。

(1) 电源开关　外接 220V 交流电源,开关开启后,由仪器内变压器和稳压器转变为 12V 给光源供电。

(2) 波长旋钮　转动此旋钮可选择测试所需的波长。

(3) 波长读数窗　直接读出以 nm 为单位的波长值。

(4) 试样架拉杆　拉动拉杆可以将吸收池依次送入光路。

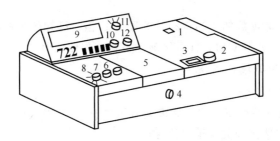

图 2-4　722 型分光光度计的外形
1—电源开关；2—波长旋钮；3—波长读数窗；4—试样架拉杆；5—样品室盖；
6—100%τ 旋钮；7—0%τ 旋钮；8—灵敏度调节旋钮；9—数字显示器；10—吸光度调零旋钮；11—选择开关；12—浓度旋钮

（5）样品室盖　当打开样品室盖时，光电管暗盒光门自动关闭；当盖上样品室盖时，光门打开，光电管受光。

（6）100%τ ❶ 旋钮　当盖上样品室盖，选择开关置于"τ"挡，参比溶液置于光路时，调节此旋钮，使显示器显示为"100.0"（即 $τ=100.0\%$）。

（7）0%τ 旋钮　当打开样品室盖时，调节此旋钮，使显示器显示为"000.0"（即 $τ=0\%$）。

（8）灵敏度调节钮　分挡，"1"挡灵敏度最低，依次逐渐提高。选择原则是当空白溶液置于光路能调节至 $τ=100\%$ 的情况下，尽可能采用低挡，当改变灵敏度挡次后应重新校正"0"和"100%τ"。当然，仪器上灵敏度转换挡不能提高测量准确度，也就是说，同一个分析试液，在任何一挡测得的吸光度都是基本一致的。

（9）数字显示器　采用 3 位 LED 数字显示。

（10）吸光度调零旋钮　在反复调节 0%τ 旋钮和 100%τ 旋钮，使显示器稳定地显示"100.0"透射比后，将选择开关置于 A 挡（即吸光度），调节此钮，使显示为".000"。

（11）选择开关　仪器有 τ、A、C（或 T、A、C）三种方式可

---

❶ "T"为透射比旧时的符号，"τ"为现标准规定的透射比符号。目前，有些老型号的仪器仍使用旧符号"T"表示透射比。

供选择。

（12）浓度旋钮　当选择开关置于 C 挡，已知浓度的溶液处于光路中时，调节此钮，使数字显示器显示为标定值。

三、仪器操作方法

1. 操作步骤

① 取下防尘罩，将灵敏度调节钮置于"1"挡（信号放大倍率最小），将选择开关置于"τ"挡。

② 打开试样室盖，检查样品室内是否放有遮光物，若有则取出。插上电源插头，按下电源开关，指示灯亮，仪器预热 20min。

③ 调节波长旋钮，使测试所需波长值对准标线。

④ 在试样室盖打开的情况下，调节 $0\%\tau$ 旋钮，使显示器显示为"000.0"。

⑤ 用所要装盛的溶液润洗洁净的吸收池后，倒入相应的溶液（注意，溶液不可装太满，以免逸出腐蚀仪器，一般装至池高的 2/3～4/5 即可），用滤纸吸干吸收池外壁水珠；用擦镜纸擦亮透光面。将盛参比溶液的吸收池置于试样架的第一格内（靠操作者身边），盛试样的吸收池按试样编号依次置于第二、三、四格内，用弹簧夹固定好，盖上试样室盖。

⑥ 将参比溶液推入光路，调节 $100\%\tau$ 旋钮，使之显示为"100.0"，如果显示不到"100.0"则要增大灵敏度挡，然后再调节 $100\%\tau$ 旋钮，直到显示为"100.0"。

⑦ 重复操作④和⑤，直到显示稳定。

⑧ 稳定地显示"100.0"透射比后，将选择开关置于 A 挡，此时吸光度显示应为".000"，若不是，则调节吸光度调零钮，使显示为".000"。将试样推入光路，这时的显示值即为试样的吸光度。

⑨ 若测量浓度 c，先将选择开关旋至 C 挡，将已知浓度的溶液推入光路，调节浓度旋钮，使数字显示器显示为标定值，再将被测溶液推入光路，则显示值即为被测溶液相应的浓度值。

⑩ 仪器使用完毕，关闭电源（若短时间不用，则不必关闭电源，只需打开试样室盖，即停止照射光电管），洗净吸收池并放回原处，仪器冷却 10min 后盖上防尘罩。

第二章 紫外-可见分光光度计的使用

2. 操作注意事项

① 实验过程中，参比溶液不要拿出试样室，可随时将其置入光路以检查吸光度零点是否有变化。如不为".000"，则不要先调节吸光度调零钮，而应将选择开关置于"τ"挡，用100%τ旋钮调至"100.0"，再将选择开关置于"A"，这时如不为".000"方可调节吸光度调零钮（一般情况下，不需要经常调节吸光度调零钮和0%τ旋钮，但可随时进行本节"三、仪器操作方法"中1的④和⑥的操作，如发现这两个显示有改变，则应及时调整）。

② 实验过程中，若大幅度改变测试波长，需等数分钟才能正常工作（因波长大幅度改变，光能量变化急剧，光电管响应迟缓，需一段光响应平衡时间）。

四、仪器的调校方法

分光光度计经较长时间的使用后，仪器的性能指标会有所变化，需要进行调校或修理。国家质量监督检验检疫总局批准颁布了紫外-可见分光光度计的检定规程❶。检定规程规定，检定周期为半年，两次检定合格的仪器检定周期可延长至一年。

1. 光源灯的更换和调整

光源灯是易损件，当损坏件更换或由于仪器搬运后均可能偏离正常的位置。为了使仪器有足够的灵敏度，正确地调整光源灯的位置则显得更为重要。

(1) 光源灯的更换　722型可见分光光度计的光源灯采用12V/30W插入式卤钨灯。更换时先切断电源，移去仪器上面的大盖

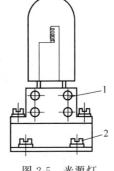

图 2-5　光源灯

板，光源灯室处于仪器的后右侧。旋下灯室盖板螺钉，可找到图 2-5 所示的光源灯❷。松开螺钉1，取出损坏的卤钨灯，换上新灯

---

❶ 请查阅 JJG 178—2007《紫外、可见、近红外分光光度计检定规程》。

❷ 不同厂家生产的722型分光光度计，部件的所处位置和机械零件（如调节螺钉等）可能有些差别，因调校时应以该厂家的仪器说明书为准进行调整。

(注意,在更换光源灯时应戴上手套,以防止沾污灯壳而影响发光能量),轻轻紧固螺钉1。

(2)光源灯的调整　接通电源,观察光源灯在入射光孔和入射狭缝上形成的光斑(可在样品室通光孔处插一张白色卡片纸),它在垂直方向应相对于狭缝对称分布,如果有偏高或偏低的现象,应关掉电源,松开螺钉1,向相反方向降低或升高灯的位置,直到达到要求为止。然后紧固螺钉1,再观察左右对称情况及光斑是否清晰完整、亮度最强,若达不到要求,应松开螺钉2,将光斑调到适当的位置并使其最亮,最后紧固螺钉2。

调整完毕,将灯室盖板及仪器盖板装回原来位置。

2. 波长准确度的校验

分光光度计在使用过程中,由于机械振动、温度变化、灯丝变形、灯座松动或更换灯泡等原因,经常会引起刻度盘上的读数(标示值)与实际通过溶液的波长不符合的现象,因而导致仪器灵敏度降低,影响测定结果的精度,因此需要经常进行校验。

722型分光光度计可以使用仪器随机配置的镨钕滤光片准确地校正波长。镨钕滤光片的吸收峰为528.7nm和807.7nm,其吸收光谱见图2-6。

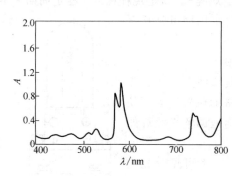

图2-6　镨钕滤光片吸收光谱

波长准确度检查和校正的具体步骤如下。

① 打开仪器电源开关,开启吸收池样品室盖,取出样品室内遮光物(如干燥剂),预热20min。

② 调节0%τ旋钮,使显示器显示为"000.0"(调节时应将选择旋钮置于"τ"挡并打开样品室盖)。

③ 在吸收池位置插入一块白色硬纸片,将波长旋钮从720nm向420nm方向慢慢转动,观察出口狭缝射出的光线颜色是否与波

长调节钮所指示的波长相符（黄色光波长范围较窄，将波长调节在 580nm 处应出现黄光），若相符，说明该仪器分光系统基本正常。若相差甚远，应调节灯泡位置。

④ 取出白纸片，在吸收池架内垂直放入镨钕滤光片，以空气为参比，盖上样品室盖，将波长调至 500nm，旋转"100%τ"旋钮使显示器显示 100.0。用吸收池拉杆将镨钕滤光片推入光路读取吸光度值。以后在 500～540nm 波段每隔 2nm 测一次吸光度值（注意，每改变一次波长，都应重新调空气参比的 τ%＝100.0）。记录各吸光度值和相应的波长盘标示值，查出吸光度最大时相应的波长标示值（$\lambda_{max}^{标示}$）。

如果测出的最大吸收波长的仪器标示值与镨钕滤光片的吸收峰波长相差 ±3nm 以下（即在 528.7nm±3nm 之内），说明仪器波长的标示值准确度符合要求，一般不需作校正。如果测出的吸收光谱曲线最大吸收波长的仪器标示值与镨钕滤光片的吸收峰波长相差 ±3nm 以上，则可卸下波长手轮，旋松波长刻度盘上的三个定位螺钉，将刻度指示置于特征吸收波长值，旋紧螺钉即可（注意，不同厂家生产的仪器波长读数的调整方法可能有所不同，应按仪器说明书进行波长调节）。如果测出的最大吸收波长的仪器波长标示值与镨钕滤光片的吸收峰波长之差大于 ±10nm，则需要重新调整卤钨灯灯泡位置，或检修单色器的光学系统（应由计量部门或生产厂检修，不可自己打开单色器）。

3. 吸收池配套性检验

一般商品吸收池的光程与其标示值常有微小的误差，即使是同一生产厂家生产的同规格的吸收池，也不一定能够互换使用。仪器出厂前吸收池是经过检测选择而配套的，所以在使用时不应混淆其配套关系。在定量工作中，为了消除吸收池的误差，提高测量的准确度，需要分别对每个吸收池进行校正及配对。玻璃吸收池配套性检验的具体步骤如下。

① 检查吸收池透光面是否有划痕或斑点，吸收池各面是否有裂纹，如有则不应使用。

② 在选定的吸收池毛面上口附近，用铅笔标上进光方向并编

号。用蒸馏水冲洗 2~3 次 [必要时可用 (1+1) HCl 溶液浸泡 2~3min，再立即用水冲洗净]。

③ 拇指和食指捏住吸收池两侧毛面，分别在 4 个吸收池内注入蒸馏水到池高 3/4 处（注意，吸收池内蒸馏水不可装得过满，以免溅出腐蚀吸收架和仪器，装入水后，吸收池内壁不可有气泡）。用滤纸吸干池外壁的水滴（注意，不能擦），再用擦镜纸或丝绸轻轻擦拭光面至无痕迹。按吸收池上所标箭头方向（进光方向）垂直放在吸收池架上，并用吸收池夹固定好。

④ 打开样品室盖，将选择旋钮置于"τ"挡，用波长调节旋钮将波长调至 440nm，调节 $0\%\tau$ 旋钮，使显示器显示为"000.0"。

⑤ 盖上样品室盖，将在参比位置上的吸收池推入光路。调节 $100\%\tau$ 调节钮，使显示器显示为"100.0"，反复调节几次，直至稳定。

⑥ 拉动吸收池架拉杆，依次将被测溶液推入光路，读取并记录相应的透射比。若所测各吸收池透射比偏差小于 0.5%，则这些吸收池可配套使用。超出上述偏差的吸收池不能配套使用。

五、仪器的维护和保养

分光光度计是精密光学仪器，正确安装、使用和保养对保持仪器良好的性能和保证测试的准确度有重要作用。

1. 仪器的工作环境

① 仪器应安放在干燥的房间内，使用温度为 5~35℃，相对湿度不超过 85%。

② 仪器应放置在坚固平稳的工作台上，且避免强烈的震动或持续的震动。

③ 室内照明不宜太强，且应避免直射日光的照射。

④ 电扇不宜直接向仪器吹风，以防止光源灯因发光不稳定而影响仪器的正常使用。

⑤ 尽量远离高强度的磁场、电场及发生高频波的电气设备。

⑥ 供给仪器的电源电压为 AC 220V±22V，频率为 50Hz±1Hz，并必须装有良好的接地线。推荐使用功率为 1000W 以上的电子交流稳压器或交流恒压稳压器，以加强仪器的抗干扰性能。

⑦ 避免在有硫化氢等腐蚀性气体的场所使用。

2. 日常维护和保养

（1）光源　光源的寿命是有限的，为了延长光源使用寿命，在不使用仪器时不要开光源灯，应尽量减少开关次数。在短时间的工作间隔内可以不关灯。刚关闭的光源灯不能立即重新开启。

仪器连续使用时间不应超过 3h。若需长时间使用，最好间歇 30min。

如果光源灯亮度明显减弱或不稳定，应及时更换新灯。更换后要调节好灯丝位置，不要用手直接接触窗口或灯泡，避免油污黏附。若不小心接触过，要用无水乙醇擦拭。

（2）单色器　单色器是仪器的核心部分，装在密封盒内，不能拆开。选择波长应平衡地转动，不可用力过猛。为防止色散元件受潮生霉，必须定期更换单色器盒干燥剂（硅胶）。若发现干燥剂变色，应立即更换。

（3）吸收池　必须正确使用吸收池，应特别注意保护吸收池的两个光学面。为此，必须做到以下几点。

① 测量时，池内盛的液体量不要太满，以防止溶液溢出而侵入仪器内部。若发现吸收池架内有溶液遗留，应立即取出清洗，并用纸吸干。

② 拿取吸收池时，只能用手指接触两侧的毛玻璃，不可接触光学面。

③ 不能将光学面与硬物或脏物接触，只能用擦镜纸或丝绸擦拭光学面。

④ 凡含有腐蚀玻璃的物质（如 F^-、$SnCl_2$、H_3PO_4 等）的溶液，不得长时间盛放在吸收池中。

⑤ 吸收池使用后应立即用水冲洗干净。有色物污染可以用 3mol/L HCl 和等体积乙醇的混合液浸泡洗涤。生物样品、胶体或其他在吸收池光学面上形成薄膜的物质要用适当的溶剂洗涤。

⑥ 不得在火焰或电炉上进行加热或烘烤吸收池。

（4）检测器　光电转换元件不能长时间曝光，且应避免强光照射或受潮积尘。

(5) 停止工作后应注意的问题　当仪器停止工作时,必须切断电源。为了避免仪器积灰和污染,在停止工作时,应盖上防尘罩。仪器若暂时不用要定期通电,每次不少于20～30min,以保持整机呈干燥状态,并且维持电子元器件的性能。

六、常见故障分析和排除方法

仪器常见故障、产生原因及排除方法见表2-2。

表2-2　仪器常见故障、产生原因及排除方法

故障现象	产　生　原　因	排　除　方　法
开启电源开关,仪器无反应	(1)电源未接通; (2)电源保险丝断; (3)仪器电源开关接触不良	(1)检查供电电源和连接线; (2)更换保险丝; (3)更换仪器电源开关
光源灯不工作	(1)光源灯坏; (2)光源供电器坏	(1)更换新灯; (2)检查电路,看是否有电压输出,请求维修人员维修或更换电路板
光源亮度不可调	电路故障	请求维修或更换有关电路元件
显示不稳定	(1)仪器预热时间不够; (2)电噪声太大(暗盒受潮或电气故障); (3)环境振动过大,光源附近气流过大或外界强光照射; (4)电源电压不良; (5)仪器接地不良	(1)延长预热时间; (2)检查干燥剂是否受潮,若受潮更换干燥剂,若还不能解决,要查线路; (3)改善工作环境; (4)检查电源电压; (5)改善接地状态
τ调不到0%	(1)光门漏光; (2)放大器坏; (3)暗盒受潮	(1)修理光门; (2)修理放大器; (3)更换暗盒内干燥剂
τ调不到100%	(1)卤钨灯不亮; (2)样品室有挡光现象; (3)光路不准; (4)放大器坏	(1)检查灯电源电路(修理); (2)检查样品室; (3)调整光路; (4)修理放大器
测试数据重复性差	(1)池或池架晃动; (2)吸收池溶液中有气泡; (3)仪器噪声太大; (4)样品光化学反应	(1)卡紧池架或池; (2)重换溶液; (3)检查电路; (4)加快测试速度

七、减除仪器因素误差的措施

1. 减除入射光束单色性不纯的影响

各种不同的分光光度分析仪器除了本身的质量决定其单色光的纯度不同外，使用或操作也会影响单色光的纯度，例如对同一台分光光度计，由于出射狭缝调节不当（过宽）就会使单色光纯度差。因此，除了应该根据分析的要求选择适当的仪器外，还必须正确地使用仪器。

2. 减除杂散光的影响

杂散光的主要来源是仪器的光学元件保护不好，例如透镜或反射镜上有尘埃或指纹印；仪器光学系统的暗箱中的黑体被划伤或脱落；在操作时样品室盖未盖好等。因此要消除杂散光应注意以下几点。

① 做好仪器（特别是光学系统）的防潮和防霉工作。绝对不允许用手或其他硬物摸碰光学元件和暗箱的黑体。

② 保护好吸收池架，并应经常保持其清洁和干燥。

③ 测定时，必须盖好样品室盖。

3. 减除吸收池误差

吸收池的质量（主要是精度）不好或使用不当都会给测定结果带来误差。即使是同一组的数个同规格的吸收池，也不能保证其光程长度绝对相等，只是其误差在一定的范围之内。为了减除由此而产生的误差，使用时应对吸收池进行校正。

第三节　754C 型紫外-可见分光光度计的使用

一、仪器主要技术参数

① 光学系统：单光束，平面光栅。

② 波长范围：200～850nm。

③ 光源：卤钨灯（12V/30W）、氘灯（2.5A）。

④ 接收元件：光电管。

⑤ 波长准确度：±2nm。

⑥ 波长重复性：≤1nm。

⑦ 光谱带宽：6nm。
⑧ 杂散光：≤0.6%τ（在360nm处）。
⑨ 透射比（τ）测量范围：0.0～110.0%。
⑩ 吸光度（A）测量范围：0.000～3.000。
⑪ 浓度直读范围：0～999。
⑫ 透射比准确度：±1.0%。
⑬ 透射比重复性：≤0.5%τ。
⑭ 暗电流稳定性：0.2%τ/3min。
⑮ 亮电流稳定性：0.5%τ/3min。
⑯ τ-A转换准确度：0.004A（在$A=0.5$处）；自动调0%τ、调100%τ。
⑰ 定量计算方式：用线性回归方程进行浓度自动计算，结果打印输出。
⑱ 打印方式：自动、手动、定时。

二、仪器结构

1. 仪器主要组成部件

如图2-7所示，754C型紫外-可见分光光度计具有卤钨灯（30W）和氘灯（2.5A）两种光源，分别适用于360～850nm和200～360nm波长范围。它采用平面光栅作色散元件，GD33光电管作检测器。其测量显示系统装配了8031单片机，检测器输出的

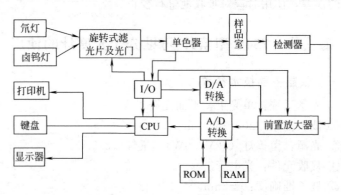

图2-7 754C型紫外-可见分光光度计组成部件框图

电信号经前置放大器放大，模/数转换器转换为数字信号，送往单片机进行数据处理。通过键盘输入命令，仪器便能自动调"0%τ"和调"100%τ"，输入标准溶液浓度数据，能建立浓度计算方程。在显示屏上能显示出透射比（τ%）、吸光度（A）及浓度 c 的数据，并可以由打印机打印出测量数据和分析结果。

754C型紫外-可见分光光度计的外形和键盘分别如图2-8和图2-9所示。

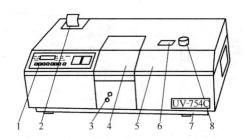

图2-8 754C型紫外-可见分光光度计外形
1—操作键；2—打印纸；3—样品室拉杆；4—样品室盖；5—主机盖板；
6—波长显示窗；7—电源开关；8—波长旋钮

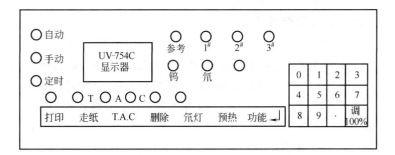

图2-9 754C型紫外-可见分光光度计键盘

2. 光路系统

754C型分光光度计的光学系统如图2-10所示。

由光源发出的连续光谱经滤光片和聚光镜反射至单色器入射狭缝聚焦成像。光束通过入射狭缝经平面反射镜到准直镜，产生平行

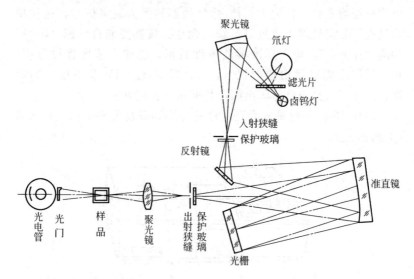

图 2-10　754C 型分光光度计的光学系统

光射到光栅。在光栅上色散后，又经准直镜聚焦到出射狭缝上成一连续光谱。由出射狭缝射出一定波长的单色光，通过样品溶液射到光电管上，转换成微弱的电信号。

三、仪器操作方法

1. 开机

打开样品室盖，检查样品室中是否放置遮光物，若有则取出。打开电源开关，仪器进入预热状态，预热 20min。蜂鸣器"嘟"声叫后，仪器进入工作状态，自动进入"τ"显示模式和自动打印状态。

2. 选择光源

电源开关打开后，卤钨灯即亮；若仪器需要在紫外光区（200～290nm）工作，则可轻按 氘灯 键点亮氘灯（若要关闭氘灯则再按一次 氘灯 键；若需关卤钨灯则按 功能 键→数字键 1 →回车键 ↵ 即可熄灭）；若仪器需要在紫外光区（290～360nm）工作，则要同时点亮氘灯和卤钨灯。

3. 选择波长

调节波长旋钮，选择需用的单色光波长。

4. 调 $\tau\%=0.0$ 和 $\tau\%=100$

(1) 调 $\tau\%=0.0$　在仪器处于 τ 模式，且样品室盖开着时，按 $\boxed{100\%}$ 键，使显示器显示 "0.0"（即 $\tau\%=0.0$）。

(2) 根据测量所需的波长选择合适的吸收池　（在 200～360nm 处测量应使用石英吸收池；在 360～850nm 处测量使用玻璃吸收池或石英吸收池）。用所要装盛的溶液润洗洁净的吸收池后，倒入相应的溶液，吸干吸收池外壁水珠，用擦镜纸擦亮透光面，依次放入吸收池架内，用弹簧夹固定好。

(3) 调 $\tau\%=100.0$　盖上样品盖，将参比溶液推入光路，按 $\boxed{100\%}$ 键，使显示器显示为 "100.0"（即 $\tau\%=100$）。待蜂鸣器"嘟"声叫后，才可进行下面的操作。

5. 测试

(1) 透射比和吸光度的测量　待显示器显示为 "100.0" 且稳定后，将第一个试样溶液推入光路，轻按 $\boxed{\tau.A.C}$ 键使显示器显示吸光度 A（按 $\boxed{\tau.A.C}$ 键可使透射比 τ、吸光度 A 和浓度 c 值循环显示出）。此时按 $\boxed{打印}$ 键打印出该试样的数据。

待第一个样品数据打印完后，再将第二、第三个样品分别推入光路进行测量。打印数据后，打开样品盖。

(2) 直读浓度　确立浓度直线，将两个已知浓度的标准溶液（如 $c_1=3.00$、$c_2=6.00$）依次置于吸收池架内，按回车键 $\boxed{\leftarrow\!\rfloor}$，显示器显示 "0001" 后马上显示空白。此时将浓度为 c_1 的标准溶液推入光路，按数字键 $\boxed{3}\rightarrow\boxed{.}\rightarrow\boxed{0}\rightarrow\boxed{0}$，显示器显示 "3.00"，按回车键 $\boxed{\leftarrow\!\rfloor}$，则将 c_1、A_1 均存入 RAM。紧接着显示器显示 "0002" 后又出现空白。此时再将浓度为 c_2 的标准溶液推入光路，按数字键 $\boxed{6}\rightarrow\boxed{.}\rightarrow\boxed{0}\rightarrow\boxed{0}$，显示器显示 "6.00"，按回车键 $\boxed{\leftarrow\!\rfloor}$，则将 c_2、A_2 均存入 RAM。计算机按

c_1、A_1、c_2、A_2 值确定浓度方程。以后待测试样均按该方程显示浓度值。

（3）数据打印　建立好浓度直线方程后，选择打印方式，打印数据。

① 自动打印方式。依次键入 功能 键→数字键 0 →数字键 1 ，仪器进入自动打印状态，即每换一个样品位置，仪器自动打印一次。

② 手动打印方式。依次键入 功能 键→数字键 0 →数字键 2 ，仪器进入手动打印状态，即按 打印 键，则打印一次。

③ 定时打印方式。依次键入 功能 键→数字键 0 →数字键 3 ，仪器进入定时打印状态，每分钟自动打印一次。

6. 关机

测量完毕，取出吸收池，清洗并晾干后入盒保存。关闭电源，拔下电源插头，在样品室内放入干燥剂，盖上样品室盖，罩上防尘罩。

四、仪器的调校方法

1. 光源灯的更换和调整

（1）卤钨灯的更换

① 关闭电源，取下波长调节钮，掀开仪器盖板。

② 待灯冷却后，松开紧固卤钨灯的两个螺钉（见图 2-11 中 1），拔出卤钨灯。

③ 戴上手套，用酒精擦去新灯上灰尘及油渍，换上新灯。注意，灯丝方向应对准反射镜，灯丝高度与反射镜中心高度一致（见图 2-11）。

④ 将波长调在 580nm 左右，在样品室通光孔处插一张白色卡片纸。然后把仪器接上电源，打开卤钨灯，检查光斑是否正常（正常的光斑应是一个明亮完整的长方形光斑），如有变动，可松开灯座固定螺钉（见图 2-11 中 4），移动前后左右位置，直到观察到均匀完整、亮度最强的光斑为止，最后紧固灯座固定螺钉。

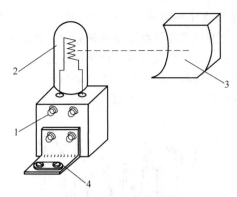

图 2-11　卤钨灯安装与调整示意

1—灯紧固螺钉；2—卤钨灯；3—反光镜；4—灯座固定螺钉

（2）氘灯的更换

① 关闭电源，取下波长调节钮，掀开仪器盖板。

② 待灯冷却后，用旋具将接线架上三根氘灯引线松开（记下三根引线的颜色），松开氘灯固定螺钉，取出氘灯座，松开夹紧螺钉，换上新氘灯，调整位置，重新拧紧螺钉，将氘灯接线按原来引线的颜色接好。

③ 将波长调在 220nm 处，接上电源，打开氘灯，检查光斑是否进入狭缝，如不进入，松开图 2-12 中的"1"，转动氘灯出光孔或松开图 2-12 中的"3"，移动氘灯至氘灯光进入狭缝为止（注意，眼睛不可常看氘灯发出的紫光）。

2. 波长准确度的校验

754C 型紫外-可见分光光度计在可见光区进行波长准确度的校验方法与 722 型可见分光光度计相同（可参阅本章第二节四-2）。在紫外光区检验波长准确度比较实用的方法是用苯蒸气的吸收光谱曲线来检

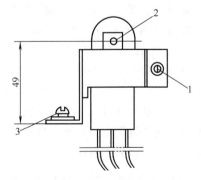

图 2-12　氘灯安装与调整示意

1—夹紧螺钉；2—灯出光口；
3—灯座紧固螺钉

查。图 2-13 是苯蒸气在紫外光区的特征吸收峰,利用这些吸收峰所对应波长来检查仪器波长准确度非常方便。具体做法是:在吸收池滴一滴液体苯,盖上吸收池盖,待苯挥发充满整个吸收池后,就可以测绘苯蒸气的吸收光谱。若实测结果与苯的标准光谱曲线不一致,表示仪器有波长误差,必须加以调整。

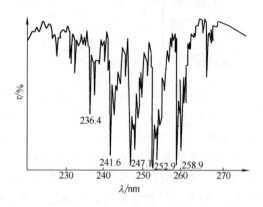

图 2-13 苯蒸气的吸收光谱曲线

3. 透射比正确度的检验

当用紫外-可见分光光度计测量具有十分尖锐吸收峰的化合物时有必要对分光光度计的透射比进行校正。透射比的正确度通常是用硫酸铜、硫酸钴铵、铬酸钾等标准溶液来检查,其中应用最普遍的是重铬酸钾($K_2Cr_2O_7$)溶液。

透射比正确度检验的具体操作是:配制质量分数为 $w(K_2Cr_2O_7)=0.006000\%$(即在 25℃时,1000g 溶液中含 $K_2Cr_2O_7$ 0.06000g)的 0.001mol/L $HClO_4$ 标准溶液。以 0.001mol/L $HClO_4$ 溶液为参比,用 1cm 的石英吸收池分别在 235nm、257nm、313nm、350nm 波长处测定透射比,与表 2-3 所列标准溶液的标准值比较,根据仪器级别,其差值应在 $0.8\%\sim2.5\%$ 之内。

表 2-3 质量分数 $w(K_2Cr_2O_7)=0.006000\%$ 的 $K_2Cr_2O_7$ 溶液的透射比(25℃)

波长/nm	235	257	313	350
百分透射比/%	18.2	13.7	51.3	22.9

4. 吸收池的配套性检验

754C 型紫外-可见分光光度计配有玻璃吸收池和石英吸收池。在可见光区进行测量时选用玻璃吸收池，其配套性检验方法在本章第二节的"四、仪器的调校方法"中的"2"已作详细介绍，这里不再重复。在紫外光区进行测量时选用石英吸收池，根据 JJG 178—1996 规定，其配套性检验方法是：在石英吸收池内装上蒸馏水，在 220nm 处，以其中一个吸收池为参比，调节 τ 为 100%，测量其他各池的透射比，透射比的偏差小于 0.5% 的吸收池可配成一套。

五、仪器的维护和保养

754C 型紫外-可见分光光度计的维护和保养方法与 722 型可见分光光度计相同（参阅本章第二节的"五、仪器的维护和保养"）。

六、常见故障分析和排除方法

754C 型紫外-可见分光光度计在使用过程中常见故障分析和排除方法列于表 2-4。

表 2-4　754C 型紫外-可见分光光度计常见故障分析和排除方法

故 障 现 象	可 能 原 因	排 除 方 法
仪器完全不工作	(1)电源未接通； (2)2.5A 保险丝熔断	(1)检查电源线； (2)更换 2.5A 保险丝
仪器显示不稳定	(1)预热时间不够； (2)交流电源不稳； (3)干燥剂失效； (4)环境振动过大或室内空气流速过大	(1)仪器预热 20min； (2)电源保持在 220V±10%，而且无突变现象； (3)调换干燥剂； (4)调换工作环境
能量检测不到	(1)吸收池架位置没有固定好； (2)卤钨灯（或氘灯）不亮	(1)正确掌握操作方法； (2)检查光源灯是否坏了或接触不良
调 0/100 键不起作用	(1)漏光； (2)光门不动作	(1)检查样品室是否漏光； (2)修理光门

续表

故障现象	可能原因	排除方法
测试结果不正常	(1)样品处理错误; (2)吸收池不配对; (3)波长不准; (4)能量不足	(1)重新处理样品; (2)对吸收池进行配对校正,求出校正值,进行校正; (3)用镨钕滤光片调校波长; (4)检查光路或更换光源
建立浓度方程时数值输不进	(1)电路故障; (2)接插件接触不良	(1)送生产厂修理; (2)检查接插件
打印机出错	操作错误	(1)迅速关机,稍停后重新开机; (2)送生产厂修理
打印机卡纸	(1)装纸不当; (2)打印机损坏	(1)迅速关机,稍停后重新开机; (2)检查或更换打印机

第四节 UV-1801型紫外-可见分光光度计的使用

UV-1801是一种通用型具有扫描功能的紫外-可见分光光度计。仪器具有波长扫描、时间扫描、多波长测定、定量分析（浓度）等多种测量方法，还可自动扣除吸收池配对误差。可进行数据保存，数据查询，数据删除，数据打印；可对谱图进行缩放、转换、保存和打印。仪器波长范围广，可自动校正波长，自动调零、调100%；自动在钨灯、氘灯光源间进行切换；自动控制钨灯、氘灯的开或关；并具有自诊断（仪器可自动识别包括操作错误在内的大多数错误）和断电保护（可自动存储操作者设置的参数，断电后不会丢失）功能。

一、仪器技术参数

① 波长范围：190～1100nm
② 透射比（τ）测量范围：0～200%τ。
③ 吸光度（A）测量范围：-0.301～$3.000A$。
④ 光谱带宽：2nm（5nm、1nm可选）。

⑤ 最小取样间隔：0.1nm。
⑥ 能量范围：0.000～9.999V。
⑦ 波长准确度：±0.5nm。
⑧ 波长重复性：≤0.2nm。
⑨ 杂散光：≤0.05%τ（NaI 溶液，220nm）。
⑩ 透射比准确度：±0.3%τ（0～100%τ）。
⑪ 透射比重复性：≤0.15%τ。
⑫ 基线直线性：±0.002A。
⑬ 漂移：≤0.002A/30min（500nm 预热后）。

二、仪器结构

UV-1801 紫外-可见分光光度计（外形见图 2-14）由光源、单色器、样品室、检测系统、电机控制、液晶显示、键盘输入、电源、RS232 接口、打印接口等部分组成（见图 2-15），其光学系统如图 2-16 所示。

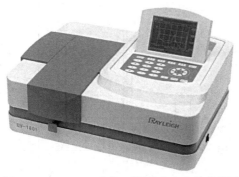

图 2-14　UV-1801 紫外-可见分光光度计外形图

三、仪器安装

1. 安装环境要求

紫外-可见分光光度计是一种光、电一体的精密仪器，安装这种仪器的实验室应符合下列要求。

① 实验室应清洁、宽敞、室温应在 5～35℃，相对湿度不大于 85%。室内无腐蚀性气体和在测量光谱范围内的其他气体。

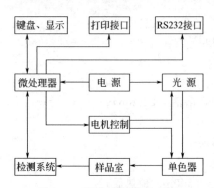

图 2-15 UV-1801 紫外-可见
分光光度计组成部件框图

② 安放仪器的工作台应稳固平整,仪器背部距墙壁至少 15cm 以上,以保持有效的通风散热。

③ 应远离发出磁场、电场和高频电磁波的电气装置;附近应没有持续的强烈振动。

④ 要求实验室供电系统为三相四线制接零保护系统;电源电压为 $220V\pm22V$,频率为 $50Hz\pm1Hz$;实验室还要有良好的专供仪器使用的接地线;为保证仪器可靠地工作,要求电源电压稳定,有条件的实验室可以使用净化稳压电源。

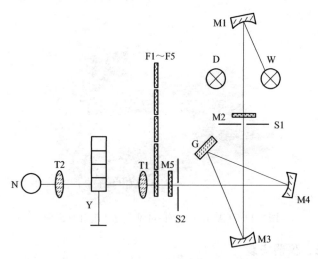

图 2-16 UV-1801 紫外-可见分光光度计光学系统图
D—氘灯;W—钨灯;G—光栅;N—接收器;M1—聚光镜;M2,M5—保护片;
M3,M4—准直镜;T1,T2—透镜;F1~F5—滤色片;S1,S2—狭缝;Y—样品池

2. 仪器安装

在按要求准备好仪器实验室各项必备条件和设施后,可开箱验

看仪器和附件。在确认其完好无损,且附件齐全的情况下,方可开始按仪器说明书进行安装(对于新购置的仪器,多数生产厂会派专业人员现场指导安装、调试工作)。

(1) 安放　将仪器平放在稳固的工作台上。

(2) 联接外连线　将主机、计算机和打印机接口线缆接到主机后面板(见图 2-17)相应插座上。

图 2-17　UV-1801 紫外-可见分光光度计后面板

(3) 安装操作软件　打开电脑,安装操作软件。

四、仪器使用方法

UV-1801 紫外-可见分光光度计具有波长扫描、定量分析(浓度测量)、光度测量(定波长测量)、实时测量、时间扫描(动力学测量)等五项基本测量功能,其中最为常用的是波长扫描和定量分析这二大项(本教材只介绍此二项的操作方法,其他项目操作方法请查看说明书)。使用 UV-1801 紫外-可见分光光度计时,可直接联接计算机使用仪器的操作软件进行操作;也可不连接计算机,直接在主机键盘上操作。下面主要介绍连接计算机,使用操作软件的操作步骤(不连接计算机的操作方法请参阅仪器说明书,本教材不作介绍)。

1. 开机自检

(1) 检查　检查各电缆是否连接正确、可靠,电源是否符合要求,全系统是否可靠接地,若全部达到要求,则可通电运行(注意!若处于高寒地区,在仪器新安装后,应静放 8h 后再通电,以保证仪器系统内部无水汽、结露,并与室温平衡)。

图 2-18 操作
软件图标

(2) 打开仪器主机 开启仪器右侧面的电源开关,仪器显示屏先出现开机界面(显示生产厂厂名和仪器型号),然后钨灯点燃,再经15s左右,氘灯点燃(可听到声音)。

(3) 连接主机与计算机 点击计算机桌面上的软件图标(见图 2-18),进入"UV 应用程序"主界面(见图 2-19)。

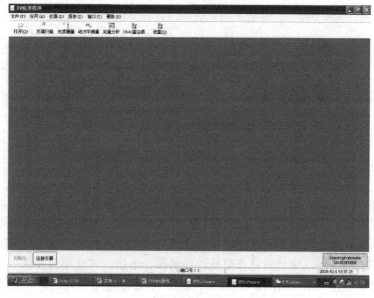

图 2-19 "UV 应用程序"主界面

点击界面菜单上的"设置",选择端口、输入仪器后边编号(序列号)进行计算机和仪器的测试连接(一般仪器会自动选择连接端口,如不能连接,可检查端口连接线的连接状况、人为选择端口或重新启动计算机进行连接)。连接成功计算机屏幕出现如图 2-20 界面,点击"确定"按钮。此时,计算机屏幕右下方会出现一个信息窗口,会显示仪器编号(为序列号,可参见图2-19),说明计算机和仪器连接已经建立。

(4) 进行仪器自检 点击屏幕上主界面左下方"初始化"按钮

图 2-20　主机与计算机连接

(见图 2-19)，仪器将进行自检。待五项内容自检成功，全部显示"OK"后(见图 2-21)，点击"确定"按钮，仪器自检结束。随后方可选择对应的测试项目，利用仪器进行相关测量。

注意：如果初始化失败，请关闭软件与仪器，看仪器光路是否有挡光块，再重新启动仪器，在氘灯点亮后再打开软件重新连接。

2. 扫描被测溶液的吸收光谱

(1) 单击工具栏菜单上的"光谱扫描"，进入光谱扫描测量方式界面(见图 2-22)。

图 2-21　初始化结果显示

(2) 设置光谱扫描参数

① 单击工具栏菜单上的"参数"，进入光谱扫描参数设置页(如图 2-23 所示)。

② 设置参数　点击光谱扫描参数设置页上的"常规"按钮，对测量方式(根据测量需要，选择相应的测量方式)、波长范围

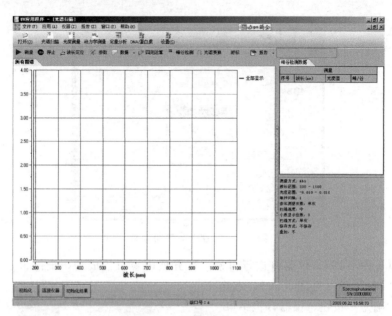

图 2-22 光谱扫描测量界面

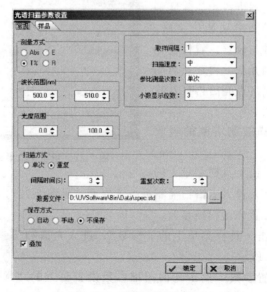

图 2-23 参数设置界面

(注意，设置波长最小值不得小于 190nm，波长最大值不得大于 1100nm)、光度范围、取样间隔（一般多设为 1nm）、扫描速度（注意，速度越快，扫描图谱的细节部分就显示得比较粗糙；为了获得较为精细的谱图，一般多设为中速或慢速）、参比测量次数（若设为"单次"，在测量完毕之后，不更改任何参数，按 ▶测量 继续测量，则直接测量样品，不需要测量参比；若设为"重复"，在测量完毕之后，不更改任何参数，按 ▶测量 继续测量，则需要测量参比之后才能测量样品）、扫描方式（多数设"单次"，即只扫描一次）、保存方式（多采用自动保存方式）、数据文件（应在此输入自动保存文件路径以及文件名）、样品名称（输入测量样品名称）等参数进行逐一设置。设置完毕，点击"确定"按钮。

(3) 扫描吸收光谱　单击工具栏菜单上的 ▶测量 按钮，屏幕提示"请将参比拉入光路"，则将盛有参比液的吸收池放入样品架内，盖上样品室盖，将参比拉入光路，按点击"确定"按钮；参比测量完成，系统再提示"将样品拉入光路"，按提示，将参比池取出，放入装有样品液的样品池，点击"确定"按钮，开始扫描样品液光谱；测量完成，提示"扫描完毕"，此时点击"OK"按钮，界面出现测量结果和相应的图谱，如图 2-24 所示。

(4) 检测光谱峰谷波长　单击工具栏菜单上的"峰谷检测"按钮，弹出峰谷检测精度设置窗口，如图 2-25 所示，输入检测精度（峰谷差值满足条件），设置完毕，按"确定"按钮。系统将峰谷值标注在测量图谱上（见图 2-26），并且用列表的形式（峰谷检测数据）将峰谷值显示出来；峰谷检测精度在表格数据的上方显示，如图 2-26 划圈处。

注意！输入的峰谷检测精度不能过大，否则将导致部分或全部的峰谷值无法检测，可以首先输入一个较小的数值，根据图 2-26 中出现的列表数据选择所需数据，再进行一次峰谷精度检测。

(5) 保存谱图　测量完毕，在图谱上按鼠标右键，点击"保存"按钮。

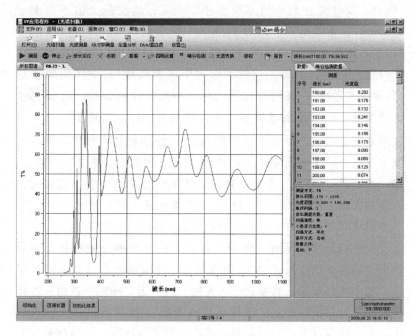

图 2-24 光谱扫描结果

注：测量后的图谱可以根据需要进行放大、缩小、定制、颜色等系列调节，具体操作可按说明书提示进行，因篇幅关系本书在此不做展开。

图 2-25 峰谷检测精度设置界面

（6）退出光谱扫描 在关闭测量界面时，系统提示如图 2-27 所示，选择"是"，则停留在测量界面，根据需要选择数据标签页来保存数据（若选择"否"则直接退出测量界面）。

注：测量完毕之后如果要开启一个新的测量，可以不退出测量界面，直接按"参数"按钮进入到参数设置界面，重新设置新的测量参数。设置完毕之后按"OK"按钮退出，系统自动新增一个

第二章　紫外-可见分光光度计的使用　　127

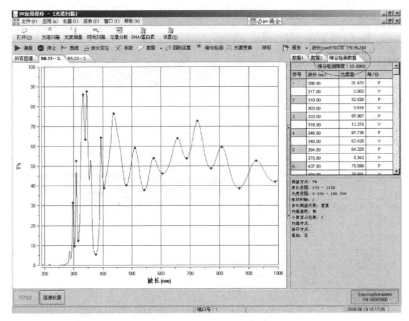

图 2-26　谱图峰谷检测界面

新的测量标签页。

3. 定量分析

(1) 单击工具栏菜单上的"定量分析",进入定量分析测量方式界面(见图 2-28)。

(2) 比色皿校正　在进行定量分析前,应先完成比色皿(即吸收池)校正,方法如下。

① 进入"比色皿校正"界面
点击菜单上的"仪器",在下拉菜单中,再点击"比色皿校正",系统进入"比色皿校正"界面,如图 2-29 所示。

图 2-27　保存数据

② 设置比色皿校正参数　选择"比色皿校正"为"开";设置需要校正的比色皿个数(除参比池外。如:一般石英皿每盒二个,一个用作参比,另一个用作测量,此时输入"1");设置波长(为

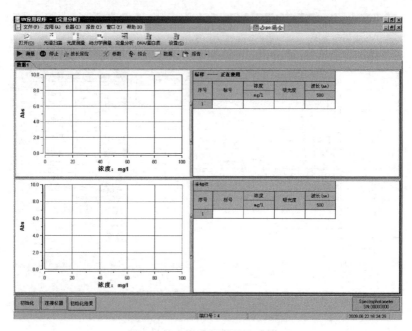

图 2-28 定量分析测量方式界面

定量分析所用波长)。

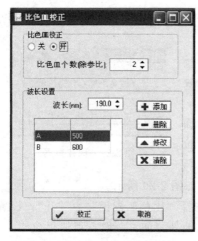

图 2-29 "比色皿校正"参数设置

③ 进行校正

a. 参数设置完毕,按比色皿使用规范将比色皿清洗干净,倒入蒸馏水,吸干外壁水分,用擦镜纸擦亮光学面,并在比色皿毛面作好进光方向标记后,垂直置比色皿架上。

b. 按"校正"按钮,仪器开始校正。按系统提示将参比比色皿和待校正比色皿依次拉入光路。校正完毕,系统将自动关闭比色皿校正窗口。在后面的定量分析中将根据校正数据自动完成校正。

④ 比色皿校正注意事项

a. 比色皿个数指除去参比以外的需要校正的比色皿的个数；最小为1。

b. 波长设置时，不能设置相同的波长，波长数目不能超过7个。

c. 若在测量中需要对比色皿进行校正，那么在校正比色皿的时候波长设置数目和波长值必须一致；一旦更改波长，则需要重新进行比色皿校正。

d. 比色皿校正设置为"开"的时候，在光度测量、定量分析和DNA/蛋白质测量的时候都使用比色皿校正的值；光谱扫描和时间扫描仍然为常规测量。

e. 如果之前进行了比色皿校正，而现在的测量不需要比色皿校正了，不用关闭软件，只需要在比色皿校正界面（见图2-29）选择"关"，按"确定"按钮即可；反之，如果之前进行的是常规测量，而现在需要比色皿校正测量，则在比色皿校正界面输入需要校正的比色皿个数和波长值，按"校正"按钮进行校正！校正完毕开始测量就可以了。

f. 如果整个软件没有关闭，系统都将保存当前的比色皿校正结果，比色皿校正界面显示参数也是最近一次参数设置。

校正完毕，即可以进行后续的光度测量或者定量分析。

(3) 设置定量分析参数

① 单击工具栏菜单上的"参数"，进入定量分析测量方式的参数设置页（见图2-30和图2-31）。

② 设置参数。对波长测量方法（包括单波长法，双波长系数倍率法，双波长等吸收点法，三波长法）、测量波长进行设置；选择参比测量次数；输入计算公式；选择测量方法（一般选浓度法，系数法需要在系数设置中输入曲线拟合系数）；选择拟合曲线方程次数（主要使用一次方程）；确定测量样品的浓度单位；确定是否选择"零点插入"（选择它，则拟合曲线将过零点）；选择文件保存方式；输入自动保存文件路径和文件名等。

图 2-30 定量分析参数设置测量页   图 2-31 定量分析参数设置计算页

(4) 建立工作曲线（针对浓度法） 参数设置结束，可进行建立工作曲线的测量（以使用浓度法为例；系数法操作请参阅说明书）。

① 测量标准溶液吸光度。点击标样栏上方"标样"进入标样测量，单击"测量"，按提示分别将参比与标样溶液拉入光路进行测量，测量数据直接显示在屏幕。

② 进行曲线拟合。标样测量完毕，在浓度栏内输入对应标样的浓度值，按"拟合"按钮，进行曲线拟合。此时，界面上显示出以上测量数据所建立的曲线，并且显示拟合的相关系数和建立的曲线方程（见图 2-32）。

注意！如果拟合曲线因为个别测量结果不理想，可以在标样栏内点击右键，选择需要删除的标样，删除该条数据，然后重新测量标样和拟合曲线。

(5) 测量样品 将未知样放入已清洗干净并用被测样品溶液润洗过的比色皿内，置吸收池架上，盖上样品室盖。点击"未知样"，单击"测量"，按提示将样品拉入光路进行测量。未知样测量结果将直接由系统计算出后在屏幕显示。

(6) 保存数据，打印报告 测量完毕保存拟合曲线和测量数

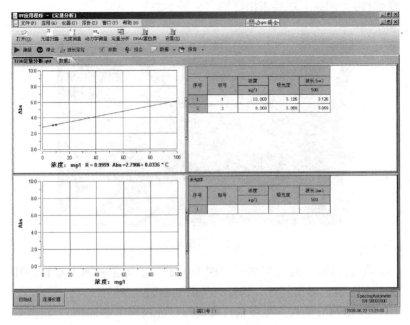

图 2-32 定量分析工作曲线

据,并打印出报告(具体方法请查阅软件使用说明书)。

五、光源灯的更换

仪器经一段时间使用,其性能指标会有所变化,此时需要更换某些部件(如光源灯),需要进行调校或修理。氘灯和钨灯属于消耗用品,有一定的使用寿命,若超过其标定使用期后,即使没有坏,光的能量及稳定性也会有所降低。如果发现仪器稳定性、重复性变差,在排除了振动和电源不稳的情况下,很可能是灯的问题,这就需要更换光源灯了。

1. 更换氘灯

① 关闭仪器电源,拔去电源插头。

② 卸去仪器上罩。拧下仪器上罩后面的三个螺钉,然后轻轻从后面向上小心取下仪器上罩,置于仪器左侧(注意!卸去仪器上罩时,不要用力扯拉与上罩相连的连接线,不要碰到仪器内部各光

学部件)。卸去上罩后露出灯室(见图2-33)。

图2-33 灯室(外)

③ 卸灯室上盖。用螺丝刀卸去固定灯室上盖的两个螺钉。卸去灯室上盖,露出氘灯、钨灯(见图2-34)。

④ 拆卸旧氘灯。先将氘灯接线螺钉拧松(不必卸掉),将氘灯三根引线与接线座脱离。(注意:氘灯三根引线中有一根的颜色不同于其他两根,它的安装位置一定要牢记。)然后拧下两个氘灯紧定螺钉(逆时针转为拆卸,反之为紧固),将氘灯垂直向上拔出氘灯座。

⑤ 安装新氘灯。将新氘灯小心地插入氘灯座,氘灯三根引线从氘灯座底部小孔穿出引至接线座的位置。按原来安装位置拧紧两个氘灯紧定螺钉。然后将氘灯三根引线接入接线座(注意:氘灯上颜色不同于其他两根的那一根引线一定要跟换灯前的安装位置一致,千万别接错),最后拧紧接线螺钉(拧螺钉时如果螺钉掉入仪器里应及时取出,以免造成短路)。

注意!安装灯的过程中不要触摸氘灯发光孔正对的玻璃窗和钨灯灯丝周围的玻璃窗(最好戴手套操作),以免沾上污物,影响能量。如果不慎沾上污物,可用干净细木棍缠上脱脂棉蘸清洁酒精轻轻擦净,然后用干脱脂棉擦干。

⑥ 检查氘灯所有连线是否接触良好,相应紧固螺钉是否紧固

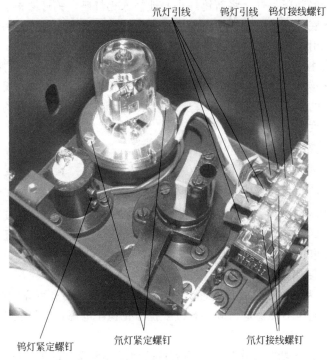

图 2-34 灯室（内）

牢靠。在确认接触良好后，通电检查氖灯光是否进入狭缝［检查方法见本章第三节的四-1-(2)-③］，若有差距应作适当调整。最后紧固螺钉，小心装上灯室上盖和仪器上罩（注意！装上灯室上盖和仪器上罩时不要压住仪器内的连线）。

⑦ 通电开机，自检正确，则氖灯更换完毕。

2. 更换钨灯

① 关闭仪器电源，拔去电源插头。

② 卸去仪器上罩（具体操作同更换氖灯）。

③ 卸去灯室上盖（具体操作同更换氖灯）。

④ 拆卸旧钨灯。将钨灯接线螺钉拧松（不必卸掉），将钨灯两根引线与接线座脱离。然后拧松钨灯紧定螺钉，将钨灯垂直向上拔出钨灯座。

⑤安装新钨灯。将新钨灯小心地插入钨灯座，钨灯两根引线从钨灯座底部穿出引至接线座的位置，拧紧钨灯紧定螺钉。然后将钨灯两根引线接入接线座，拧紧接线螺钉。

⑥ 检查所有连线是否接触良好，相应紧固螺钉是否紧固牢靠，在确认接触良好后，通电检查钨灯光斑是否正常［检查方法见本章第三节的四-1-(1)-④］，若有变动应作适当调整，直至光斑均匀完整，亮度强。

⑦ 装上灯室上盖和仪器上罩。

⑧ 通电开机，自检正确，则钨灯更换完毕。

六、仪器维护与保养

UV-1801 型紫外-可见分光光度计的维护与保养，除与前面介绍的（见本章第二节的"五"）相同外，根据仪器自身特点还应注意以下事项。

1. 使用注意事项

① 为了保证仪器稳定性，全部整机系统一定要有可靠的接地；若电源电压不够稳定，应装有抗干扰净化稳压电源，以保证仪器稳定可靠地工作。

② 进入功能操作后，不要无目的地触摸键盘，以免误操作。

③ 使用中如果用不到紫外波段，可在仪器自检结束后关闭氘灯（在系统设置界面），以延长其寿命。

④ 测量运行时不要挤压工作台，不要挤压仪器，不要随意打开样品室盖。

⑤ 当仪器出现提示操作错误时，应该仔细检查操作方法是否有误，参数设置是否匹配，样品是否正确，光源是否点亮等。确认无误后，再操作几次，如果几次操作不对，应该怀疑故障，应通知生产厂家解决。

⑥ 若仪器没有断电，但突然屏幕没有任何显示（受到外界干扰），这种情况下按"RETURN"键或数字键 1～6 中任意一个，一般能恢复正常，而且测量结果大多不会丢失。

⑦ 若从一个界面进入到另一个界面，屏幕上除了新界面的内容以外还保留了旧界面的某些内容，这种情况下可按"RETURN"

键返回旧界面，再重新进入新界面，一般能恢复正常显示。

⑧ 仪器各部分的部件、零件、器件不允许随意拆卸；不允许用酒精、汽油、乙醚等有机溶液擦洗仪器。

⑨ 应注意仪器防尘防潮；使用频率低的实验室，应定期通电驱潮。

2. 常见故障分析和排除方法

仪器的常见故障、故障分析和排除方法见表 2-5。

表 2-5　常见故障分析和排除方法

故　障	可　能　原　因	处　理　办　法
开机无反应	(1)插头松脱； (2)保险烧毁	(1)插好插头； (2)更换保险
氘灯(钨灯)自检出错	(1)氘灯(钨灯)坏； (2)氘灯(钨灯)电路坏	(1)更换氘灯(钨灯) (2)联系生产厂家或销售代理
灯定位、滤色片出错	(1)插头松动； (2)电机坏或光耦坏	(1)检查仪器内部各插头并将其插好； (2)联系生产厂家或销售代理
波长自检出错	(1)样池被挡光； (2)自检中开了盖； (3)波长平移过多	(1)排除样池内的挡光物； (2)自检中不能开样池盖； (3)联系生产厂家或销售代理
测光精度误差、重复性误差超差	(1)样品吸光度过高(>2A)； (2)在≤360nm 波段使用玻璃比色皿； (3)比色皿不够干净； (4)样池架上有脏物； (5)其他原因	(1)稀释样品； (2)使用石英比色皿； (3)将比色皿擦干净； (4)清除样池架上的脏物； (5)与厂家或代理商联系
出现"能量过低"提示	(1)样池内有挡光物； (2)在≤360nm 波段用了玻璃比色皿； (3)比色皿不够干净； (4)换灯点设置错误； (5)自检时未盖好样品室盖	(1)清除样池内的挡光物； (2)使用石英比色皿； (3)将比色皿擦干净； (4)将换灯点设置到 340~360nm 之间； (5)盖好样品室盖，重新自检
运行过程出现程序运行错误、死机	(1)安装环境不符合要求； (2)其他原因	(1)按安装要求改进； (2)与厂家或代理商联系

第五节 技 能 训 练

训练 2-1 可见分光光度计仪器调校

1. 训练目的

① 熟悉可见分光光度计的基本构造。
② 学习可见分光光度计的波长准确度和吸收池配套性检验方法。
③ 学会正确使用和维护可见分光光度计。

2. 仪器和工具

722 型分光光度计（或其他型号分光光度计），镨钕滤光片，旋具。

3. 训练内容与操作步骤

在阅读过仪器使用说明后进行以下检查和调试。

（1）开机预热　将灵敏度挡放在"1"挡，选择开关置"τ"模式。打开仪器电源开关，开启吸收池样品室盖，取出样品室内遮光物（如干燥剂），预热 20min 后进行以下操作。

（2）仪器波长准确度检查和校正

① 检查仪器分光系统是否基本正常。旋转调零旋钮使显示器显示 0.0；在吸收池位置插入一块白色硬纸片，将波长调节器从 720nm 向 420nm 方向慢慢转动，观察出口狭缝射出的光线颜色是否与波长调节器所指示的波长相符（黄色光波长范围较窄，将波长调节在 580nm 处应出现黄光）。若相符，说明该仪器分光系统基本正常；若相差甚远，则应调节灯泡位置。

② 测量镨钕滤光片的吸收曲线。取出白纸片，在吸收池架内（第二格）垂直插入镨钕滤光片。以空气为参比，盖上样品室盖，将波长调至 500nm，旋转"$100\%\tau$"旋钮，使仪器显示 100.0。将选择开关置"A"模式，用吸收池拉杆将镨钕滤光片推入光路读取吸光度值。以后在 500～540nm 波段每隔 2nm 测一次吸光度值。记录各吸光度值和相应的波长标示值，查出吸光度最大时相应的波长标示值（$\lambda_{max}^{标示}$）。

当 $\lambda_{max}^{标示} > 529\text{nm} \pm 3\text{nm}$ 时，打开机盖，仔细调节波长调节螺

钮,反复测 529nm±5nm 处的吸光度,直至波长标示值在 529nm 处相应的吸光度最大为止,取出滤光片放入盒内。

注意,每改变一次波长,都应重新调空气参比 $\tau\% = 100$ 或 $A = 0$。

(3) 吸收池的配套性检查

① 打开样品室盖,旋转调零旋钮使显示器显示 0.0。用波长调节旋钮将波长调至 600nm。

② 检查吸收池透光面是否有划痕和斑点,吸收池各面是否有裂纹,如有则不应使用。

③ 在选定的吸收池毛面上口附近,用铅笔标上进光方向并编号。用蒸馏水冲洗 2～3 次 [必要时可用 (1+1) HCl 溶液浸泡2～3min,再立即用水冲洗干净]。

④ 拇指和食指捏住吸收池两侧毛面,分别在 4 个吸收池内注入蒸馏水到池高 3/4。用滤纸吸干池外壁的水滴(注意不能擦),再用擦镜纸或丝绸巾轻轻擦拭光面至无痕迹。按吸收池上所标箭头方向(进光方向)和编号,依次垂直放在吸收池架上,并用吸收池夹固定好。

注意,吸收池内蒸馏水不可装得过满,以免溅出腐蚀吸收架和仪器。装入水后,吸收池内壁不可有气泡。

⑤ 用调零旋钮调至显示器显示"000.0",盖上样品室盖,将在参比位置上的吸收池推入光路。用 $100\%\tau$ 调节钮调至显示器显示"100.0",反复调节几次,直至稳定。

⑥ 拉动吸收池架拉杆,依次将溶液推入光路,读取相应的透射比或吸光度。若所测各吸收池透射比偏差小于 0.5%,则这些吸收池可配套使用。超出上述偏差的吸收池不能配套使用。

(4) 结束工作　检查完毕,关闭仪器电源开关,切断电源。取出吸收池,清洗后晾干入盒保存。在样品室内放入干燥剂,盖好样品室盖,罩好仪器防尘罩。

清理工作台,打扫实验室,填写仪器使用记录。

训练 2-2　紫外分光光度法——有机物的定性与定量分析

1. 训练目的

① 了解所在实验室内配备的紫外分光光度计的性能特点和主要技术参数,熟悉其操作方法。

② 学习使用紫外分光光度计绘制紫外吸收曲线,并利用其进行定性分析。

③ 学习使用紫外分光光度计,采用工作曲线法对样品进行定量分析。

2. 方法原理

不同的有机化合物具有不同的吸收光谱,因此根据化合物的紫外吸收光谱中特征吸收峰的波长和强度可以进行物质的鉴定和纯度的检查。

紫外吸收光谱定性分析一般采用比较光谱法。所谓比较光谱法是将经提纯的样品和标准物用相同溶剂配成溶液,并在相同条件下绘制吸收光谱曲线,比较其吸收光谱是否一致。如果紫外光谱曲线完全相同(包括曲线形状、λ_{max}、λ_{min}、吸收峰数目、拐点及 ε_{max} 等),则可初步认为是同一种化合物。为了进一步确认可更换一种溶剂重新测定后再作比较。本试验通过比较有机物的紫外吸收光谱曲线进行试样的定性分析。

紫外分光光度定量分析与可见分光光度定量分析的定量依据和定量方法相同,在进行紫外定量分析时应选择好测定波长和溶剂。通常情况下一般选择 λ_{max} 作测定波长,若在 λ_{max} 处共存的其他物质也有吸收,则应另选 ε 较大,而共存物质没有吸收的波长作测定波长。选择溶剂时要注意所用溶剂在测定波长处应没有明显的吸收,而且对被测物溶解性要好,不和被测物发生作用,不含干扰测定的物质。配制合适浓度的标准溶液绘制工作曲线进行样品的定量分析。

3. 仪器和试剂

(1) 仪器 紫外-可见分光光度计,石英吸收池一对,50mL 容量瓶 8 只,100mL 容量瓶 3 只,10mL、5mL、2mL、1mL 移液管各 1 只。

(2) 试剂

① 无水乙醇(A.R.)。

② 标准贮备液。对硝基苯酚（配制成 1mg/mL 乙醇溶液）、硝基苯（配制成 1mg/mL 乙醇溶液）、维生素 C（配制成 1mg/mL 乙醇溶液）。

③ 试样溶液（其溶剂为乙醇，主成分为对硝基苯酚、硝基苯、维生素 C 中一种，浓度约在 $15\sim25\mu g/mL$ 范围内）。

4. 训练内容与操作步骤

（1）准备工作

① 清洗容量瓶等需要使用的玻璃仪器，晾干待用。

② 检查仪器，开机预热 20min，并调试至正常工作状态。

（2）绘制吸收光谱曲线　分别移取 1.00mL 的标准品贮备液至 100mL 容量瓶中，稀释至刻线。在 210~340nm 处绘制各标准溶液相应的吸收曲线。用试样溶液在 210~340nm 处绘制试样的吸收曲线。

（3）试样成分定性　根据绘制的标准品与试样的紫外吸收曲线，判断试样的成分。

（4）绘制工作曲线　以无水乙醇为溶剂，根据定性结果选择合适的标准品标准溶液，根据试样的吸光度大小，配制一系列标准溶液，并以无水乙醇为参比，作出工作曲线。

（5）试样的测定　配制合适的试样浓度，测定试样溶液的吸光度并记录数据，平行测定两次。

（6）结束工作

① 实验完毕，关闭电源。取出吸收池，清洗晾干后入盒保存。

② 清理工作台，罩上仪器防尘罩，填写仪器使用记录。

5. 注意事项

① 标准品工作曲线相关系数要求在 0.9999 以上。

② 试液取样量应经实验来调整，以使其吸光度在适宜的范围内为宜。

6. 数据处理

① 绘制标准品的吸收曲线。

② 绘制试样溶液的吸收曲线。

③ 根据标准品与试样溶液的吸收曲线判断试样的成分。

④ 绘制工作曲线，计算相关系数，根据工作曲线，计算试样含量。

7. 思考题

① 在使用该方法进行试样定性分析的时候，为确保结果准确，可以采用什么方法进行验证？

② 在做工作曲线时，溶液浓度的选择需注意些什么？有没有什么规律？如有，请归纳。

练 习 二

一、知识题

1. 紫外-可见分光光度法的适合检测波长范围是（　　）。
A. 400~760nm；　　　　　　B. 200~400nm
C. 200~760nm；　　　　　　D. 200~1000nm

2. 在光学分析法中，采用钨灯作光源的是（　　）。
A. 原子光谱　　B. 紫外光谱　　C. 可见光谱　　D. 红外光谱

3. 双光束分光光度计与单光束分光光度计相比，其突出优点是（　　）。
A. 可以扩大波长的应用范围　　B. 可以采用快速响应的检测系统
C. 可以抵消吸收池所带来的误差
D. 可以抵消因光源的变化而产生的误差

4. 吸光度为（　　）时，测量的浓度相对误差较小。
A. 吸光度越大　　B. 吸光度越小　　C. 0.2~0.7　　D. 任意

5. 在300nm波长进行分光光度测定时，应选用（　　）吸收池。
A. 硬质玻璃　　B. 软质玻璃　　C. 石英　　D. 透明塑料

6. 下列操作中，哪些操作是错误的？

① 用毛刷清洗吸收池后，将吸收池置烘箱内烘干。

② 拿吸收池时，用手指抓住比色皿的毛玻璃面。

③ 拿吸收池时，用手指抓住比色皿的光学玻璃面。

④ 测量时，池内盛的液体量约为池高的2/3~4/5。

⑤ 仪器开机后马上开始测量。

⑥ 打开仪器的电源开关，预热20min后，再开始测量。

⑦ 测量时，先测浓度高的溶液，后测低浓度的溶液。

⑧ 改变测量波长，不再重校0%τ和100%τ。

⑨ 更换光源灯时，戴上手套操作。

⑩ 在测量过程中，更换灵敏度挡次，不重校 0%τ 和 100%τ。

⑪ 在测量过程中，为了降温，打开室内电风扇。

⑫ 测量完毕，关闭仪器电源开关，但没切断电源。

7. 在吸收池配套性检查中，若吸收池架上二、三、四格的吸收池吸光度出现负值，应如何处理？

8. 如何更换光源灯？在更换光源灯的操作中应注意什么？

9. 为了延长光源使用寿命，在日常使用过程中应注意什么？

10. 单色器是仪器的核心部分，应如何保养？

二、操作技能考核题

1. 题目：邻二氮菲分光光度法测定水中微量铁

2. 考核要点

① 仪器开、关机操作。

② 波长的校验和吸收池配套性检查。

③ 标准系列和试样的显色操作。

④ 吸光度测量操作。

⑤ 标准曲线绘制和试样中铁含量的计算。

⑥ 文明操作。

3. 试剂与仪器

（1）铁标准溶液（100.0μg/L）　准确称取 0.8634g $NH_4Fe(SO_4)_2 \cdot 12H_2O$ 置于烧杯中，加入 10mL 硫酸溶液 $[c(H_2SO_4)=3mol/L]$ 移入 1000mL 容量瓶中，用蒸馏水稀释至标线，摇匀。

（2）盐酸羟胺溶液（100g/L）　用时配制。

（3）邻二氮菲溶液（1.5g/L）　先用少量乙醇溶解，再用蒸馏水稀释至所需浓度（避光保存，两周内有效）。

（4）醋酸钠溶液（1.0mol/L）。

4. 实验步骤

① 配制质量浓度为 10.00μg/mL 的铁标准溶液。

② 开机预热并将仪器调至工作状态后，检查仪器波长的正确性和吸收池的配套性。

③ 在 6 个洁净的 50mL 容量瓶中，各加入 10.00μg/mL 铁标准溶液 0.00mL、2.00mL、4.00mL、6.00mL、8.00mL、10.00mL，1mL 100g/L 盐酸羟胺溶液，摇匀后再分别加入 2mL 1.5g/L 邻二氮菲，5mL 醋酸钠溶液，用蒸馏水稀释至标线，混匀。在 510nm 处，用 2cm 吸收池，以试剂空白为参比溶液，分别测定各溶液吸光度，绘制出工作曲线。

④ 吸取水样 2mL 置于 50mL 容量瓶中，按标准系列相同步骤显色并测定吸光度。根据试样吸光度从标准曲线上查出铁的浓度，计算水样中铁含量（以 mg/L 表示）。

⑤ 仪器关机和实验结束工作。

三、技能考核评分表

技能考核评分表见表 2-6。

表 2-6　紫外-可见分光光度法技能考核评分表

项目	考　核　内　容		记录	分值	扣分
显色操作（16）	定容操作	规范		5	
		不规范			
	显色步骤	正确		3	
		不正确			
	移液操作	规范		5	
		不规范			
	失败的操作	有		3	
		无			
准备工作（4）	测量前预热仪器	预热 20min		1	
		未进行			
	开机后打开试样室盖	已开		1	
		未开			
	调"0"和"100%"操作	熟练		2	
		不会			
仪器校正（17）	波长校正（11）	滤光片放置	正确	2	
			不正确		
		波长调节	正确	2	
			不正确		
		不同波长下吸光度测量	正确	2	
			错误		
		波长校正	正确、熟练	5	
			不正确		

续表

项目	考核内容		记录	分值	扣分
仪器校正（17）	吸收池配套性检验（6）	吸收池执法	正确	1	
			错误		
		吸收池光面擦拭方法	正确	2	
			错误		
		注液高度	皿高 2/3~4/5	1	
			过高或过低		
		皿差测量	正确	2	
			不正确		
测量操作（8）	光度测量	用待测液润洗比色皿	已润洗	1	
			未润洗		
		测量顺序	由浅至深	1	
			随意		
		吸收池放置	沿光路方向	1	
			随意		
		测量过程重校"0"、"100%"	校	1	
			未校		
		测量时盖上试样室盖	盖上	1	
			开盖		
		测量时间	开始时间	3	
			结束时间		
记录与报告（5）		原始记录填写格式	规范	1	
			不规范		
		原始记录填写内容	规范	1	
			不规范		
		原始记录	及时、合理	1	
			不符合要求		
		报告填写	规范、完整	2	
			不规范、错误		

续表

项目	考核内容		记录	分值	扣分
文明操作（5）	清洗玻璃仪器,放回原处,清理实验台面	已进行		2	
		未进行			
	洗涤比色皿并晾干	已进行		2	
		未进行			
	关闭电源,罩上防尘罩	已进行		1	
		未进行			
数据处理（17）	工作曲线绘制方法	正确		2	
		不正确			
	工作曲线线性	好		8	
		差			
	图上注明项目	全项注明		2	
		未注明或缺项			
	工作曲线使用方法	正确		2	
		不正确			
	计算公式	正确		2	
		不正确			
	计算结果	正确		1	
		不正确			
结果评价（28）	结果准确度	好	小于2%	22	
		较好	2%～3%	18	
		一般	3%～5%	12	
		较差	5%～7%	5	
		差	大于7%	0	
	完成时间	结束时间		6	
		实用时间			

注：此评分表是针对考核题和考核时使用的仪器设计的,若更改试题或仪器型号不同,某些项目应作适当变动。

第三章 原子吸收分光光度计的使用

第一节 概　　述

原子吸收光谱法（atomic absorption spectrometry，AAS）是根据基态原子对特征波长光的吸收，来测定试样中待测元素含量的分析方法，简称原子吸收分析法。用于原子吸收光谱分析的仪器称为原子吸收分光光度计（atomic absorption spectrophotometer）或原子吸收光谱仪。

一、仪器工作原理

将待分析物质以适当方法转变为溶液，并将溶液以雾状引入原子化器。此时，被测元素在原子化器中原子化为基态原子蒸气。当光源发射出的与被测元素吸收波长相同的特征谱线通过基态原子蒸气时，光能因被基态原子所吸收而减弱，其减弱的程度（吸光度）在一定条件下，与基态原子的数目（元素浓度）之间的关系，遵守朗伯-比耳定律。被基态原子吸收后的谱线，经分光系统分光后，由检测器接收，转换为电信号，再经放大器放大，由显示系统显示出吸光度或光谱图（见图3-1）。

二、仪器基本结构

原子吸收分光光度计主要由光源、原子化器、单色器、检测系统和显示系统等部分组成，如图3-2所示。

1. 光源

光源的作用是发射出能被待测元素吸收的特征波长谱线，供测量用。为了保证峰值吸收的测量，要求光源必须能发射出比吸收线宽度更窄的锐线光谱，并且强度大而稳定，背景低且噪声小，使用寿命长。空心阴极灯（hollow cathode lamp，HCL）、无极放电灯、

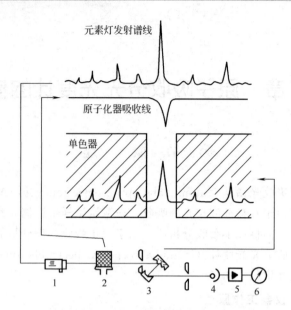

图 3-1 原子吸收法基本原理

1—元素灯；2—原子化器；3—单色器；4—光电倍增器；
5—放大器；6—指示仪表

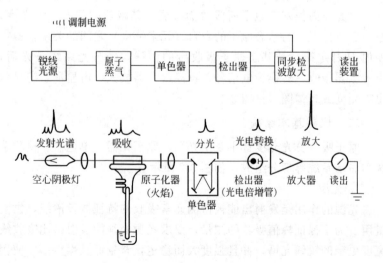

图 3-2 原子吸收分光光度计基本构造示意

蒸气放电灯和激光光源灯都能满足上述要求，其中应用最广泛的是空心阴极灯（见图 3-3）和无极放电灯。

空心阴极灯又称元素灯，根据阴极材料的不同，分为单元素灯和多元素灯。通常，单元素的空心阴极灯只能用于一种元素的测定，这类灯发射线干扰少，强度高，但每测一种元素需要更换一种灯。多元素灯可连续测定几种元素，减少了换灯的麻烦，但光强度较弱，容易产生干扰。目前，中国生产的空心阴极灯可以满足国内外各种型号的原子吸收分光光度计的要求，元素品种达 60 余种。

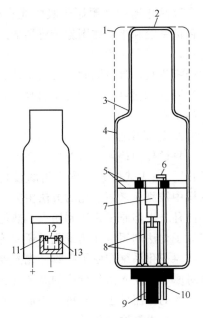

图 3-3 空心阴极灯结构示意
1—紫外玻璃窗口；2—石英窗口；3—密封；4—玻璃套；5—云母屏蔽；6—阳极；7—阴极；8—支架；9—管套；10—连接管套；11,12—阴极位降区；13—负辉光区

空心阴极灯使用前应经过一段预热时间，使灯的发光强度达到稳定。预热时间随灯元素的不同而不同，一般在 20～30min 以上。使用时，应选择合适的工作电流。

无极放电灯又称微波激发无极放电灯。无极放电灯的发射强度比空心阴极灯大 100～1000 倍。谱线半宽度很窄，适用于对难激发的 As、Se、Sn 等元素的测定。目前已制成 Al、P、K、Rb、Zn、Cd、Hg、Sn、Pb、As 等 18 种元素的商品无极放电灯。

近几年来，随着高光谱分辨能力的中阶梯光栅光谱仪技术和具有多通道检测能力的半导体图像传感器技术的日趋成熟，使用连续光源做原子吸收分光光度计（CS-AAS）的光源已经成为可能。2004 年德国耶拿公司（Analytik Jena）成功地设计和生产出世界第一台商品化连续光源原子吸收光谱仪 ContrAA。CS-AAS 采用交叉色散系统和半导体图像传感器的形式，不需要移动光路中的任何部件，可以同时检测从 As193.76nm 到 Cs852.11nm 之间的多条任意分析谱线，具有同时多元素定性、定量分析能力，检出限和精密度达到或超过线光源 AAS 的水平，从而使 AAS 仪器发展到一个新的水平。

2. 原子化器

将试样中待测元素变成气态的基态原子的过程称为试样的"原子化"。完成试样原子化所用的设备称为原子化器或原子化系统。试样中被测元素原子化的方法主要有火焰原子化法和非火焰原子化法两种。火焰原子化法利用火焰热能使试样转化为气态原子。非火焰原子化法利用电加热或化学还原等方式使试样转化为气态原子。

原子化系统在原子吸收分光光度计中是一个关键装置，它的质量对原子吸收光谱分析法的灵敏度和准确度有很大影响，甚至起到决定性的作用，也是分析误差最大的一个来源。

（1）火焰原子化器（flame atomizer） 火焰原子化包括两个步骤：先将试样溶液变成细小雾滴（即雾化阶段），然后使雾滴接受火焰供给的能量形成基态原子（即原子化阶段）。火焰原子化器由雾化器、预混室和燃烧器等部分组成（见图 3-4）。

雾化器（nebulizer）的作用是将试液雾化成微小的雾滴。雾化器的性能会对灵敏度、测量精度和化学干扰等产生影响，因此要求其喷雾稳定、雾滴细微均匀和雾化效率高。目前，商品原子化器多数使用气动型雾化器。

预混室也称雾化室，其作用是进一步细化雾滴，并使之与燃料气均匀混合后进入火焰。

燃烧器的作用是使燃气在助燃气的作用下形成火焰，使进入火焰的试样微粒原子化。

原子吸收光谱分析最常用的火焰是空气-乙炔火焰和氧化亚氮（笑气）-乙炔火焰。当采用不同的燃烧气时，应注意调整燃烧器的狭缝宽度和长度以适应不同燃烧气的燃烧速率，防止回火爆炸。

由于火焰原子化法的操作简便，重现性好，有效光程大，对大

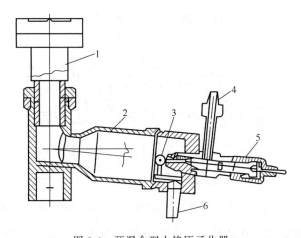

图 3-4 预混合型火焰原子化器
1—燃烧器；2—预混室；3—撞击球；4—助燃气接嘴；5—雾化器；6—排液管

多数元素有较高灵敏度，因此应用广泛。但火焰原子化法原子化效率低，灵敏度不够高，而且一般不能直接分析固体样品。火焰原子化法这些不足之处，促使无火焰原子化法的发展。

（2）电热原子化器 电热原子化器的种类有多种，如电热高温管式石墨炉原子化器、石墨杯原子化器、钽舟原子化器、碳棒原子化器、镍杯原子化器、高频感应炉和等离子喷焰等。在商品仪器中常用的电热原子化器是管式石墨炉原子化器，其结构见图 3-5。

管式石墨炉是用石墨管做成，将样品用进样器定量注入石墨管中，并以石墨管作为电阻发热体，通电后迅速升温，使试样达到原子化目的。它由加热电源、保护气控制系统和石墨管状炉组成（见图 3-5）。外电源加于石墨管两端，供给原子化器能量，电流通过石墨管产生 3000℃ 的高温，使置于石墨管中的被测元素变为基态原子蒸气。保护气系统是控制保护气的。外气路中的 Ar 气沿石墨管外壁流动，以保护石墨管不被烧蚀；内气路中的 Ar 从管两端流向管中心由管中心孔流出，以有效地除去在干燥和灰化过程中产生的基体成分，同时保护已经原子化了的原子不再被氧化。

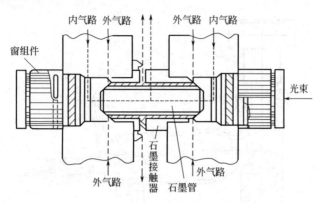

图 3-5 管式石墨炉原子化器示意图

石墨炉原子化器相对于火焰原子化器具有体积小、检出限低、用样量少等特点；石墨炉原子化的缺点主要是基体蒸发时可能造成较大的分子吸收，炉管本身的氧化也产生分子吸收，背景吸收较大，一些固体微粒引起光散射造成假吸收，因此使用石墨炉原子化器必须使用背景校正装置校正。石墨炉原子化器主要包括炉体、电源、冷却水、气路系统等，目前商品仪器的炉体又分为纵向加热和横向加热。纵向加热石墨炉（国产仪器的石墨炉体多为纵向加热）由于要在石墨管两端的电极上进行水冷，造成沿光路方向上存在温度梯度，使整个石墨管内具有不等温性，导致基体干扰严重，影响原子化过程。针对上述问题，商品仪器经过多次的改进，又发展了平台原子化（在改善纵向石墨炉加热方面有很大的贡献）、探针原子化、电容放电强脉冲加热石墨炉，这些技术都在一定程度上或多或少地弥补了纵向加热的缺点，但还是没有解决根本问题。而横向加热石墨炉技术恰恰能解决纵向的不等温性的缺点，它大大增加了管内恒温区域，降低原子化温度和时间，使得原子浓度均匀且稳定性好，显著地降低基体效应和消除记忆效应，同时还可降低对炉体的要求，增加了石墨管的使用寿命。

3. 分光系统

原子吸收光谱仪的分光系统又称单色器，其作用是将待测元素的吸收线与邻近谱线分开，并阻止其他的谱线进入检测器，使检测系统只接受共振吸收线。单色器由入射狭缝、出射狭缝和色散元件（目前商品仪器多采用光栅，其倒线色散率为 0.25～6.6nm/mm）等组成。

在实际工作中，通常根据谱线结构和待测共振线邻近是否有干扰来决定狭缝宽度，适宜的缝宽通过实验来确定。

4. 检测系统

检测系统由光电转换器和信号处理、显示记录器等组成。

常用的光电转换器是光电倍增管，它是利用二次电子发射放大光电流来将微弱的光信号转变为电信号的器件。由一个表面涂有光敏材料的光电发射阴极、一个阳极以及若干个倍增级（打拿级）所组成。当光阴极受到光子的碰撞时，发出光电子。光电子继续碰撞倍增级，产生多个次级电子，这些电子再与下一级倍增级相碰撞，电子数依次倍增，经过 9～16 级倍增级，放大倍数可达 10^6～10^9。最后测量的阳极电流与入射光强度及光电倍增管的增益（即光电倍增管放大倍数对数）成正比。改变光电倍增管的负高压可以调节增益，从而改变检测器的灵敏度。

使用光电倍增管时，必须注意不要用太强的光照射，并尽可能不要使用太高的增益，这样才能保证光电倍增管良好的工作特性，否则会引起光电倍增管的"疲劳"乃至失效。所谓"疲劳"是指光电倍增管刚开始工作时灵敏度下降，过一段时间趋于稳定，但长时间使用灵敏度又下降的光电转换不成线性的现象。

放大器的作用是将光电倍增管输出的电压信号放大后送入显示器。原子吸收常采用同步解调放大器。它既有放大作用，又能滤掉火焰发射以及光电倍增管暗电流产生的无用直流信号，从而有效地提高信噪比。

较早的原子吸收光谱仪显示器多采用具有透射比和吸光度两套读数的指示仪表，近年来显示器一般同时具有数字打印和显示、浓度直读、自动校准和微机处理数据功能。

近年一些仪器也采用 CCD 作为检测器，CCD（Charge-Coupled Devices，译名是电荷耦合器件）是一种新型固体多道光学检测器件，它是在大规模硅集成电路工艺基础上研制而成的模拟集成电路芯片。它可以借助必要的光学和电路系统,将光谱信息进行光电转换、储存和传输,在其输出端产生波长-强度二维信号,信号经放大和计算机处理后在末端显示器上同步显示出,如 WFX-910 型便携式原子吸收光谱仪。目前这类检测器已经在光谱分析的许多领域获得了应用。

三、常用仪器型号和主要性能

原子吸收分光光度计按光束形成可分为单光束(指从光源中发出的光仅以单一光束的形式通过原子化器、单色器和检测系统)和双光束(指从光源发出的光被切光器分成两束强度相等的光,一束为样品光束通过原子化器被基态原子部分吸收;另一束只作为参比光束,不通过原子化器,其光强度不被减弱)两类;按包含"独立"的分光系统和检测系统的数目又可分为单道(指仪器只有一个光源,一个单色器,一个显示系统,每次只能测一种元素)、双道(指仪器有两个不同光源,两个单色器,两个检测显示系统)和多道。目前普遍使用的是单道单光束或单道双光束原子吸收分光光度计。

原子吸收分光光度计型号繁多,不同型号仪器性能和应用范围不同。表 3-1 列出当前常用原子吸收分光光度计的型号与性能,供参考。

表 3-1　部分原子吸收分光光度计性能特点和主要技术指标

仪器型号	仪器主要性能与特点	主要技术参数
AA320N	采用计算机数据处理和液晶显示屏,具有自动调零、氘灯扣背景、多种线性非线性曲线拟合、屏幕显示各种参数和工作曲线、打印报告等功能;可做火焰原子吸收、火焰发射、石墨炉原子吸收和氢化物发生法	波长范围为 190～900nm;波长准确度≤±0.5nm;波长重复性≤0.3nm(单向);光谱带宽为 0.2nm、0.4nm、0.7nm、1.4nm、2.4nm 和 5.nm;基线稳定性≤0.004A/30min
361MC/CRT 型	自动扣除空白值、基线漂移和灵敏度漂移;能进行火焰发射光度法、氢化物发生原子吸收法及在富集流动注射原子吸收法分析;在条件设定之后,能自动读出/打印出吸光度值、浓度值及相对标准偏差	波长范围为 190～900nm;波长准确度≤±0.5nm;波长重复性≤0.3nm(单向);检出极限≤0.008μg/mL(铜);特征浓度＜0.04μg/mL/1%(铜);基线稳定优于 0.004A/30min(铜)

续表

仪器型号	仪器主要性能与特点	主要技术参数
3510 型	主机具有内置微机系统,所有工作条件通过键盘设定,仪器能自动寻找元素峰值能量;校正时空心阴极灯与氘灯的能量自动平衡,并能处理数据和图谱	波长范围为 190.0~860.0nm;波长准确度 $\leqslant \pm 0.5$nm;波长重复性 $\leqslant 0.3$nm;光谱带宽为 0.1nm、0.2nm、0.7nm、1.4nm;基线漂移为 0.004A/30min;在背景信号为 1A 时具有 30 倍以上的背景扣除能力
4520TF 型	采用多灯自动切换转塔;由 PC 控制操作,可选配火焰或石墨炉原子化器	波长范围为 190~900nm;波长重复性 $\leqslant 0.12$nm;光谱带宽为 0.1nm、0.2nm、0.4nm、1.0nm;静态基线漂移 $\leqslant 0.004$A/30min(Cu);光栅刻线为 1800 条/mm
TAS-986	火焰原子化器与石墨炉原子化器一体化的主机,火焰与石墨炉原子化器可自动切换;采用八灯自动切换转塔,可预先优化设置空心阴极灯的工作条件;自动控制波长扫描、自动寻峰;自动更换光谱带宽;自动调整负高压、灯电流、两路光平衡;自动流量设定、自动点火、自动熄火保护;采用横向加热石墨炉技术;设有安全报警系统	波长范围为 190~900nm;消像差 C-T 型单色器装置;光谱带宽为 0.1nm、0.2nm、0.4nm、1.0nm 和 2.0nm 五挡自动切换;波长准确度为 ± 0.25nm;波长重复精度为 0.15nm;分辨率优于 0.3nm;基线漂移为 0.005A/30min;火焰分析时的特征浓度为(Cu)0.02μg/mL/1%,检出限(Cu)为 0.006μg/mL;精密度 RSD $\leqslant 1\%$;石墨分析时的特征量(Cd)为 0.5×10^{-12}g,检出限(Cd)为 1×10^{-12}g
TAS-990F(单火焰) 990G(单石墨) 990FG(手动火焰+石墨) 990TFG(自动火焰+石墨)	采用八灯自动切换转塔,可预先设置优化空心阴极灯的工作条件,方便多元素检测;自动调整负高压、灯电流,两路光能量自动平衡;自动控制波长扫描、自动寻峰;自动转换光谱带宽;自动流量设定、自动点火,熄火自动保护;自动设定最佳火焰高度及原子化器位置;采用横向加热石墨炉的技术;配有 AAWin2.0 操作软件;由计算机完成分析操作	波长范围为 190~900nm;消像差 C-T 型单色器装置;光谱带宽为 0.1nm、0.2nm、0.4nm、1.0nm 和 2.0nm 五挡自动切换;波长准确度为 ± 0.25nm;波长重复精度为 0.15nm;分辨率优于 0.3nm;基线漂移为 0.005A/30min;火焰分析时的特征浓度为(Cu)0.03μg/mL/1%,精密度 RSD $\leqslant 1\%$;石墨分析时的特征量(Cd)为 0.5×10^{-12}g,检出限(Cd)为 1×10^{-12}g;精密度 RSD $\leqslant 3\%$

续表

仪器型号	仪器主要性能与特点	主要技术参数
A3系列	具有三种火焰原子化模式(空气-乙炔火焰、空气-液化石油气火焰以及笑气-乙炔火焰集成于整机气路系统);带有集石墨炉自动进样器与火焰自动进样器于一体的进样附件;采用先进的横向加热石墨炉的技术;仪器设有安全报警系统;配有AAWin Pro1.0操作软件,分析操作由计算D机完成(除电源开关与紧急灭火开关外)	波长范围为190~900nm;检出限(Cu)为0.004μg/mL;石墨炉检出限(Cd)为4.0×10^{-12}g
WFX-910	为便携式原子吸收光谱仪;采用电热丝原子化器,用Li电池供电,可在无电网供电环境下使用;分光系统为新型CCD器件,适合快速检测分析谱线波长小于370nm的As、Cd、Cr、Cu、Pb、Se、Tl等环境水质中重要元素的监测;仪器体积小,重量轻,便捷,适用现场检测	波长范围为185~370nm;波长准确度≤±0.25nm;分辨率(Hg)296.73nm,谱线半宽度不大于0.39nm;基线漂移≤0.008A/30min;检出限:铜检出限(Cu)不大于50pg;测铜相对标准偏差不大于6%
WFX-810	仪器采用双磁场塞曼效应背景校正装置;双灯架8灯座光源自动转换,自动调节供电与优化光束位置;自动波长扫描及寻峰;自动切换光谱带宽;火焰与石墨炉能自动切换;石墨炉分析方法配备了自动进样系统,主机内装有操作软件;仪器配有操作软件,由计算机全自动控制仪器各项分析参数(如波长、光谱带宽、元素测试条件等)的选择调整	波长范围为190~900nm;C-T型单色器;光栅刻线条数为1800条/mm;焦距430nm;闪耀波长为250nm;火焰法光谱带宽为0.1nm、0.2nm、0.4nm、1.6nm;石墨炉法光谱带宽为0.2nm、0.4nm、1.2nm;灯电源供电方式为200Hz方波脉冲,灯电流调节范围为0~15mA;燃烧器为10cm单缝全钛燃烧器;石墨炉温度范围为室温~3000℃,升温速率3000℃/s;火焰与石墨采用的恒磁场塞曼背景校正装置的磁通量密度为1.0T
WFX-210	采用富氧火焰专利技术(替代氧化亚氮-乙炔火焰法),适宜分析Ca、Al、Ba、W、Mo、Ti、V等高温元素,火焰温度在2300~2950℃之间连续可调;一体化火焰/石墨原子化系统兼具火焰发射分析功能,可自动切换,自动优化位置参数,自动点火,自动设置气体流量;石墨炉实现全自动分析;6灯座光源自动转换,可自动调节供电与优化光束位置、自动波长扫描及寻峰,自动切换光谱带宽;仪器设有安全自动报警与保护功能;采用BRAIC操作软件	波长范围为190~900nm;C-T型单色器;光栅刻线条数为1800条/mm;焦距277nm;闪耀波长为250nm;多挡自动切换光谱带宽;石墨炉温度范围为室温~3000℃,升温速率3000℃/s

续表

仪器型号	仪器主要性能与特点	主要技术参数
WFX-120C	6灯座光源自动转换,可自动调节供电与优化光束位置全自动报警与保护,测试数据自动显示,自动计算,分析结果自动打印;设计的火焰原子化系统适合高浓度盐类基体样品火焰分析	波长范围为190～900nm C-T型单色器;光谱带宽为 0.1nm、0.2nm、0.4nm、1.2nm 四挡自动切换;波长精确度优于±0.25nm;光谱带宽 0.2nm时线分辨能力为分开双锰线(279.5nm 和 279.8nm)且谷峰能量比<30%;氘灯背景校正和自吸背景校正均具有>30倍以上校正能力(1A)
PE AAnalyst600/800	8灯灯架,内置灯电源,可连接空心阴极灯和无极放电灯,由计算机控制灯的选择和自动准直;火焰和石墨炉可全自动转换(AAnalyst 600只有石墨炉原子化系统,与 AAnalyst 800中的石墨炉相同);计算机控制和监视燃气和助燃气,键盘遥控点火系统;火焰和石墨系统均具有悬浮直接进样功能;内置式计算机控制的横向加热石墨炉原子化器;AAnalyst 800采用交流纵向塞曼效应校正背景;无论火焰还是石墨炉,均具有与FIAS、FIMS、气相色谱(GC)、液相色谱(HPLC)、热分析(TA)等仪器联用的功能	波长范围为190～900nm;光栅刻线条数为1800条/mm,双闪耀波长(236nm 和 597nm);线色散率倒数为1.6nm/mm;焦距为267mm 光谱带宽为 0.2nm、0.7nm 和 2.0nm;火焰原子化检出限为 Cu 2μg/L;动态基线稳定性≤0.0006A/30min;石墨炉检出限为 Cd 0.008μg/L,As 0.2μg/L;温度为室温～2600℃,最小增量为10℃
Varian AA-240FS	4灯座,自动快速选择灯的位置,若四灯同时工作,2min内可测 10 种元素;计算机控制自动选择波长;自动选择狭缝宽度;采用氘灯背景校正;用于重要元素定量分析,可直接检测金属和类金属元素多达 70 余种,主要用于食品、饲料、作物、土壤、化妆品等金属元素含量测定	波长范围为185～900nm;Czerny-Turner型单色器;焦距≥250nm;狭缝为 0.2～1.0nm,光栅刻线密度≥1200条/mm,闪耀波长为240nm
岛津队AA-7000	6灯座,2灯同时点亮(1灯预热);具有多方式自动漏气检查功能;火焰、石墨炉一体机,双原子化器可自动切换;高精度温度控制系统控制石墨炉从干燥到原子化全过程;火焰和石墨炉分析都具备全波长范围内自吸收和氘灯背景校正方法	测定波长范围185～900nm;消像差C-T型单色器;光栅刻线条数为1800条/mm;光谱带宽为 0.2nm、0.7nm、1.3nm、2.0nm(4挡自动切换)

注:表中各型号仪器的主要性能特点和指标参数描述主要摘自仪器样本,仅供读者参考。详细确切的数据请联系生产厂家,或经其他途径了解。

第二节　AA320 型原子吸收分光光度计的使用

AA320 型原子吸收分光光度计采用模拟电路进行信号处理，具有自动调零、定时积分、信号扩展和背景校正等功能，记录仪可以记录实时图谱，并配有 RS-232C 接口，可升级为 AA320CRT。

一、仪器主要技术参数

① 波长范围：190.0～900.0nm。

② 波长准确度：全波段±0.5nm。

③ 波长重复性：≤0.3nm（单向）。

④ 波长扫描：手动，自动（1.2nm/min、300nm/min）。

⑤ 光谱带宽：0.2nm。

⑥ 单色器倒线色散率：2.38nm/mm。

⑦ 仪器分辨力：能分辨锰（Mn）279.5nm 和 279.8nm，且两谱线间的波谷能量值小于峰高的 40%。

⑧ 狭缝挡数（光谱带宽）：1 挡（0.2nm），2 挡（0.4nm），3 挡（0.7nm），4 挡（1.4nm），5 挡（2.4nm）和 6 挡（5.0nm）。

⑨ 波长读数方式：数字轮式。

⑩ 仪器读数方式：四位数字显示，记录仪，计算机的 CRT 显示。

⑪ 吸光度范围：0～1.999A，0.1～10 倍连续扩展。

⑫ 基线稳定性：仪器在正常条件下，通电预热 0.5h 后，点燃铜元素灯测量，漂移量≤0.004A/30min。

二、仪器结构

1. 光路系统

AA320 型原子吸收分光光度计的光路系统见图 3-6。

2. 气路系统

AA320 型原子吸收分光光度计的气路系统见图 3-7，其气路电控制原理见图 3-8。

3. 信号处理系统

AA320 型原子吸收分光光度计的信号处理系统见图 3-9。

第三章 原子吸收分光光度计的使用

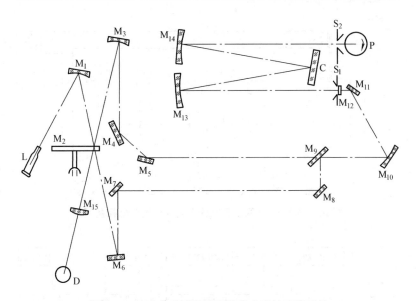

图 3-6　AA320 型原子吸收分光光度计光路系统

M_1，M_{10}—非球面镜；M_2—斩光器；M_3，M_6，M_{13}，M_{14}—球面透镜；

M_4，M_5，M_7，M_8，M_9，M_{11}—平面反射镜；M_{12}，M_{15}—透镜；

C—衍射光栅；L—元素灯；D—氘灯；P—光电倍增管

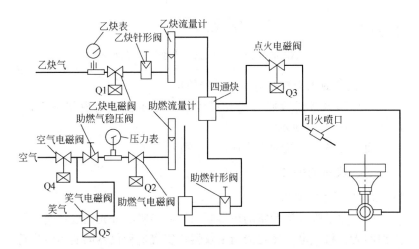

图 3-7　AA320 型原子吸收分光光度计气路系统

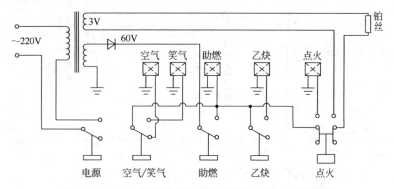

图 3-8　AA320 型原子吸收分光光度计气路电控制原理

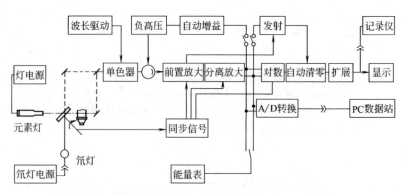

图 3-9　AA320 型原子吸收分光光度计信号处理系统

4. 仪器面板上控制器和指示器的功能

AA320 型原子吸收分光光度计仪器指示控制面板如图 3-10、图 3-11、图 3-12 所示。

面板上各控制钮的作用如表 3-2 所示。

三、仪器的安装

1. 安装环境要求

（1）原子吸收实验室的环境要求　原子吸收分光光度计是一种大型的光、机、电一体化的精密仪器，安置这种仪器的实验室应符合下列要求（见表 3-3）。

第三章　原子吸收分光光度计的使用

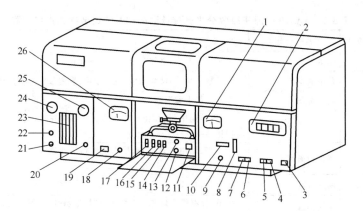

图 3-10　AA320 型原子吸收分光光度计控制面板示意

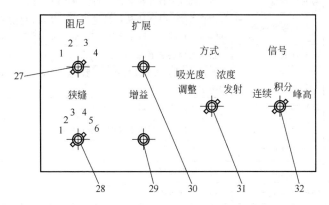

图 3-11　AA320 型原子吸收分光光度计右上面板示意

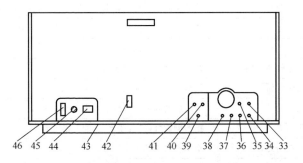

图 3-12　AA320 型原子吸收分光光度计后面板示意

表 3-2 AA320 型原子吸收分光光度计面板控制按钮名称和作用一览

图标号	名 称	作 用
1	能量表	指示工作光束、参比光束或氘灯的能量
2	数字显示器	四位数字显示,能显示吸光度、浓度、发射强度和负高压
3	电源按钮	控制主机电源通断
4	波长扫描键↓	按下,接通电机;拉出或推入波长扫描变速杆,向长波方向扫描
5	波长扫描键↑	按下,接通电极;拉出或推入波长扫描变速杆,向短波方向扫描
6	调零按键	按下,信号调零
7	读数按键	按下,伴有指示灯亮。开始积分时,指示灯灭;积分结束,显示积分结果,保持 5s 后自动回零
8	波长手调轮	当扫描变速杆 9 在中间位置时,手动调节波长
9	波长扫描变速杆	离合变速,配合波长扫描键工作。拉出,扫描速度为 300nm/min;推入,扫描速度为 1.2nm/min;居中,停止扫描
10	波长计数器	指示当前波长值(nm)
11	点火钮	按住,接通点火乙炔气和点火器,点火器吐出火舌点燃燃烧头工作火焰
12	燃烧器前后调钮	调节工作火焰相对于光源的水平位置
13	燃烧器上下调节	调节工作火焰相对于光源的垂直位置
14	乙炔气电开关	通或断乙炔气
15	助燃气电开关	通或断助燃气
16	空气-笑气电开关	切换空气-笑气
17	气路电开关	气路电源总开关,控制 11、14、15、16
18	灯电流钮	调节空心阴极灯工作电流,调节范围为 0~40mA
19	氘灯电开关	按下,点亮氘灯,伴有指示灯亮。再按,氘灯和指示灯灭
20	乙炔气钮	调节乙炔气体流量
21	助燃气稳压阀钮	调节助燃气体稳定压力大小
22	助燃气钮	调节助燃气体流量
23	流量计	指示燃气和助燃气流量大小
24	压力表	指示助燃气(空气或笑气)的工作压力
25	乙炔压力表	指示乙炔气的工作压力
26	电流表	指示空心阴极灯的工作电流

续表

图标号	名 称	作 用
27	阻尼选择开关	阻尼有四挡,"递增"用来选择读数响应时间,阻尼越大,响应时间越慢,信号越平滑,但是越呆滞,一般操作选择第一挡;遇到噪声大或标尺扩展倍数较大时,适当选择较大的阻尼以求信号噪声平滑
28	狭缝选择开关	选择单色光谱带宽,从左至右分别为 0.2nm、0.4nm、0.7nm、1.4nm、2.4nm、5.0nm
29	增益钮	调节光电倍增管的负高压
30	扩展钮	方式为"浓度"时,标尺可在 0.1~10 范围内连续扩展
31	方式选择开关	选择信号测量方式 "调整"位:能量表指示参比光束能量或氘灯的能量(背景校正);数字显示实际负高压值。 "吸光度"位:能量表指示工作光束能量,数显器显示吸光度。 "浓度"位:与"扩展"配合,可进行浓度直读分析,能量表指示工作光束能量,显示器显示浓度。 "发射"位:可进行火焰发射分析或对空心灯谱线进行扫描测量,此时显示器显示百分值能量
32	信号选择开关	选择信号模式 "连续"位:测量瞬时信号。 "积分"位:测量积分信号,积分时间为 3s。 "峰高"位:测量峰值信号,适用无火焰分析
33	燃气出口	与 41 相连接
34	笑气入口	与笑气气源连接
35	雾化气出口	与 40 相连接
36	空气入口	与空气气源连接
37	乙炔气入口	与乙炔气气源连接
38	点火乙炔气出口	与 39 相连接
39	点火乙炔气入口	与 38 相连接
40	雾化气入口	与 35 相连接
41	燃气入口	与 33 相连接
42	信号插座	向计算机送出三路模拟信号
43	把手	用手打开后盖板
44	电源插座	输入 220V,50/60Hz 交流电源
45	熔断丝	1A/20mm
46	信号输出插座	输出记录仪信号(0~5mA)

表 3-3　原子吸收实验室的环境要求一览表

项　目	要　　求
温度	恒温 10～30℃
相对湿度	＜70%
供水	多个水龙头，有化验盆(含水封)、有地漏，石墨炉原子吸收应有专用上下水装置
废液排放	实验室备有专用废液收集桶，原子吸收仪器废液排放在与仪器配套的废液桶中
供电	设置单相插座若干供电脑、原子吸收主机使用。要求 220V±10%，如达不到要求配备稳压电源，通风柜单独供电；石墨炉电源要求 220V/40A 电源，专用插座
供气	空气由空气压缩机提供，乙炔、氩气由高压钢瓶提供，纯度 99.99%
工作台	坚固、防振
防火防爆	配备二氧化碳灭火器
避雷防护	属于第三类防雷建筑物
防静电	设置良好接地
电磁屏蔽	有精密电子仪器设备，需进行有效电磁屏蔽
光照	配有窗帘，避免阳光直射
通风设备	配有排风管，仪器工作时产生的废气及时排出室外

(2) 电源、水源和气源要求

① 电源要求。电源为单相交流 220V±22V，50Hz±1Hz，额定功率 100W。如果使用石墨炉，应增设 380V/50Hz 三相交流电源一组，石墨炉的最大功率消耗为 6800V·A。为防止干扰主机，此电源要独立从配电箱引出，并能承受最大负荷，采用 380V/15A 四芯插座。

为了保证仪器稳定工作和安全操作，仪器的地线应接到一块直接埋入地下 1.5m 的金属板上。

② 水源要求。实验室内应有冷却水源和排水口，水源可用洁净的自来水或循环冷却水系统，上水压力最好达到 0.15MPa，进口水温不应高于 25℃，流量不低于 2.5L/min。

③ 气源要求。原子吸收分光光度计工作时需使用多种气体，

为了保证安全，对储存这些气体的高压钢瓶或气体发生装置有如下要求。

a. 空气压缩机应离主机数米远，放在通风良好、环境干净的地方，连接软管不应靠近热源。

b. 乙炔钢瓶应在通风良好的独立房间单独存放（一般相距不要超过10m）。室内通风要好，周围不能有热源、火源，要避免阳光直射。乙炔钢瓶室应设防火警示标志，放置灭火器材。

c. 乙炔钢瓶应配乙炔气专用减压阀，带有回火装置，纯度要求在99.99%以上；氩气应配氧气减压阀或氩气减压阀，纯度要求达到99.99%（石墨炉或氢化法用）；氧气钢瓶应配氧气减压阀。

d. 气瓶放置要牢固，不能翻倒，应直立放置。

2. 仪器安装

在按要求准备好仪器实验室各项必备条件和设施，并开箱验看仪器，确认其完好无损，各附件齐全后，可按仪器说明书进行安装（对于新购仪器，多数厂商会指派专业人员现场指导安装、调试工作）。

(1) 主机安装

① 将主机安放在平稳无振动的实验台上，燃烧室上方应对准通风设备，实验台的圆孔应在燃烧室下方的适当位置。

② 打开仪器后盖板，拆除正弦尺上的运输保护橡皮筋，见图3-13。

(2) 燃烧器和废液排放管的安装　燃烧器（见图3-14）和废液排放管（见图3-15）的安装步骤如下。

① 取出预混室，燃烧头（100mm或50mm）和10mm软管。

② 在预混室的废液排放口上套上长度适宜的软管，软管的另一头穿过燃烧室底板和主机底板上的长圆孔以及实验台圆孔。

③ 将预混室套放在燃烧器升降柱上，用旋具拧紧预混室底座上的固定螺钉。

④ 在预混室的"脖子"上装上清洁过的燃烧头。

⑤ 将穿过实验台的废液软管弯成一个直径约100mm的圆环并扎绳固定，软管的末端插入塑料废液容器中。注意，软管不能

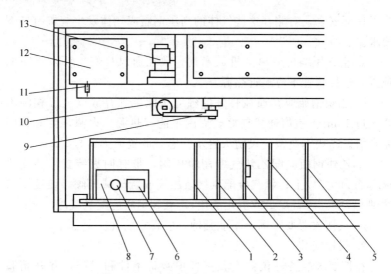

图 3-13　AA320/AA320 CRT 主机背视

1~5—电路板 1,2,3,4,5；6—电源插座；7—保险丝盒；8—记录仪插座；9—正弦尺；
10—正弦机构；11—前置信号插座；12—前置放大器盒；13—光电倍增管盒

折死。

⑥ 将燃烧室右边的混合气管道接到预混室上，用手指拧紧螺母，再用扳手稍加紧。

⑦ 将聚乙烯塑料毛细管套入雾化器的入口处。

⑧ 在预混室前部的端盖上安装雾化器，将雾化器插入端盖正中的孔，用手指拧紧固定螺母。

⑨ 将燃烧室左边的雾化气管道接到雾化器的雾化气入口上，用手指拧紧螺母再用扳手稍加紧。

⑩ 当燃烧器、雾化器及废液排放系统均安装完毕后，取下燃烧头，从预混室的"脖子"上慢慢注入约 400mL 水，使废液排放管内形成水封，如图 3-15 所示，再将燃烧头装回。安装好的燃烧器在使用时，还应进行位置和高度调整，其调整方法见本节"五、仪器的调校方法"。

(3) 气路管道的安装 (见图 3-16)　仪器气路管道的接头位于仪器的背面 (参见图 3-10、图 3-12 和表 3-2)。

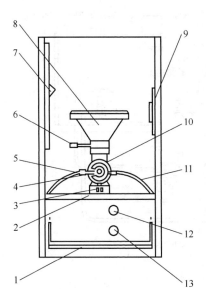
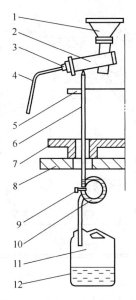

图 3-14 燃烧器

1—样品托盘；2—废液排放口；3—预混室紧固螺钉；4—雾化器；5—助燃气管；6—燃烧头旋转柄；7—点火器；8—燃烧头；9—挡光片架；10—预混室；11—混合气管；12—燃烧器上下调节钮；13—燃烧器前后调节钮

图 3-15 预混室废液排放系统

1—燃烧头；2—预混室；3—雾化器；4—进样毛细管；5—燃烧室底板；6—废液排放管；7—主机底板；8—实验台台板；9—捆扎带；10—水封圈；11—废液容器；12—废液

① 将空气道管（$\phi 6\times 1$ 塑料软管）一端同仪器的空气入口相接，另一端连接无油空气压缩机输出口。

② 将乙炔道管（$\phi 6\times 1$ 塑料管）一端同仪器的乙炔入口相接，另一端连接清洁干燥的乙炔气源。如果使用笑气（氧化亚氮），把导管接到仪器的笑气入口端，另一端与笑气源连接。

③ 将标有"雾化"、"燃气"、"点火乙炔"字样的三组接头，用 $\phi 6\times 1$ 塑料管对接起来。

注意：气源（高压）钢瓶应安放在实验室外通风良好的地方，并用合格的管路将气体引入实验室内。连接时要弄清气源，绝对不要接错；接头螺母需拧紧，以保证接口具有良好的气密性。乙炔气

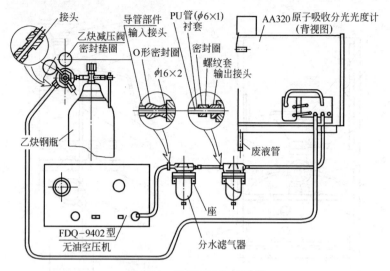

图 3-16 供气管路连接示意

路不能用含铜量大于 65% 的铜管连接；接笑气气路不要用粘有油脂的管道连接，以免发生自燃爆炸的危险。

(4) 空心阴极灯的安装　将所需的空心阴极灯小心从盒中取出，打开灯源室门，将灯引脚对准灯电源插座适配插入。轻轻提起扭簧，将灯插入灯架中，灯阴极与灯架上的标记大致相平（元素灯架结构见图 3-17）。安装好的阴极灯还需要进行位置调整，调整方

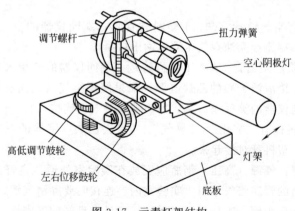

图 3-17　元素灯架结构

法见本节"五、仪器的调校方法"。

四、仪器操作方法

1. 检查仪器连接

按仪器说明书检查仪器各部件，各气路接口是否安装正确，气密性是否良好。

2. 仪器调整

根据待分析元素选择、安装空心阴极灯（灯的安装和调试方法见本节"三"及"五"中相关内容），选择灯电流、波长、光谱带宽。将"方式"开关置于"调整"，信号开关置于"连续"，进行光源对光和燃烧器对光。然后将"方式"开关置于"吸光度"。

3. 打开气瓶点燃火焰

（1）空气-乙炔火焰

① 检查100mm燃烧器和废液排放管是否安装妥当，然后将"空气-笑气"切换开关推至"空气"位置。

② 开启排风装置电源开关。排风10min后，接通空气压缩机电源，将输出压调至0.3MPa。接通仪器上气路电源总开关和"助燃气"开关，调节助燃气稳压阀，使压力表指示为0.2MPa。顺时针旋转辅助气钮，关闭辅助气。此时空气流量约为5.5L/min。

③ 开启乙炔钢瓶总阀，调节乙炔钢瓶减压阀输出压为0.05MPa。打开仪器上乙炔开关，调乙炔气钮使乙炔流量为1.5L/min。

④ 按下点火钮（约4s），使点火喷口喷出火焰将燃烧器点燃（若4s后火焰还不能点燃，应松开点火开关，适当增加乙炔流量后重新点火）。点燃后，应重新调节乙炔流量，选择合适的分析火焰。

注意，点火时，为安全起见，操作者应尽量远离燃烧器，以防发生爆炸时受伤。事实证明，重大事故往往是由于忘记通风而贸然点火造成的。因此仪器启动前一定要通风。

（2）氧化亚氮-乙炔火焰

① 检查燃烧头（50mm）废液排放管是否安装，然后将"空气-笑气"切换开关推至"空气"位置。

② 调节乙炔钢瓶的减压阀至输出压力约为0.07MPa。将氧化亚氮钢瓶的输出压力调至0.3MPa。接通空气压缩机电源，输出压

力调至 0.3MPa。接通气路电源总开关和"助燃气"开关，调节助燃气稳压阀，使压力表指示为 0.2MPa。

③ 顺时针旋转辅助气钮，关闭辅助气。此时流量计指示仅为雾化气流量，约为 5.5L/min。如有必要可启动辅助气，但增大辅助气会降低灵敏度。

④ 调节乙炔钢瓶减压阀，使乙炔表指示为 0.05MPa，打开乙炔气开关，调节乙炔气流量至 1.5L/min 左右。立即按下点火钮，使点火喷口喷出火焰将燃烧头点燃（如果 4s 后火焰还不能点燃，应松开点火钮片刻，以免铂丝烧断，适当加大乙炔气流量或加入少量辅助气后重新点火）。等待至少 15s，待火焰燃烧均匀后，调节乙炔流量至 3L/min 左右，并把"空气-笑气"切换开关打到"笑气"位置。

⑤ 调节乙炔流量直至火焰的反应区（玫瑰红内焰）有 1~2cm 高，外焰高 30~35cm。吸喷被测元素的标准溶液，调节乙炔气流量，根据吸光度的变化选择合适的分析火焰。

4. 测量操作

（1）吸光度测量

① 点火 5min 后，吸喷去离子水（或空白液），按"调零"钮调零。

② 将"信号"开关置于"积分"位置，吸喷去离子水（或空白液），再次按"调零"钮调零。吸喷标准溶液（或试液），待能量表指针稳定后按"读数"键，3s 后显示器显示吸光度积分值，并保持 5s。为保证读数可靠，重复以上操作三次，取平均值，记录仪同时记录积分波形。

注意，每次测量后均要吸喷去离子水（或空白液），按"调零"钮调零，然后再吸喷另一试液。

（2）浓度直读测量

① 将"方式"开关置于"浓度"位置，"信号"开关置于"连续"位置。

② 吸喷去离子水（或空白液），按"调零"钮调零。

③ 吸喷标准样品，调节"扩展"钮直至显示已知的浓度读数。

④ 吸喷未知样品，显示器直读显示未知样品的浓度。

注意，浓度直读测量方法仅适用于元素的线性范围。

(3) 氘灯背景校正测量

① 背景测量（用于分子吸收测量）

a. 将"方式"开关置"调整"位置，"信号"开关置"连续"位置，关闭空心阴极灯。

b. 按下"氘灯"开关，点亮氘灯，让氘灯光线从氘灯前的减光盘的通孔中通过，用"增益"钮调整能量水平。

c. 将"方式"开关置"吸光度"吸取空白液，按下"调零"钮调零。

d. 测量未知样品液，显示器示值即为背景。

② 氘灯背景校正测量

a. 按下"氘灯"开关，点亮氘灯。将燃烧室内参比光路滑板推入光路里，将参比光挡住。

b. 空心阴极灯和氘灯的光斑应重合，否则借助对光片加以调节，其方法是：上下不重合调氘灯上下位置，左右不重合调空心阴极灯位置，沿燃烧器缝隙，两光斑都应重合。

c. 选择氘灯前的减光盘的网格窗来调整氘灯信号能量，其方法是："方式"开关在"吸光度"位置时，能量表指示空心阴极灯能量；"方式"开关在"调整"位置时，能量表指示氘灯能量。如果氘灯能量和空心阴极灯能量相差不太大，可以调整空心阴极灯电流来平衡。

5. 测量后的工作

测量完毕吸喷去离子水 5min。

6. 熄灭火焰和关机

(1) 空气-乙炔的火焰熄灭和关机　关闭乙炔钢瓶总阀使火焰熄灭，待压力表指针回到零时再旋松减压阀。关闭空气压缩机，待压力表和流量计回零时，关仪器气路电源总开关，关闭空气-笑气电开关，关闭助燃气电开关，关闭乙炔气电开关，关闭仪器总电源开关，最后关闭排风机开关。

(2) 氧化亚氮-乙炔火焰熄灭与关机　将"空气-笑气"开关切换到"空气"位置，把笑气-乙炔火焰转换为空气-乙炔火焰（注意，不可直接在笑气-乙炔火焰时熄灭），关闭乙炔钢瓶总阀使火焰熄灭，待压力表指针回零时再旋松减压阀；关闭空压机并释放剩余气体，关闭气路电源总开关，关闭各气体电源开关，关闭仪器电源开关，最后关闭排风机开关。

五、仪器的调校方法

1. 光源灯位置的调整

① 检查仪器部件和气路是否连接正确，将仪器面板上所有开关置"关断"位置，仪器面板上各调节器均处于最小位置。

② 按下电源按键，接通供电电源。打开灯架旁的灯电源开关，调节灯电流钮，使灯电流毫安表指示到所需的灯电流，预热30min，使灯的发射强度达到稳定。

注意，预热灯电流应与实际测量时所用的工作电流相同。灯在点燃后应观察发光的颜色以判断灯的工作是否正常（充氖气的灯颜色是橙色，充氩气的灯正常为淡紫色）。灯内若有杂质气体存在时，光的颜色变淡。如充氖气时的灯颜色变为粉红、发蓝或发白，此时应对灯进行处理。

③ 进行光源对光

a. 拉开燃烧器右壁上的两块挡光板，使光束通过燃烧器。将方式选择开关置"调整"位置，选择合适波长狭缝，调节"增益"钮，使能量表指针指在表的正中位置（约2.6V）。

b. 将元素灯缓慢旋转，使能量表上指针达最大值；分别调节元素灯的"调节螺杆"、"高低调节鼓轮"、"左右位移鼓轮"，均使能量表上指示达最大值。如果能量表指针指示大于2.6V，可调"增益"旋钮，使指针回到中间位置。

2. 燃烧器高度的调整

在完成空心阴极灯的安装和位置调整的操作下进行以下的调试。

① 用波长手调轮仔细调节波长，使能量表上指示达最大值。

② 调节燃烧器转柄，使燃烧器与光束大致平行。

③ 将对光板骑在燃烧器缝隙上，调节"燃烧器前后调节"钮，使光斑均匀分布在对光板中间垂线的两边。

④ 调节"燃烧器上下调节"钮,至所需要的燃烧器高度。

a. 将"方式"开关置于"吸光度"位置,"信号"开关置于"连接"位置,按下调零旋钮,使仪器显示"0.000"。

b. 旋动燃烧器上下调节钮,使燃烧器慢慢上升,直至有吸光度显示。

c. 再旋动仪器上下调节钮慢慢降低燃烧器,使仪器显示恰好为零。再将旋钮逆时针方向转动半圈,使燃烧器进一步降低,这是许多元素分析的最佳高度。

⑤ 调节"燃烧器转柄"使燃烧器缝隙与光束平行(对光板沿缝隙左右移动时,光斑一直均匀分布在对光板垂线的两边)。

3. 气路系统气密性的检验

由于气体通路采用聚乙烯塑料管,时间长了易老化,所以要经常对气路进行检漏,特别是乙炔气和氧化亚氮气体的渗漏可造成严重的事故。气路系统气密性的检验步骤如下。

① 拧下接到燃烧器的乙炔气软管螺纹套接头,用附件封头拧紧密封。

② 关闭辅助气针形阀,接通气路电开关、助燃气电开关和乙炔气电开关,打开乙炔气阀和稳压阀。

③ 打开乙炔气钢瓶阀门,输出压力为 0.07MPa,然后关闭钢瓶阀门,此时乙炔气路中已密封了乙炔气体(参看图 3-8)。

④ 观察乙炔压力表 10min,压力下降应不大于 0.01MPa。

4. 原子吸收分光光度计的性能测试

原子吸收分光光度计的性能测试按国家质量监督检验检疫总局发布的《原子吸收分光光度计》(JJG 694—2009)进行。测试项目主要有波长范围、波长指示值的重复性、分辨率、基线的稳定性、火焰法测定及石墨炉法测定的检出限、背景校正能力等。

六、仪器的维护和保养

对任何一类仪器只有正确使用、维护和保养才能保证其运行正常,测量结果准确。AA320 型原子吸收分光光度计的日常维护工作应由以下几方面做起。

(1) 开机前的检查 开机前,检查各电源插头是否接触良好,仪器各部分是否归于零位。

(2) 光源的维护和保养

① 对新购置的空心阴极灯的发射线波长和强度以及背景发射的情况，应首先进行扫描测试和登记，以方便后期使用。

② 空心阴极灯应在最大允许电流以下使用。使用完毕后，要使灯充分冷却，然后从灯架上取下存放。

③ 当发现空心阴极灯的石英窗口有污染时，应用脱脂棉蘸无水乙醇擦拭干净。

④ 不用时不要点灯，否则会缩短灯寿命；但长期不用的元素灯则需每隔 1～2 个月，在额定工作电流下点燃 15～60min，以免性能下降。

⑤ 光源调整机构的运动部件要定期加少量润滑油，以保持运动灵活自如。

(3) 原子化器的维护和保养

① 每次分析操作完毕，特别是分析过高浓度或强酸样品后，要立即吸喷蒸馏水数分钟，以防止雾化器和燃烧头被玷污或锈蚀。仪器的不锈钢喷雾器为铂铱合金毛细管，不宜测定高氟浓度样品，使用后应立即用蒸馏水清洗，防止腐蚀；吸液用聚乙烯管应保持清洁，无油污，防止弯折；发现堵塞，可用软钢丝清除。

② 预混室要定期清洗积垢，喷过浓酸、碱液后，要仔细清洗；日常工作后应用蒸馏水吸喷 5～10min 进行清洗。

③ 点火后，燃烧器的缝隙上方，应是一片燃烧均匀，呈带状的蓝色火焰。若火焰呈齿形，说明燃烧头缝隙上有污物，需要清洗。如果污物是盐类结晶，可用滤纸插入缝口擦拭，必要时应卸下燃烧器，用 1∶1 乙醇-丙酮清洗；如有熔珠可用金相砂纸打磨，严禁用酸浸泡。

④ 测试有机试样后要立即对燃烧器进行清洗，一般应先吸喷容易与有机样品混合的有机溶剂约 5min，再吸喷 $w(HNO_3)=1\%$ 的溶液 5min，并将废液排放管和废液容器倒空重新装水。

(4) 单色器的维护和保养 单色器要保持干燥，要定期更换单色器内的干燥剂。单色器中的光学元件，严禁用手触摸和擅自调节。备用光电倍增管应轻拿轻放，严禁振动。仪器中的光电倍增管严禁强光照射，检修时要关掉负高压。

（5）气路系统的维护和保养

① 要定期检查气路接头和封口是否存在漏气现象，以便及时解决。

② 使用仪器时，若出现废液管道的水封被破坏、漏气，或燃烧器缝明显变宽，或助燃气与燃气流量比过大，或使用笑气-乙炔火焰时，乙炔流量小于 2L/min 等情况，容易发生"回火"。一旦发生"回火"，应镇定地迅速关闭燃气，然后关闭助燃气，切断仪器电源。若回火引燃了供气管道及附近物品时，应采用二氧化碳灭火器灭火。防止回火的点火操作顺序为先开助燃气，后开燃气；熄火顺序为先关燃气，待火熄灭后，再关助燃气。

③ 乙炔钢瓶严禁剧烈振动和撞击。工作时应直立，温度不宜超过 30～40℃。开启钢瓶时，阀门旋开不超过 1.5r，以防止丙酮逸出。乙炔钢瓶的输出压力应不低于 0.05MPa，否则应及时充乙炔气，以免丙酮进入火焰，对测量造成干扰。

④ 要经常放掉空气压缩机气水分离器的积水，防止水进入助燃气流量计。

七、常见故障分析和排除方法

AA320 型原子吸收分光光度计常出现的故障现象、故障产生原因和排除方法见表 3-4。

表 3-4　AA320 型原子吸收分光光度计的常见故障分析和排除方法

故障现象	故障原因	排除方法
仪器总电源指示灯不亮	(1)仪器电源线断路或接触不良； (2)仪器保险丝熔断； (3)保险管接触不良； (4)电源输入线路中有断路； (5)仪器中的电路系统有短路，因而将保险丝熔断或某点电压突然增高； (6)指示灯泡坏； (7)灯座接触不良	(1)将电源线接好，压紧插头插座，如仍接触不良则应更换新电源线； (2)更换新保险丝； (3)卡紧保险管使接触良好； (4)用万用表检查，并用观察法寻找断路处，将其焊接好； (5)检查是否元件损坏，更换损坏的元件，或找到电压突然增高的原因进行排除； (6)更换指示灯泡； (7)改善灯座接触状态

续表

故障现象	故障原因	排除方法
指示灯、空心阴极灯均不亮，表头无指示	(1)电源插头松脱； (2)保险丝断； (3)电源线断； (4)高压部分有故障	(1)插紧电源插头； (2)更换保险丝； (3)接好电源线； (4)检查高压部分，找出故障，加以排除
空心阴极灯亮，但发光强度无法调节	(1)空心阴极灯坏； (2)灯未坏，但不能调发光强度	(1)用备用灯检查，确认灯坏，进行更换； (2)根据电源电路图进行故障检查，排除
空心阴极灯亮，但高压开启后无能量显示	(1)无高压； (2)空心阴极灯极性接反； (3)狭缝旋钮未置于"定位"位置，造成狭缝不透光或部分挡光； (4)波长不准； (5)全波段均无能量	(1)可将增益开到最大，若无升压变压器的"吱吱"高频叫声，则表明无高压输出。可从高频高压输出端有无短路、负高压部分的低压稳压电源线路有无元件损坏、倍压整流管是否损坏、高压多谐振荡器是否工作等方面检查，找出故障加以排除； (2)将灯的极性接正确； (3)转动狭缝手轮，将其置于"定位"位置； (4)找准波长； (5)送生产厂维修
仪器输出能量过低	(1)空心阴极灯发光强度弱； (2)外光路透镜污染严重； (3)光路不正常； (4)单色器内光栅、准直镜污染； (5)光电倍增管阴极窗未对单色器的出射狭缝； (6)光电倍增管老化； (7)电路系统增益降低	(1)对灯作反接处理，如仍无效则应更换新灯； (2)对外光路进行清洗； (3)重新调整光路系统； (4)用洗耳球吹去灰尘，若污染严重更换光学元件； (5)进行调整，使其对准单色器出射狭缝； (6)更换光电倍增管； (7)检查负高压电源、前置放大器电路或主放大器电路，更换损坏的元件或重新调整

续表

故障现象	故障原因	排除方法
波长指示改变	波长位置改变	根据波长调整方法进行调整,用汞灯检查各谱线,使之相差0.1nm,并重新定位
开机点火后无吸收	(1)波长选择不正确; (2)工作电流过大; (3)燃烧头与光轴不平行; (4)标准溶液配制不合适	(1)重选测量波长,避开干扰谱线; (2)降低灯电流; (3)调整燃烧头,使之与光轴平行; (4)正确配制标准溶液
灵敏度低	(1)元素灯背景太大; (2)元素灯的工作电流过大,谱线变宽,灵敏度下降; (3)火焰温度不适当,燃助比不合适; (4)火焰高度不适当; (5)雾化器毛细管堵塞,这是仪器灵敏度下降的主要原因; (6)撞击球与喷嘴的相对位置未调好; (7)燃烧器与外光路不平行; (8)光谱通带选择不合适; (9)波长选择不合适; (10)燃气不纯; (11)空白溶液被污染,干扰增大; (12)雾化筒和燃烧缝锈蚀; (13)样品与标准溶液存放时间过长变质; (14)火焰状态不好,摆动严重或呈锯齿形; (15)燃气漏气或气源不足	(1)选择发射背景合适的元素灯作光源; (2)在光强度满足需要的前提下,采用低的工作电流; (3)选择合适燃助比; (4)正确选择火焰高度; (5)将助燃气流量开至最大,用手指堵住喷嘴,使助燃气吹至畅通为止; (6)调节相对位置至合适。一般调到球与喷嘴相切; (7)调节燃烧头,使光轴通过火焰中心; (8)根据吸收线附近干扰情况选择合适的狭缝宽度; (9)一般情况下选共振线作为分析线; (10)采取措施,纯化燃气; (11)更换空白溶液; (12)更换雾化筒,除去燃烧缝锈蚀; (13)重新配制; (14)清洗燃烧器,改变燃助比,检查气路是否有水存在; (15)检漏,加大气源压力

续表

故障现象	故 障 原 因	排 除 方 法
重现性差，读数漂移	(1)乙炔流量不稳定； (2)燃烧器预热时间不足； (3)燃烧器缝隙或雾化器毛细管堵塞； (4)废液流动不通畅，雾化筒内积水，影响样品进入火焰，导致重现性差； (5)废液管道无水封或废液管变形； (6)燃气压力不够不能保持火焰恒定或管道内有残存盐类堵塞； (7)雾化器未调好； (8)火焰高度选择不当,基态原子数变化异常，使吸收不稳定	(1)在乙炔管道上加一阀门，控制开关，调节好乙炔流量； (2)增加燃烧器预热时间； (3)清除污物使之畅通； (4)立即停机检查，疏通管道； (5)将废液管道加水封或更换废液管； (6)加大燃气压力，使气源充足，或用滤纸堵住燃烧器缝隙，继续喷雾，增大雾化筒内压力，迫使废液排出，并清洗管道； (7)重调雾化器； (8)选择合适的火焰高度
噪声过大	(1)由于火焰的高度吸收，当测定远紫外区域的元素,如As或Se等时，分析噪声大； (2)阴极灯能量不足，伴随从火焰或溶液组分来的强发射，引起光电倍增管的高度噪声； (3)吸喷有机样品污染了燃烧器； (4)灯电流、狭缝、乙炔气和助燃气流量的设置不适当； (5)水封管状态不当，排液异常； (6)燃烧器缝隙被污染； (7)雾化器调节不当，雾滴过大； (8)乙炔钢瓶和空气压缩机输出压力不足； (9)燃气、助燃气不纯	(1)采用背景校正有时可有所改善； (2)在允许的最大电流值内，增大灯的工作电流，换用能量大的新灯；试用其他吸收线进行分析，用化学方法去除溶液中能通过火焰产生强发射的干扰组分； (3)清洗燃烧器； (4)重新设置至合适； (5)更换排液管，重新设置水封； (6)清洗燃烧器缝隙； (7)重新调节雾化器； (8)增加气源压力； (9)纯化燃气、助燃气

续表

故障现象	故障原因	排除方法
点火困难	(1)乙炔气压力或流量不足； (2)助燃气流量太大； (3)当仪器停用较久,空气扩散并充满管道,燃气很少	(1)增加乙炔气压力或流量； (2)调节助燃气流量至合适； (3)点火操作若干次,使乙炔气重新充满管道
燃烧器回火	(1)直接点燃 N_2O-C_2H_2 火焰； (2)废液管水封安装不当	(1)对 N_2O 加热后再点火； (2)重新安装水封
标准曲线弯曲	(1)光源灯失气,发射背景大； (2)光源内部的金属释放氢气太多； (3)工作电流过大,由于"自蚀"效应使谱线增宽； (4)光谱狭缝宽度选择不当； (5)废液流动不畅通； (6)火焰高度选择不当,无最大吸收； (7)雾化器未调好,雾化效果不佳； (8)样品浓度太高,仪器工作在非线性区域	(1)更换光源灯或作反接处理； (2)更换光源灯； (3)减小工作电流； (4)选择合适的狭缝宽度； (5)采取措施,使之畅通； (6)选择合适的火焰高度； (7)调好撞击球和喷嘴的相对位置,提高喷雾质量； (8)减小试样浓度,使仪器工作在线性区域
分析结果偏高	(1)溶液中的固体未溶解,造成假吸收； (2)由于"背景吸收"造成假吸收； (3)空白未校正； (4)标准溶液变质； (5)谱线覆盖造成假吸收	(1)调高火焰温度,使固体颗粒蒸发离解； (2)在共振线附近用同样的条件再测定； (3)做空白校正试验； (4)重新配制标准溶液； (5)降低试样浓度,减少假吸收
分析结果偏低	(1)试样挥发不完全,细雾颗粒大,在火焰中未完全离解； (2)标准溶液配制不当； (3)被测试样浓度太高,仪器工作在非线性区域； (4)试样被污染或存在其他物理化学干扰	(1)调整撞击球和喷嘴的相对位置,提高喷雾质量； (2)重新配制标准溶液； (3)减小试样浓度,使仪器工作在线性区域； (4)消除干扰因素,更换试样

续表

故障现象	故 障 原 因	排 除 方 法
不能达到预定的检测限	(1)使用不适当的标尺扩展和积分时间; (2)由于火焰条件不当或波长选择不当,导致灵敏度太低; (3)灯电流太小,影响其稳定性	(1)正确使用标尺扩展和积分时间; (2)重新选择合适的火焰条件或波长; (3)选择合适的灯电流

第三节 TAS990型原子吸收分光光度计的使用

TAS990型原子吸收分光光度计是一款全自动智能化的火焰-石墨炉原子吸收分光光度计。该机采用PC机和中文界面操作软件,仪器操作简便,直观易懂。仪器具有氘灯背景校正、自动背景校正功能。应用先进的电子电路系统和串口通信控制,实现了仪器的波长扫描、寻峰定位、光谱通带宽度、回转元素灯架、原子化器高度和位置、燃气流量、灯电流和光电倍增管负高压等功能的自动调节。该仪器具有火焰/石墨炉原子化器相互切换功能,石墨炉采用先进的横向加热设计,实现了石墨炉的温度均匀一致。石墨炉分析时,屏幕给出全过程信息,包括测量值、温度、程序、时间等,并保存积分时间内所有信号曲线和温度曲线,供调阅和打印。仪器同时支持对火焰和石墨炉自动进样器的扩展,自动完成测量。TAS990型原子吸收分光光度计正面外观图如图3-18所示。

一、仪器主要技术参数

波长范围:190.0~900.0nm;光栅刻线:1200条/mm;装置:消像差C-T型;波长准确度:±0.25nm;分辨率:优于0.3nm;光谱带宽:0.1nm、0.2nm、0.4nm、1.0nm和2.0nm五挡自动切换;仪器稳定性:30min内基线漂移<±0.005A;火焰分析时特征浓度(Cu):0.002μg/mL/1%;检出限(Cu):0.006μg/mL;精密度:RSD≤1%;石墨分析时的特征量(Cd)为0.5×10^{-12}g,检出限(Cd)为1×10^{-12}g;精密度RSD≤3%。

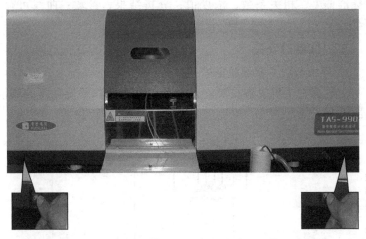

图 3-18　TAS990 型原子吸收分光光度计正面外观示意图

二、仪器主要部件的规格

1. 光源

仪器光源有空心阴极灯和氘灯两种，采用方波脉冲供电方式。

2. 原子化器

火焰原子化器使用耐腐蚀材料雾化室，高效玻璃雾化器；金属钛燃烧头（单缝＝100mm×0.6mm）；燃烧器高度可自动调节。石墨炉原子化器采用先进的横向加热技术，实现了石墨管温度均匀一致，提高了分析样品原子化的效率和原子化均匀性，减少了背景吸收。

3. 单色器

TAS990 型为单光束型分光光度计，它平面衍射光栅为色散元件，光栅刻线密度为 1200 条/mm，闪耀波长为 250nm；焦距是 300mm；光谱带宽设 0.1nm、0.2nm、0.4nm、1.0nm、2.0nm 五挡可自动切换。

4. 数据处理系统

屏幕显示仪器状态和测量数值、校正曲线、信号曲线，打印机打印仪器参数和测量数值和图形，如斜率、平均值、标准偏差、相对标准偏差、相关系数、浓度值；分析结果、参数、曲线可存入硬盘。

三、仪器的安装

1. 原子吸收主机系统的安装

小心地把主机放置在实验台上面，进行电源及气管路的联接，如图 3-19 所示。

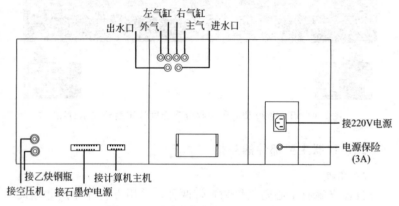

图 3-19　原子吸收主机后面板示意图

（1）主机与电源的连接　主机后面右下方有一个电源插座（见图 3-19）。用配带的主机电源线的一端接此插座，另一端接电源插座。

（2）气路的连接

① 空气气路的连接。把仪器自带的空气管（黑色）一端接入并固定在空压机出口，另一端接入并固定在仪器的空气入口端。如图 3-19 所示。

② 乙炔气路的连接。将仪器自带的乙炔气管（黄/红色）分别插入乙炔气钢瓶减压阀出口端和原子吸收主机乙炔气的入口端。

③ 废液液位检测系统连接。先固定液位检测装置，然后把雾化系统的下端透明软管安装并固定在液位检测装置的下部接头，并用喉箍固定。将仪器自带的透明软管一端接入液位检测装置的上部接头，用喉箍固定，软管的另一端接入自备的接收废液的容器，再

给液位检测装置加满干净的水溶液（如图 3-20）。

注意：液位检测装置必须加满水溶液，在每一次使用火焰分析时，应检查此装置的液位（液位过低会引起点不着火或火焰异常熄灭）。

2. 石墨炉原子吸收主机系统的安装

图 3-20　检查排水安全联锁装置

① 主机与石墨炉电源的连接（见图 3-19、图 3-21）。

② 保护气路的连接（见图 3-19、图 3-21）。

③ 冷却水管路的连接（见图 3-19、图 3-21）。

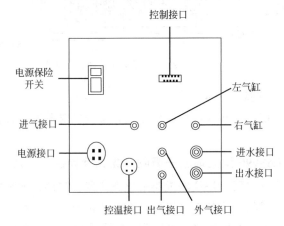

图 3-21　石墨炉电源连接示意图

3. 安装空心阴极灯

8 只灯自动回转灯架，位于仪器左上方的光源室内。开始测量前，根据测定需要，选择相应的元素灯安装到灯架上，一次最多可安放 8 只灯。安装灯时，只需将灯依次插入空心阴极灯座上，然后将标有编号 1～8 的灯电源插座，依次固定到灯架相同编号的安装孔内。

4. 计算机系统的连接

计算机系统由主机、显示器、键盘及打印机组成。按照不同的插头规格，分别将键盘、显示器、打印机与主机相应的接口连接起来（如图 3-22），打印机后面固定的电源线接到 220V 供电电源上，计算机主机的电源线一端接主机后面的电源插孔，另一端接 220V 供电电源（计算机等设备的外形随具体配置可能有所变化，安装时根据具体情况连接）。

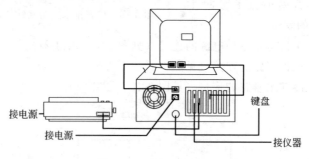

图 3-22　计算机连接图

5. 其他连接

连接通信线和石墨炉控制信号线，检查供电系统，合格后连接各电源线。

四、TAS990 型火焰原子吸收分光光度计操作方法

（1）检查仪器　按仪器说明书检查仪器各部件，检查电源开关是否处于关闭状态，各气路接口是否安装正确，气密性是否良好。

（2）安装空心阴极灯　TAS990 型原子吸收分光光度计有回转元素灯架，可以同时安装 8 只空心阴极灯，使用时通过软件控制选择所需元素灯进行实验。安装空心阴极灯的具体步骤如下：

① 将灯脚的凸出部分对准灯座的凹槽轻轻插入 [见图 3-23(a)]；
② 将灯装入灯室，记住灯位编号 [见图 3-23(b)]；
③ 拧紧灯座固定螺丝 [见图 4-23(c)]；盖好灯室门 [见图 3-23(d)]。

（3）打开电源、电脑，对仪器进行初始化

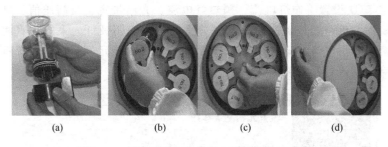

图 3-23　回转元素灯架及空心阴极灯的安装图

① 打开稳压电源开关，打开电脑，然后打开仪器主机开关，点击电脑桌面的 AAWin2.0 图标，进入工作软件。

② 选择联机模式，系统将自动对仪器进行初始化。初始化主要对氘灯电机、元素灯电机、原子化器电机、燃烧头电机、光谱带宽电机以及波长电机进行初始化。初始化成功的项目将标记为"√"，否则为"×"。如有一项失败，则系统认为初始化没有成功，这时可以继续进入工作软件，也可以退出。如出现初始化失败，需根据错误提示，查找失败原因，消除后继续初始化至成功。

（4）初始化成功后进入灯选择界面，选择测定元素的元素灯（见图 3-24）。

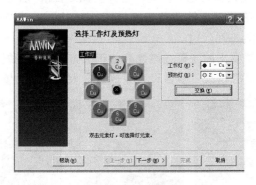

图 3-24　选择工作灯及预热灯界面

（5）设置元素测量参数　点击"下一步"进入设置元素测量参数界面。

① 设置工作灯电流、预热灯电流、光谱带宽、负高压值、燃烧器高度（燃烧器高度是燃烧缝平面与空心阴极灯光束的垂直距离）和燃气流量等（见图3-25）。将所需数据设定完成后，系统将会自动进行元素测量参数的调整。

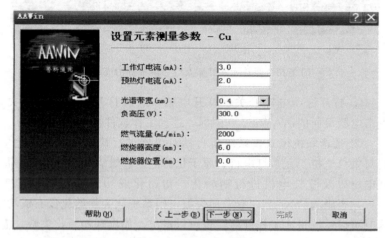

图3-25　设置元素测量参数对话框

② 调节燃烧器，对准光路

a. 将对光板骑在燃烧器缝隙上［见图3-26(a)］；

b. 调节燃烧器旋转调节钮［见图3-26(b)］；调节燃烧器前后调节钮［见图3-26(c)］；

使从光源发出的光斑在燃烧缝的正上方，与燃烧缝平行。

（6）选择分析线　参数设置完成后进入分析线设置页。

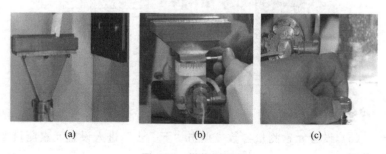

图3-26　燃烧器调节

在下拉菜单中系统提供了所分析元素可供选择的分析线,这些分析线有多条(见图 3-27),选中最佳波长后点击"寻峰",系统自动进入了寻峰界面,仪器自动将波长调节到所需分析线位置,待出现峰形图(见图 3-28),"关闭"由灰色变为黑色,点击"关闭",寻峰完成。

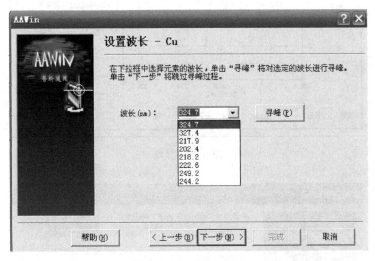

图 3-27　设置特征波长

(7) 设置测量参数　寻峰完成后点击进入元素测量界面。

① 在测量界面点击"样品"进入样品设置向导,对校正方法、曲线方程、浓度单位进行选择,并输入标准样品名称,"起始编号"设为"1"(见图 3-29)。

② 单击"下一步"设置标准样品的浓度及个数:输入标准系列的浓度,可利用"增加"或"减少"设置样品个数(标准溶液数量范围在 1~8 之间),直接输入标准系列浓度(见图 3-30)。

③ 单击"下一步"再单击"下一步"设置未知样品名称、数量、编号等信息(见图 3-31)。

④ 单击"完成"结束样品设置向导,返回测量界面。

(8) 接通气源、点燃空气-乙炔火焰　检查空气压缩机、乙炔钢瓶的气体管路连接是否正确?管路及阀门密封性如何?确保无气

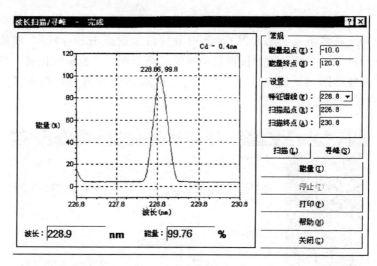

图 3-28 寻峰

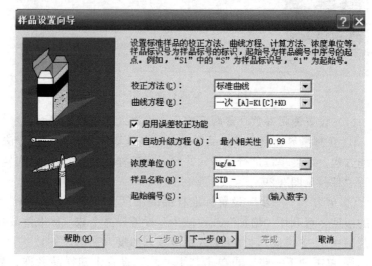

图 3-29 标准样品设置页

体泄漏。

① 检查排水安全联锁装置（检查方法：向排水安全联锁装置内连续加入蒸馏水，直至有水从废液排放管流出）；开启排风装置

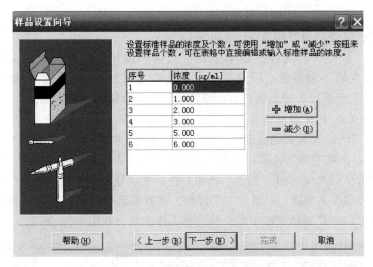

图 3-30　标准样品浓度设置页

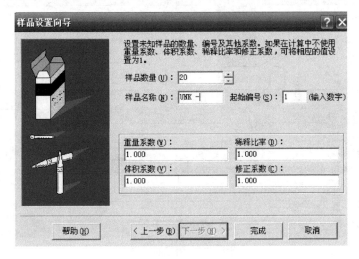

图 3-31　未知样品设置页

电源开关。

② 开启排风装置电源开关排风 10min 后,打开空气压缩机的电源及风扇开关,调节输出压力为 0.25MPa。

③ 开启乙炔钢瓶总阀调节乙炔钢瓶减压阀输出压为 0.07MPa；将燃气流量调节到 2000~2400mL/min。

④ 点火。选择主菜单中的"点火"按钮，即可将火焰点燃（若火焰不能点燃，可重新点火，或适当增加乙炔流量后重新点火）。点燃后，应重新调节乙炔流量，选择合适的分析火焰。

（9）样品溶液测量

① 待火焰燃烧稳定后，吸喷空白溶剂"调零"。

② 将毛细管提出，用滤纸擦去水分后放入待测标准溶液中（浓度由小到大），点击"测量"按钮，待吸光度稳定后点击"开始"采样读取吸光度值。每测定一个数据，该数据将会自动填入到测量表格中，并且测量谱图中将开始绘制工作曲线，如图 3-32 所示。

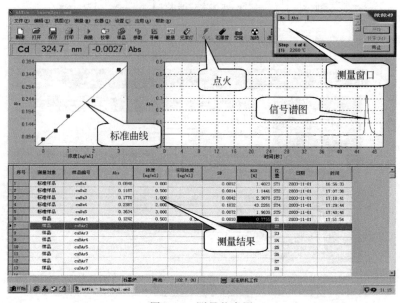

图 3-32 测量状态图

③ 吸喷空白溶剂"调零"。用滤纸擦去毛细管水分后吸入未知样品溶液重复②操作，测量样品吸光度，测量数据显示在测量表格中，并自动计算出未知样品浓度。

④ 工作曲线建立后可查看其线性方程、相关系数等参数；点

击"视图"、"校准曲线"显示方程的斜率、截距、相关系数。

（10）数据保存　全部测量完成后选择主菜单"文件""保存"输入文件名、选择保存路径，确定即可。

（11）关机操作

① 测量完毕吸喷去离子水 5min；

② 关闭乙炔钢瓶总阀使火焰熄灭，待压力表指针回到零时再旋松减压阀；

③ 关闭空气压缩机，待压力表和流量计回零后，最后关闭排风机开关；

④ 退出工作软件，关闭主机电源，关闭电脑，填写仪器使用记录；

⑤ 清洗玻璃仪器，整理实验台。

五、石墨炉原子吸收分光光度计操作方法

① 按仪器说明书检查仪器各部件，检查电源开关是否处于关闭状态，氩气钢瓶及管路连接是否正确，气密性是否良好。

② 同"四、TAS990 型火焰原子吸收分光光度计操作方法"一样，安装铅空心阴极灯。

③ 打开稳压电源开关，打开电脑，进入 Windows 操作系统，然后打开仪器主机开关，点击电脑桌面的 AAWin2.0 图标，进入工作软件，开始初始化（见图 3-33）。

图 3-33　仪器初始化

④ 选择元素灯。初始化完成后进入元素灯选择界面（见图3-34），选择铅元素灯。

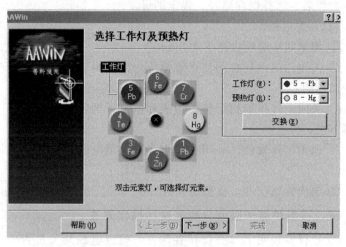

图 3-34 元素灯选择

⑤ 设置测量参数。选择好元素灯后点击"下一步"进入测量参数设置，输入灯电流、光谱带宽、负高压（见图3-35）。

⑥ 设置测量波长。铅的分析线有多条，通常选择最灵敏线

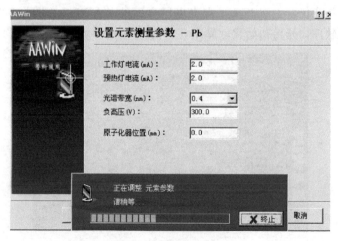

图 3-35 测量参数设置

283.3nm。点击"寻峰",完成波长设置(见图 3-36、图 3-37)。

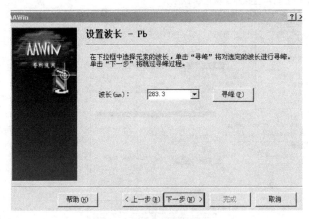

图 3-36 设置测量波长

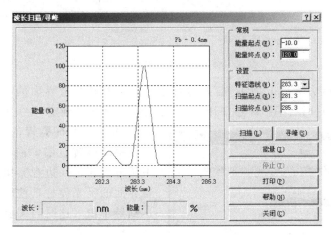

图 3-37 寻峰结果

⑦ 选择测量方式。完成寻峰后进入元素测量界面,在测量界面下的"仪器"下拉菜单中选择"测量方法",弹出测量方法设置对话框,选择"石墨炉",点击"确定",选择了石墨炉测量方式(见图 3-38)。

⑧ 安装、调节石墨管位置,对准光路。打开氩气钢瓶,调节

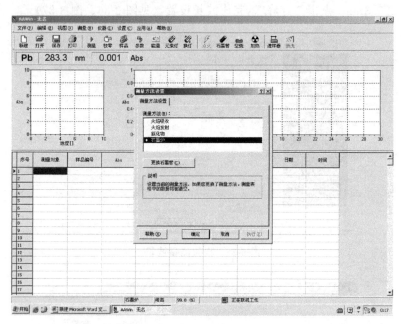

图 3-38 测量方式选择

出口压力为 0.5MPa，打开冷却水。点击电脑测量界面的"石墨管"，这时石墨炉炉体打开，装入石墨管，点击"确定"，关闭石墨炉炉体，完成石墨管的安装。一边手动旋转石墨炉前后、上下调节旋钮，一边观察电脑测量界面的吸光度栏，使吸光度达到最小值（这时石墨管挡光最小）。

⑨ 选择扣背景方式。在测量界面的"仪器"下拉菜单中点击"扣背景方式"，弹出扣背景方式对话框，选择"氘灯"，点击"确定"，选择了氘灯扣除背景（见图 3-39）。选择氘灯扣

图 3-39 扣背景方式选择

背景后点击测量界面的"能量",进行能量自动平衡,使空心阴极灯的能量与氘灯的能量达到平衡(见图 3-40)。

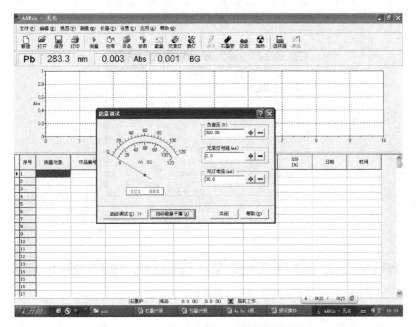

图 3-40　平衡氘灯与空心阴极灯能量

⑩ 设置石墨炉加热程序。点击"仪器"下拉菜单中的"石墨炉加热程序",输入石墨炉加热的干燥、灰化、原子化、净化温度、时间及氩气的流量,"确定"返回测量界面(见图 3-41)。

⑪ 设置样品参数。在测量界面点击"样品"进入样品设置向导,对校正方法、曲线方程、浓度单位、样品名称、数量进行设置。

⑫ 设置测量次数及信号方式。点击测量界面下的"参数",弹出测量参数对话框,在"常规"中输入标准、空白、试样的测量次数。在"信号处理"中选择峰高或峰面积、积分时间、滤波系数(见图 3-42)。

⑬ 石墨管空烧。打开石墨炉电源开关,开启通风装置。点击主菜单中的"空烧"(正式分析前,应对新装的石墨管进行空烧,

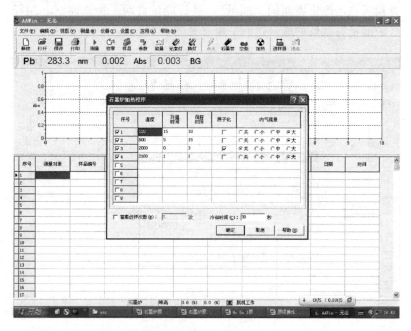

图 3-41 石墨炉加热程序设置

以除去管中杂质),设置空烧时间,点击"确定"开始空烧,一般空烧 2 次即可。

⑭ 标准曲线绘制和样品测定。用微量进样器吸取 $10\sim100\mu L$ 样品注入石墨管的进样孔中(或通过自动进样器进样)。点击"测量",弹出测量对话框,点击"开始",系统将按照前面设置的加热程序开始运行,测量曲线出现在谱图中,并在测量窗口中显示当前石墨管加热温度以及对每个加热步骤的倒计时。加热步骤完成后系统自动冷却石墨管,冷却结束后可再次进样测量下一个样品。测定结果,吸光度(峰高、峰面积)记录在数据表格中。

⑮ 结束工作。测定结束后保存测量数据,关闭冷却水和氩气钢瓶,关闭通风,关闭石墨炉电源,退出操作软件,关闭分光光度计电源,关闭电脑,清洁实验台,填写仪器使用记录。

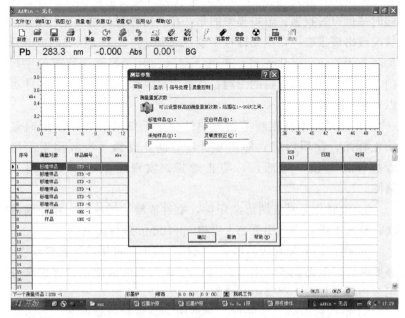

图 3-42　设置测量次数及信号方式

六、仪器的维护和保养

① 开机前，检查各电源插头是否接触良好，稳压电源是否完好，仪器各部分是否正常。

② 对新购置的空心阴极灯的发射线波长和强度以及背景发射的情况，应首先进行扫描测试和登记，以方便后期使用。仪器使用完毕后，要使灯充分冷却，然后从灯架上取下存放。长期不用的灯，应定期在工作电流下点燃，以延长灯的寿命。

③ 要定期检查气路接头和是否存在漏气现象，以便及时解决。使用时，还应注意下列情况：废液管道的水封液位变低、气体漏气，或燃烧器缝明显变宽，或助燃气与燃气流量比过大，或使用氧化亚氮-乙炔火焰时，乙炔流量小于 2L/min 等，这些情况都容易发生回火，必须及时处理。仪器设燃气泄漏报警器，位于仪器内部燃气进口附近，只要接通仪器的外电源它就开始工作（无论仪器电

源开关是否打开)。它除了提供异常状态时的安全连锁保护外,还同时提供声音报警。值得提醒的是:在任何时刻,如果有出现异常状况或出现报警声,应立即按下紧急灭火开关,关闭仪器的电源开关,关闭乙炔、氧化亚氮、氢气、空气、氩气等气体管道的主阀门,关闭循环冷却管道的主阀,待查明原因和彻底解决问题后才可以重新开机。

④ 仪器的不锈钢喷雾器为铂铱合金毛细管,不宜测定高氟浓度样品,使用后应立即用水冲洗,防止腐蚀;吸液用聚乙烯管应保持清洁,无油污,防止弯折;发现堵塞,可用软钢丝清除。

⑤ 预混合室要定期清洗积垢,喷过浓酸、碱液后,要仔细清洗;日常工作后应该用蒸馏水吸喷 5~10min 进行清洗。

⑥ 燃烧器上如有盐类结晶,火焰呈齿形,可用滤纸轻轻刮去,必要时应卸下燃烧器,用 (1+1) 乙醇-丙酮液清洗,如有熔珠可用金相砂纸打磨,严禁用酸浸泡。

⑦ 单色器中的光学元件,严禁用手触摸和擅自调节。为防止光栅受潮发霉,要经常更换暗盒内的干燥剂。备用光电倍增管应轻拿轻放,严禁振动。仪器中的光电倍增管严禁强光照射,检修时要关掉负高压。

⑧ 应切记:仪器点火时,先开助燃气,然后开燃气;关闭时先关燃气,后关助燃气。

⑨ 乙炔钢瓶工作时应直立,严禁剧烈振动和撞击。工作时乙炔钢瓶应放置室外,温度不宜超过 30~40℃,防止日晒雨淋。开启钢瓶时,阀门旋开不超过 1.5 转,防止丙酮逸出。

⑩ 使用石墨炉时,样品注入的位置要保持一致,以减少误差。工作时冷却水的压力与惰性气流的流速应稳定。一定要在有惰性气体的条件下接通电源,否则将会烧毁石墨管。

七、常见故障分析和排除方法

TAS990 型原子吸收分光光度计常见故障、产生原因及排除方法见表 3-5。

表 3-5 TAS990 型原子吸收分光光度计常见故障及排除方法

故障现象	故障原因	排除方法
电源开关无显示	(1) 仪器电源线断路或接触不良； (2) 仪器保险丝熔断； (3) 保险管接触不良； (4) 电源输入线路中有断路处	(1) 将电源线接好，压紧插头插座，如仍接触不良则应更换新电源线； (2) 更换新保险丝； (3) 卡紧保险管使接触良好； (4) 用万用电表检查，并用观察法寻找断路处，将其焊接好
初始化中波长电机出现"×"	(1) 检查空心阴极灯是否安装并点亮； (2) 光路中有物体挡光； (3) 主机与计算机通信系统联系中断	(1) 重新安装灯； (2) 取出光路中的挡光物； (3) 重新启动仪器
元素灯不亮	(1) 检查灯电源连线是否脱焊； (2) 灯电源插座松动； (3) 空心阴极灯损坏	(1) 重新安装空心阴极灯； (2) 更换灯位重新安装； (3) 换另一只灯试试
寻峰时能量过低，能量超上限	(1) 元素灯不亮； (2) 元素灯位置不对； (3) 分析线选择错误； (4) 光路中有挡光物； (5) 灯老化，发射强度低	(1) 重新安装空心阴极灯； (2) 重新设置灯位； (3) 选择最灵敏线； (4) 移开挡光物； (5) 更换新灯
点击"点火"按钮，点火器无高压放电打火	(1) 空气无压力或压力不足； (2) 乙炔未开启或压力过小； (3) 废液液位过低； (4) 紧急灭火开关点亮； (5) 乙炔泄漏，报警； (6) 有强光照射在火焰探头上	(1) 检查空气压缩机出口压力； (2) 检查乙炔出口压力； (3) 向废液排放安全联锁装置中倒入蒸馏水； (4) 按紧急灭火开关使其熄灭； (5) 关闭乙炔，检查管路，打开门窗； (6) 挡住照射在火焰探头上的强光
点击"点火"按钮，点火器有高压放电打火，但燃烧器火焰不能点燃	(1) 乙炔未开启或压力过小； (2) 管路过长，乙炔未进入仪器； (3) 有强光照射在火焰探头上； (4) 燃气流量不合适； (5) 空压机出口压力太大	(1)、(2) 检查并调节乙炔压力至正常值，重复多次点火； (3) 挡住照射在火焰探头上的强光； (4) 调整燃气流量； (5) 调整空压机出口压力
选择氘灯扣背景时背景能量低或者没有	(1) 氘灯未启辉； (2) 仪器的波长不在 320nm 以下； (3) 氘灯半透半反镜角度不合适，氘灯光斑与元素灯光斑不重合	(1) 检查氘灯并点亮； (2) 调整至合适波长； (3) 用调试菜单下氘灯电机单步正反转来调整使两束光斑重合

续表

故障现象	故障原因	排除方法
氘灯扣背景测试时扣除倍数低或者不够	元素灯和氘灯的两路光重合不好	主要检查元素灯和氘灯的两路光是否完全重合一致
测试基线不稳定、噪声大	(1)仪器能量低,光电倍增管负高压过高； (2)波长不准确； (3)元素灯发射不稳定； (4)外电压不稳定、工作台振动	(1)检查灯电流是否合适,如不正常重新设置； (2)寻峰是否正常,如不正常重新寻峰； (3)更换已知灯试试； (4)检查稳压电源保证其正常工作,移开震源
测试时吸光度很低或无吸光度	(1)燃烧缝没有对准光路； (2)燃烧器高度不合适； (3)乙炔流量不合适； (4)分析波长不正确； (5)能量值很低或已经饱和； (6)吸液毛细管堵塞,雾化器不喷雾； (7)样品中待测元素含量过低	(1)调整燃烧器； (2)升高燃烧器高度； (3)调整乙炔流量； (4)检查调整分析波长； (5)进行能量平衡； (6)拆下并清洗毛细管； (7)重新处理样品
测试时火焰不稳定	(1)空压机出口压力不稳； (2)乙炔压力很低、流量不稳； (3)燃烧缝有盐类结晶,火焰呈锯齿状； (4)废液管中废液流动不畅或堵塞,或水封没有； (5)排风设备的排风量过大； (6)仪器周围有风	(1)检查空压机压力表； (2)更换乙炔钢瓶； (3)清洗燃烧器； (4)检查废液排出情况,清理或更换废液管,加水并使之形成水封； (5)降低排风设备的排风量； (6)关闭门窗
点击计算机功能键,仪器不执行命令	(1)计算机与主机处于脱机工作状态； (2)主机在执行其他命令还没有结束； (3)通信电缆松动； (4)计算机死机,病毒侵害	(1)重新开机； (2)关闭其他命令或等待； (3)重新连接通信电缆； (4)重启计算机,消除病毒
石墨管更换不自动打开与关闭炉体	(1)氩气压力不正常； (2)气路不顺畅或堵塞； (3)主机与石墨炉电源控制连线连接不好	(1)调整氩气压力为 0.4~0.5MPa； (2)检查气路是否顺畅,有无打折死弯； (3)检查主机与石墨炉电源控制连线

续表

故障现象	故障原因	排除方法
石墨炉加热时状态不正常	(1)仪器处于脱机状态； (2)水流量或氩气压力不正常； (3)石墨炉电源开关未打开； (4)主机电路输出信号不正常； (5)石墨炉电源后面板保险开关未合或其保险熔丝熔断	(1)检查主机与石墨炉电源控制连线是否连接牢固可靠； (2)检查水流量是否大于1L/min，氩气压力是否大于0.5MPa； (3)打开石墨炉电源开关； (4)检查主机电路输出信号； (5)合上石墨炉电源后面板保险开关或更换保险熔丝
石墨炉测试时吸光度小或没有	(1)元素灯光斑未能穿过石墨管中心； (2)波长选择有误； (3)能量值不合适或低或已经饱和； (4)石墨炉升温程序如干燥、灰化、原子化各阶段温度升温时间及保持时间不合适； (5)原子化阶段是否关闭或减小了内气流； (6)积分时间与原子化时间不匹配； (7)石墨管严重老化	(1)调整元素灯光斑使之正好穿过石墨管中心； (2)选择元素的特征谱线波长； (3)调整能量值； (4)正确选择合适的石墨炉升温程序； (5)重新设置石墨炉加热程序； (6)重新设置积分时间与原子化时间； (7)更换石墨管
石墨炉测试时炉体温度过高	(1)水流量过低； (2)出水流不顺畅，水冷电极的水路有阻塞物； (3)原子化与空烧净化的温度高且时间较长	(1)检查水流量是否大于1L/min； (2)检查出水流是否顺畅，清除水冷电极的水路的阻塞物； (3)应保持温度大于2500℃时的时间总长小于10s左右

第四节 技 能 训 练

训练 3-1 火焰原子吸收分光光度计基本操作和工作曲线法测定水中微量镁

1. 训练目的

① 认识原子吸收分光光度计主机组成部件。

② 学习原子吸收分光光度计规范操作步骤；学习空心阴极灯的安装、气路连接、气密性检查和仪器的开关机等方法；学习工作

软件的使用方法。

③ 学习镁标准溶液的配制方法,学习使用工作曲线法测量试样中待测元素含量。

2. 方法原理

在一定条件下,基态原子蒸气对锐线光源发出的共振线的吸收符合朗伯-比尔定律,其吸光度与待测元素在试样中的浓度成正比,即

$$A = K'c$$

根据这一关系对组成简单的试样可用工作曲线法进行定量分析。

原子吸收光谱分析中工作曲线法与紫外-可见分光光度分析中的工作曲线法相似。工作曲线是否呈线性受许多因素的影响,分析过程中,必须保持标准溶液和试液的性质及组成接近,设法消除干扰,选择最佳测定条件,保证测定条件一致,才能得到良好的工作曲线和准确分析结果。原子吸收法工作曲线的斜率经常可能有微小变化,这是由于喷雾效率和火焰状态的微小变化而引起的,所以每次进行测定,应同时制作工作曲线,这一点和紫外-可见吸收光度法有所不同。

3. 仪器和试剂

(1) 仪器 TAS990 型原子吸收分光光度计(或其他型号)、镁空心阴极灯、空气压缩机、乙炔钢瓶、100mL 烧杯 1 个、100mL 容量瓶 3 个,50mL 容量瓶 6 个,5mL 移液管 1 支,10mL 移液管 2 支,5mL 吸量管 1 支。

(2) 试剂 镁储备液:准确称取经 800℃灼烧至恒重的氧化镁(基准试剂) 1.6583g,滴加 1mol/LHCl 至完全溶解,移入 1000mL 容量瓶中,稀释至标线,摇匀。此溶液镁的质量浓度为 1.000mg/mL。

4. 训练内容与操作步骤

(1) 配制镁标准溶液

① 配制 $\rho_{Mg} = 5.00\mu g/mL$ 镁标准溶液。先移取 $10mL\rho_{Mg} = 1.000mg/mL$ 储备液于 100mL 容量瓶中,用蒸馏水稀释至标线,

摇匀，此溶液浓度为 $\rho_{Mg} = 0.1000\text{mg/mL}$；再移取 $5\text{mL}\rho_{Mg} = 0.1000\text{mg/mL}$ 标准溶液于 100mL 容量瓶中，稀释至标线，摇匀，此溶液浓度即为 $\rho_{Mg} = 5.00\ \mu\text{g/mL}$ 镁标准溶液。

② 配制镁系列标准溶液。用 5mL 吸量管分别吸取 $\rho_{Mg} = 5.00\mu\text{g/mL}$ 标准溶液 1.00mL、2.00mL、3.00mL、4.00mL、5.00mL 于 5 个 50mL 容量瓶中，用蒸馏水稀释至标线，摇匀。这些溶液镁质量浓度分别为 $0.100\mu\text{g/mL}$、$0.200\mu\text{g/mL}$、$0.300\mu\text{g/mL}$、$0.400\mu\text{g/mL}$、$0.500\mu\text{g/mL}$。

（2）制备水样 用 10mL 移液管移取水样 10mL（可根据水质适当调节水样量）于 100mL 容量瓶中，用蒸馏水稀至标线，摇匀。

（3）按仪器说明书检查仪器各部件 检查电源开关是否处于关闭状态，各气路接口是否安装正确，气密性是否良好。

（4）安装空心阴极灯 将空心阴极灯的灯脚突出部分对准灯座的凹陷处轻轻插入（见第三节中的图 3-23）。注意：空心阴极灯使用时应轻拿轻放，特别是灯的石英窗应保持干净，避免划伤。

（5）仪器初始化 打开稳压电源开关，打开电脑，然后打开仪器主机开关，点击电脑桌面的 AAWin2.0 图标，进入工作软件。选择联机模式，系统将自动对仪器进行初始化。

（6）设置元素灯 初始化成功后进入灯选择界面，选择测定元素的元素灯（参见图 3-24）。

（7）设置实验条件 点击"下一步"进入"设置元素测量参数"界面设置，按下列测量条件进行设置（本实验是以 TAS990 型原子吸收分光光度计为例设置实验条件，若使用其他仪器，应根据具体仪器要求进行参数设置）。

分析线：285.2nm；光谱通带：0.4nm；空心阴极灯电流：2mA；乙炔流量：2000mL/min；燃烧器高度：6mm。

① 设置工作灯电流、预热灯电流、光谱带宽和负高压值等（参见图 3-25）。将所需数据设定完成后，系统将会自动进行元素参数的调整。

② 调节燃烧器，对准光路。对光板调节燃烧器旋转调节钮、调节前后调节钮（参见图 3-26），使从光源发出的光斑在燃烧缝的

正上方，与燃烧缝平行。

③ 选择分析线。参数设置完成后进入分析线设置页，选中测量波长后点击"寻峰"（参见图 3-27、图 3-28），完成寻峰。

(8) 设置测量参数　寻峰完成后点击进入元素测量界面。在测量界面点击"样品"进入样品设置向导（参见图 3-29）。

① 在校正方法中选择"标准曲线"。

② 曲线方程中选择"一次方程"。

③ 浓度单位选择"$\mu g/mL$"。

④ 输入标准样品名称，本实验为"镁标样"。

⑤ 起始编号为："1"。

⑥ 单击"下一步"设置标准样品的个数及标准系列溶液相应的浓度：$0.100\mu g/mL$、$0.200\mu g/mL$、$0.300\mu g/mL$、$0.400\mu g/mL$、$0.500\mu g/mL$（见图 3-30）。

⑦ 单击"下一步"再单击"下一步"，设置未知样品名称（本实验为"镁水样"）、数量、编号等信息（参见图 3-31）。

单击"完成"结束样品设置向导，返回测量界面。

(9) 接通气源、点燃空气-乙炔火焰

① 检查排水安全联锁装置；检查空气压缩机、乙炔钢瓶的气体管路连接是否正确，管路及阀门密封性如何，确保无气体泄漏。

② 开启排风装置电源开关，排风 10min 后，接通空气压缩机电源，打开空气压缩机，调节输出压力 0.25MPa。

③ 检查仪器排水安全联锁装置，确保排水槽中充满水，形成水封。开启乙炔钢瓶总阀，调节乙炔钢瓶减压阀输出压为 0.07MPa；将燃气流量调节到 2000~2400mL/min。

④ 点火。选择主菜单中的"点火"按钮，点燃火焰。

(10) 测量标准系列溶液和镁水样的吸光度

① 待火焰燃烧稳定后，吸喷空白溶剂"调零"。

② 将毛细管提出，用滤纸擦去溶液后放入待测标准溶液中（浓度由小到大），点击"测量"按钮，待吸光度稳定后点击"开始"采样读取吸光度值（注意：每测完一个标准溶液都要吸喷空白溶剂"调零"）。待 5 个标准溶液吸光度的测量完成后，仪器会根据

浓度和相应的吸光度绘制工作曲线。

③ 吸喷试样空白溶剂"调零"。用滤纸擦去毛细管水分后吸入未知样品溶液重复②操作，测量样品吸光度，测量数据显示在测量表格中，并自动计算出未知样品浓度。

④ 记录数据。记录测量标准系列溶液及样品溶液的吸光度；点击"视图"、"校准曲线"记录所显示的方程的斜率、截距、相关系数和仪器显示的样品浓度。

(11) 保存数据　全部测量完成后选择主菜单"文件""保存"输入文件名、选择保存路径，确定即可保存数据。

(12) 关机操作

① 测量完毕吸喷去离子水 5min；

② 关闭乙炔钢瓶总阀使火焰熄灭，待压力表指针回到零时再旋松减压阀；

③ 关闭空气压缩机，待压力表和流量计回零后，最后关闭排风机开关；

④ 退出工作软件，关闭主机电源，关闭电脑，填写仪器使用记录；

⑤ 清洗玻璃仪器，整理实验台。

5. 注意事项

① 仪器在接入电源时应有良好的接地。

② 安装好空心阴极灯后应将灯室门关闭，灯在转动时不得将手放入灯室内。

③ 点火之前有时需要调节燃烧器的位置，使空心阴极灯发出的光线在燃烧缝的正上方，与之平行。

④ 原子吸收分析中经常接触电器设备，高压钢瓶，使用明火，因此应时刻注意安全，掌握必要的电器常识，急救知识，灭火器的使用。使用乙炔钢瓶时不可完全用完，必须留出 0.5MPa，否则乙炔挥发进入火焰使背景增大，燃烧不稳定。

⑤ 乙炔为易燃易爆气体必须严格按照操作步骤进行。切记在点火前应先开空气，后开乙炔；结束或暂停实验时应先关乙炔后关空气。点火时应确保其他人员手、脸不在燃烧室上方，应关上燃烧

室防护罩。测定过程中也应关闭燃烧室防护罩,因为高温火焰可能产生紫外线,灼伤人的眼睛。在燃烧过程中不可用手接触燃烧器,不得在火焰上放置任何东西或将火焰挪作他用。火焰熄灭后燃烧器仍有高温,20min 内不可触摸。

⑥ 在测量试样前应吸喷空白溶剂调零。

6. 数据处理

① 根据所测标准溶液的吸光度数值绘制工作曲线。

② 在工作曲线中根据所测试样的吸光度值查出其浓度,并根据试样稀释倍数进行样品含量计算。

7. 思考题

① 如何检查火焰原子化器排水装置是否处于正常工作状态?

② 试验过程突然停电,应如何处置这一紧急情况?

③ 实际工作中,应如何调整被测样品溶液的吸光度在工作曲线的中间部位?

④ 工作曲线法测定过程常出现曲线不过原点,试分析原因并提解决办法。

训练 3-2　火焰原子吸收法测钙的实验条件优化

1. 实训目的

① 熟练火焰原子吸收分光光度计的操作。

② 学习优选测定条件的基本方法。

2. 方法原理

在火焰原子吸收法中,分析方法的灵敏度、准确度、干扰情况和分析过程是否简便快速等,除与所用仪器有关外,在很大程度上取决于实验条件。因此最佳实验条件的选择是个重要的问题。本实验以钙的实验条件优选为例,分别对分析线、灯电流、光谱通带、燃烧器高度等因素进行优化选择。在条件优选时,可以进行单个因素的选择,即先将其他因素固定在一水平上,逐一改变所研究因素的条件,然后测定某一标准溶液的吸光度,选取吸光度大且稳定性好的条件作该因素的最佳工作条件。

3. 仪器与试剂

(1) 仪器　TAS990 型原子吸收分光光度计（或其他型号）、钙空心阴极灯、空气压缩机、乙炔钢瓶。

100mL 容量瓶 2 个，50mL 容量瓶 10 个，10mL、5mL 移液管各 2 支，5mL 吸量管 3 支。

(2) 试剂　标准钙储备液（1000μg/mL）：称取经 105～110℃ 干燥至恒重的 $CaCO_3$ 约 2.4532g（精确到 0.0002g）置 300mL 烧杯中，加去离子水 20mL，滴加（1+1）HCl 溶液至完全溶解，再加 10mL，煮沸除去 CO_2，冷却后移入 1000mL 容量瓶中，用去离子水稀释至标线，摇匀备用。此溶液浓度为 1000μg/mL（以 Ca 计）。

4. 训练内容与操作步骤

(1) 配制钙标准溶液

① 配制 $\rho_{Ca}=100\mu g/mL$ 钙标准溶液。移取 10mL $\rho_{Ca}=1000\mu g/mL$ 钙标准溶液于 100mL 容量瓶中，用去离子水稀释至标线，摇匀，此溶液 $\rho_{Ca}=100\mu g/mL$。

② 配制 $\rho_{Ca}=5.00\mu g/mL$ 钙标准溶液。移取 5mL $\rho_{Ca}=100\mu g/mL$ 钙标准溶液于 100mL 容量瓶中，用蒸馏水稀释至标线，摇匀。

(2) 进行开机前的各项检查工作（参阅第三节中"四"和第四节中训练"3-1"）。

(3) 开机、安装调节空心阴极灯　按照正常开机顺序打开仪器，安装空心阴极灯，调节好灯位置，点燃预热；按如下"固定实验条件"进行参数设置（设置操作参见第三节或仪器操作手册）。

火焰类型：空气乙炔火焰；燃气流量 2100mL/min；灯电流 3mA；光谱带宽 0.7nm；燃烧器高度 6mm；吸收线波长 422.7nm。

（本实验是以 TAS990 型原子吸收分光光度计为例设置实验条件，若使用其他仪器，应根据具体仪器要求进行参数设置）

(4) 接通气源、点燃空气-乙炔火焰、调零　调节燃烧器位置；检查排水安全联锁装置；检查空气压缩机、乙炔钢瓶的气体管路连接正确性和管路及阀门密封性；开启排风装置电源开关，排风 10min 后，打开空气压缩机及风扇开关，调节输出压力为 0.25MPa；开启乙炔钢瓶总阀调节乙炔钢瓶减压阀输出压为

0.07MPa，将燃气流量调节到2100mL/min后，点火。待稳定后进行调零。

(5) 选择分析线

① 在样品测量界面点击"仪器"下拉菜单中"光学系统"，在工作波长一栏选择需要的分析线；分析线可选择波长为422.7nm、239.9nm。

② 在其他实验条件固定的情况下选择上述两条分析线分别测量 $\rho_{Ca}=5.00\mu g/mL$ 钙标准溶液的吸光度。以吸光度最大者为最灵敏分析线。

注意改变分析线应重新进行寻峰操作。

(6) 空心阴极灯灯电流的选择

① 在样品测量界面点击"仪器"下拉菜单中"灯电流"，选择不同的灯电流，数值分别为1mA、2mA、3mA、4mA、5mA。

② 分别在1mA、2mA、3mA、4mA、5mA灯电流下，测量 $\rho_{Ca}=5.00\mu g/mL$ 钙标准溶液的吸光度（注意！每次改变灯电流后都要在测量界面下点击"能量"，进行"能量自动平衡"，待能量达到100后返回测量界面进行正常吸光度测量）。以吸光度最大且稳定者为最佳灯电流。

(7) 燃气流量（燃助比）的选择

① 在样品测量界面点击"仪器"下拉菜单中"燃烧器参数"，在"燃气流量"一栏输入不同的乙炔流量，数值分别为1800mL/min、2000mL/min、2200mL/min、2400mL/min、2600mL/min。

② 在"固定实验条件"下，分别在1800mL/min、2000mL/min、2200mL/min、2400mL/min、2600mL/min不同乙炔流量下，测定 $\rho_{Ca}=5.00\mu g/mL$ 钙标准溶液的吸光度。绘制吸光度-燃气流量曲线，以吸光度最大值所对应的燃气流量为最佳值。

(8) 燃烧器高度的选择

① 在样品测量界面点击"仪器"下拉菜单中"燃烧器参数"，在"高度"一栏输入不同的燃烧器高度，数值分别为2.0mm、4.0mm、6.0mm、8.0mm、10.0mm。

② 在"固定实验条件"下，分别在2.0mm、4.0mm、

6.0mm、8.0mm、10.0mm 不同燃烧器高度下，测定 ρ_{Ca} = 5.00μg/mL 钙标准溶液的吸光度，绘制吸光度-燃烧器高度曲线，以吸光度最大值所对应的燃烧器高度为最佳值。

(9) 光谱通带的选择

① 在样品测量界面点击"仪器"下拉菜单中"光学系统"，在"光谱带宽"一栏输入不同的光谱通带，数值分别为 0.1nm、0.2nm、0.4nm、1nm、2nm。

② 在"固定实验条件"下，分别在 0.1nm、0.2nm、0.4nm、1nm、2nm 不同的光谱通带值下，测定 ρ_{Ca} = 5.00μg/mL 钙标准溶液的吸光度（注意！每次改变光谱通带后都须进行"能量自动平衡"）。绘制吸光度-光谱通带曲线，以吸光度最大值所对应的光谱通带为最佳值。

(10) 实验结束工作　测量完毕吸喷去离子水 5min 后，按关机操作顺序关机，填写仪器使用记录，清洗玻璃仪器，整理实验台。

5. 注意事项

① 改变分析线后一定要进行寻峰操作。

② 改变灯电流及光谱通带后可能出现能量超上限，需要进行自动能量平衡。

③ TAS990F 型仪器属半自动仪器，燃烧器位置的调节通过手动进行。

④ 灯电流设置不能太高，否则可能损坏空心阴极灯。

⑤ 光谱通带选择时只能选择仪器提供的固定值，无法连续改变。

6. 数据处理

① 绘制吸光度与灯电流的关系曲线，选出最佳灯电流值。

② 绘制吸光度与光谱带宽的关系曲线，选出最佳光谱带宽。

③ 绘制吸光度与燃烧器高度的关系曲线，选出最佳燃烧器高度。

④ 绘制吸光度与燃气流量的变化关系曲线，选出最佳燃气流量。

训练 3-3　石墨炉原子吸收光谱法测定食品类样品中微量铅

1. 实训目的

① 了解石墨炉原子化器的基本结构和使用方法。

② 学习小浓度标准溶液的配制方法。

③ 学习食品类样品的预处理方法和样品中铅含量测定方法。

2. 操作原理

试样经灰化或酸消解后，注入原子吸收分光光度计石墨炉中，电热原子化后吸收 283.3nm 共振线，在一定浓度范围，其吸收值与铅含量成正比，与标准系列比较定量。

3. 仪器与试剂

（1）仪器　TAS990 型原子吸收光谱仪，附石墨炉、铅空心阴极灯、马弗炉、恒温干燥箱、可调式电热板、可调式电炉、瓷坩埚。

（2）试剂

① 硝酸（优级纯）。

② (1+1) 硝酸溶液。取 50mL 硝酸慢慢加入 50mL 水中。

③ 0.5mol/L 硝酸溶液。取 3.2mL 硝酸加入 50mL 水中，稀释至 100mL。

④ 1mol/L 硝酸溶液。取 6.4mL 硝酸加入 50mL 水中，稀释至 100mL。

⑤ (9+1) 硝酸-高氯酸混合酸。取 9 份硝酸与 1 份高氯酸混合。

⑥ 铅标准储备液。准确称取 1.000g 金属铅 (99.99%)，分次加少量 (1+1) 硝酸，加热溶解，总量不超过 37mL，移入 1000mL 容量瓶，加水至刻度，混匀。此溶液 $\rho_{Pb}=1.0mg/mL$。

注意，除非另有规定，本方法所使用试剂均为分析纯，水为 GB/T 6682—2008 规定的一级水。

4. 实训内容与操作步骤

（1）样品预处理和试液的制备

① 样品预处理。粮食、豆类样品先去杂物后，磨碎，过 20 目

筛，储于塑料瓶中，保存备用。蔬菜、水果、鱼类、肉类及蛋类等水分含量高的鲜样，用食品加工机或匀浆机打成匀浆，储于塑料瓶中，保存备用。

② 试液的制备。称取 1~5g 试样（精确到 0.001g，根据铅含量而定）于瓷坩埚中，先小火在可调式电热板上炭化至无烟，移入马弗炉 500℃±25℃ 灰化 6~8h，冷却。若个别试样灰化不彻底，则加 1mL（9+1）硝酸-高氯酸混合酸在可调式电炉上小火加热，反复多次直到消化完全，放冷，用 0.5mol/L 硝酸溶液将灰分溶解，用滴管将试样消化液洗入或过滤入（视消化后试样的盐分而定）10~25mL 容量瓶中，用 0.5mol/L 硝酸溶液少量多次洗涤瓷坩埚，洗液合并于容量瓶中并定容至刻度，混匀备用；同时作试剂空白。

（2）配制铅标准操作液　吸取 $\rho_{Pb}=1.0$mg/mL 标准储备液 1.0mL 于 100mL 容量瓶中，加 0.5mol/L 硝酸溶液至刻度。如此经多次稀释成每毫升含 10.0ng、20.0ng、40.0ng、60.0ng、80.0ng 铅的标准操作液。

（3）按仪器说明书检查仪器各部件　检查电源开关是否处于关闭状态，氩气钢瓶及管路连接是否正确，气密性是否良好。

（4）安装铅空心阴极灯（见第三节"四"中图 3-23）。

（5）初始化　打开稳压电源开关，打开电脑，进入 Windows 操作系统，然后打开仪器主机开关，点击电脑桌面的 AAWin2.0 图标，进入工作软件，开始初始化（见图 3-33）。

（6）选择元素灯　初始化完成后进入元素灯选择界面（见图 3-34），选择铅元素灯。

（7）设置测量参数　选择好元素灯后点击"下一步"进入测量参数设置，输入灯电流、光谱带宽、负高压（见图 3-35）。

本实验参考条件为波长 283.3nm，光谱带宽 0.4nm，灯电流 2mA，干燥温度 120℃，20s；灰化温度 450℃，持续 15~20s，原子化温度 1700~2300℃，持续 4~5s，背景校正为氘灯。

注意！实验条件应根据具体仪器进行设置。

（8）设置测量波长　选择最灵敏线 283.3nm 为测量波长，之后点击"寻峰"，完成波长设置（见图 3-36、图 3-37）。

(9) 选择测量方式　完成寻峰后进入元素测量界面，在测量界面下的"仪器"下拉菜单中选择"测量方法"，弹出测量方法设置对话框，选择"石墨炉"，点击"确定"（见图 3-38）。

(10) 安装、调节石墨管位置，对准光路　打开氩气钢瓶，调节出口压力为 0.5MPa，打开冷却水。点击电脑测量界面的"石墨管"，这时石墨炉炉体打开，装入石墨管，点击"确定"，关闭石墨炉炉体，完成石墨管的安装。一边手动旋转石墨炉前后、上下调节旋钮，一边观察电脑测量界面的吸光度栏，使吸光度达到最小值（这时石墨管挡光最小）。

(11) 选择扣背景方式　在测量界面的"仪器"下拉菜单中点击"扣背景方式"，弹出扣背景方式对话框，选择"氘灯"，点击"确定"（见图 3-39）。选择氘灯扣背景后点击测量界面的"能量"，进行能量自动平衡（见图 3-40）。

(12) 设置石墨炉加热程序　点击"仪器"下拉菜单中的"石墨炉加热程序"，输入石墨炉加热的干燥、灰化、原子化、净化的温度和时间及氩气的流量，然后点击"确定"返回测量界面（见图 3-41）。

(13) 设置样品参数　在测量界面点击"样品"进入样品设置向导，对校正方法、曲线方程、浓度单位、样品名称、数量进行设置。

(14) 设置测量次数及信号方式　点击测量界面下的"参数"，弹出测量参数对话框，在"常规"中输入标准、空白、试样的测量次数。在"信号处理"中选择峰高或峰面积，积分时间，滤波系数（见图 3-42）。

(15) 石墨管空烧　开启石墨炉电源开关，打开通风。点击主菜单中的"空烧"，设置空烧时间，然后点击"确定"。

(16) 测量标准溶液吸光度，绘制标准曲线　用可调移液器分别吸取铅标准使用液 10.0ng/mL，20.0ng/mL，40.0ng/mL，60.0ng/mL，80.0ng/mL 各 20～50 μL（视样品中被测物含量定），由稀至浓逐个注入石墨管的进样孔中（或通过自动进样器进样）。点击"测量"，弹出测量对话框，点击"开始"，系统按设置的加热程序开始运行,测量曲线出现在谱图中,并在测量窗口中显示当前石墨管加热温度以及对每个加热步骤的倒计时。加热步骤完成后系统自动冷却石墨管。

(17)测量试样溶液和试剂空白液吸光度 在相同条件下,分别吸取与标准溶液相同量的空白及试样溶液进样,测其吸光值,测定的吸光度(峰高、峰面积)记录在数据表格中。

(18)测定结束后保存测量数据,关闭冷却水、氩气钢瓶,关闭通风,退出操作软件,关闭分光光度计电源,关闭石墨炉电源,关闭电脑,清洁实验台,填写仪器使用记录。

5. 注意事项

① 对有干扰试样,则注入适量(一般为 $5\mu L$ 或与试样同量)的基体改进剂磷酸二氢铵溶液(质量浓度为 $20g/L$,配制方法是:称取 $2.0g$ 磷酸二氢铵,以水溶解稀释至 $100mL$)消除干扰。绘制铅标准曲线时也要加入与试样测定时等量的基体改进剂磷酸二氢铵溶液。

② 样品灰化处理时一定不能将坩埚钳的头部接触坩埚内壁,避免引起污染,造成测量结果偏高。

③ 同火焰法不同,石墨炉法的背景干扰严重,必须进行背景校正。

④ 实验中用到的玻璃仪器、坩埚等在用前须用体积分数为 10% 的硝酸浸泡 24h 以上,再用自来水、蒸馏水(GB/T 6682—2008 中的一级水)洗涤。

⑤ 可调移液器在使用前要使用蒸馏水洗涤,然后再用待移溶液润洗。在用移液器进样时要快速一次性将移液器中液体注入到石墨炉中,以免枪头有样品残留。

6. 数据处理

① 根据所测标准溶液的吸光度数值绘制工作曲线。

② 在工作曲线中根据所测试样的吸光度值查出其浓度,并根据试样稀释倍数进行样品含量计算。

7. 思考题

① 如何将 $\rho_{Pb}=1.0mg/mL$ 标准储备液配制成 $\rho_{Pb}=10ng/mL$

的标准操作液?

② 为什么要对新安装或较长放置后再使用时的石墨管进行"空烧"操作?

③ 如何使用可调移液器?

训练 3-4　火焰原子化法测铜的检出限和重复性的检定[❶]

1. 训练目的

① 学习火焰原子化法的检出限和重复性的检定方法。

② 进一步熟练仪器的操作。

2. 测定原理

根据国际纯粹与应用化学联合会（IUPAC）规定，检出限定义为能够给出 3 倍于标准偏差的吸光度时，所对应的待测元素的浓度或质量。检出限取决于仪器稳定性，并随样品基体的类型和溶剂的种类不同而变化。信号的波动来源于光源、火焰及检测器噪声，因而不同类型仪器的检测器其检出限可能相差很大。两种不同元素可能有相同的灵敏度，但由于每种元素光源噪声、火焰噪声及检测器等噪声不同，检出限就可能不一样。因此，检出限是仪器性能的一个重要指标。待测元素的存在量只有高出检出限，才能可靠地将有效分析信号与噪声信号分开。"未检出"就是待测元素的量低于检出限。

3. 仪器与试剂

（1）仪器　原子吸收分光光度计，铜空心阴极灯，乙炔钢瓶；容量瓶，移液管。

（2）试剂　质量浓度为 $0.5\mu g/mL$、$1.00\mu g/mL$、$3.00\mu g/mL$ 的铜标准溶液，$0.5mol/L\ HNO_3$ 溶液。

4. 检定步骤

（1）检定火焰法测定铜的检出限

---

❶ 检出限和重复性的检定需按照 JJG 694—2009 进行。采用火焰原子化法测定铜的检出限 $[C_{L(k=3)}]$ 和重复性（RSD）检定结果应符合：新仪器应分别不大于 $0.008\mu g/mL$ 和 1%；使用中和修理后的仪器分别不大于 $0.02\mu g/mL$ 和 1.5%。原子吸收分光光度计检定周期为两年。修理后的仪器应随时进行检定。

① 开机，点燃空气-乙炔焰，将仪器的各项参数调到最佳工作状态。

② 用空白溶液（0.5mol/L HNO$_3$）调零。

③ 分别测定质量浓度为 0.5μg/mL、1.00μg/mL、3.00μg/mL 的铜标准溶液的吸光度，对每一浓度点分别进行三次吸光度重复测定。

④ 取 3 次测定的平均值，用线性回归法求出工作曲线的斜率（b），即为仪器测定铜的灵敏度（S）。

⑤ 在相同条件下，对空白溶液（或浓度 3 倍于检出限的溶液）进行 11 次吸光度测量，并求出其标准偏差 S_A。

⑥ 根据灵敏度和标准偏差计算测定铜的检出限。

(2) 检定火焰原子化法测铜的重复性

① 选择质量浓度为 0.5μg/mL、1.00μg/mL、3.00μg/mL 的铜标准溶液中的一种（使吸光度范围为 0.1～0.3），在 (1) 实验条件下，进行 7 次测定。

② 计算重复性（RSD）。

5. 数据处理

(1) 火焰法测定铜的检出限 按下式计算，即

$$C_{L(k=3)} = \frac{3S_A}{b} \ (\mu g/mL)$$

$$S_A = \sqrt{\frac{\sum_{i=1}^{n}(A_i - \overline{A})^2}{n-1}}$$

式中 $\overline{A}$——测量平均值；

A_i——单次测量值。

(2) 火焰法测定铜的重复性 按下式计算，即

$$RSD = \frac{1}{\overline{A}}\sqrt{\frac{\sum_{i=1}^{n}(A_i - \overline{A})^2}{n-1}} \times 100\%$$

式中 $\overline{A}$——铜标准溶液所测 7 次吸光度的平均值；

RSD——相对标准偏差，%。

练 习 三

一、知识题

1. 使用空心阴极灯应注意哪些问题？
2. 试比较火焰原子化和石墨炉原子化法的特点。
3. 使用空气-乙炔火焰时，对燃气、助燃气开关的先后顺序应按怎样的操作步骤进行？
4. 使用笑气-乙炔火焰时，对燃气、助燃气开关的先后顺序应按怎样的操作步骤进行？
5. 横向加热石墨炉的优点是什么？操作时为什么先要对石墨管进行空烧？
6. 如何维护和保养原子吸收分光光度计？
7. 如何维护和保养石墨炉原子化器？

二、操作技能考核题

1. 题目：工作曲线法测定自来水中的镁
2. 考核要点

① 原子吸收分光光度计开机、关机操作。
② 气路系统检查、空压机和气体钢瓶的使用。
③ 空心阴极灯的选择、安装和使用。
④ 仪器工作条件的设置。
⑤ 标准溶液和试样溶液吸光度测量及工作曲线建立。
⑥ 数据的处理和保存。
⑦ 安全文明操作。

3. 仪器与试剂

① 原子吸收分光光度计，乙炔钢瓶，空气压缩机，镁空心阴极灯，100mL 容量瓶数个，10mL 吸量管数支。
② $\rho_{Mg}=0.1000\text{mg/mL}$ 镁标准溶液。
③ 自来水样品。

4. 实验步骤

① 配制 $\rho_{Mg}=0.00500\text{mg/mL}$ 镁标准溶液 100mL。
② 配制镁系列标准溶液。用 5mL 吸量管分别吸取 $\rho_{Mg}=0.00500\text{mg/mL}$ 标准溶液 1.00mL、2.00mL、3.00mL、4.00mL、5.00mL 于 5 个 50mL 容量瓶中，用蒸馏水稀释至标线，摇匀。
③ 制备水样。用 10mL 移液管移取水样 10mL 于 100mL 容量瓶中，用蒸馏水稀释至标线，摇匀。

④ 开机并调试仪器。初步固定镁的工作条件为（注意，使用不同仪器，工作条件有所变化，本考核题以 AA320 型来设定）：吸收线波长为 285.2nm；空心阴极灯电流为 2mA；光谱带宽为 0.4nm；乙炔流量为 2000mL/min，燃烧器高度为 6mm。

⑤ 选择最佳工作条件，包括空心阴极灯工作电流、燃助比和燃烧器高度。

⑥ 测定系列标准溶液吸光度，绘制出工作曲线。

⑦ 测定水样吸光度，根据试样吸光度从标准曲线上查出镁的浓度，计算水样中镁含量（以 mg/L 表示）。

三、技能考核评分表

技能考核评分表见表 3-6。

表 3-6 火焰原子吸收分光光度法技能考核评分表

项目	考核内容	记录	分值	扣分
容量瓶、移液管使用操作（10）	移液管使用前洗涤	合格 / 不合格	1	
	吸液操作	熟练 / 不熟练	1	
	管尖是否有气泡	无 / 有	1	
	流尽后停留 15s 后取出	已停 / 未停	1	
	容量瓶洗涤	合格 / 不合格	1	
	稀释至总体积 1/3～2/3 时初步混匀	已摇匀 / 未摇匀	1	
	稀释过程瓶塞	未盖 / 盖	1	
	稀释至离刻度线 0.5cm 放置	已放置 1～2min / 未放置	1	
	稀释是否超过刻度线	正确 / 超过	1	
	摇匀操作	规范 / 不规范	1	

续表

项目	考核内容		记录	分值	扣分
开机操作（14）	检查气路是否连接正确	已进行		1	
		未进行			
	将面板上所有开关置"关断"位置，各调节器均处于最小位置	已进行		1	
		未进行			
	空心阴极灯的选择	正确		1	
		不正确			
	空心阴极灯的安装	正确		1	
		不正确			
	开启总电源开关、灯电源开关顺序	正确		1	
		不正确			
	调节灯电流	8mA		1	
		其他			
	预热30min	已进行		1	
		未进行			
	"方式"选择开关置"调整"位置，狭缝置"2"挡位置	已进行		1	
		未进行			
	调节波长	285.2nm		1	
		其他			
	调节"增益"钮，使能量表指针指在表的正中位置	已进行		1	
		未进行			
	调整灯位置，进行光源对光	规范		1	
		不规范			
	调节最佳波长	规范		1	
		不规范			
	调节燃烧器的位置，进行燃烧器对光	规范		1	
		不规范			
	打开通风机电源开关，通风10min	已进行		1	
		未进行			

续表

项目	考核内容		记录	分值	扣分
点火操作（10）	检查100mm燃烧器和废液排放管是否安装妥当	已进行		1	
		未进行			
	打开无油空气压缩机，将输出压调至0.3MPa	正确		1	
		不正确			
	接通仪器上气路电源总开关和"助燃气"开关	正确		1	
		不正确			
	调助燃气旋钮使空气流量为5.5L/min	正确		1	
		不正确			
	开启乙炔钢瓶总阀，调节乙炔钢瓶减压阀使输出压力为0.05MPa	正确		1	
		不正确			
	打开仪器上"乙炔"开关	正确		1	
		不正确			
	调乙炔气旋钮使乙炔流量为1.5L/min	正确		1	
		不正确			
	点火（按钮时间小于4s）	正确		2	
		不正确			
	调乙炔气旋钮使乙炔流量为0.6～0.8L/min	已进行		1	
		未进行			
选择最佳工作条件（9）	"方式"开关置于"吸光度"，"信号"开关置于"连续"	已进行		1	
		未进行			
	灯电流选择（从5mA开始，每次增加0.5mA）	正确、熟练		2	
		不正确			
	燃助比选择（乙炔气从0.5L/min开始，每次增加0.1L/min）	正确、熟练		2	
		不正确			
	燃烧器高度选择	正确、熟练		2	
		不正确			
	每改变一个值，用去离子水调零一次	已进行		1	
		未进行			
	吸喷溶液，待能量表指针稳定后按"读数"键	正确、熟练		1	
		不正确			

续表

项目	考核内容		记录	分值	扣分
测量操作（4）	吸喷去离子水调零	已进行		1	
		未进行			
	测量顺序	由稀至浓		1	
		随意			
	读数时待能量表指针稳定后按"读数"键	正确、熟悉		1	
		不正确			
	待读数回零后,再测下一个溶液	正确、熟练		1	
		不正确			
关机操作（5）	吸喷去离子水 5min	已进行		1	
		未进行			
	关闭气路顺序(先乙炔钢瓶,后空气压缩机)	正确、熟练		1	
		不正确			
	关闭各气路开关顺序	正确、熟练		1	
		不正确			
	关闭灯电源开关、总电源开关	正确、熟练		1	
		不正确			
	10min 后,关闭排风机开关	已进行		1	
		未进行			
文明操作（3）	实验过程台面	整洁有序		1	
		脏乱			
	废液、纸屑等	按规定处理		1	
		乱扔乱倒			
	实验后试剂、仪器放回原处	已放		1	
		未放			

续表

项目	考核内容		记录	分值	扣分
记录和报告 (5)	原始记录填写格式	规范		1	
		不规范			
	原始记录填写内容	规范		1	
		不规范			
	原始记录	及时,合理		1	
		不符合要求			
	报告填写	规范,完整		2	
		不规范,错误			
数据处理 (14)	工作曲线绘制方法	正确		2	
		不正确			
	工作曲线线性	好		6	
		差			
	图上注明项目	全项注明		2	
		未注明或缺项			
	工作曲线使用方法	正确		1	
		不正确			
	计算公式	正确		2	
		不正确			
	计算结果	正确		1	
		不正确			
结果评价 (26)	结果准确度	好		20	
		较好		16	
		一般		10	
		较差		5	
		差		0	
		结束时间		6	
		实用时间			

注:此表是针对考核题和考核时所用仪器设计的,更改试题或仪器型号不同,表中某些项目应作适当改动。

第四章 红外光谱仪的使用

第一节 概 述

红外吸收光谱法（infrared absorption spectroscopy）简称红外光谱法，是鉴别化合物和确定物质分子结构的常用手段之一。利用红外光谱法还可以对单一组分或混合物中各组分进行定量分析，尤其是对于一些较难分离，并在紫外、可见光区找不到明显特征峰的样品可方便、迅速地完成定量分析。

红外光谱仪（infrared spectrophotometer）的发展大致经历了这样的过程：第一代的红外光谱仪以棱镜为色散元件，由于光学材料制造困难，分辨率低，并要求低温低湿等，这种仪器现已被淘汰。20世纪60年代后发展的以光栅为色散元件的第二代红外光谱仪，分辨率比第一代仪器高得多，仪器的测量范围也比较宽。70年代后发展起来的傅里叶变换红外光谱仪是第三代产品。目前，商品红外光谱仪主要是色散型红外光谱仪和傅里叶变换红外光谱仪（FT-IR）两种，常用的是 FT-IR 光谱仪。

一、仪器工作原理和主要部件

1. 色散型红外光谱仪

色散型红外光谱仪（dispersion infrared spectrophotometer）按测光方式不同，可以分光学零位平衡式与比例记录式两类。其结构见图 4-1 和图 4-2。

光学零位平衡式的仪器是把调制光信号经检测与放大后，用以驱动参比光路上的光学衰减器，使两束光的能量达到零位平衡。同时记录仪与光学衰减器同步运动以记录样品的透射比。

比例记录式仪器是把调制光信号经检测与放大后分离，通过测量两个电信号的比例而得出样品的透射比。

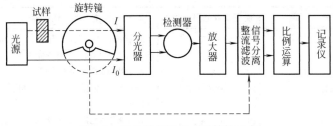

图 4-1　光学零位平衡式的结构示意

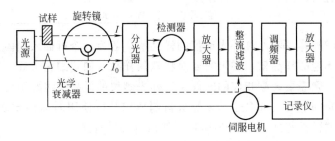

图 4-2　比例记录式的结构示意

由图 4-1 和图 4-2 可知，不论是何种类型的色散型红外光谱仪，其基本部件均由光源、样品室、单色器、检测器、放大器及记录机械装置等几个部分组成。

(1) 光源　红外光谱仪中的光源通常是一种惰性固体，用电加热使之发射高强度连续波长的红外光。但每种光源只能覆盖一定的波段，所以红外的全波段测量常需要几种光源。常用的光源如表 4-1 所示。

表 4-1　红外光谱仪常用光源

光　源	使用波数范围/cm^{-1}	主　要　性　能
钨灯	15000～4000(近红外)	能量高、寿命长、稳定性好
卤钨灯	15000～4000(近红外)	同钨灯
Nernst	4000～400(中红外)	工作温度为 1400～2000K，辐射强度集中在短波处，在 5000～1666cm^{-1} 处发射系数为 0.8～0.9，具有较长的寿命(约 2000h)

续表

光　　　源	使用波数范围/cm^{-1}	主　要　性　能
硅碳棒	4000～400(中红外)	能量高、功率大,工作温度为1300～1500K,热辐射强,使用寿命很长,工作前不需预热,需要冷却水冷却
金属陶瓷棒	4000～400(中红外)	大功率(1500K,120mW),风冷却,寿命长
EVER-GLO	4000～400(中红外)	大功率(1525K,150mW),低热辐射,风冷却
金属陶瓷棒(Ceramic)	400～50(远红外)	大功率,水冷却
高压汞弧灯	100～10(远红外)	高功率,水冷却

(2) 样品室　红外光谱仪的样品室一般为一个可插入固体薄膜或液体池的样品槽,如果需要对特殊的样品(如超细粉末等)进行测定,则需要装配相应的附件。红外光谱仪的样品槽需要用可透过红外光的 NaCl、KBr、CsI 等材料制成窗片,使用时需注意防潮。固体试样常与纯 KBr 混匀压片,然后直接进行测定。

(3) 单色器　单色器由色散元件、准直镜和狭缝构成,复制的闪耀光栅是最常用的色散元件,其分辨率高,易于维护。

(4) 检测器　红外光谱仪中常用的检测器有高真空热电偶,热释电检测器和碲镉汞检测器(MCT)等。热释电检测器响应速度快,噪声影响小,能实现高速扫描,如氘化硫酸三甘肽(DTGS)、钽酸锂(LiTaO$_3$)等。热释电检测器常被用于傅里叶变换红外光谱仪中。碲镉汞检测器属光检测器,它灵敏度高,适于快速扫描和 GC/FT-IR 联机检测。

(5) 记录系统　红外光谱仪一般都由记录仪自动记录谱图。新型的仪器还配有微机,以控制仪器的操作、谱图的检索等。

2. 傅里叶变换红外光谱仪

傅里叶变换红外光谱仪(fourier transform infrared spectrophotometer,简称 FT-IR)是 20 世纪 70 年代问世的,属于第三代红外光谱仪,它是基于光相干涉原理而设计的干涉型红外光谱仪。傅里叶变换红外光谱仪具有扫描速度快,光通量大,分辨率高,测定光谱范围宽,适合各种联机等优点。近年来,FT-IR 发展很快,应用范围也越来越广泛。

傅里叶变换红外光谱仪没有色散元件,主要由光源、干涉仪、检测器、计算机和记录仪等组成。其核心部分是迈克尔逊干涉仪(见图 4-3)。它将光源来的信号以干涉图的形式送往计算机进行傅里叶变换的数学处理,最后将干涉图还原成光谱图。干涉仪由定镜、动镜、分束器和探测器组成,其中分束器(简称 BS)是核心部分。分束器的作用是使进入干涉仪中的光,一半透射到

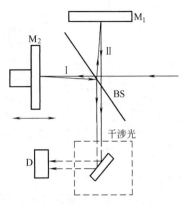

图 4-3 迈克尔逊干涉仪示意
M_1—定镜;M_2—动镜;D—探测器;
BS—光束分离器

动镜上,一半反射到定镜上,又返回到 BS 上,形成干涉光后送到样品上。不同红外光谱范围所用的 BS 不同。BS 价格昂贵,使用中要特别予以保养。分束器的种类及适用范围如表 4-2 所示。

表 4-2 分束器种类及适用范围

名　称	适用波数范围 /cm^{-1}	名　称	适用波数范围 /cm^{-1}
石英近红外	15000～2000	中红外 KBr-Ge	5000～370
CaF_2 近红外-Si	13000～1200	6μm 聚酯薄膜远红外	500～50
宽范围 KBr-Ge	10000～370		

傅里叶变换红外光谱仪工作原理见图 4-4。由红外光源 S 发出的红外光,经准直为平行红外光束进入干涉仪系统,经干涉仪调制后得到一束干涉光。干涉光通过样品 S_a,获得含有光谱信息的干涉信号到达探测器(即检测器)D 上,由 D 将干涉信号变为电信号。此处的干涉信号是一时间函数,即由干涉信号绘出的干涉图,其横坐标是动镜移动时间或动镜移动距离。这种干涉图经过 A/D 转换器送入计算机,由计算机进行傅里叶变换的快速计算,即可获得以波数为横坐标的红外光谱图。然后通过 D/A 转换器送入绘图仪而绘出人们十分熟悉的标准红外光谱图。

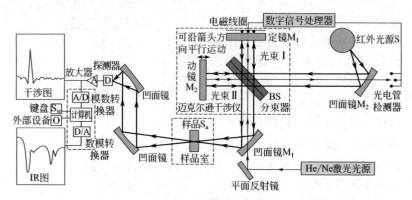

图 4-4 傅里叶变换红外吸收光谱仪（FTIR）工作原理示意图
(图中 He-Ne 激光光源的作用是对定镜的位置进行实时动态调整，速度可达每秒十几万次。动态调整可使定镜的位置精度小于 0.5nm。)

傅里叶变换红外光谱仪通常使用的光源是能斯特灯、硅碳棒或涂有稀土化合物的镍铬旋状灯丝；检测器多使用热释电检测器和碲镉汞检测器；红外谱图的记录、处理一般都是在计算机上进行的。目前，国内外都有比较好的工作软件，如美国 PE 公司的 spectrum v3.01，它可以在软件上直接进行扫描操作，可以对红外谱图进行优化、保存、比较、打印等。此外，仪器上的各项参数可以在工作软件上直接调整。

二、常用仪器型号和特点

常用红外光谱仪型号、性能与主要技术指标如表 4-3 所示。

表 4-3 常用红外光谱仪型号、性能与主要技术指标

生产厂家	仪器型号	性能与主要技术指标
北京瑞利分析仪器公司	WQF-310 型傅里叶变换红外光谱仪	微机化仪器；波数范围为 $7000\sim400cm^{-1}$；分辨率为 $1.5cm^{-1}$；波数精度为 $0.01cm^{-1}$；扫描速度为 $0.2\sim2.5cm/s$；采用密封折射扫描干涉仪；由微机控制和选择扫描速度；信噪比>10000:1
	WQF-410 型傅里叶变换红外光谱仪	微机化仪器；波数范围为 $7000\sim400cm^{-1}$；分辨率为 $0.65cm^{-1}$；波数精度为 $±0.01cm^{-1}$；扫描速度为 $0.2\sim1.5cm/s$；连续可调；信噪比>1000:1。仪器采用密封折射扫描干涉仪；光源为高强度空气冷却红外光源；谱库内存 11 种专业谱图，6 万张谱图

续表

生产厂家	仪器型号	性能与主要技术指标
天津市光学仪器厂	TJ270-30型双光束比例记录式红外分光光度计	微机化仪器;双闪耀光栅单色器;波数范围为$4000\sim400cm^{-1}$;波数精度$\leqslant\pm4cm^{-1}$($4000\sim2000cm^{-1}$),$\leqslant\pm2cm^{-1}$($2000\sim400cm^{-1}$);分辨率为$1.5cm^{-1}$(在$1000cm^{-1}$附近);透射比精度为$\pm0.2\%\tau$(不含噪声电平);杂散光$\leqslant0.5\%\tau$($4000\sim650cm^{-1}$),$\leqslant1\%\tau$($650\sim400cm^{-1}$);测试模式有透射比、吸光度、单光束
日本岛津制作所	FTIR-8400/8900型傅里叶变换红外光谱仪	微机化仪器;波数范围为$7800\sim350cm^{-1}$;分辨率为$0.5cm^{-1}$、$1.0cm^{-1}$、$2cm^{-1}$、$4cm^{-1}$、$8cm^{-1}$、$16cm^{-1}$(FTIR-8900),$0.85cm^{-1}$、$2cm^{-1}$、$4cm^{-1}$、$8cm^{-1}$、$16cm^{-1}$(FTIR-8400);反射镜扫描速度3挡分别为$2.8mm/s$、$5mm/s$、$9mm/s$;信噪比$>20000:1$
美国PE公司	Spectrum RX系列傅里叶变换红外光谱仪	微机化仪器;波数范围为$7800\sim350cm^{-1}$;光谱范围$7800\sim350cm^{-1}$;分辨率优于$0.8cm^{-1}$;波数精度优于$0.01cm^{-1}$;信噪比$60000:1$;FR-DTGS检测器;具备专利的光谱Compare软件,有完善的系统自检功能,充分满足药典检测和水中油分析等常规分析要求,也适合日常QA/QC需求
伯乐公司(英)	FTS-45	微机化仪器;光谱范围为$4400\sim400cm^{-1}$;可选$7500\sim380cm^{-1}$;可扩展至$15700\sim10cm^{-1}$;分辨率优于$0.5cm^{-1}$;可优于$0.25cm^{-1}$
伯乐公司(英)	FTS-65A	微机化仪器;光谱范围为$63200\sim10cm^{-1}$;具有双光源、双检测器;快速扫描>50次/s;步进式扫描为$800\sim0.25$步/s
伯乐公司(英)	FTS-7A	微机化仪器;光谱范围为$4400\sim400cm^{-1}$(可选$7500\sim380cm^{-1}$);最大分辨率$2.0cm^{-1}$(可选$1cm^{-1}$或$0.5cm^{-1}$)

注:以上资料摘自骆巨新主编的《分析实验室装备手册》,仅供参考。

第二节　4010型红外分光光度计的使用

一、仪器主要技术参数

① 波数范围：$4000\sim400\text{cm}^{-1}$。

② 分辨率：1000cm^{-1}附近窄缝1.5cm^{-1}；正常缝3.5cm^{-1}。

③ 波数精度：对于$4000\sim2000\text{cm}^{-1}$，$\leqslant\pm4\text{cm}^{-1}$；对于$2000\sim400\text{cm}^{-1}$，$\leqslant\pm2\text{cm}^{-1}$。

④ 波数的重复性：对于$4000\sim2000\text{cm}^{-1}$，$\leqslant\pm2\text{cm}^{-1}$；对于$2000\sim400\text{cm}^{-1}$，$\leqslant\pm21\text{cm}^{-1}$。

⑤ 横坐标扩展：×5，×1，×0.5三种。

⑥ 纵坐标扩展：从×0.1～×99由键盘输入。

⑦ 透射比重复性：$\leqslant1\%$。

⑧ 扫描时间：三种狭缝程序各有三种标定时间，即6min、12min、60min。

⑨ 杂散光：$\leqslant1\%$。

⑩ 电压与功率要求：220V/400W，50Hz。

二、仪器结构

1. 仪器工作原理

4010型红外分光光度计为双光束零位平衡式红外光谱仪，其工作原理如图4-5所示。仪器以硅碳棒作光源，光栅为色散元件，热释电探测器为检测器，其自动控制程序由微处理机控制。微处理机接收到由键盘来的信号，作出相应的命令，驱动机构动作。

2. 光路系统

仪器光路见图4-6。

3. 面板上控制器和指示器的仪器功能

4010型红外分光光度计的键盘如图4-7所示。

键盘面板上字符含意如表4-4所示。

第四章　红外光谱仪的使用

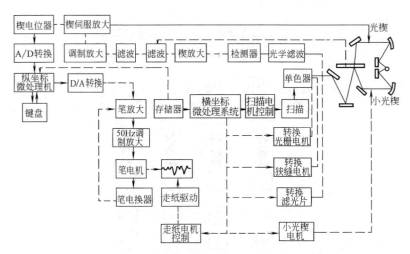

图 4-5　4010 型红外分光光度计工作原理示意

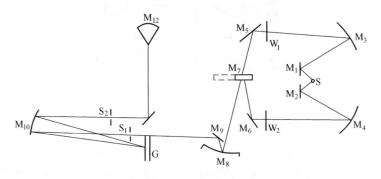

图 4-6　4010 型红外分光光度计光路

S—光源；M_1, M_2, M_5, M_6, M_9—平面反射镜；M_3, M_4—球面镜；M_7—半圆镜；
M_8, M_{10}—离轴抛物镜；S_1—入射狭缝；S_2—出射狭缝；G—平面光栅；
M_{12}—检测器；W_1—样品池；W_2—参比池

表 4-4　键盘面板上字符含意

面板上字符	含　意	面板上字符	含　意
Ordinate	纵坐标方式	Mode	方式选择
Wavenumber	即时波数位置	Slit	狭缝程序选择
High	扫描范围高限	Noise Filter	噪声滤波
Low	扫描范围低限	Chart Expansion	走纸扩展

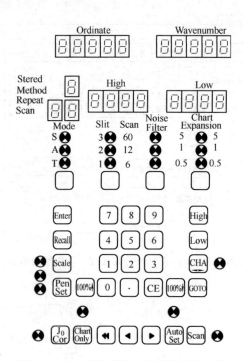

图 4-7　4010 型红外分光光度计键盘示意

三、仪器基本操作方法

1. 开机预热

插上电源线，开启仪器电源开关，预热 30min。同时，仪器进入初始化状态。当仪器面板上为如下状态（见表 4-5）时，表示初始化完成，可进入下步操作。

表 4-5　初始化时仪器面板显示的状态

键　　名	显示状态	键　　名	显示状态
Ordinate	透射比（具体读数，如 60.000）	Mode	Transmission
		Slit	2
Wavenumber	$4000cm^{-1}$	Noise Filter	1
High	$4000cm^{-1}$	Chart Expansion	1
Low	$400cm^{-1}$		

2. 调整100%光楔位置

当仪器的样品光束中未插上聚苯乙烯薄膜,而"Ordinate"不是显示100时,应用100%↑键或100%↓键,使其显示100。

3. 样品测定(以聚苯乙烯为例)

(1) 正常全波数扫描,记录透射比曲线　在样品槽内插入聚苯乙烯薄膜样品,按 Scan 键,此时扫描指示灯亮,仪器即开始全程记录聚苯乙烯透射比图谱。

(2) 正常全波数扫描,记录吸光度曲线　按 Mode 键,当"Absorbance"位置指示灯亮时,停止按键。这时仪器已处于吸光度方式。在样品槽内插入聚苯乙烯薄膜样品,按 Scan 键,Scan 指示灯亮,扫描开始,得全程扫描的聚苯乙烯吸光度曲线图谱。

(3) 正常全波数扫描,记录单光束曲线　采用 Slit "2",按 Mode 键,当显示框内 Single Beam 的指示器灯亮时,表示已进入单光束方式(此时,笔的位置应停在记录纸的80%位置,样品槽内不放置任何样品)。按 Scan 键,指示灯亮,全程扫描开始,得到一张记录仪器能量情况的单光束曲线(注意,仅对 Slit "2"有效)。

(4) 记录从 $3900 \sim 2500 cm^{-1}$ (操作者可根据检测需要设定高低限值)的透射比曲线　依次按数字键3、9、0、0,然后按 High 键(此时,显示框的"High"位置显示3900数值);再依次按数字键2、5、0、0,然后按 Low 键(此时,显示框的"Low"位置显示2500数值,这样扫描高低限已设定完毕)。在样品槽上放上样品,按 Scan 键,指示灯亮。仪器开始扫描从 $3900 cm^{-1}$ 起到 $2500 cm^{-1}$ 结束的聚苯乙烯透射比曲线。扫描至 $2500 cm^{-1}$ 自动停止。

(5) 记录从 $3900 \sim 2500 cm^{-1}$ 的透射比曲线　按 Mode 键,选择吸光度为 Absorbance 方式。由键盘输入高低限,插上样品,按

Scan 键,仪器开始扫描从 3900cm^{-1} 起到 2500cm^{-1} 结束的聚苯乙烯吸光度曲线,扫描至 2500cm^{-1} 自动停止(操作者可根据检测需要设定波数的高低限值)。

如果要在一张图谱上重复扫描 5 次,应在设定好上下限后,先按 Chart 键,然后再按数字键 5,按 Scan 键,得到一张在同一图谱重复 5 次的曲线。

(6) 基线校正　仪器规定基线校正在记录纸上透射比为 90% 的位置进行。

① 按 100%↓ 键使光楔位置处于 60%,可从面板上透射比值的变化观察,当透射比为 90% 时,即是合适的位置。

② 按 J_0 Cor 键及 GOTO 键,仪器开始进入内部记录,当波数显示为 400cm^{-1} 时,表示记录完毕。

③ 按扫描 Scan 键,记录器上画出一条经过校正的 J_0 线(注意,当 J_0 线作内部记录时若中途停止,则再要继续,需从 4000cm^{-1} 重新开始)。

四、红外光谱仪辅助设备的使用

1. 压片机

(1) 压片机的结构　压片机是由压杆和压舌组成(见图 4-8),压舌的直径为 13mm,两个压舌的表面粗糙度很低,以保证压出的薄片表面光滑。因此,使用时要注意样品的粒度、湿度和硬度,以免改变压舌表面的粗糙度。

(2) 压片操作　先将其中一个压舌放在底座上,光洁面朝上,并装上压片套圈,研磨后的样品放在这一压舌上;再将另一压舌光洁

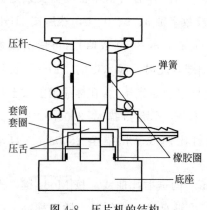

图 4-8　压片机的结构

面向下放在样品上,并稍轻轻转动以保证样品平面平整,然后按顺序放压片套筒、弹簧和压杆,加压 10tf（1tf＝9.80665kN）,持续 3min。拆片时,将底座换成取样器（形状与底座相似）,将上、下压舌及中间的样品和压片套圈一起移到取样器上,再分别装上压片套筒及压杆,稍加压后即可取出压好的薄片。

(3) 压片质量不正常原因分析　压片操作虽不复杂,但压制过程中经常会出现一些不正常现象,其原因分析如下（见表 4-6）。

表 4-6　KBr 压片质量不正常原因分析

不正常现象	原　　因	纠正方法
(1)透过片子看远距离物体透光性差,有光散射 (2)不规则疙瘩斑	由 KBr 粉末所引起: (1)KBr 不纯,至少混有 5% 以上第二种碱金属卤化物 (2)通常是由于 KBr 受潮或结块	(1)选用纯的 KBr (2)干燥和粉碎 KBr
(3)片子出现许多白色斑点,其余部分是清晰透明的 (4)呈半透明或云雾状浑浊	由试样引起: (3)研磨不匀,有少量粗粒 (4)样品受潮或样品本身性质差	(3)重新研磨 (4)干燥或抽真空时间长些,选用其他制样方法
(5)整个片子不透明 (6)刚压好片子很透明,1min 或更长时间以后出现不规则云雾状浑浊 (7)片中心出现云雾状	由压片技术引起: (5)压力不够,再加上分散不好 (6)抽真空不够 (7)压模表面不平整	(5)重新研磨或重新压制,使其分散好一些 (6)检查真空度,延长抽真空时间 (7)调换新的或重抛光

2. 液体池

(1) 液体池组成　如图 4-9 所示,液体池是由后框架、窗片框架、垫片、后窗片、间隔片、前窗片和前框架七个部分组成。一般后框架和前框架由金属材料制成;前窗片和后窗片为氯化钠、溴化钾等晶体薄片;间隔片常由铝箔和聚四氟乙烯等材料制成,起着固

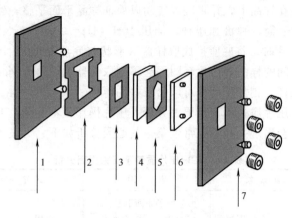

图4-9 液体池组成的分解示意
1—后框架；2—窗片框架；3—垫片；4—后窗片；
5—聚四氟乙烯间隔片；6—前窗片；7—前框架

定液体样品的作用，厚度为0.01～2mm。

(2) 液体池的装样操作　将吸收池倾斜30°，用注射器（不带针头）吸取待测的样品，由下孔注入直到上孔看到样品溢出为止，用聚四氟乙烯塞子塞住上、下注射孔，用高质量的纸巾擦去溢出的液体后，便可进行测试。

在液体池装样操作过程中，应注意以下几点。

① 灌样时要防止气泡。

② 样品要充分溶解，不应有不溶物进入液体池内。

③ 装样品时不要将样品溶液外溢到窗片上。

(3) 液体池的清洗操作　测试完毕，取出塞子，用注射器吸出样品，由下孔注入溶剂，冲洗2～3次。冲洗后，用吸耳球吸取红外灯附近的干燥空气吹入液体池内以除去残留的溶剂，然后放在红外灯下烘烤至干，最后将液体池存放在干燥器中。注意，液体池在清洗过程中或清洗完毕时，不要因溶剂挥发而致使窗片受潮。

(4) 液体池厚度的测定　根据均匀的干涉条纹的数目可测定液体池的厚度。测定的方法是将空的液体池作为样品进行扫描，由于

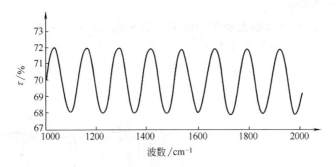

图 4-10 溶液的干涉条纹

两盐片间的空气对光的折射率不同而产生干涉。根据干涉条纹的数目计算池厚,如图 4-10 所示。一般选 $1500\sim600\mathrm{cm}^{-1}$ 的范围较好,计算公式如下。

$$b=\frac{n}{2}\left(\frac{1}{\sigma_1-\sigma_2}\right)$$

式中 b——液体池厚度,cm;

n——两波数间所夹的完整波形个数;

σ_1,σ_2——分别为起始和终止的波数,cm^{-1}。

3. 气体池

测定气态样品光谱时都使用气体池。

(1) 气体池构造 它分为常量气体池、小型气体池、长光程气体池及 GC/FT-IR 联用技术用的气体池(称为光管)等。常量气体池的光程一般为 10cm,其圆形玻璃池体的容积约为 120mL,两端用 KBr 或 NaCl 等可透过红外光的窗片,再用金属螺旋帽通过密封垫圈压紧窗片将气体池密封,如图 4-11 所示。

(2) 气体池的装样操作 气体池进样装置如图 4-12 所示。必要时可在采样瓶和气体池之间再串接气体干燥装置。装样的操作步骤如下。

① 先用干燥空气流冲洗气体池。

② 按图 4-12 将装置连接好。

③ 关闭采样瓶活塞,开启气体池的进出口活塞,使三通活塞

处于抽气的位置。

④ 用真空泵抽去系统中的空气和水蒸气,在保护样品的情况下(例如将采样瓶预先置于冷阱中使待测气体充分冷却),间隙地稍微打开采样瓶上端活塞1~2次,以抽去气样中及管道接口中的杂质气体。

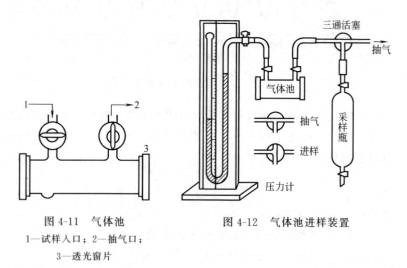

图4-11 气体池
1—试样入口; 2—抽气口;
3—透光窗片

图4-12 气体池进样装置

⑤ 当水银压力计指示到泵的极限抽空值时,将三通活塞转换至进样位置,并停止抽气。观察压力计的指示值1~2min,如压力计指示值不下降则说明系统中不漏气。

⑥ 进样时缓缓开启气体采样瓶上端的活塞,待压力计的汞柱指示到所需压力时,关闭气体和采样瓶的活塞,取下气体池即可进行气体的光谱测绘。

⑦ 气体池和进样系统用毕后,用干燥空气流(或干燥氮气流)冲洗残留气体,以免影响下次测定结果。

五、仪器的调校方法

色散型红外分光光度计按波数范围不同可分为 A(4000~650cm^{-1})、B(4000~400cm^{-1})、C(4000~200cm^{-1})三类。国家计量检定规程 JJG 681—90 规定了各类色散型红外分光光度计各项技术要求指标（见表4-7）。

表 4-7 色散型红外分光光度计各项技术要求指标

项　　目		要　　求
横坐标分度值		2000cm^{-1}以上，≤50cm^{-1} 2000cm^{-1}以下，≤20cm^{-1}
纵坐标分度值(透射比)		≤1%
波数正确度		4000～2000cm^{-1}，≤±8cm^{-1} 2000cm^{-1}以下，≤±4cm^{-1}
波数重复性		4000～2000cm^{-1}，≤8cm^{-1} 2000cm^{-1}以下，≤4cm^{-1}
透射比正确度		光学零位平衡式，≤1.0%(15%～95%)，≤1.5%(其余) 比例记录式，≤0.5%
透射比重复性		光学零位平衡式，≤1.0% 比例记录式，≤0.5%
杂散辐射	A类	4000～680cm^{-1}，≤1% 680～650cm^{-1}，≤2%
	B类	4000～680cm^{-1}，≤1% 680～650cm^{-1}，≤1% 650～400cm^{-1}，≤2%
	C类	4600～680cm^{-1}，≤1% 680～650cm^{-1}，≤1% 650～400cm^{-1}，≤1% 400～300cm^{-1}，≤2% 300～200cm^{-1}，≤3%
分辨率	A类	3027cm^{-1}与3000cm^{-1} 分辨深度≥1%	951.8cm^{-1}与948.2cm^{-1} 分辨深度≥1%
	B类和C类	3103cm^{-1}与3082cm^{-1} 分辨深度≥1%	
100%线平直度		≤1%
噪声		≤1%

实际工作中，使用者常常要对表4-7中部分主要项目进行检定，检定方法如下。

1. 准备

开机预热30min后，设置仪器处于常用缝宽，光学零位平衡式仪器在正常增益❶的条件下检查仪器的电平衡❷,并使之处于适当的位置。

2. 波数正确度与波数重复性的检定

以聚苯乙烯(厚度为 0.03mm 的标准片)的吸收带作参考波数(见表 4-8)。在仪器的起始波数处,分别校准仪器的透射比 0% 与 100%。调整走纸旋钮与波数刻度盘的位置,使记录笔精确地置于仪器的起始波数处。将聚苯乙烯标准片插入样品架中,以常用的扫描速度从高波数向低波数进行全波段扫描,打印数据。重复扫描 3 次,读取表所对应的各吸收带的波数值。按下式计算波数正确度 ($\Delta_{\bar{\nu}}$)。

$$\Delta_{\bar{\nu}} = \frac{1}{n} \sum_{i=1}^{n} \sigma_i - \sigma_\tau \tag{4-1}$$

式中 σ_i——波数测得值;

σ_τ——参考波数值;

n——测量次数。

表 4-8 聚苯乙烯标准片主要吸收带的波数值

序号	σ/cm^{-1}	序号	σ/cm^{-1}	序号	σ/cm^{-1}
1	3027.1	4	1801.6	7	1154.3
2	2850.7	5	1601.4	8	1028.0
3	1944.0	6	1583.1	9	906.7

按下式计算波数重复性 (R_σ),即

$$R_\sigma = \sigma_{\max} - \sigma_{\min} \tag{4-2}$$

式中 $\sigma_{\max}$——波数测得值的最大值;

$\sigma_{\min}$——波数测得值的最小值。

3. 透射比正确度与透射比重复性的检定

① 在波数 $1000\mathrm{cm}^{-1}$ 处分别校准仪器的透射比 0% 与 100%,

---

❶ 把记录笔调到透射比 50% 左右,分别在样品光束及参比光束中给予 20% 的信号变化后,记录笔能迅速回到原来位置,其中冲量 ≤3% 时,即为正常增益。

❷ 把记录笔调到透射比 50% 左右,极快地关闭双光束的光门,记录笔不发生移动即为电平衡适宜。

分别用 10% 与 50% 标准扇形板定波数测量仪器透射比，重复测量 3 次。不能定波数扫描的仪器，可在 $1100 \sim 900 \mathrm{cm}^{-1}$ 波段内扫描，量取透射比的平均值作为扇形板的测得值。重复测量 3 次。

按下式计算透射比正确度 (Δ_τ)。

$$\Delta_\tau = \frac{1}{n} \sum_{i=1}^{n} \tau_i - \tau_r \tag{4-3}$$

式中　τ_i——透射比测得值；

　　　τ_r——透射比实际值；

　　　n——测量次数。

② 在仪器的起始波数处，分别校准仪器的透射比 0% 与 100%，以适当的扫描速度对聚苯乙烯标准片进行全波段扫描，重复测量 3 次，打印数据。读取表 4-8 所列的各吸收带的值。按下式计算透射比重复性 (R_τ)，即

$$R_\tau = \tau_{\max} - \tau_{\min} \tag{4-4}$$

式中　$\tau_{\max}$——透射比测得值的最大值；

　　　$\tau_{\min}$——透射比测得值的最小值。

4. 杂散辐射的检定

在仪器起始波数处，分别精确地校准仪器的透射比 0% 与 100%，根据仪器的波数范围，选择合适的滤光片，分别在其所对应的波段内扫描，所得出的透射比即为该波段的杂散辐射，其最大值应符合表 4-7 中杂散辐射的要求。

六、仪器的维护和保养

1. 工作环境

(1) 温度　仪器应安放在恒温的室内，较适宜的温度是 $15 \sim 28 \, ℃$。

(2) 湿度　仪器应安放在干燥环境中，相对湿度应小于 65%。

(3) 防振　仪器中光学元件、检测器及某些电气元件均怕振动，应安置在没有振动的房间内稳固的实验台上。

(4) 电源　仪器使用的电源要远离火花发射源和大功率磁电设备，采用电源稳压设备，并应设置良好的接地线。

2. 日常维护和保养

① 仪器应定期保养，保养时注意切断电源，不要触及任何光学元件及狭缝机构。

② 经常检查仪器存放地点的温度、湿度是否在规定范围内。一般要求实验室应装配空调机和除湿机。

③ 仪器使用后，用软纸或软布擦笔杆及机器上沾有的墨水、灰垢。

④ 仪器中所有的光学元件都无保护层，绝对禁止用任何东西揩拭镜面，镜面若有积灰，应用吹气球吹。

⑤ 各运动部件要定期用润滑油润滑，以保持运转轻快。

⑥ 仪器不使用时用软布遮盖整台机器；长期不用，再用时要对其性能进行全面检查。

3. 主要部件的维护和保养

(1) 能斯特灯的维护 能斯特灯是红外光谱仪的常用光源，要求性能稳定和噪声低，因此要注意维护。能斯特灯有一定的使用寿命，要控制时间，不要随意开启和关闭，实验结束时要立即关闭。能斯特灯的机械性能差，容易损坏，因此在安装时要小心，不能用力过大，工作时要避免被硬物撞击。

(2) 硅碳棒的维护 硅碳棒容易被折断，要避免碰撞。硅碳棒在工作时，温度可达 1400℃，要注意水冷或风冷，即不能断冷却水或吹风。

(3) 光栅的维护 不要用手或其他物体接触光栅表面，光栅结构精密，容易损坏，一旦光栅表面有灰尘或污物时，严禁用绸布、毛刷等擦拭，也不能用嘴吹气除尘，只能用四氯化碳溶液等无腐蚀而易挥发的有机溶剂冲洗。

(4) 狭缝、透镜的维护 红外光谱仪的狭缝和透镜不允许碰撞与积尘，如有积尘应用洗耳球或软毛刷清除。一旦污物难以去除，允许用软木条的尖端轻轻除去，直至正常为止。开启和关闭狭缝时要平衡、缓慢。

(5) 样品池使用后的处理 使用后的样品池应及时清洗，干燥后存放于干燥器中。

七、常见故障分析和排除方法

4010 型红外分光光度计常见故障分析及排除方法见表 4-9。

表 4-9　4010 型红外分光光度计常见故障分析及排除方法

故障现象	故障原因	排　除　方　法
开机后光源不亮	光强度减弱	选用相同规格的保险丝更换
光强度减弱	(1)硅碳棒长期使用电阻大； (2)电柱两端接触不良	(1)改变光源电压,以增加交流,提高光强度,若无效,需要更换,更换时让光源处于冷却状态； (2)略拧紧两端螺钉
能量减低	检测器连续使用时间过长或受振动而损坏	更换检测器
楔和笔工作不正常	模拟电路故障	检查电路,请厂方更换电路板
笔满度不对		打开仪器盖板,调整仪器右侧装有的笔满度电位器
光楔零点、满度位置不准确		调整光源零点、满度电位器
用聚苯乙烯薄膜测试,波数位置产生线性误差	(1)笔位置不准确； (2)记录器起点不对； (3)波数步进电机上的定位件相对位置松动	(1)正确装笔,笔尖应垂直对准记录纸； (2)调整记录器的起点； (3)调整波数步进电机上定位件位置

第三节　Spectrum RX I 型 FT-IR 光谱仪的使用

目前国内外的 FT-IR 光谱仪有多种型号,性能各异（见表 4-3）,但实际操作步骤基本相似。下面以 PE 公司生产的 Spectrum RX I 型为例说明 FT-IR 的使用。

一、仪器主要技术参数

Spectrum RX I 型 FT-IR 光谱仪的主要技术指标如下。
① 波数范围：$7800\sim350\text{cm}^{-1}$（通常用 $4400\sim500\text{cm}^{-1}$）。

② 分辨率[1]：$<0.8cm^{-1}$。
③ 波数精度：$<0.01cm^{-1}$。
④ 信噪比 S/N 优于 60000∶1（RMS 值）。
⑤ 探测器：FR-DTGS（标准配置）。

二、仪器结构

1. 主要部件

Spectrum RX I 型 FT-IR 光谱仪（仪器外形见图 4-13）主要由 3 个部分组成：红外光学台（光学系统）、数据处理系统和打印机。红外光学台是 FT-IR 最主要的部分，由红外光源、光阑、干涉仪、样品室、检测器以及各种红外反射镜、氦氖激光器、控制电路板与电源组成。

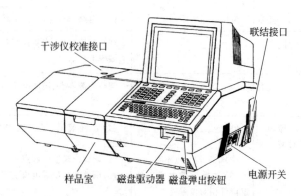

图 4-13 Spectrum RX I 型 FT-IR 光谱仪外形结构图

2. 光路系统与电路系统

Spectrum RX I 型 FT-IR 光谱仪详细光路结构与计算机控制如图 4-14 所示。Spectrum RX I 型 FT-IR 光谱仪采用高性能的能斯特灯作为光源，采用 DTGS（氘化硫酸三甘肽）作为红外探测器。

---

[1] 光谱仪的分辨率是指其鉴别两个不同波长的峰值的能力。FT-IR 光谱仪的分辨率取决于最大光程差，光程差越大，仪器原分辨率就越高。具有 $2cm^{-1}$ 分辨率的光谱仪可以将相隔 $2cm^{-1}$ 的两个峰值区分开。

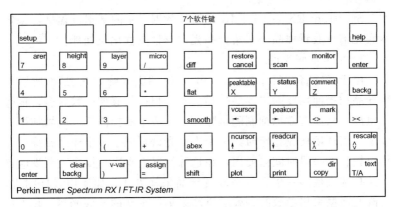

图 4-14 Spectrum RX I 型 FT-IR 光谱仪仪器面板图

3. 数据处理系统

Spectrum RX I 型 FT-IR 光谱仪的数据系统有两种方式，一是仪器自带的微机系统（有显示器），二是与计算机联机使用红外工作软件 Spectrum v3.02。后者具有更强大的功能，仪器上的各项参数均可直接在工作软件上进行调整，可直接进行扫描操作，也可对红外谱图进行优化、保存、比较、打印等。

三、数据采集基本过程

Spectrum RX I 型 FT-IR 光谱仪是精密光学仪器与计算机技术的结合，光谱仪的所有操作均由计算机控制，操作命令由键盘输入或在红外工作软件上点击。图 4-14 显示了 Spectrum RX I 型 FT-IR 光谱仪的仪器面板图，表 4-10 显示了主要操作命令及用途。

表 4-10 主要操作命令及其用途

命令	用途	命令	用途
setup	设置键	plot	绘图
scan	谱图的扫描	print	打印
cancel	取消操作	mark	吸收峰标记
enter	确认操作	diff	谱图比较
backg	背景的扫描	flat	基线水平调节
clear	清除当前谱图	smooth	谱线平滑
X、Y、Z	样品扫描通道(可临时存放3张谱图)	abex	谱图的放大或缩小
copy	复制	text	输入文本
shift	功能切换键(切换至右上角功能)	monitor	检查

Spectrum RX I 型 FT-IR 光谱仪数据采集的基本过程是：采集本底光谱→放置样品→采集样品光谱→谱图优化与处理。

1. 采集本底光谱

由于必须将空气中的 CO_2 和 H_2O 的吸收峰"减去"，所以每次样品扫描前均要除去本底扫描。本底扫描的累加次数愈多，信噪比愈高，从而有效地抑制随机噪声。一般本底扫描至少应累加两次以上。当环境比较稳定时，一个本底光谱可用于多个样品扫描或在相对较长的一段时间内使用，在这种情况下本底扫描次数至少应比样品扫描次数多一倍。每当改变样品采样方式，如使用采样附件，或改变数据采集参数时，就应重新采集一个新的本底光谱。图4-15显示了典型中红外系统的本底光谱图。

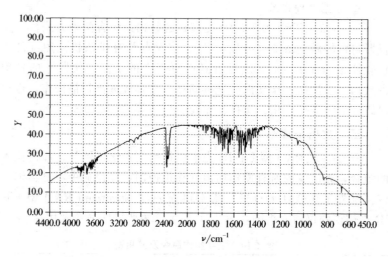

图 4-15 典型中红外系统的本底光谱图

2. 放置样品和采集样品光谱

一般样品可放置在样品室中的常规样品架上测量。而对于特殊样品，就可能要用到一些采样附件，如水平或可变角 ATR（衰减全反射）附件、漫反射或镜面反射附件、光声光谱附件等。有关各种附件的样品放置方法，请参阅相应附件的使用说明书。样品放置妥当之后，盖上样品室的盖子即可开始样品扫描，采集样品光谱。

3. 谱图优化与处理

样品谱图扫描出来之后，可能会出现基线不平、有毛刺或者透射比范围不合适等情况，此时可使用 flat、smooth、abex 等功能对谱图进行处理，也可以根据需要改变横、纵坐标的单位，添加网格或给谱图命名，然后即可直接打印谱图。

四、仪器的操作

1. 开机和关机操作

（1）接通光谱仪主机和显示器的电源　依次打开显示器和主机的电源，预热 20min。预热过程中，仪器进行自检，自检全部"passed"后方能进行谱图扫描等工作。

（2）打开红外工作软件　依次打开计算机显色器和主机电源开关，打开计算机后，点击桌面的"Spectrum v3.02"图标，打开红外工作软件（主界面见图 4-16）。红外工作软件与光谱仪主机联结完毕后，也可关闭光谱仪显示器电源。

图 4-16　Spectrum v3.02 主界面

（3）接通外部设备的电源　如果还要使用一些外部设备，如打印机或 GC/FT-IR 接口等采样装置，应将它们与光谱仪主机连接好，并打开其电源开关。

（4）关机　光谱扫描工作完成后，关闭红外工作软件，依次关闭计算机显示器和主机电源、光谱仪显示器和主机电源、外部设备电源。

注意！仪器连续工作时，其间最好不要切断干涉仪的电源，以节约开机时的预热时间，并降低由冷热变化引起的机械应力。

2. 采集和绘制样品光谱

（1）开机　按顺序打开光谱仪主机、计算机显示器与主机、打印机电源开关，并打开红外工作软件。

（2）采集本底光谱

① 回复工厂设置。方法是依次揿操作面板上的 |restore|、|setup|、|factory|（点击 setup 键右侧对应的空白软件键）键。值得注意的是，仪器使用完毕关机前应重新完成一次回复工厂设置操作。

② 扫描背景。方法是依次揿操作面板上的 |scan|、|backg|、|4| 键（"4"表示扫描次数，可根据需要改变扫描的次数）。也可以在工作软件上直接点击 ![BKGrd] 扫描背景光谱。

（3）放入测试样品　将固体样品制成压片后置于样品室中，或者将液体样品注入液体池后置于样品室中。

（4）采集样品光谱　方法是依次揿操作面板上的 |scan|、|X|、|1| 键（"X"表示临时存放的通道。共有"X"、"Y"、"Z" 3 个临时通道，存放在临时通道的光谱应及时保存，否则下次再扫描时就将前次谱图覆盖）。也可以在工作软件上直接点击 ![scan] 扫描样品光谱。

在临时通道的光谱图可以使用"copy"功能将其用软盘拷出后在计算机上的红外工作软件上进行优化与处理，也可以直接使用仪器操作面板上的"flat"等功能键处理后再拷出保存。

（5）谱图的优化与处理

① 基线校正。点击"file"下拉菜单下的"open"打开扫描的样品红外吸收谱图（见图 4-17 原始图），该图上方不是很平直。点击"process"下拉菜单下的"smooth"，选择"automatic smooth"，即完成基线校正。基线校正后的谱图与原始图的比较参见图 4-17。

② 平滑处理。基线校正后的谱图中可能还存在少量毛刺，此时可进行平滑处理。方法是：选中基线校正后的谱图，点击"process"下拉菜单下的"smooth"，选择"automatic smooth"，即完成平滑处理。平滑处理前后的谱图的比较参见图 4-17。

③ 谱图放大。平滑后的谱图透射比最大值接近 85%，未达到理想的 100% 左右，此时可对其进行放大。方法是：选中平滑处理

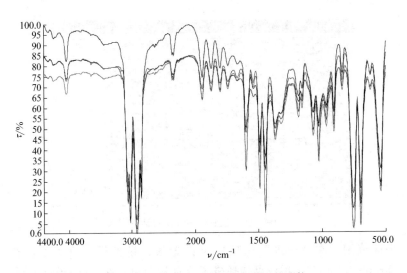

图 4-17 处理前后红外吸收光谱图的比较

(图中自下面上分别表示某样品的原始图、基线校正后、平滑后和 abex 后的 IR 图)

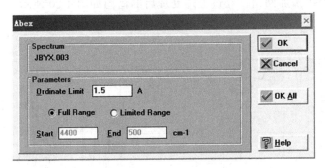

图 4-18 Abex 对话框

后的谱图,点击 "process" 下拉菜单下的 "abex",弹出对话框(见图 4-18)。可选择全波段(full range)或所需波段 "limited range" 进行处理,吸光度数值设置为 1.5 即可。abex 前后谱图的比较参见图 4-17。

④ 谱图的优化。选定需要优化的谱图,点击主界面上的 图标,弹出对话框(见图 4-19)。在 "ranges" 选项中可设置横、纵

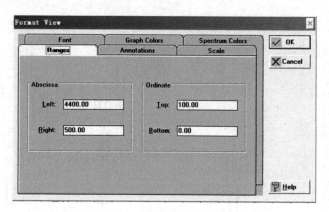

图 4-19 Format View 对话框

坐标范围,在"scale"选项中可设置横、纵坐标刻度大小,在"graph colors"选项中可选择格子或背景颜色,在"spectrum colors"选项中可选择光谱图的颜色,在"annotations"选项中可选择是否要添加网格。经过上述处理后的谱图如图 4-20 所示。

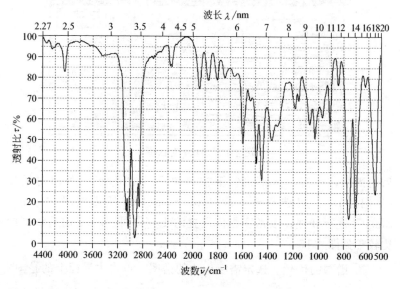

图 4-20 聚苯乙烯的红外吸收光谱图(1)

除此之外，点击"process"下拉菜单中的"absorbance"可将谱图的纵坐标转换成吸光度；点击"process"下拉菜单中的"convert X..."可改变谱图的横坐标，比如将图 4-20 的横坐标改成波长（见图 4-21）；点击"process"下拉菜单中的"label peak"可标示每个吸收峰的峰值；点击"process"下拉菜单中的"add/edit text"可在谱图上编辑文本（如注明样品名称）。

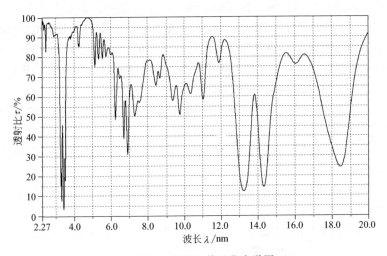

图 4-21　聚苯乙烯的红外吸收光谱图（2）

（6）谱图的比对与打印　Spectrum v3.02 工作软件具有强大的谱图比对功能。工作时先扫描部分标准谱图，并将其保存在工作软件中，组成谱图库。分析时即可将所扫描样品谱图与谱图库中的标准谱图进行比对，减小谱图解析的时间。

经过处理后的谱图即可将其打印出来，用于科研或产品分析。

五、仪器的维护和保养

1. 工作环境

为了保证 Spectrum RX I 型 FT-IR 光谱仪的安全正常工作，必须满足仪器对使用环境的要求。

（1）实验室环境和通风条件

① 实验室应保持洁净，无灰尘和烟雾。实验室室温应保持在

15~30℃之间，相对湿度的允许范围是 20%~80%。室内一般要求安装除湿机。

② 实验室内和周围环境中应无可燃或易爆气体，无腐蚀性气体或其他有毒物质，以避免仪器的损坏及由此产生的氢卤酸的腐蚀。

③ 仪器四周至少应保留 10cm 的空隙，以使空气流通，保持仪器通风口和通风窗的正常工作，利于电学元器件、电源等散热。

（2）对实验台的要求　光谱仪应单独放置在一个稳定的台面上，应与电扇、电动机等持续振动物体分隔开来，以避免仪器受到振动或撞击。如果环境振动比较严重，应考虑安装一个声阻尼底座。

（3）对电源和电缆的要求

① 配置一台电源稳压器，确保电源稳定在 $220V\pm10\%$ 的范围之内。

② 光谱仪系统应有专用的电源插座，不要与其他电器设备共用插座。

③ 仪器电源必须接地，不要取消保护接地或使用没有接地导体的延伸电缆。

④ 如果四周铺有地毯，应在仪器之下放置一块防静电的橡皮垫子。

2. 日常维护和保养

① 干涉仪是 FT-IR 光谱仪的关键部件，且价格昂贵，尤其是干涉仪中的分束器，对环境湿度有很严格的要求，因此要特别注意保护干涉仪。当仪器第一次使用或搁置很长一段时间再使用仪器时，首先应让仪器预热几个小时。若干涉仪工作不正常应送厂方维修，不可自己打开干涉仪盖。

② 应定时清扫（每 30 天清扫一次）电气箱背面的空气过滤器，因为一旦它被灰尘阻塞，影响热交换，电学元器件就会因过热而损坏。当过滤器脏了以后，把它取下来用吸尘器清扫或直接水洗，待干燥之后再重新装上。

③ 用清洁、干燥的气体吹扫仪器，可消除空气中物质如水蒸气和 CO_2 的影响。吹扫气体必须采用干燥的压缩空气（很干净且露点为 40℃）或干燥的氮气，其压力不应超过 0.2MPa。

④ 红外光源应定期更换。一般情况下，光源累积工作时间达 1000h 左右就应更换一次。否则，红外光源中挥发出的物质会溅射到附近的光学元件表面上，降低系统的性能。

3. 常见故障分析和排除方法

表 4-11 显示了典型 FT-IR 光谱仪常见故障分析及排除方法。

表 4-11 典型 FT-IR 光谱仪常见故障分析及排除方法

常见故障	产生故障原因	处理方法
干涉仪不扫描，不出现干涉图	计算机与红外仪器通信失败	检查计算机与仪器的连接线是否连接好，重新启动计算机和光学台
	更换分束器后没有固定好或没有到位	将分束器重新固定
	红外仪器电源输出电压不正常	检查仪器面板上灯和各种输出电压是否正常
	分束器已损坏	请仪器维修工程师检查、更换分束器
	控制电路板元件损坏	请仪器公司维修工程师检查
	空气轴承干涉仪未通气或气体压力不够高	通气并调节气体压力
	主光学台和外光路转换后，穿梭镜未移动到位	光路反复切换，重试
	室温太低或太高	用空调调节室温
	He-Ne 激光器不亮或能量太低	检查激光器是否正常
	软件出现问题	重新安装红外操作软件
干涉图能量太低	分束器出现裂缝	请仪器维修工程师检查、更换分束器
	光阑孔径太小	增大光阑孔径
	光路未准直好	自动准直或动态准直
	光路中有衰减器	取下光路衰减器
	检测器损坏或 MCT 检测器无液氮	请仪器维修工程师检查、更换检测器或添加液氮
	红外光源能量太低	更换红外光源
	各种红外光反射镜太脏	请仪器维修工程师清洗
	非智能红外附件位置未调节好	调整红外附件位置

续表

常见故障	产生故障原因	处理方法
干涉图能量溢出	光阑孔径太大	缩小光阑孔径
	增益太大或灵敏度太高	减小增益或降低灵敏度
	动镜移动速度太慢	重新设定动镜移动速度
	使用高灵敏度检测器时未插入红外光衰减器	插入红外光衰减器
干涉图不稳定	控制电路板元件损坏或疲劳	请仪器维修工程师检查
	水冷却光源未通冷却水	通冷却水
	液氮冷却检测器真空度降低,窗口有冷凝水	MCT检测器重新抽真空
空气背景单光束光谱有杂峰	光学台中有污染气体	吹扫光学台
	使用红外附件时,附件被污染	清洗红外附件
	反射镜、分束器或检测器上有污染物	请仪器维修工程师检查
空光路检测时基线漂移	开机时间不够长,仪器不稳定	开机1h后重新检测
	高灵敏度检测器(如MCT检测器)工作时间不够长	等检测器稳定后再测试

第四节 技 能 训 练

训练4-1 液体、固体薄膜样品透射谱的测定

1. 训练目的
① 掌握常规样品的制样方法。
② 熟练掌握仪器的使用方法。

2. 实验原理

不同的样品状态（固体、液体、气体及黏稠样品）需要相应的制样方法。制样方法的选择和制样技术直接影响谱带的频率、数目和强度。在制备试样时，应选择适当的试样浓度和厚度，使最高峰的透射比在1%～5%，基线在90%～95%，大多数吸收峰透射比在20%～60%。试样中应不含游离水。若是多组分试样，则应在测绘红外光谱前预先分离。常用的制样方法有如下几种。

(1) 液膜法　样品的沸点高于 100℃ 可采用液膜法测定。黏稠的样品也可以采用液膜法。这种方法比较简单，只要在两个盐片之间，滴加 1~2 滴未知样品，使之形成一层薄的液膜。流动性较大的样品，可选择不同厚度的垫片来调节液膜的厚度。

(2) 液池法　样品的沸点低于 100℃ 可采用液池法。选择不同的垫片尺寸可调节液池的厚度，对强吸收的样品用溶剂稀释后再测定。

(3) 糊状法　需准确知道样品是否含 OH 基团（避免 KBr 中水的影响）时采用糊状法。这种方法是将干燥的粉末研细，然后加入几滴悬浮剂在玛瑙研钵中研磨成均匀的糊状，涂在盐片上测定。常用的悬浮剂有石蜡油和氟化煤油。

(4) 压片法　粉末样品常采用压片法。将研细的粉末分散在固体介质中，并用压片装置压成透明的薄片后测定。固体分散介质一般是金属卤化物（如 KBr），使用时要将其充分研细，颗粒直径最好小于 $2\mu m$（因为中红外区的波长是从 $2.5\mu m$ 开始的）。

(5) 薄膜法　对于熔点低，熔融时不发生分解、升华和其他化学变化的物质，可采用加热熔融的方法压制成薄膜后测定。大多数聚合物可先将其溶于挥发性溶剂中，然后滴在平滑的玻璃板或金属板上，待溶剂挥发后，制成膜，直接揭下使用。也可以将溶液直接滴在盐片上成膜。薄膜法在高分子化合物的红外光谱中应用广泛。

3. 仪器与试剂

(1) 仪器设备　FT-IR 光谱仪，KBr 晶片，压片机，模具，平板玻璃和样品架，玛瑙研钵，不锈钢药勺，不锈钢镊子及红外灯。

(2) 试剂　分析纯的聚甲基丙烯酸甲酯、正丁醇、苯甲酸、聚苯乙烯、四氯化碳、光谱纯 KBr 粉末、石蜡油。

4. 训练内容和操作步骤

(1) 开机　开机预热，并将仪器调试到正常工作状态（根据所使用的仪器类型和型号，按使用说明书进行）。

(2) 测定甲基丙烯酸甲酯的红外光谱图（糊状法）

① 用分析纯的无水乙醇清洗玛瑙研钵，用擦镜纸擦干后，再

用红外灯烘干。

② 取 2～3 滴聚甲基丙烯酸甲酯放入玛瑙研钵中,将其研磨成细粉末（$2\mu m$ 左右）。滴加 2～4 滴石蜡油,再研磨成均匀的糊状。

③ 取少许糊状物夹涂在两片洁净的空白 KBr 晶片上,将晶片安放在样品架上,扫描甲基丙烯酸甲酯的红外光谱图。用石蜡油作为本底。

④ 测量完毕,用无水乙醇洗去晶片上的样品,然后再于红外灯下用滑石粉及无水乙醇进行抛光处理,最后用无水乙醇将表面洗干净,用擦镜纸擦干后,置干燥器内保存。

（3）测定正丁醇的红外光谱图（液膜法）

① 用注射器装上无水乙醇清洗两块 KBr 晶片,用擦镜纸擦干后,置于红外灯下干燥。

② 用毛细管分别蘸取少量的正丁醇均匀涂渍于一块洁净 KBr 晶片上,盖上另一块 KBr 晶片,用夹具轻轻夹住后置于样品室中,迅速扫描正丁醇的红外光谱图。

③ 测量完毕,用无水乙醇洗去晶片上的样品,用擦镜纸擦净抛光后,置干燥器内保存。

（4）测定苯甲酸的红外光谱图（压片法）

① 用分析纯的无水乙醇清洗玛瑙研钵,用擦镜纸擦干后,再用红外灯烘干。

② 取 2～3mg 苯甲酸与 200～300mg 干燥的 KBr 粉末,置玛瑙研钵中,在红外灯下混匀。

③ 充分研磨后,用不锈钢药匙取 70～90mg 混合物均匀铺洒在干净的压模内,于压片机上,在 29.4MPa 下,压制 1 min,制成透明薄片。

④ 用不锈钢镊子小心取出压制好的试样薄片,置于样品架中。

⑤ 扫描苯甲酸的红外光谱图,本底采用纯 KBr 晶片。

⑥ 扫描光谱结束后,取下样品架,取出薄片,按要求将模具、样品架等擦净收好。

（5）测定聚苯乙烯红外光谱图（薄膜法）

① 配制质量浓度大约为 120g/L 的聚苯乙烯四氯化碳溶液。

② 用滴管吸取此溶液于干净的玻璃板上，立即用两端绕有细铅丝的玻璃棒将溶液推平，在室温下让其自然干燥（1~2h）。

③ 将玻璃板浸于水中，用镊子小心揭下薄膜。用滤纸吸去薄膜上的水，将薄膜置于红外灯下烘干。

④ 将薄膜放在薄膜架夹上扫描红外光谱图。

(6) 结束工作

① 按操作规范关机，罩上防尘罩。

② 用无水乙醇清洗玛瑙研钵。

③ 整理操作台面和实验室，填写仪器使用记录。

5. 注意事项

① 固体样品经研磨（在红外灯下）后仍应随时注意防止吸水，否则压出的片子易粘在模具上。

② 在红外灯下操作时，用溶剂（乙醇，也可以用四氯化碳或氯仿）清洗盐片，不要离灯太近，否则，移开灯时温差太大，盐片会碎裂。

③ 制薄膜用的平板玻璃要光滑、干净。

④ 用液膜法测定试样时要迅速，以防止试样的挥发。

训练 4-2　正丁醇-环己烷溶液中正丁醇含量的测定

1. 训练目的

① 熟练掌握仪器操作及维护和保养。

② 熟悉不同浓度样品的配制方法。

③ 了解红外光谱法进行纯组分定量分析的全过程。

④ 掌握标准曲线法定量分析的技术。

2. 实验原理

红外定量分析的依据是比尔定律。但由于存在杂散光和散射光，因此，糊状法制备的试样不适于做定量分析。即便是液体池和压片法，由于盐片的不平整、颗粒不均匀，也会造成吸光度同浓度之间的非线性关系而偏离比尔定律。所以在红外定量分析中，吸光度值要用工作曲线的方法来获得。另外，还必须采用基线法求得试样的吸光度值，这样才能保证相对误差小于3%。

3. 仪器与试剂

(1) 仪器　FT-IR 红外光谱仪，一对液体池，样品架，2 支 1mL 注射器，红外灯，擦镜纸；1 支 5mL 移液管，6 个 10mL 容量瓶。

(2) 试剂　分析纯的正丁醇与环己烷标样各 1 瓶，分析纯的无水乙醇 1 瓶，未知样品。

4. 训练内容与操作步骤

(1) 准备工作

① 开机。开机预热，并将仪器调试到正常工作状态（根据所使用的仪器类型和型号，按使用说明书进行）。

② 清洗液体池。用注射器装上分析纯的无水乙醇清洗液体池 3~4 次。

③ 配制标准溶液。分别移取标准溶液（$\varphi_{正丁醇} = 20\%$）1.00mL、2.00mL、3.00mL、4.00mL、5.00mL 放到 10mL 容量瓶中，用溶剂稀释到刻度，摇匀。

(2) 测定液体池的厚度

① 在未放入试样前，扫描背景 1 次。

② 将空的液体池作为样品进行扫描，测出空液体池的干涉条纹图。

③ 按式 $b = \dfrac{n}{2}\left(\dfrac{1}{\sigma_1 - \sigma_2}\right)$ 计算两个液体池的厚度。

(3) 标准溶液的测定　用厚度较小的一个液体池作为参比池。

① 扫描背景。

② 依次测定 5 个标准溶液的红外光谱图，保存，记录下样品名对应的文件名。

③ 绘制工作曲线。

(4) 未知样品的测定　用厚度较大的一个液体池作为样品池。

① 扫描背景。

② 测定未知样品的红外光谱图，保存，记录下样品名对应的文件名。

(5) 结束工作

① 按说明书操作方法正常关机。
② 用无水乙醇清洗液体池。
③ 整理台面，填写仪器使用记录。

5. 注意事项

① 每做一个标样或试样前都需用无水乙醇清洗液体池，然后再用该标样或试样润洗 3~4 次。

② 配制的标准溶液要求最高浓度和最低浓度的特征吸收峰值应在 0~1.5（吸光度）之间（可根据实际情况相应调节标准溶液的浓度）。

③ 标准曲线的相关系数要求必须大于 0.9995。

6. 数据处理

手动计算或由软件自动读取样品谱图上相应的峰高，并计算未知样品的含量，最后写出完整的结果报告。

练 习 四

一、知识题

1. 色散型红外光谱仪按测光方式的不同，可以分为_____与_____两类。

2. 色散型红外光谱仪主要由_____、_____、_____、_____和放大器及记录机械装置几个部分组成。

3. 红外光谱仪中常用的检测器有_____、_____、_____等。

4. 在迈克尔逊干涉仪中，核心部分是_____，简称_____。

5. 下列红外光源中，可用于远红外光区的是（　）
A. 碘钨灯　　B. 高压汞灯　　C. 能斯特灯　　D. 硅碳棒

6. FT-IR 中的核心部件是（　）
A. 硅碳棒　　B. 迈克尔逊干涉仪　　C. DTGS　　D. 光楔

7. 试简要说明经典色散型红外光谱仪的工作原理。

8. 试说明迈克尔逊干涉仪的组成及工作原理。

9. 什么是分束器？其作用如何？

10. 与色散型红外光谱仪相比，FT-IR 有何优点？

11. 简要说明色散型红外光谱仪的日常维护。

12. 简要说明 FT-IR 的日常维护。

13. 试说明压片机的构造及使用方法。

14. 用压片法制样时,研磨过程不在红外灯下操作,谱图上会出现什么情况?

15. 如何测定液体池的厚度?

二、操作技能考核题

1. 题目:苯甲酸的红外吸收光谱测定(压片法)

2. 考核要点

① 压片操作。

② 仪器的开机和调试。

③ 样品谱图的扫描操作。

④ 工作软件的操作。

⑤ 仪器的关机操作。

⑥ 指出样品谱图主要吸收峰的归属。

3. 仪器与试剂

(1) 仪器 Spectrum RX I 型 FT-IR 或其他型号的红外光谱仪,压片机,模具和样品架,玛瑙研钵,不锈钢药匙,不锈钢镊子,红外灯。

(2) 试剂 分析纯的苯甲酸,光谱纯的 KBr 粉末,分析纯的无水乙醇,擦镜纸。

4. 操作步骤

自行设计。

第五章 气相色谱仪的使用

第一节 概 述

气相色谱法（gas chromatography，GC）是基于色谱柱能分离样品中各组分，检测器能连续响应，能同时对各组分进行定性、定量的一种分离分析方法，所以气相色谱法具有分离效率高、灵敏度高、分析速度快、应用范围广等优点。

气相色谱仪（gas chromatograph）属柱色谱仪，其心脏部件为色谱柱（chromatographic column），以惰性气体（inert gases）作为流动相（mobile phase）。固定相（stationary phase）有两种：一种为固体固定相（为表面具有一定活性的固体吸附）；另一种为固定液固定相（高沸点的液体有机化合物）。利用固定相的吸附、溶解等特性，将样品中各组分分离。气相色谱仪对有机化合物具有高效的分离能力，主要用于对容易转化为气态而不分解的液态有机化合物以及气态样品的分析。对于高沸点化合物、难挥发的及热不稳定的化合物、离子型化合物的分离却无能为力，必须采用联用仪器。气相色谱定量分析的灵敏度取决于所采用的检测器的灵敏度。

一、仪器工作原理

气相色谱仪的型号种类繁多，但它们的基本结构是一致的。它们都是由气路系统、进样系统、分离系统、检测系统、数据处理系统和温度控制系统六大部分组成。

常见的气相色谱仪有单柱单气路和双柱双气路两种类型，其结构示意参见图 5-1 和图 5-2。单柱单气路工作原理为由高压气瓶供给的载气（carrier gas）经减压阀减压，净化器净化、干燥后，再经稳压阀控制流量，使其成为压力稳定的气流，气流的压力和流量由气体压力表和转子流量计（目前，高档仪器使用电子式流量控制

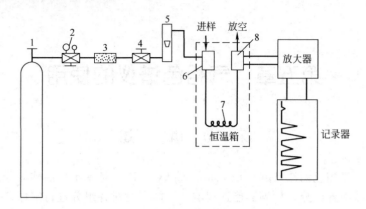

图 5-1 单柱单气路结构示意

1—载气钢瓶；2—减压阀；3—净化器；4—气流调节阀；
5—转子流量计；6—汽化室；7—色谱柱；8—检测器

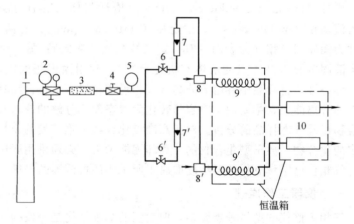

图 5-2 双柱双气路结构示意

1—载气钢瓶；2—减压阀；3—净化器；4—稳压阀；5—压力表；
6,6′—针形阀；7,7′—转子流量计；8,8′—进样汽化室；
9,9′—色谱柱；10—检测器

器和电子式压力控制器，对所有气体可以进行数字化设定其流量和压力）显示出来。汽化室将样品汽化，样品气体由载气载入色谱柱，由于样品中各被测组分在色谱柱中流动相和固定相间分配的差异，从而实现了相互分离，以不同的时间离开色谱柱。被分离的组分分别进入检测器被检测，检测器输出各组分的色谱信号经过放大器和数据处理系统的处理获得的色谱分析结果，并被显示、储存或打印。这种气路结构简单，操作方便。国产 102G 型、HP4890 型等气相色谱仪均属于这种类型。

双柱双气路是将经过稳压阀后的载气分成两路进入各自的色谱柱和检测器，其中一路作分析用，另一路作补偿用。这种结构可以补偿气流不稳或固定液流失对检测器产生的影响，提高了仪器工作的稳定性，因而特别适用于程序升温（programmed heating）和痕量分析。新型双气路仪器的两个色谱柱可以装性质不同的固定相，供选择进样，具有两台气相色谱仪的功能。上海科创 GC900A 型、PE AutosystemXL 型气相色谱仪均属于这种类型。

二、仪器基本结构

1. 载气系统

气相色谱仪中的气路是一个载气连续运行的密闭管路系统。整个气路系统要求载气纯净、密闭性好、流速稳定及流速测量准确。

气相色谱的载气是载送样品进行分离的惰性气体，是气相色谱的流动相。常用的载气为氮气、氢气（在使用氢火焰离子化检测器时作燃气，在使用热导检测器时常作为载气）、氦气、氩气（氦气、氩气由于价格高，应用较少）。

（1）气体钢瓶和减压阀 载气一般可由高压气体钢瓶或气体发生器来提供。实验室一般使用气体钢瓶较好，因为气体厂生产的气体既能保证质量，成本也不高。

① 气体钢瓶。气体钢瓶是高压容器，采用无缝钢管制成圆柱形容器，底部再装上钢质平底的座，使气体钢瓶可以竖放。气瓶顶部装有开关阀，瓶阀上装有防护装置（钢瓶帽）。每个气体钢瓶筒体上都套有两个橡皮腰圈，以防振动后发生撞击。

为了保证安全，各类气体钢瓶都必须定期做抗压试验，每次试验都要有详细记录（如试验日期、检验结论等），并载入气体钢瓶档案。经检验，需降压后使用或报废的气体钢瓶，检验单位还会在瓶上打上钢印说明。

② 减压阀。由于气相色谱仪使用的各种气体压力为 0.2～0.4MPa，因此需要通过减压阀使钢瓶气源的输出压力下降。减压阀俗称氧气表，装在高压气瓶的出口，用来将高压气体调节到较小的压力（通常将 10～15MPa 压力减小到 0.1～0.5MPa）。高压气瓶阀（又称总阀）与减压阀结构如图 5-3 所示。

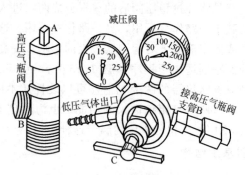

图 5-3　高压气瓶阀和减压阀

使用时将减压阀用螺旋套帽装在高压气瓶总阀的支管 B 上，用活络扳手打开钢瓶总阀 A（逆时针方向转动），此时高压气体进入减压阀的高压室，其压力表（量程 0～25MPa）指示出气体钢瓶内压力。沿顺时针方向缓慢转动减压阀中 T 形阀杆 C，使气体进入减压阀低压室，其压力表（量程 0～2.5MPa）指示输出气体管线中的低工作压力。当低压室的压力大于最大工作压力（2.5MPa）的 1.1～1.5 倍时，减压阀安全装置就全部打开放气，确保安全。不用气时应先关闭气体钢瓶总阀，待压力表指针指向零点后，再将减压阀 T 形阀杆 C 沿逆时针方向转动旋松关闭（避免减压阀中的弹簧长时间压缩失灵）。

实验室常用减压阀有氢气、氧气、乙炔三种。每种减压阀只能用于规定的气体物质，如氢气钢瓶选氢气减压阀；氮气、空气钢瓶选氧气减压阀；乙炔钢瓶选乙炔减压阀等，绝不能混用。导管、压力计也必须专用，千万不可忽视。安装时应先检查螺纹是否符合，然后用手拧满全部螺纹后再用扳手拧紧。打开钢瓶总阀之前应检查减压阀是否已经关好（T 形阀杆松开），否则容易损坏减压阀。

(2) 空气压缩机　空气是使用 FID 检测器时的助燃气,空气可由空气钢瓶和空气压缩机来提供。空气压缩机种类很多,仪器分析实验室多采用无油空气压缩机,因其工作时噪声小,排出的气体无油,适合作为现代仪器的气源。

KQ-10 型净化空气发生器是一种对空气进行增压、净化,并输出具有一定压力洁净空气的空气压缩机,它适用于流量不大于 1L/min,要求压力脉动小的场合。净化空气发生器将空气经过干燥器初步干燥后,由全封闭往复式压缩机进行增压,增压后的气体经由单向阀送入储气瓶,并由储气瓶分两路输出:一路送入压力控制器(压力控制器可自动启闭压缩机);另一路则经过开关阀、稳压阀、过滤器到最后输出。稳压阀可以把输出压力稳定在某一数值上,由面板上压力表显示,最高输出压力为 0.4MPa。

(3) 净化管　气体钢瓶供给的气体经减压阀后,必须经净化管净化处理,以除去水分和杂质。净化管通常为内径 50mm,长 200～250mm 的金属管,如图 5-4 所示。

(4) 稳压阀　由于气相色谱分析中所用气体流量较小(一般在 100mL/min 以下),所以单靠减压阀来控制气体流速是比较困难的。因此,通常在减压阀输出气体的管线中还要串联稳压阀,用以

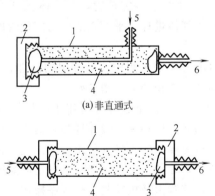

图 5-4　净化管结构

1—干燥管;2—螺帽;3—玻璃纤维;4—干燥剂;5—载气入口;6—载气出口

稳定载气（或燃气）的压力，常用的是波纹管双腔式稳压阀。

(5) 针形阀　针形阀可以用来调节载气流量，也可以用来控制燃气和空气的流量。由于针形阀结构简单，当进口压力发生变化时，处于同一位置的阀针，其出口的流量也发生变化，所以用针形阀不能精确地调节流量。针形阀常安装于空气的气路中，用以调节空气的流量。

(6) 稳流阀　当用程序升温进行色谱分析时，由于色谱柱温度不断升高引起色谱柱阻力不断增加，也会使载气流量发生变化。为了在气体阻力发生变化时，也能维持载气流速的稳定，需要使用稳流阀来自动控制载气的稳定流速。

2. 进样系统

气相色谱仪的进样系统包括进样器和汽化室。其作用是将样品定量引入色谱系统，并使样品有效地汽化，然后用载气将样品快速"扫入"色谱柱。

目前，气相色谱仪的进样装置十分丰富，有六通阀、顶空进样装置、分流进样系统、不分流进样系统、程序升温进样器、汽化室进样系统及自动进样系统等。

(1) 填充柱进样系统

① 六通阀。六通阀连接定量管，取样体积可以选择，六通阀进样装置用于常压气体进样。平面六通阀与定量管的连接方法和进样原理如图 5-5 所示。

六通阀是目前气体定量阀中比较理想的阀件，使用温度较高，寿命长，耐腐蚀，死体积小，气密性好。

② 顶空进样装置。顶空进样装置用于液体样品进样，如果是固体样品可用溶剂溶解后转变为液体样品，但液态样品必须是易挥发性组分。为了避免样品的不易挥发组分污染色谱柱，可把液体样品封闭在一容器中，并使该封闭容器具有一定的温度，让样品挥发进入色谱柱。这种装置由微机控制，按程序操作，显示器上显示有关设定条件。日本岛津 GC-17 系列气相色谱仪和美国 PE 公司的 HS-100 型和 HS-40 型气相色谱仪都采用这种装置。

③ 自动进样器。自动进样器具有圆盘状样品架，可自动分析

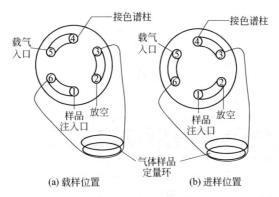

图 5-5　平面六通阀与定量管的连接方法和进样原理

150 种样品，其进样速度、进样间隔可调。

④ 液体样品进样器。液体样品进样器一般是通过汽化室把溶剂和样品转化为蒸气，然后进入色谱柱。为了提高柱效，常用柱头进样系统，即把色谱柱的一端直接插进汽化室中，用微量注射器把样品溶液注射到填充柱的顶部（微量注射器的规范操作见第二节五-3）。各种液体进样器如图 5-6 所示。

（2）毛细管柱进样系统　常用的毛细管柱进样系统有分流进样系统、无分流进样系统、柱头进样系统和宽口径毛细管进样系统。

分流进样系统适用于低沸点和中沸点的样品，其结构原理如图 5-7 所示。国产 GC-900 型气相色谱仪（上海产）和岛津 GC-17 系列气相色谱仪都配备了这种进样系统。无分流进样系统同样适用于低沸点和中沸点的样品，其结构原理如图 5-8 所示。

（3）程序升温柱头进样器　程序升温柱头进样适用于容易热分解的物质。样品的注入多使用微型注射器。

3. 分离系统

分离系统主要由柱箱和色谱柱组成，其中色谱柱是核心，它的主要作用是将多组分样品分离为单一组分的样品。

（1）柱箱　在分离系统中，柱箱其实相当于一个精密的恒温箱。柱箱的基本参数有两个：一个是柱箱的尺寸；另一个是柱箱的控温参数。

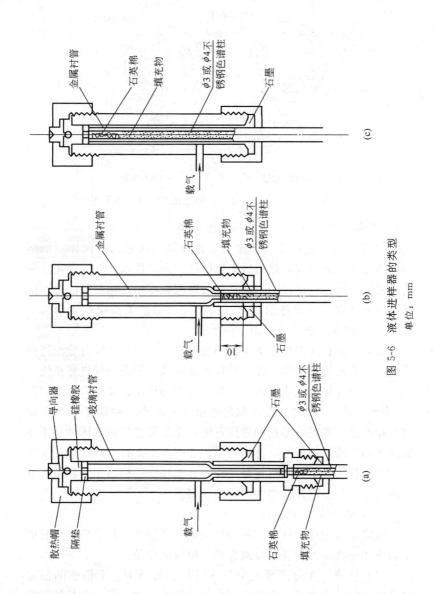

图 5-6 液体进样器的类型

单位：mm

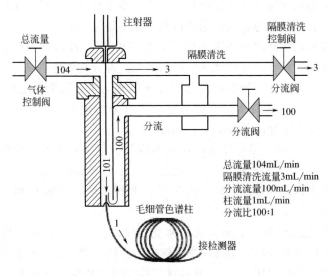

图 5-7　分流进样系统

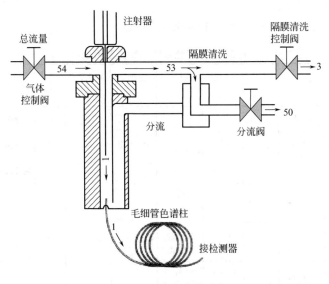

图 5-8　无分流进样系统

单位：mL/min

柱箱的尺寸主要关系到是否能安装多根色谱柱，以及操作是否方便。目前气相色谱仪柱箱的体积一般不超过 15L。

柱箱的操作温度范围一般在室温～450℃，且均带有多阶程序升温设计，能满足色谱优化分离的需要。部分气相色谱仪带有低温功能，低温一般用液氮或液态 CO_2 来实现，主要用于冷柱上进样。

（2）色谱柱的类型　色谱柱一般可分为填充柱（packed column）和毛细管柱（capillary column）。

① 填充柱。填充柱是指在柱内均匀、紧密填充固定相颗粒的色谱柱。柱长一般在 1～5m，内径一般为 2～4mm。填充柱的柱材料多为不锈钢和玻璃，其形状有 U 形和螺旋形，使用 U 形柱时柱效较高。

② 毛细管柱。毛细管柱又称空心柱。它比填充柱的分离效率高，可解决复杂的、填充柱难以解决的分析问题。常用的毛细管柱为涂壁空心柱（WCOT），其内壁直接涂渍固定液，柱材料大多用熔融石英，即所谓弹性石英柱。柱长一般为 25～100m，内径一般为 0.1～0.5mm。

表 5-1 列出常用色谱柱的特点及用途。

表 5-1　常用色谱柱的特点及用途

参数		柱长/m	内径/mm	柱效[①] N	进样量/ng	液膜厚度/μm	相对压力	主要用途
填充柱	经典	1～5	2～4	500～1000	$10\sim10^6$	10	高	分析样品
	微型		≤1					分析样品
	制备		>4					制备纯化合物
WCOT	微径柱	1～10	≤0.1	4000～8000	10～1000	0.1～1	低	快速 GC
	常规柱	10～60	0.2～0.32	3000～5000				常规分析
	大口径柱	10～50	0.53～0.75	1000～2000				定量分析

① N 表示塔板数。

4. 检测系统

气相色谱检测器的作用是将经色谱柱分离后顺序流出的化学组分的信息转变为便于记录的电信号,然后对被分离物质的组成和含量进行鉴定和测量。

目前,气相色谱检测器已有几十种,其中最常用的是热导检测器(thermal conductivity detector,TCD)、氢火焰离子化检测器(flame ionization detector,FID)。普及型的仪器大都配有这两种检测器。此外,电子捕获检测器(electron capture detector,ECD)、氮磷检测器(nitrogen-phosphorus detector,NPD)及火焰光度检测器(flame photometric detector,FPD)等也用得比较多。表 5-2 列出几种常用气相色谱仪检测器的特点和技术指标(以检测器的最好性能为例)。

表 5-2 常用气相色谱仪检测器的特点和技术指标

检测器	类型	最高操作温度/℃	最低检测限	线性范围	主要用途
氢火焰离子化检测器(FID)	质量型,准通用型	450	丙烷:<5pg/s(碳)	10^7($\pm 10\%$)	各种有机化合物的分析,对碳氢化合物的灵敏度高
热导检测器(TCD)	浓度型,通用型	400	丙烷:<400pg/mL;壬烷:20000mV·mL/mg	10^5($\pm 5\%$)	适用于各种无机气体和有机物的分析,多用于永久气体的分析
电子捕获检测器(ECD)	浓度型,选择型	400	六氯苯:<0.04pg/s	$>10^4$	适合分析含电负性元素或基团的有机化合物,多用于分析含卤素化合物
微型 ECD	质量型,选择型	400	六氯苯:<0.008pg/s	$>5\times 10^4$	适合分析含电负性元素或基团的有机化合物,多用于分析含卤素化合物

续表

检测器	类型	最高操作温度/℃	最低检测限	线性范围	主要用途
氮磷检测器（NPD）	质量型,选择型	400	用偶氮苯和马拉硫磷的混合物测定：<0.4pg/s(氮) <0.2pg/s(磷)	$>10^5$	适合于含氮和含磷化合物的分析
火焰光度检测器（FPD）	浓度型,选择型	250	用十二烷硫醇和三丁基磷酸酯混合物测定：<20pg/s(硫)；<0.9pg/s(磷)	硫：$>10^5$ 磷：$>10^6$	适合于含硫、含磷和含氮化合物的分析
脉冲FPD（PFPD）	浓度型,选择型	400	对硫磷：<0.1pg/s(磷) 对硫磷：<10pg/s(硫) 硝基苯：<10pg/s(氮)	磷：10^5 硫：10^3 氮：10^2	适合于含硫、含磷和含氮化合物的分析

5. 数据处理系统和温度控制系统

（1）数据处理系统 数据处理系统最基本的功能是将检测器输出的模拟信号随时间的变化曲线（即色谱图）画出来。

最简单的数据处理装置是记录仪，现已被淘汰。目前使用较多的是色谱数据处理机和色谱工作站。

① 色谱数据处理机 色谱数据处理机可以将积分仪得到的数据进行存储、变换，采用多种定量分析方法进行色谱定量分析，并将色谱分析结果（包括色谱峰的保留时间、峰面积、峰高、色谱图、定量分析结果等）同时打印在记录纸上。此外，色谱数据处理机还可以文件号的方式存储不同分析方法的操作参数，使用这一方法只需要调出文件号，不必一个参数一个参数再去设定。

② 色谱工作站 色谱工作站是由一台微型计算机来实时控制色谱仪器，并进行数据采集和处理的一个系统。它是由硬件和软件

两个部分组成。硬件是一台微型计算机，不同厂家的色谱工作站对微型计算机的配置要求也有所不同。一般色谱工作站都要求配有586或更高的处理器，内存不小于32MB，10GB以上的硬盘，显示器，主板上至少有两个空闲扩展槽，打印机一台，鼠标器一个，标准键盘一个，以及色谱数据采集卡和色谱仪器控制卡。软件主要包括色谱仪实时控制程序，峰识别和峰面积积分程序，定量计算程序及报告打印程序等。

(2) 温度控制系统　在气相色谱测定中，温度的控制是重要的指标，它直接影响柱的分离效能、检测器的灵敏度和稳定性。控制温度主要指对色谱柱、汽化室、检测器三处的温度控制，尤其是对色谱柱的控温精度要求很高。目前，商品仪器多采用可控硅温度控制器，这种控温方式使用安全可靠，控温连续，精度高，操作简便。

三、气相色谱仪的使用规则

气相色谱仪的品种型号繁多，但仪器的操作方法大同小异，使用时均需遵守如下规则。

① 气相色谱仪应安置在通风良好的实验室中，对高档仪器应安装在恒温（20～25℃）空调实验室中，以保证仪器和数据处理系统的正常运行。

② 按说明书要求安装好载气、燃气和助燃气的气源气路与气相色谱仪的连接，确保不漏气。配备与仪器功率适应的电路系统，将检测器输出信号线与数据处理系统连接好。

③ 开启仪器前，首先接通载气气路，打开稳压阀和稳流阀，调节至所需的流量。

④ 在载气气路通有载气的情况下，先打开主机总电源开关，再分别打开汽化室、柱恒温箱、检测器室的电源开关，并将调温旋钮设定在预定数值。

⑤ 待汽化室、柱恒温箱、检测器室达到设置温度后，可打开热导池检测器，调节好设定的桥电流值，再调节平衡旋钮、调零旋钮，至基线稳定后，即可进行分析。

⑥ 若使用氢火焰离子化检测器，应先调节燃气（氢气）和助燃气（空气）的稳压阀和针形阀，达到合适的流量后，按点火开

关，使氢焰正常燃烧；打开放大器电源，调基流补偿旋钮和放大器调零旋钮至基线稳定后，即可进行分析。

⑦ 若使用氮磷检测器和火焰光度检测器，点燃火焰后，调节燃气和助燃气流量的比例至适当值，其他调节与氢火焰离子化检测器相似。

⑧ 若使用电子捕获检测器，应使用超纯氮气并经24h烘烤后，使基流达到较高值再进行分析。

⑨ 每次进样前应调整好数据处理系统，使其处于备用状态。进样后由绘出的色谱图和打印出的各种数据来获得分析结果。

⑩ 分析结束后，先关闭燃气、助燃气气源，再依次关闭检测器桥路或放大器电源，汽化室、柱恒温箱、检测器室的控温电源，仪器总电源。待仪器加热部件冷却至室温后，最后关闭载气气源。

四、常用仪器型号、性能和主要技术指标

气相色谱仪的生产厂家、型号、性能与主要技术指标如表 5-3 所示。

表 5-3 气相色谱仪的生产厂家、型号、性能与主要技术指标

生产厂家	仪器型号	性能与主要技术指标
上海精密科学仪器有限公司分析仪器厂	GC122	微机化仪器；具有双 FID 检测器，双填充柱，双进样器，双气路系统；具有断电保护、温度极限、温度扫描、快速自动降温等功能。 对于柱箱，控温范围为室温以上 15～400℃（增量 1℃）；控温精度优于 0.1℃（100℃时）。 5 阶程序升温，速率为 (0.1～40)℃/min（增量为 0.1℃/min）；恒温时间为 0～655min（增量为 1min）。 对于 FID 检测器，噪声 $\leqslant 5\times 10^{-14}$ A；漂移 $\leqslant 6\times 10^{-13}$ A/h
	GC112	微机化仪器，可进行填充分析和毛细管柱分析，具有多种进样系统；填充柱有柱上进样、瞬时汽化进样、气体进样；毛细管柱有分流进样、无分流进样、0.53 大口径柱直接进样；具有柱箱自动降温（即后开门）功能，实现快速冷却；可对柱箱、检测器、进样器进行温控，温控范围为室温以上 15～400℃（增量 1℃）；程序升温数为 5 阶，速率为 (0.1～40)℃/min（增量为 0.1℃/min）；恒温时间为 0～655min（增量为 1min）。 检测器的性能：FID 的噪声 $\leqslant 1\times 10^{-13}$ A

续表

生产厂家	仪器型号	性能与主要技术指标
上海精密科学仪器有限公司分析仪器厂	GC1102	微机化仪器;可配多种进样系统,如填充柱有柱上进样、瞬时汽化进样、气体进样;毛细管柱有分流进样、分流/无分流进样、冷柱上进样。 温控范围为室温以上 30~320℃,程序升温数为 3 阶,进样器温度为室温以上 30~350℃;FID 的噪声$\leqslant 1\times 10^{-13}$A;TCD 的噪声$\leqslant 20\mu$V
北京北分瑞利仪器(集团)有限责任公司色谱仪器中心	SP-3400	微机控制,具有全键盘操作,故障自诊断功能,TCD 热丝断气保护,超温保护功能,柱箱为程序升温,4 阶升温速率可在(0.1~50℃)/min; 温度控制:柱恒温箱为室温以上 15~420℃,注射器为室温~420℃;检测器为室温~420℃;辅助箱为室温~420℃;检测器种类有 TCD、FID、ECD、FPD 及 TSD
	SP-3800	全汉语操作,直观方便;柱箱为程序升温,4 阶升温速率可在(0.1~50)℃/min。温度控制:柱恒温箱为室温以上 15~420℃;汽化室为室温~420℃;检测器为室温~420℃;辅助箱为室温~420℃。检测器种类有 TCD、FID、ECD、FPD、TSD
	SP-3420	柱箱为程序升温,4 阶,升温速率可在(0.1~50)℃/min,柱恒温箱温度控制为室温以上 15~350℃,注样器为室温~400℃,检测器为室温~400℃,辅助箱为室温~400℃
	SP-2000	微机控制,全键盘操作,柱箱为程序升温,5 阶,可同时控制两个检测器的程序升温;双辅助箱控温,恒温箱为室温以上 15~350℃,汽化室为室温~420℃,检测器为室温~420℃
	SQ-203	微机化仪器;键盘输入工作参数,人机对话编制程序,用于常量和痕量分析;具有 4 种检测器(TCD、FID、FPD、ECD)供选择
	SQ-206	柱箱为程序升温,可外配单阶程序升温部件;柱恒温箱控制为室温以上 20~300℃,注样器为室温~350℃,检测器为室温~350℃;检测器种类有 TCD、FID
	SQ-901	仪器主要用于微量 CO、CO_2 和 H_2、O_2、CH_4、C_2H_2、C_2H_4、C_2H_6 等气体的分析;分析周期$\leqslant 10$min(指最长保留时间)
	ST-04 型微量水分气相色谱仪	仪器主要用于分析液体、气体、液化气样中的微量水分;柱恒温箱的温度范围为 50~199℃,可调精度为 1℃,控温精度为± 0.3℃,汽化箱温度为 50~350℃,可调精度为 1℃,TCD 的噪声$\leqslant 5\mu$V,漂移$\leqslant 50\mu$V/30min

续表

生产厂家	仪器型号	性能与主要技术指标
大连依利特科学仪器有限公司	GC-101	微机化仪器;启动时间<2h;柱室温度控制精度<±0.3℃;基线稳定性:漂移≤±0.05mV/0.5h;噪声≤±0.3mV。检测器种类有TCD、FID;TCD灵敏度≥2000mV,TCD线性范围>10^4;FID线性范围为$1×10^6$;控温方式为三路智能温控仪设定,显示控制温度,安全模式为超温可自动整机断电
上海海欣色谱仪器有限公司	GC-920	微机化仪器;柱箱温度范围为室温以上8~399℃(增量1℃);控温精度为±0.1℃;程序升温最大阶数为5阶;升温速率为(0~40℃)/min(增量0.1℃/min);进样系统温度范围为室温以上10~399℃(增量1℃);检测器温度范围为室温以上10~399℃(增量1℃);TCD控温精度为±0.01℃
	GC-950	微机化仪器;柱箱温度范围为室温以上10~399℃(增量1℃),控温精度为±0.1℃;过热保护可由键盘设定保护值。程序升温最大阶数为5阶;升温速率为(0~40℃)/min(增量0.1℃/min);进样系统温度范围为室温以上10~399℃(增量1℃);控温精度为±0.1℃;可选择填充柱上进样
	GC-960	微机化仪器;柱箱、进样器、检测器三路独立恒温,控制温度范围为室温以上10~399℃(增量1℃),控温精度为±0.1℃;过热保护可由键盘设定保护值。火焰离子化检测器(FID)噪声$≤5×10^{-13}A$,漂移$≤5×10^{-12}A/30min$;TCD的噪声$≤30\mu V$,漂移$≤100\mu V/30min$
北京东西电子技术研究所	GC-4000	微机化仪器;根据使用性能不同分为十多种型号,具有多阶程序升温功能,适宜于气体样品和沸点低于400℃的液体和固体的微量和常量分析;可选配TCD、FID、FPD、ECD检测器中任一种或多种,并联双气路,有两种汽化室供选配,可加配毛细管装置和六通阀进样装置
上海科创色谱仪器公司	GC-900A	微机化仪器;柱箱温度范围为室温以上6~400℃,进样系统温度范围为室温以上10~400℃,TCD温度范围为室温以上20~300℃,FID温度范围为室温以上10~400℃;柱箱温控精度为±0.1℃,温度显示精度为0.1℃;柱箱程序升温速率为0~40℃/min(调节增量0.1℃/min);柱箱降温速度为从300℃降至100℃时间不大于8min;TCD基线漂移$30\mu V/15min$,TCD基线噪声$15\mu V$;FID基线漂移$≤1×10^{-13}A/15min$,FID基线噪声$5×10^{-14}A$

续表

生产厂家	仪器型号	性能与主要技术指标
温岭福立分析仪器公司	GC-9790	仪器采用微机控制,键盘式操作,液晶屏幕显示,数字刻度旋钮指示载气流量。柱箱容积大,无死角,温度范围为室温8~399℃(增量为1℃);控温精度≤±0.1℃;程序升温最大阶数为6阶;升温速率为(0.1~40℃)/min(增量0.1℃/min);降温速度:柱箱温度从200℃降至100℃时间不大于3min TCD最大温度400℃,控温精度≤±0.1℃,灵敏度$S \geqslant$ 2500mV·mL/mg(正十六烷),噪声≤20μV,漂移≤100μV/30min,动态线性范围≥10^4;FID最大温度400℃,控温精度≤±0.1℃,检测限≤1×10^{-11}g/s(正十六烷),噪声≤2×10^{-13}A,漂移≤5×10^{-13}A/30min,动态线性范围≥10^6;ECD最大温度350℃,控温精度≤±0.1℃,检测限≤1×10^{-13}g/mL(γ-666),噪声≤20μV,漂移≤50μV/30min,动态线性范围≥10^4;FPD最大温度400℃,控温精度≤±0.1℃,检测限(用甲基对硫磷)P≤1.4×10^{-12}g/s,S≤5×10^{-11}g/s,噪声≤2×10^{-11}A,漂移≤4×10^{-11}A/30min,动态范围P≥10^3,S≥10^2;NPD最大温度400℃,控温精度≤±0.1℃,检测限N≤1×10^{-12}g/s(偶氮苯),P≤5×10^{-13}g/s(马拉硫磷),噪声≤4×10^{-13}A,漂移≤2×10^{-12}A/30min,动态范围P≥10^3
	GC-9790Ⅱ	集成了GC-9790各项优点;320×240大屏幕液晶显示屏,实现中、英文显示,参数设置简单直观;具备自动点火功能;具备电子流量显示系统与载气压力监视系统;具备智能故障自检及报警功能
	GC-9720	国内首创程序升温阶数可任意设置;全新的EPC/AFC气路系统,灵活控制气路;FID宽量程设计,10^{-15}~10^{-5}A,扩展了样品分析线性范围;柱箱温度范围-80~450℃(液氮);高灵敏度微型热导技术,提高了分析灵敏度;支持多阀多柱切换技术,可实现复杂样品的简单分析;支持GC-MS联用技术

续表

生产厂家	仪器型号	性能与主要技术指标
日本岛津公司	GC-2010	柱箱温度范围:室温+4~450℃,-50~450℃(使用制冷剂),温度梯度±2℃;EPC 控制,压力范围 0~970kPa,温度程序升温过程中色谱柱线速可恒定;分流/不分流进样,柱头/PTV 进样(最大升温速率 250℃/min,可编程 7 段); FID 最高使用温度 450℃,检测限 3pg/s(十二烷),动态范围 10^7;TCD 最高使用温度约 400℃,$S=20000$mV·mL/mg(癸烷),动态范围 10^5;ECD 最高使用温度约 350℃,检测限 8fg/s(γ-666),动态范围 10^4;FPD 最高使用温度约 350℃,检测限 P 0.2pg/s(磷酸三丁酯),S 4pg/s(十二烷硫醇),动态范围 P 10^4,S 10^3;NPD 最高使用温度约 450℃,检测限 N 0.3pg/s(偶氮苯),P 0.03pg/s(马拉硫磷),动态范围 N、P 10^3
	GC-2014	柱箱温度范围:室温 10~420℃,-50~420℃(使用制冷剂),控温精度为设定值的±1%,温度梯度±2℃;可容纳毛细管柱 2 支,填充柱 4 支;EPC 双填充柱流量控制范围 0~100mL/min,保持程序升温过程中流量稳定,毛细管柱分析 EPC 可实现柱前压、流量、线速、分流比的数字设定,压力流量控制,恒定线速等功能;填充柱进样,分流/不分流进样,直接进样;常用 5 种检测器同 GC-2010 型
美国安捷伦公司	GC-7890A	多柱型、多种进样系统、多检测器,主要用于微量、痕量和超痕量毛细管柱分析。 柱箱温度范围:室温 4~450℃,-80~450℃(液氮),-55~450℃(干冰),最大升温速率 120℃/min,程序升温 6 阶 7 平台,环境干扰<0.01℃/℃;13 路 EPC 控制,压力设置精度 0.01psi,保留时间锁定功能使保留时间重复性在百分之几到千分之几;分流/不分流进样,冷柱头进样,程序升温汽化进样,隔膜清扫填充柱进样; FID 最高使用温度 450℃,检测限 5pg/s(丙烷),动态范围 10^7;TCD 最高使用温度约 400℃,检测限<400pg/mL(丙烷),动态范围 10^5;ECD 最高使用温度约 400℃,检测限<8fg/s(高丙体 666),动态范围 10^4;FPD 最高使用温度约 250℃,检测限 P<0.9pg/s(磷酸三丁酯),S<20pg/s(十二硫醇和磷酸三丁酯混合物),动态范围 P 10^4,S 10^3;NPD 最高使用温度约 400℃,检测限 N<0.4pg/s(偶氮苯),P<0.4pg/s(马拉硫磷),动态范围 N、P 10^3

续表

生产厂家	仪器型号	性能与主要技术指标
美国瓦里安公司	CP-3800GC	最高柱箱温度450℃；气体气路手动或EPC控制；分流/不分流进样，填充柱进样，PTV进样，结合自动进样器可实现固相微萃取进样，结合PTV使用Chromato probe可实现固体、液体、浆状物直接进样；可选配FID、TCD、ECD、NPD、PFPD、MS等检测器，其中PFPD灵敏度比常规FPD高近100倍，最小检测限可达10^{-7}，且定量工作简单
美国PE (Perkin-Elmer)公司	Clarus 600	柱箱温度范围$-90\sim450$℃（带冷却剂），最大升温速率140℃/min，程序升温9阶10平台；气体气路手动或PPC控制，进样口参数设定包括压力、流量、线速和分流比；填充柱进样，分流/不分流进样，PTV进样，冷柱头进样，气体六通阀进样，预排/切割大体积进样，高压脉冲进样，Turbo Matrix顶空进样器（可配捕集阱自动进样）； FID工作温度100~400℃，检测限<3fg/s(壬烷)，信号滤波常数50、200、800，毛细管柱不加尾吹气；ECD工作温度100~450℃，检测限<0.05fg/s(全氯乙烯)，信号滤波常数200、800。TCD工作温度100~350℃，检测限<10^{-6}(壬烷)，信号滤波常数50、200、800，毛细管柱不加尾吹气；NPD工作温度100~450℃，检测限N 0.5fg/s，P 0.05fg/s，信号滤波常数50、200、500；FPD工作温度250~450℃，检测限S 10fg/s，P 1fg/s，信号滤波常数50、200、800
美国热电公司	TRACE GC Ultra	适用于研究开发中心、质量控制与质量分析实验室； 柱箱温度范围$-99\sim450$℃（液氮），程升7阶8平台，升温速率0.1~120℃/min，控温精度0.01℃；独立的电子电压和流量控制系统，最高压力1000kPa，控制精度±0.1kPa，具备自动检漏功能，自动柱评价功能，可确保方法移植时保留时间的重复性； 分流/不分流进样，最大进样量50μL；PTV最大进样量250μL，可增吹和切割功能；冷柱头进样，一次最大进样量250μL；通用或带隔垫清洗的填充柱进样。 FID最高使用温度450℃，检测限2pg/s，动态范围10^7；TCD最高使用温度450℃，检测限600pg(乙烷)，动态范围>10^6；ECD最高使用温度400℃，检测限0.01pg/s(六氯苯)，动态范围>10^6；PID最高使用温度400℃，检测限1pg(苯)，动态范围>10^5；NPD最高使用温度450℃，检测限N 0.05pg/s，P 0.02pg/s，动态范围>10^4，无铷珠设计；FPD最高使用温度350℃，检测限P 0.1pg/s，S 5pg/s，动态范围P 10^4，S 10^3；O-FID用于烃类混合物中含氧化合物的检测；PDD(脉冲放电检测器)用于高纯气体中杂质分析，检测限可达10^{-9}级，线性动态范围10^5，无放射性源

第二节 GC9790型气相色谱仪的使用

浙江温岭福立分析仪器公司生产的GC9790系列气相色谱仪仪器结构简单、操作方便,广泛应用于石油化工、精细化工、食品、制药、农药等行业,是一种普及型气相色谱仪,市场占用率较高。

一、仪器主要技术参数

1. 柱箱

① 温度范围:室温8~399℃;

② 控温精度≤±0.1℃;

③ 程序升温为6阶,升温速率为(0.1~40)℃/min(增量0.1℃/min);

④ 降温速率:柱箱从200℃降至100℃时间≤3min。

2. 热导检测器(TCD)

① 最大温度400℃,控温精度≤±0.1℃;

② 灵敏度$S \geqslant 2500$mV·mL/mg(正十六烷);

③ 噪声≤20μV,漂移≤100μV/30min;

④ 动态线性范围≥10^4。

3. 氢火焰离子化检测器(FID)

① 最大温度400℃,控温精度≤±0.1℃;

② 检测限≤1×10^{-11}g/s(正十六烷);

③ 噪声≤2×10^{-13}A,漂移≤5×10^{-13}A/30min;

④ 动态范围≥10^6。

4. 仪器使用条件

① 电源电压:220V±10%,50Hz。

② 环境温度5~35℃,相对湿度25%~80%。

③ 最大功率:2500W。

二、仪器工作原理与结构

1. 仪器工作原理

气相色谱仪以气体作为流动相(载气)。当样品由微量注射器

"注射"进入汽化室汽化后,被载气携带进入填充柱或毛细管色谱柱。由于样品中各组分在色谱柱中的流动相(气相)和固定相(液相或固相)间分配或吸附系数的差异,各组分在两相间作反复多次分配,使各组分在柱中得到分离,然后用接在柱后的检测器根据组分的物理化学特性,将各组分按顺序检测出来。

2. 仪器主要部件及辅助设备

(1) 主机 GC9790 型气相色谱仪主机内装有进样器、色谱柱、检测器、恒温箱、流量控制部件、电路控制板等。图 5-9 显示了 GC9790 型气相色谱仪的外形正面布局。

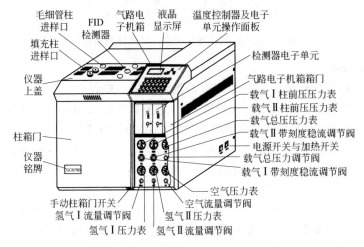

图 5-9 GC9790 型气相色谱仪外形正面布局

(2) 气路控制系统 图 5-10 显示了 GC9790 型气相色谱仪的气路控制面板。

载气经由高压钢瓶、减压阀、净化器后进入气相色谱仪器系统,载气总压表显示系统总压,可通过调节总压表下的调节稳压阀将压力调至 0.3MPa(此压力为仪器工厂设置压力)。系统可以安装两根色谱柱,对应的压力由柱前压显示。

如果分析时使用的是 TCD 检测器,则载气进入仪器系统后分成两路,一路为参比,一路为测量,通过两个柱前压稳流阀可调节

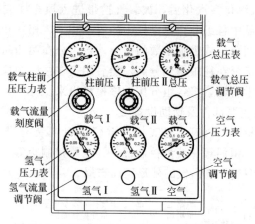

图 5-10　GC9790 型气相色谱仪气路控制面板

至需要的流量。

如果分析时使用的是 FID 检测器，则一般仅需一路载气进入色谱柱（另一路载气流量设置为 0），由载气稳流阀调节至所需流量。GC9790 系列气相色谱仪配置的是双 FID 检测器，使用时可部分进行基流补偿。如果只使用 1 个 FID 检测器，则先由调节阀调节输入适量的空气后，再由氢气Ⅰ或氢气Ⅱ调节阀调节输入适当的燃气流量，点燃即可。

（3）温度控制系统　图 5-11 显示了 GC9790 型气相色谱仪温度控制器及电子单元控制面板。仪器的温度控制采用模拟电路，由于运用了 PID 控制方法，所以使仪器的各被控温点能迅速进入受控状态（30min 之内）。温度设定的方法采用数字按键开关，柱箱、检测器、注样器温度的设定步幅均为 1℃，均且设有超温保护，只要被控区的温度受意外情况而超过设定值 20℃时，仪器自动切断所有加热电源，并且发出蜂鸣声。

（4）色谱柱　GC9790 型气相色谱仪可以使用任何标准柱。柱箱里可安装各类不锈钢填充柱，还可安装玻璃填充柱，组成全玻璃色谱分析系统；在使用 FID 时可安装 530μm 大口径毛细管色谱柱；增加一个毛细管柱配件后即可安装任何规格的毛细管色谱柱。

（5）检测器　GC9790 型气相色谱仪可以同时安装两个检测

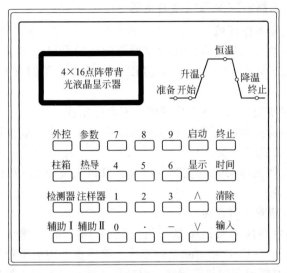

图 5-11　GC9790 型气相色谱仪温度控制器及电子单元控制面板

器，如热导检测器（TCD）和火焰离子化检测器（FID）。TCD 的温度和桥流可直接在电子单元控制面板上进行设置。FID 微电流放大器采用直接放大式，设有 10^{10}、10^9、10^8、10^7 四挡量程设定（对应的设定值分别为 1、10、100、1000）。放大器设有基流补偿调节，在仪器的面板上用"调零"表示（见图 5-9 检测器电子单元）。其作用是：一旦 FID 点火后就有基流信号产生，这个信号的值可能要超出两次仪表（记录仪或积分仪）的量程范围，采用基流补偿调节，产生一个与之相反的电流信号，补偿至零或所需要的值，使分析过程能顺利进行。此外，检测器可通过调节极性来使倒峰变成正峰。

（6）数据显示系统　仪器采用 4×16 点阵带背光液晶显示器显示柱温、汽化室温度、检测器温度；液晶显示器也能以数字形式显示 FID 基流信号、TCD 电平信号以及色谱峰信号。仪器检测器得到的信号必须通过记录仪记录，积分仪或工作站进行处理。GC9790 型气相色谱仪可与各类色谱数据处理机和工作站相联。

三、仪器的安装与气路的检漏

1. 仪器工作环境

① 安装气相色谱仪的实验室的电源应符合以下要求：电源电压为 AC220V（±10%）；环境温度 35~50℃；相对湿度≤80%；功率为 2500W。

② 仪器安放的工作台应稳固，不得有振动。

③ 实验室室内及周围不得有腐蚀性气体及会影响仪器正常工作的电场或磁场存在。

④ 气体钢瓶必须与实验室隔离，且离氢气瓶 2m 以内不得有电炉和火种。

2. 气路安装与检漏

气相色谱仪的管路多数采用内径为 3mm 的不锈钢管，靠螺母、压环和"O"形密封圈进行连接。有的也采用成本较低、连接方便的尼龙管或聚四氟乙烯管，但效果不如金属管好。特别是在使用电子捕获检测器时，为了防止氧气通过管壁渗透到仪器系统造成事故，最好使用不锈钢管或紫铜管。连接管道时，要求既要能保证气密性，又不会损坏接头。

(1) 安装高压气瓶和减压阀

① 根据所用气体选择减压阀。使用氢气钢瓶选用氢气减压阀（氢气减压阀与钢瓶连接的螺母为左螺纹）；使用氮气（N_2）、空气等气体钢瓶，选用氧气减压阀（氧气减压阀与钢瓶连接的螺母为右旋螺纹）。

② 将各种减压阀装上钢瓶。在安装氢气减压阀时，在减压阀与钢瓶连接处应加入一个尼龙垫圈，且应注意螺纹的旋转方向。

③ 换上气源连接口。在气源的气密性确认之后，旋下所有减压阀出口处的六角螺帽，拆下减压阀原输出接口，换上气相色谱仪专用气体接口（该接口的螺牙为 M8×1），然后再将阀上的六角螺帽拧紧，并确认其气密性可靠。

(2) 连接气源至主机的气路（外气路）

① 连接减压阀与净化管。在已洗净并烘干过的气体净化管内分别装入分子筛、硅胶（见图 5-4）。在气体出口处，塞一段脱脂

棉（防止将净化剂的粉尘吹入色谱仪中）。用聚乙烯导管（也可使用金属导管，如 φ3 的紫铜管，不锈钢管）连接减压阀与净化器。

② 连接净化器与仪器载气接口。GC9790 型气相色谱仪（FID）气源至主机的气路连接如图 5-12 所示（带 TCD 的仪器系统只有一路载气，通常为氢气）。

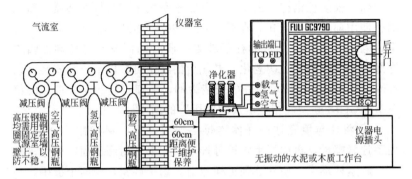

图 5-12　GC9790 型气相色谱仪外气路连接

(3) 外气路的检漏

① 钢瓶至减压阀间的检漏

a. 首先旋松减压阀上的旋转开关，如果是氢气减压阀，还要关闭阀出口处的一个开关阀。

b. 打开钢瓶上的总阀门，观察阀上的两个压力表，其中一只表上指示钢瓶内的压力，另一只指示输出压力，输出压力应为零。

c. 关紧钢瓶上的总阀（必须关紧），压力表上的指示应保持在钢瓶打开时的压力示值。过 15min 后如压力示值仍保持不变，则可认为安装成功。如果压力有下降现象，则表明有漏气。此时可用皂液（洗涤剂饱和溶液）涂在各接头处（钢瓶总阀门开关、减压阀接头、减压阀本身），如有气泡不断涌出，则说明这些接口处有漏气现象，应重新连接。检查后应将各接头处的皂液擦去，以免腐蚀器件。

② 气源至色谱柱间的检漏（此步在连接色谱柱之前进行）。用垫有橡胶垫的螺帽封死汽化室出口，打开减压阀输出节流阀并调节至输出表压 0.025MPa；打开仪器的载气稳压阀（逆时针方向打

开,旋至压力表呈一定值);用皂液涂各个管接头处,观察是否漏气,若有漏气,须重新仔细连接。

关闭气源,待 0.5h 后,仪器上压力表指示的压力下降小于 0.005MPa,则说明汽化室前的气路不漏气,否则,应仔细检查找出漏气处,重新连接,再行试漏。

(4) 安装色谱柱 由于柱上常吸附空气中的易挥发杂质,新色谱柱使用前一定要老化。在载气流量 30~60mL/min、柱温 250℃下,老化至少 4h。用过的柱子放置一段时间而没有将柱端加帽或塞好与空气隔绝,也应老化。老化后的柱子可按以下步骤安装[以 ϕ6mm 和 ϕ3mm 金属填充柱的安装为例,毛细管柱的安装请参阅第三节"GC7890 型气相色谱仪的使用"的四-2]。

① 将柱与填充柱进样器连接。如图 5-13。保持住这个位置,用手拧紧螺母,再用扳手将螺母拧紧。如果密封圈已固定到色谱柱上,旋紧柱螺帽,使柱装到进样器上,用手旋紧,用两个扳手,一

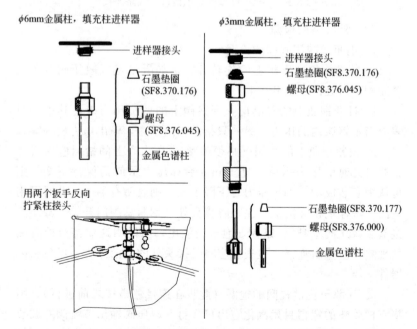

图 5-13 安装 ϕ6mm 和 ϕ3mm 金属柱到填充柱进样器

个夹在柱螺母上,另一个夹在套管上,反向拧紧,防止套管转动。

② 将柱与检测器连接。将螺母和垫圈装到接头部件上,将接头部件尽可能深地正直插入检测器底部,保持住这个位置用手拧紧螺母。如果密封圈已固定到色谱柱上,拧紧螺母,将柱尽可能深地正直插入检测器底部,用手拧紧螺母,再用扳手将螺母拧紧即可。

(5) 汽化室至检测器出口间的检漏 接好色谱柱,开启载气,输出压力调在 0.2~0.4MPa。关载气稳压阀,待 0.5h 后,仪器上压力表指示的压力下降小于 0.005MPa,说明此段不漏气,反之则漏气。

四、工作条件的设置

1. 气体流量的测定

GC9790 型气相色谱仪配备有与稳流阀圈数对应的流量曲线(见图 5-14),因此分析时可根据所需流量调节稳流阀至对应的圈数即可。如果需要对流量进行准确测量或校准,则可使用皂膜流量计进行测量。

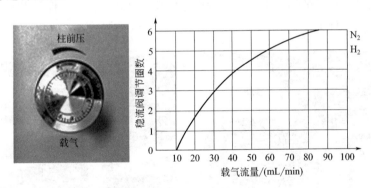

图 5-14 刻度阀与流量曲线

(1) TCD 载气流量的校准

① 打开载气钢瓶总阀和减压阀,将气路控制面板载气总压准确调至 0.3MPa,调节载气Ⅰ或载气Ⅱ稳流阀至某一圈数(如 4.0 圈)。

② 将皂膜流量计的软胶管套在 TCD 检测器的通道 A 或通道 B 的出口上。

③ 一手持皂膜流量计并捏动皂膜流量计上盛放皂液的橡胶球，使产生皂膜，在皂膜上升至"0"位线的同时另一手启动秒表（先揿"电子单元控制面板"上的"时间"进入秒表功能，再揿"输入"即开始计时）。

④ 待皂膜上升到某一刻度时（如 50mL 或 100mL，数值越大越精确），停止秒表（再揿"输入"即停止计时；若揿"清除"，则秒表归零），再用这刻度的示值（例如 50mL）除以秒表上的时间数值，即得到气体流量（以 mL/min 表示）。

(2) FID 载气流量的校准

① 先关闭仪器上的空气、氢气的阀门开关。

② 拧松固定在氢火焰检测器底座上套筒部件的螺母，卸下套筒部件（见图 5-15）。

③ 取出附件螺纹套和接头（如图 5-16、图 5-17、图 5-18 所示），先把接头套在喷嘴上（大口朝下，小口朝上），安装时要小心别碰到喷嘴的铂金细管，然后再把螺纹套套在接头上，将其固定于底座部件上。

图 5-15　卸下 FID 收集极套筒部件

图 5-16　装接头

④ 打开载气钢瓶总阀和减压阀，将气路控制面板载气总压准确调至 0.3MPa，调节载气 Ⅰ 或载气 Ⅱ 稳流阀至某一圈数（如 4.0 圈）。

图 5-17 装上接头后

图 5-18 用螺纹套固定接头

⑤ 如图 5-19 所示,将皂膜流量计上的软胶管套到已被固定好的接头上。

⑥ 一手持皂膜流量计并捏动皂膜流量计上的盛皂液的橡胶球,使产生皂膜,在皂膜上升至"0"位线的同时另一手启动秒表。

⑦ 待皂膜上升到某一刻度时(如 50mL 或 100mL 时,数值越大越精确),停止秒表,再用这一刻度的示值(例如 50mL)除以秒表上的时间数值,即得到载气流量(以 mL/min 表示)。

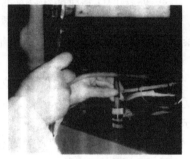
图 5-19 将皂膜流量计软管插上接头

⑧ 打开面板上氢气稳压阀开关,此时载气稳流阀开关不可以再动,调节氢气Ⅰ或氢气Ⅱ稳压阀至某一压力值(如 0.2MPa),按步骤⑤~⑦的方法可以测得载气与氢气的流量之和,减去载气的流量即可得到氢气的准确流量。

⑨ 打开空气针形阀开关,载气稳流阀和氢气稳压阀开关不可以再动,调节空气针形阀至某一压力值(如 0.03MPa),按步骤⑤~⑦的方法可以测得载气、氢气、空气的流量之和,减去载气与氢气的流量即可得到空气的准确流量。

⑩ 测量完毕后取下皂膜流量计的软胶管,卸下螺纹套和接头,装上 FID 套筒部件,拧紧螺帽。

(3) 注意事项

① 应在室温状态下进行流量测试,以免烫伤。

② 皂膜流量计在使用时尽量保持垂直,以免影响测量的准确度。

③ 氢气为易燃易爆气体,操作时周围必须无瞬火。

④ 所有气体调节阀门在调到其接近极限时(最大或最小,此时手感已觉得很紧),不可再用力拧动,以免损坏阀门。

⑤ 氢气的稳压阀顺时针调节是增加流量,逆时针调节是减少流量,其方向正好与载气稳流阀和空气针形阀相反。

⑥ 拆装 FID 套筒部件以及测流量接头时,不能碰到喷嘴。

⑦ 通电开机前必须确认气源与仪器之间连接的气密性。绝对禁止在色谱柱未完全安装完毕的情况下通电开机。

2. 温度操作条件的设置

GC9790 型气相色谱仪可独立对柱温、检测器温度和进样器温度进行设置,设置方法相似,下面以柱温的设置为例说明操作方法。

(1) 柱温为恒温时的设置(设置柱温 150℃)

① 揿电子单元控制面板上的"柱箱",液晶显示屏显示如下对话框(见图 5-20)。

图 5-20 柱箱温度(恒温)的设置

② 当光标在"Temp"处时,依次揿数字键"1"、"5"、"0"和"输入"键,柱温 150℃即已设置完毕,仪器开始加热。此时光标自动跳至"Maxim"处(揿"输入"键光标可在"Temp"和

"Maxim"间切换），可输入色谱柱所能承受的最大温度值。

③ 依次揿"柱箱"、"显示"键，液晶显示屏显示如下对话框（见图5-21）。

图 5-21　柱箱温度的显示

④ 按相同的方法可分别设置进样器温度（揿"注样器"）、热导检测器温度（揿"热导"）、FID温度（揿"检测器"），设置完毕后揿相应键后再揿"显示"可实时观察升温情况。

（2）柱温为程序升温时的设置　假设柱温条件为：柱温80℃（恒定2min），以7℃/min升至150℃（恒定5min）。

① 依次揿"柱箱"、"∨"键，进入程序升温（step0）设定窗口，如图5-22所示。

图 5-22　柱箱温度（程序升温0阶）的设置

此目标温度与恒温设定窗口温度保持一致，当程序升温结束后，柱温将直接降到此温度以待下次程序的运行。

② 揿"∨"键，进入程序升温设定窗口（step1），如图5-23所示。

③ 如果有多阶程序升温，则可继续揿"∨"进行设置，GC9790系列气相色谱仪最多可设置6阶程序升温。在程序升温设置过程中，不需要设置的阶应将全部参数设置为0。在设置过程中若发现某个参数设置有误，可揿"∨"和"∧"键进行阶数查找，

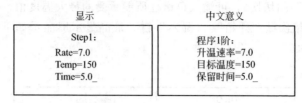

图 5-23 柱箱温度（程序升温 1 阶）的设置

揿"输入"键将光标调整到需要修改的位置，揿"清除"键删除原有数据后重新输入。

3. 检测器参数的设置

GC9790 型气相色谱仪常用的检测器有 TCD 检测器和 FID 检测器，其检测参数的设置方法如下。

（1）TCD 桥电流的设置 揿"参数"键和"∨"和"∧"键至 TCD 参数设置界面（见图 5-24）。图中极性有 1（+）和 0（-）两种选择，可根据色谱峰出峰的情况进行调整，若色谱峰均为倒数，改变极性则可将其转为正峰；桥流可在 0～250mA 间选择。

图 5-24 TCD 桥流的设置

（2）FID 灵敏度挡的选择 揿"参数"键和"∨"和"∧"键至 FID 参数设置界面（见图 5-25）。图中极性的选择同 TCD 检测

图 5-25 FID 量程的设置

器；量程可选择1、10、100、1000，选择"1"灵敏度最高，选择"1000"最小，逐次降低10倍。

五、GC9790 型气相色谱仪的基本操作

1. GC9790 型气相色谱仪（带 FID 检测器）的基本操作

（1）开机

① 安装填充柱，输入载气（N_2），对气路做气密性检查。

② 打开载气钢瓶总阀，调节减压阀输出压力为 0.4MPa 左右；在确认不漏气的情况下，用皂膜流量计测量载气流量；调节载气刻度阀，使其流量在 20～50mL/min。

③ 打开主机电源总开关和加热开关，分别设定柱箱、注样器（即汽化室）和检测器温度，仪器升温。

④ 打开色谱数据处理机，输入相关参数。

⑤ 待各路温度到达设定值后，打开空气钢瓶或空气压缩机开关，调节空气针形阀（0.03MPa 左右），使其流量在 200～500mL/min；打开氢气钢瓶，调节减压阀输出压力略高于 0.2MPa，调节氢气流量阀（0.2MPa）；用点火枪在检测器顶部直接点火，若基线未发生变化或将扳手光亮面置于检测器出口处未观察到水珠生成，则表明火未点着，重新点火至点着为止；氢火焰点着后调节氢气压力为 0.1MPa，使其流量约为 30mL/min；调节 FID 合适灵敏度挡（共四挡，由大至小顺序为 1/10/100/1000）。

⑥ 按下色谱数据处理机上的"PLOT"键，观察基线的变化情况，待基线稳定（可通过旋转 GC9790 面板上的"调零"旋钮使基线电平在合适位置）后，按下"STOP"键。

（2）数据采集

① 用微量注射器抽取一定量的样品进样，同时点击色谱数据处理机上的"START"键，开始采集色谱数据。

② 待色谱峰出完后，点击色谱数据处理机上的"STOP"键，结束色谱数据的采集。若需要重复测定或在相同色谱条件下测定另一样品，则只需重复①、②操作即可。

（3）结束工作

① 先关氢气钢瓶总阀，回零后关减压阀，然后关氢气流量阀；

关空气钢瓶(或空气压缩机开关),关空气针形阀。

② 设置柱箱温度与注样器温度为室温以上约 20℃,检测器温度为 120℃(持续 0.5h 后再将其温度设置为室温以上约 20℃)。

③ 关色谱数据处理机。

④ 待各路温度达到设定值后,关仪器加热开关,关仪器总电源开关;关载气总阀及减压阀,关柱前压稳流阀。

⑤ 清洗进样器;清理台面,填写仪器使用记录。

2. GC9790 型气相色谱仪(带 TCD 检测器)的基本操作

(1) 开机

① 两个通道安装相同填充柱后,输入载气(H_2),对气路做气密性检查。

② 打开载气钢瓶总阀,调节减压阀输出压力约为 0.4MPa;在确认不漏气的情况下,用皂膜流量计测量载气流量;调节载气刻度阀,使两个通道载气流量均在 20mL/min 左右。

③ 打开主机电源总开关和加热开关,分别设定色谱柱柱箱、注样器和检测器温度,仪器升温;打开色谱数据处理机,输入相关参数。

④ 待各路温度达到设定值后,在确保载气进入检测器的前提下,设置桥流在合适的数值(120mA 左右);观察色谱数据处理机基线的变化,待基线稳定(方法同 FID)。

(2) 数据采集　同 FID。

(3) 结束工作

① 先关闭桥电流,设置柱箱温度、检测器温度与注样器温度均为室温以上约 20℃。

② 其余操作同 FID。

3. 微量注射器进样操作

进样速度快,可使样品随载气以浓缩状态进入色谱柱,保证色谱峰原始宽度窄,利于分离;进样缓慢,样品汽化后被载气稀释,峰形变宽,且不对称,既不利于分离也不利于定量。因此,用微量注射器直接进样时需注意以下操作要点。

吸取样品前,先用溶剂抽洗 5~6 次,再用被测样品抽洗 5~6

次；缓缓抽取一定量样品（稍多于进样量），10μL 以上的注射器需防止空气进入（排出方法是在样品瓶中连续抽、推几次），排除过量的样品，并用滤纸吸去针杆处所沾的样品（推出样品前先在针杆上插入一张滤纸）；取样后立即进样，进样时要求注射器垂直于进样口，

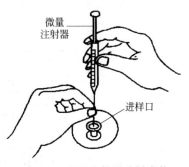

图 5-26　微量注射器进样姿势

左手扶着针头防弯曲，右手拿注射器（见图 5-26），迅速刺穿硅橡胶垫，平稳、敏捷地推进针筒（针尖插到底，针头不能碰着汽化室内壁），用右手食指平稳、轻巧、迅速地将样品注入，完成后立即拔出，要求整个过程稳当、连贯、迅速。进针位置及速度、针尖停留和拔出速度都会影响进样的重现性。手动进样的相对误差一般在 2%～5%。

六、色谱数据处理机的使用

色谱数据处理机的生产厂家和种类繁多，大致可分为三类。第一类属基本型，此类色谱处理机只能把色谱图和处理结果即时通过打印绘图仪输出，不具备数据储存（或只能储存少量数据）和色谱峰再解析功能；第二类（如岛津 C-R4A）数据处理装置配备打印绘图机、磁盘驱动装置及 CRT 监视器，可将色谱数据实时监视、输出和存盘后再进行解析处理，使用十分方便和灵活；第三类是色谱工作站，它由数据采集和转化装置、工作站软件和一套 586 型以上档次的微机组成。它与前两类数据处理机的重大区别在于工作站软件中还配有色谱资料库和数据处理专家系统，初步具备智能功能。虽然如此，但是三类数据处理装置对波形处理采用的方法和步骤是相似的。下面以岛津 C-R6A 色谱处理机为例介绍色谱处理机的基本功能和使用方法。

1. 色谱数据处理机操作面板简介

C-R6A 操作面板如图 5-27 所示。操作键主要分为功能键、参数键和数字键三大部分，下面分别予以介绍。

292 分析仪器操作技术与维护

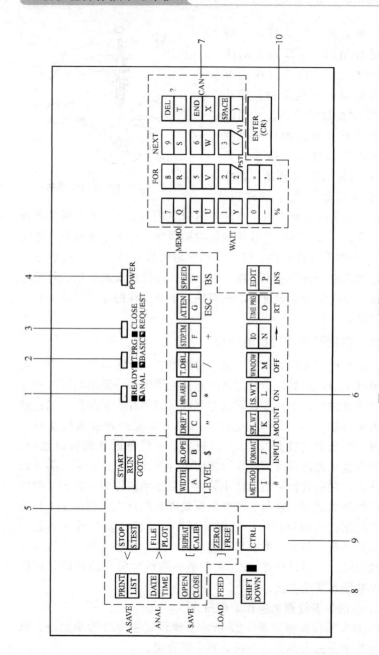

图 5-27 C-R6A 操作面板

1~4—指示灯；5—功能键；6—色谱数据处理参数键区；7—数据键区；8~10—功能转换、控制、输入确认键

(1) 功能键　功能键键名和功能列于表 5-4。

表 5-4　功能键键名和功能

序　号	键　　名	功　　能
1	$\dfrac{\text{PRINT}}{\text{LIST}}$	打印和列表键
2	$\dfrac{\text{DATE}}{\text{TIME}}$	设置分析日期和时间
3	$\dfrac{\text{OPEN}}{\text{CLOSE}}$	打开锁键功能和锁键
4	FEED	走纸
5	$\dfrac{\text{STOP}}{\text{S. TEST}}$	停止分析和 50s 斜率自动测试
6	$\dfrac{\text{FILE}}{\text{PLOT}}$	色谱文件选择和走色谱基线命令键
7	$\dfrac{\text{REPEAT}}{\text{CALIB}}$	重新计算和校正计算
8	$\dfrac{\text{ZERO}}{\text{FREE}}$	记录笔零点调整和释放

一个功能键可以担负多种功能，表中各键的下一排所示的功能需要通过先按 $\dfrac{\text{SHIFT}}{\text{DOWN}}$ 键，再按该键才能实现。例如，对于一个正在分析的工作，总是不希望旁人误触操作键影响它，这时正好可利用锁键功能。当该功能被设置后，再按其他键，色谱数据处理机均不接受。操作命令是按 $\dfrac{\text{SHIFT}}{\text{DOWN}}$ → $\dfrac{\text{OPEN}}{\text{CLOSE}}$。分析结束后，要想取消该功能，直接按 $\dfrac{\text{OPEN}}{\text{CLOSE}}$ 即可。

(2) 色谱数据处理参数键　色谱数据处理机采集色谱数据后，将按照所指定色谱文件中预先设置的分析参数进行色谱数据处理。色谱文件中的分析参数如图 5-28 所示。

```
LIST   WIDTH (0)
ANALYSIS  PARAMETER  FILE  0
WIDTH      5           SLOPE        70
DRIFT      0           MIN. AREA    10
T. DBL     0           STOP. TM    655
ATTEN      0           SPEED        10
FORMAT$    0           METHOD$      41
SPL. WT  100           IS. WT        1
```

图 5-28　色谱文件中的分析参数

其中涉及的波形处理参数列于表 5-5。其他参数介绍如下。

表 5-5　波形处理参数

参　数	设定初始值 （方括号内）	备　　注
WIDTH	最小峰宽度 [5]（单位：s）	设定在分析中幅度最狭的峰的半高宽
SLOPE	峰检测灵敏度 [70] （单位：μV/min）	为峰检测的灵敏度  可由 S. TEST 自动设定
DRIFT	基线变动的大小 [0]＝自动处理 （单位：μV/min）	峰和基线漂移的判断电平 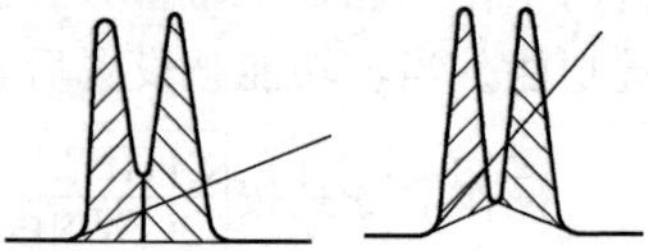 设定为 0 时，和上图无关，进行自动判断。可设定为负值
T. DBL	参数变更时间 [0]＝自动处理 （单位：min）	到设定的时间时，峰检测灵敏度（SLOPE）和峰宽（WIDTH）变为 2 倍（SLOPE 值的 1/2）。设定为 0 时，为自动处理

续表

参 数	设定初始值(方括号内)	备 注
STOP.TM	分析结束时间 [655] (单位:min)	虽不按下 STOP 键,但到了此时间,将停止分析,开始进行定量计算

ATTEN 和 SPEED 是用于调整所记录的色谱峰大小和走纸速度,单位分别为 2^n V 和 mm/min。

METHOD $ 用于设置定量计算的方法,如 41、42 和 43 分别表示面积归一化方法、校正面积归一化方法和内标法。

FORMAT $ 用于设计打印格式,"0"表示自动设计。

SPL.WT 和 IS.WT 用于内标法中输入样品和内标物的量。在非内标法定量中,分别设为 100 和 1。

参数值通过如下命令格式输入:

$$参数键 \rightarrow 数值 \rightarrow \boxed{ENTER}$$

例如,要求对峰面积小于 200 的色谱峰不进行定量计算,可以按如下的顺序输入命令:

$$MTN.AREA \rightarrow 200 \rightarrow \boxed{ENTER}$$

在分析之前往往需要列出图 5-28 的分析参数表,检查是否需要修改分析参数。按以下顺序输入:

$$\boxed{\frac{SHIFT}{DOWN}} \rightarrow \boxed{\frac{PRINT}{LIST}} \rightarrow \boxed{WIDTH} \rightarrow \boxed{ENTER}$$

2. C-R6A 色谱数据处理机的基本操作方法

(1) 面积归一化法 定量计算公式如下。

$$被测组分的质量分数 = \frac{峰面积}{\sum 峰面积} \times 100\%$$

按照表 5-6 步骤操作,得到结果如图 5-29 所示。

(2) 内标法 定量计算公式如下。

$$被测组分的质量分数 = \frac{被测组分峰面积 \times 相对校正因子}{内标物峰面积} \times \frac{内标物的量}{试样的量} \times 100\%$$

式中,相对校正因子是以内标物为标准求得的。

① PRINT LEVEL

　　　92.4

② ZERO

③ S.TEST

　TESTIHG　　　　　50sec

　SLOPE　　　　　　23.9998

④ LIST WIDTH (0)

　ANALYSIS PARAMETER FILE 0

WIDTH	5	SLOPE	23.9998
DRIFT	0	MIN.AREA	10
T.DBL	0	STOP.TM	655
ATTEN	0	SPEED	10
METHOD$	41	FORMAT$	0
SPL.WT	100	IS.WT	1

⑤ START

```
─────────────────────────── 0.575
       ────── 1.275
   ── 1.967
```

⑥ CHROMATOPAC　　　　　　FILE　　　　0

　SAMPLE NO　　0　　METHOD　　41

　REPORT NO　　2015

PKNO	TIME	AREA	MK	IDNO	CONC	NAME
1	0.575	8297			59.5044	
2	1.275	3587			25.728	
3	1.967	2059			14.7676	
	TOTAL	13943			100	

图 5-29　面积归一化法分析结果

表 5-6 面积归一化操作步骤

步骤	操 作	内 容
①	PRINT CTRL LEVEL ENTER 按 CTRL 键时,要同时按 LEVEL 键	打印出色谱零点(单位 μV);要求该值在 $-1000\sim+5000$ 范围,如不在该范围,需要调整色谱零点
②	ZERO ENTER	调整记录笔至零点位置
③	SHIFT DOWN S. TEST ENTER	走 50s 基线后自动算出 SLOPE 的值
④	SHIFT DOWN LIST WIDTH ENTER	列出处理色谱峰参数并确认它
⑤	注入试样,按 START	分析开始,保留时间在峰顶处打出
⑥	分析结束后,按 STOP (如果事先设定了 STOP. TM,到达设定时间时,自动地结束分析)	分析结束后,将计算结果报表
	再进行分析时,重复步骤⑤和⑥	

首先准备好一份已知浓度的标准试样,按表 5-6 所示的步骤操作,得到图 5-29 所示的结果。从图 5-29 得到如下数据:

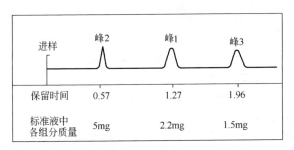

将中间的色谱峰作为内标峰,该峰在峰鉴别表(简称 ID 表)中必须排在第一号峰。ID 表必须包含内标物及其被测组分的保留时间、鉴定峰时允许的保留时间的相对误差及各被测组分的相对校正因子(该值可以输入,也可以利用 ID 表通过输入标准溶液数据经过重新计算得到)。按表 5-7 步骤计算校正因子和测定未知试样,其结果如图 5-30 所示。

⑦ ID
NEW FILE? (Y/N) ⑧ Y
MODE $ (0) = "0" ⑨
WINDOW (0)=5 ⑩
FREE MEMORY   100PEAKS
IDNO   TIME   FACTOR   CONC
1   ⑪ 1.27   ⑫ 0   ⑬ 2.2
2   ⑭ 0.57   ⑮ 0   ⑯ 5
3   ⑰ 1.96   ⑱ 0   ⑲ 1.5
4   ⑳ END
㉑ METHOD$(0)="43"
㉒ CALIB1
㉓ REPEAT

CHROMATOPAC   FILE   0
SAMPLE NO   0   METHOD   43
REPORT NO   2008   SAMPLE WT   100
IS.WT   1   STANDARD   1

PKNO   TIME   AREA   MK   IDNO   CONC   NAME
1   0.575   8297   2
2   1.275   3587   1
3   1.967   2059   3
                      ......
          TOTAL   13943
CALIBRATION MADE IN IDENTIFICATION FILE 0
  MODE $ 0   WINDOW 5
IDNO   TIME   FACTOR   CONC
1   1.27   1   2.2
2   0.57   0.982665   5
3   1.96   1.18786   1.5
㉔ START

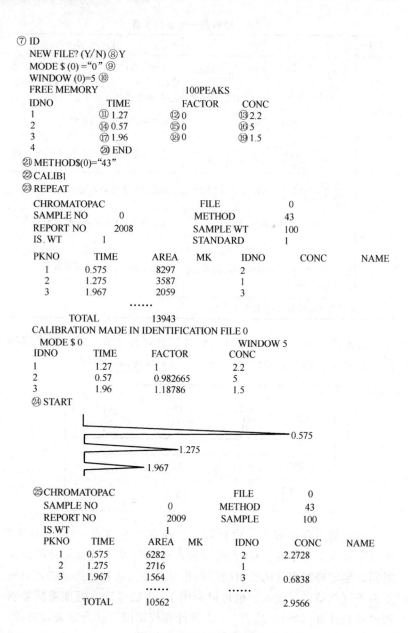

㉕ CHROMATOPAC   FILE   0
SAMPLE NO   0   METHOD   43
REPORT NO   2009   SAMPLE   100
IS.WT   1
PKNO   TIME   AREA   MK   IDNO   CONC   NAME
1   0.575   6282   2   2.2728
2   1.275   2716   1
3   1.967   1564   3   0.6838
                      ....
          TOTAL   10562   2.9566

图 5-30　内标法分析结果

表 5-7　内标法操作步骤

步骤	操　　作	内　　容
⑦	ID ENTER	调出 ID 文件
⑧	SHIFT DOWN Y ENTER	新文件？(Y/N)，输入"Y"
⑨	0 ENTER	MODE 表示：不打印组分名称，TIME、WINDOW 法，单点校正曲线法
⑩	5 ENTER	WINDOW 法：鉴定样品中各被测组分峰时允许与标准保留时间的误差范围(%)
⑪	1 · 27 ENTER	输入内标物的保留时间
⑫	0 ENTER	输入校正因子(未知时输入 0)
⑬	2 · 2 ENTER	输入内标物量 2.2mg
⑭	0 · 57 ENTER	输入第一个峰保留时间
⑮	0 ENTER	输入校正因子
⑯	5 ENTER	输入第一个峰值 5mg
⑰	1 · 96 ENTER	输入第三个峰保留时间
⑱	0 ENTER	输入校正因子 0
⑲	1 · 5 ENTER	输入第三个峰值 1.5mg
⑳	END ENTER	完成 ID 表设置
㉑	METHOD 4 3 ENTER	设置内标法代码"43"
㉒	SHIFT DOWN CALIB 1 ENTER	设置单点校正操作 注：为了得到 3 次进样的平均校正因子，需设置 3，并且在计算后再进两次样
	REPEAT ENTER	计算校正因子，并列出 ID 表
㉓	SPL.WT 数值 ENTER	输入样品的量(本例未输入，自动设置为 100)
	IS.WT 数值 ENTER	输入内标物的量(本例未输入，自动设置为 1)

续表

步骤	操 作	内 容
㉔	注入未知样后,按 START	开始分析样品
㉕	分析结束后,按 STOP	结束分析,计算并打印结果
㉖	要分析更多个试样,重复㉔和㉕操作	

七、仪器的维护和保养

1. 气路系统的维护

① 气体管路的维护。气源至气相色谱仪的连接管线应定期用无水乙醇清洗,并用干燥氮气吹扫干净。如果用无水乙醇清洗后管路仍不通,可用洗耳球加压吹洗。加压后仍无效,可考虑用细钢丝捅针疏通管路。

② 气体自气源进入色谱柱前需要通过的干燥净化管,管中活性炭、硅胶、分子筛应定期进行更换或烘干,以保证气体的纯度。

③ 阀的维护。稳压阀、针形阀及稳流阀的调节需缓慢进行。稳压阀不工作时,必须放松调节手柄(顺时针转动);针形阀不工作时,应将阀门处于"开"的状态(逆时针转动)。对于稳流阀,当气路通气时,必须先打开稳流阀的阀针,流量的调节应从大流量调到所需要的流量;稳压阀、针形阀及稳流阀均不可作开关使用;各种阀的进、出气口不能接反。

④ 皂膜流量计的维护。使用皂膜流量计时要注意保持流量计的清洁、湿润,皂水要用澄清的皂水,或其他能起泡的液体(如烷基苯磺酸钠等),使用完毕应洗净、晾干(或吹干)放置。

2. 进样系统的维护

(1) 汽化室进样口的维护 由于仪器的长期使用,硅橡胶微粒可能会积聚,造成进样口管道阻塞或气源净化不够,使进样口玷污,此时应对进样口清洗。清洗方法是:首先从进样口处拆下色谱柱,旋下散热片,清除导管和接头部件内的硅橡胶微粒(注意,接头部件千万不能碰弯),接着用丙酮和蒸馏水依次清洗导管和接头部件，并吹干。然后按拆卸的相反程序安装好，最后进行气密性检查。

(2) 微量注射器的维护　微量注射器使用前要先用丙酮等溶剂洗净，使用后立即清洗处理（一般常用下述溶液依次清洗：质量浓度为50g/L的NaOH水溶液、蒸馏水、丙酮、氯仿，最后用真空泵抽干），以免芯子被样品中高沸点物质玷污而阻塞；切忌用重碱性溶液洗涤，以免玻璃受腐蚀失重和不锈钢零件受腐蚀而漏水漏气；对于注射器针尖为固定式的，不宜吸取有较粗悬浮物质的溶液；一旦针尖堵塞，可用ϕ0.1mm不锈钢丝串通；高沸点样品在注射器内部冷凝时，不得强行多次来回抽动拉杆，以免发生因卡住或磨损而造成损坏；如发现注射器内有不锈钢氧化物（发黑现象）影响正常使用时，可在不锈钢芯子上蘸少量肥皂水塞入注射器内，来回抽拉几次就可去掉，然后再清洗即可；注射器的针尖不宜在高温下工作，更不能用火直接烧，以免针尖退火而失去穿戳能力。

(3) 六通阀的维护　六通阀在使用时应绝对避免带有小颗粒固体杂质的气体进入，否则在转动阀盖时，固体颗粒会擦伤阀体，造成漏气。六通阀使用时间长了，应该按照结构装卸要求卸下进行清洗。

3. 分离系统的维护

① 新制备的或新安装的色谱柱使用前必须进行老化。

② 新购买的色谱柱一定要在分析样品前先测试柱性能是否合格，如不合格可以退货或更换新的色谱柱。色谱柱使用一段时间后，柱性能可能会发生变化，当分析结果有问题时，应该用测试标样测试色谱柱，并将结果与前一次测试结果相比较。这有助于确定问题是否出在色谱柱上，以便于采取相应措施排除故障。每次测试结果都应保存起来作为色谱柱寿命的记录。

③ 色谱柱暂时不用时，应将其从仪器上卸下，在柱两端套上不锈钢螺帽（或者用一块硅橡胶堵上），并放在相应的柱包装盒中，以免柱头被污染。

④ 每次关机前都应将柱箱温度降到室温，然后再关电源和载

气。若温度过高时切断载气,则空气(氧气)扩散进入柱管会造成固定液氧化和降解。仪器有过温保护功能时,每次新安装了色谱柱都要重新设定保护温度(超过此温度时,仪器会自动停止加热),以确保柱箱温度不超过色谱柱的最高使用温度,防止对色谱柱造成一定的损伤(如固定液的流失或者固定相颗粒的脱落)和降低色谱柱的使用寿命。

⑤ 对于毛细管柱,如果使用一段时间后柱效有大幅度的降低,往往表明固定液流失太多,有时也可能只是由于一些高沸点的极性化合物的吸附而使色谱柱丧失分离能力,这时可以在高温下老化,用载气将污染物冲洗出来。若柱性能仍不能恢复,就得从仪器上卸下柱子,将柱头截去 10cm 或更长,去除掉最容易被污染的柱头后再安装测试,此时往往能恢复柱性能。如果还是不起作用,可再反复注射溶剂进行清洗,常用的溶剂依次为丙酮、甲苯、乙醇、氯仿和二氯甲烷。每次可进样 $5\sim10\mu L$,这一办法常能奏效。如果色谱柱性能还不好,就只有卸下柱子,用二氯甲烷或氯仿冲洗(对固定液关联的色谱柱而言),溶剂用量依柱子污染程度而定,一般为 20mL 左右。如果这一办法仍不起作用,则该色谱柱只有报废了。

4. 检测系统的维护和保养

(1) 热导池检测器的维护和保养

① 尽量采用高纯气源;载气与样品气中应无腐蚀性物质、机械性杂质或其他污染物。

② 载气至少通入 0.5h,保证将气路中的空气赶走后,方可通电,以防热丝元件的氧化。未通载气严禁加载桥电流。

③ 根据载气的性质,桥电流不允许超过额定值。如载气用 N_2 时,桥电流应低于 150mA;用 H_2 时,则应低于 270mA。在保证分析灵敏度的情况下,应尽量使用低桥电流以延长钨丝的使用寿命。

④ 检测器不允许有剧烈振动。

⑤ 使用热导池进行高温分析时,如果停机,除首先切断桥电流外,应等检测室温度降至 50℃ 以下时,再关闭气源,这样可以

延长热丝元件的使用寿命。

⑥ 当热导池使用时间长或被沾污后,必须进行清洗。热导池检测器的清洗方法是:将热导池检测器入口端的色谱柱拆去,用溶解样品或固定液的溶剂从出口端用针筒注入(左入口端用烧杯盛放废液)。如果这种清洗方法无效,则应非常小心地拆去外壳盒加热块,然后将钨丝从池体中取出,用丙酮或其他低沸点溶剂溶解并漂洗。如果这种方法还不能排除污染,则可用超声波清洗器清洗钨丝及检测器池体并烘干,所有这些操作都必须极其小心,以防钨丝扭断。

重新安装钨丝时应注意,不能使钨丝碰到热导池块的腔体,安装次序如下。

a. 把钨丝引出线穿在螺帽中,引出线与万用表一端连接,万用表另一端与热导池块连接(见图 5-31)。

b. 把密封垫圈放在热导池腔体口上,小心地把钨丝放入。

c. 旋紧螺帽,与此同时,注意观察万用表指针。当发现指针为 0Ω 时(此时表示钨丝已碰到热导池腔体),就应立即

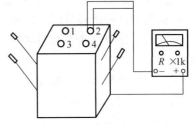

图 5-31 检查 TCD 钨丝安装示意

停止旋紧,防止钨丝碰断,退出螺帽,重新校正热导池钨丝弓架,使钨丝弓架与热导池座垂直。再把钨丝装入腔体,直至万用表针一直指向 ∞ 处,用力旋紧螺帽,其他三臂可同样安装(万用表量程在 $R \times 100$ 或 $R \times 1k$)。

d. 钨丝安装完毕后,重新接线,如图 5-32 所示,钨丝连接方法是将不在同一气路内的钨丝相连。

e. 将清洗好的 TCD 安装在仪器上,然后通载气,加热检测器,通气数小时后即可使用。

⑦ TCD 长期不使用时,需将进气口、出气口堵塞,以确保钨丝不被氧化。

(2) 氢火焰离子化检测器的维护和保养

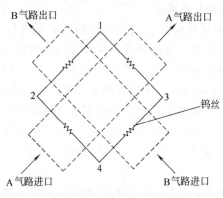

图 5-32　钨丝引出线的连接

① 尽量采用高纯气源,空气必须经过 5A 分子筛充分净化。
② 在最佳的 N_2/H_2 比以及最佳空气流速的条件下使用。
③ 色谱柱必须经过严格的老化处理。
④ 离子室要注意避免外界干扰,保证使它处于屏蔽、干燥和清洁的环境中。
⑤ 长期使用会使喷嘴堵塞,因而造成火焰不稳、基线不准等故障,所以实际操作过程中应经常对喷嘴进行清洗。

检测器沾污不太严重时,FID 的清洗方法是:将色谱柱取下,用一根管子将进样口与检测器连接起来,然后通载气将检测器恒温箱升至 120℃ 以上,再从进样口注入 20μL 左右的蒸馏水,接着再用几十微升丙酮或氟里昂溶剂进行清洗,并在此温度下保持 1～2h,检查基线是否平稳。若基线不理想,则可再洗一次或卸下清洗(注意,更换色谱柱,必须先切断氢气源)。

当检测器沾污比较严重时,必须卸下 FID 进行清洗。具体方法是:先卸下收集极、极化极、喷嘴等,若喷嘴是石英材料制成的,则先将其放在水中进行浸泡至过夜;若喷嘴是不锈钢等材料制成的,则可将喷嘴与电极等一起,先小心用 300～400 号细砂纸磨光,再用适当溶液[如(1+1)甲醇-苯]浸泡,超声波清洗,最后用甲醇清洗后置于烘箱中烘干。注意,切勿用卤素类溶剂(如氯仿、二氯甲烷等)浸泡,以免与卸下零件中的聚四氟乙烯材料作用，导致噪声增加。洗净后的各个部件要用镊子取出，勿用手摸。各部件烘干后，在装配时也要小心，否则会再度沾污。部件装入仪器后要先通载气30min，再点火升高检测室的温度。实际操作过程中，最好先在120℃的温度下保持数小时后，再升至工作温度。

5. 温度控制系统的维护

一般来说，温度控制系统只需每月检查一次，就足以保证其工作性能。实际使用过程中，为防止温度控制系统受到损害，应严格按照仪器的说明书操作，不能随意乱动。

八、常见故障分析和排除方法

气相色谱仪属结构较为复杂的仪器，仪器运行过程中出现的故障可能由多种原因造成；而且不同型号的仪器，情况也不尽相同。表 5-8 列出的各种故障是气相色谱仪运行和操作中具有共性和常见的故障，其他型号仪器亦可作参考。

表 5-8　气相色谱仪的常见故障分析及排除方法

故障现象	故障原因	排除方法
主机开关及温控开关开开后，柱箱不升温	(1)加热丝断； (2)加热丝引出线或连接线已断	(1)更换同规格加热丝； (2)重新连接好
热导信号无法调零	(1)热导控制线路故障； (2)仪器严重漏气，特别是汽化室后漏气； (3)四臂铼钨丝元件严重不对称	(1)检查控制线路； (2)仔细检漏，重新连接； (3)测量四臂电阻值，相差应小于 0.5Ω
氢火焰未点燃时不能将放大器的输出调到记录仪的零点	(1)放大器失调； (2)放大器输入信号线短路或绝缘不好； (3)离子室的收集极与外罩短路或绝缘不好； (4)放大器的高阻部分受潮或污染； (5)收集极积水	(1)修理放大器； (2)把信号线两端插头拆开，用酒精清洗后烘干； (3)清洗离子室； (4)用酒精清洗高阻部分，并用电吹风吹干，然后再涂一层硅油； (5)更换收集极

续表

故障现象	故障原因	排除方法
当氢火焰点燃后,不能把基线调到零点	(1)空气不纯; (2)氢气或氮气不纯; (3)离子室集水; (4)氢气流量过大; (5)氢火焰燃到收集极; (6)进样量过大或样品浓度太高; (7)色谱柱老化时间不够; (8)柱温过高,使固定液流失进入离子室	(1)若降低空气流量时情况有好转,说明空气不纯,这时可在流路中加过滤器或将空气净化后再通入仪器; (2)流路中加过滤器或将气体净化后再通入仪器; (3)加大空气流量,增加仪器预热时间,使离子室有一定的温度后再点火,尽量避免在柱箱温度未稳定时就点火,也可旋下离子室盖,待温度较高后再盖上; (4)降低氢气流量; (5)重新调整位置; (6)减少进样量或更换样品; (7)充分老化色谱柱; (8)降低柱温,清洗柱后面的所有气路管道
氢火焰点不燃	(1)空气流量太小或空气大量漏气; (2)氢气漏气或流量太小; (3)喷嘴漏气或被堵塞; (4)点火极断路或碰圈; (5)点火电压不足或连接线已断; (6)废气排出孔被堵塞	(1)增大空气流量,排除漏气处; (2)排除漏气处,加大氢气流量; (3)更换喷嘴或将堵塞处疏通; (4)排除点火极断路或碰圈故障; (5)提高点火电压或接好导线; (6)疏通废气排出孔
没有色谱峰	(1)放大器电源断开; (2)没有载气流过; (3)记录仪接触不良; (4)记录仪故障; (5)进样温度太低,样品没汽化; (6)微量注射器堵塞,样品未注入; (7)进样口硅胶垫漏气; (8)色谱柱连接松开; (9)氢火焰未点着; (10)FID极化电压没接或接触不良	(1)检查放大器保险丝; (2)检查载气流路是否阻塞或气瓶中气源是否用完; (3)检查记录仪接线; (4)根据仪器说明书,排除记录仪故障; (5)升高汽化室温度; (6)更换或疏通注射器; (7)更换硅胶垫; (8)拧紧色谱柱连接螺母; (9)重新点火; (10)接上极化电压或排除极化电压接触不良的现象

续表

故障现象	故障原因	排除方法
滞留时间正常而灵敏度下降	(1)衰减太大； (2)没足够的样品； (3)样品进样过程中损失； (4)微量注射器堵塞或漏液； (5)载气漏气或进样器漏气； (6)氢气和空气流量选择不当； (7)检测器没有高电压(FID)	(1)降低衰减,增加高阻； (2)增加样品量； (3)减少损失,尽可能保证样品全部进入系统； (4)更换或疏通注射器； (5)检漏； (6)调整氢气和空气流量； (7)检查或装上高电压
拖尾峰	(1)进样温度太低； (2)进样管污染(样品或硅橡胶残留)； (3)柱温过低； (4)进样操作技术差； (5)色谱柱选择不当(样品与柱担体或固定液起反应)	(1)重新调节进样器； (2)用溶剂清洗进样器管子； (3)适当升高柱温； (4)做到进针、出针快； (5)重新选择适当的色谱柱
伸舌峰	(1)进样量过大,柱超负荷； (2)样品冷凝在系统中	(1)降低进样量； (2)先提高柱温,再选择合适的汽化室、柱温和检测器温度
没分离峰	(1)柱温太高； (2)柱过短； (3)固定液流失； (4)固定液或担体选择不正确； (5)载气流速太高； (6)进样技术太差	(1)降低柱温； (2)选择较长色谱柱； (3)更换色谱柱或老化色谱柱； (4)选择适当色谱柱的固定液或担体； (5)降低载气流速； (6)提高进样技术
圆顶峰	(1)超过检测器线性范围； (2)记录仪阻尼太大	(1)减少进样量； (2)重新调节记录仪阻尼
平顶峰	(1)放大器输入饱和； (2)记录仪传动装置零点位置变化	(1)减少进样量,降低放大器灵敏度； (2)检查记录仪零点位置,或者用其他记录仪对比使用
锯齿形基线	(1)稳流阀膜片疲劳等； (2)载气瓶减压阀输出压力变化	(1)换膜片或修稳流阀； (2)调节载气瓶减压阀,使输出压力至另一压力值

续表

故障现象	故障原因	排除方法
未进样,但基线单方向变化	(1)检测器温度太低; (2)柱温太低或温度失控	(1)提高检测器的温度,使其超过100℃,清洗检测器或将检测器温度升至200℃,赶走水蒸气; (2)检修控温系统和加热丝铂电阻
出峰到固定位置记录笔抖动	记录仪滑线电阻沾污	清洗滑线电阻
基线突变	(1)电源插头接触不良; (2)外电场干扰; (3)氢气、空气流量选择不当(FID)	(1)将电源插头安装牢靠; (2)排除足以影响仪器正常工作的外电场干扰; (3)重新调整氢气、空气流量,特别是空气流量
基线突然偏移	(1)记录仪灵敏度低; (2)记录仪接地不良	(1)调整记录仪灵敏度,把灵敏度提高; (2)保证记录仪及整机有良好接地
恒温操作时有不规则的基线波动	(1)仪器安放位置不好; (2)仪器接地不好; (3)柱固定液流失; (4)载气漏; (5)检测器污染; (6)载气流量选择不当; (7)氢气、空气流量选择不当; (8)放大器本身不稳; (9)记录仪不好	(1)把仪器安放在无强烈振动、无强空气对流处,并把仪器安放水平,最好把仪器放在水泥台上或有橡皮的桌上; (2)仪器记录仪有良好的接地; (3)固定液选择适当,柱子应充分老化,不能把柱温升到固定液使用极限; (4)检漏; (5)清洗检测器; (6)调节载气阀,使载气流量合适; (7)调节氢气、空气流量; (8)检查、检修放大器; (9)断开记录仪信号线,用金属丝把信号线短路,此时记录仪不好,则要维修记录仪

续表

故障现象	故 障 原 因	排 除 方 法
出现额外峰	(1)额外峰是前一样品的高组分峰； (2)当柱温升高时，冷凝在色谱柱内的水分或其他不纯物在出峰； (3)空气峰； (4)样品分解； (5)样品沾污； (6)样品与固定液、担体或吸附剂反应； (7)柱头玻璃棉沾污或注射器沾污； (8)进样硅橡胶或低分子组分流出	(1)待前一样品全部流出后再进样； (2)安装或再生净化器，选择适当的操作条件； (3)排除注射器中的空气； (4)降低汽化室温度(不用易催化、易分解的固定液或担体)； (5)保证样品干净、无杂质，勿与其他组分混合； (6)利用其他色谱柱，以免样品及固定相起反应； (7)调换柱头玻璃棉或清洗注射器； (8)把硅橡胶在200℃中烘16h再使用
出峰时记录仪突然回到低于基线并且熄火(FID)	(1)进样量过大； (2)氢气或空气流量过低； (3)载气流速太高； (4)火焰喷口污染(或堵塞)； (5)氢气用完	(1)降低样品量； (2)重新调节氢气、空气流速； (3)选择合适的载气流速； (4)清洗火焰喷口； (5)保证氢气源有足够的氢气
台阶峰不回零(平头峰)	(1)记录仪增益； (2)仪器接地不合适； (3)有极低交流信号反馈到记录仪中	(1)校正记录仪增益及阻尼(直到手动记录笔左右移动后仍回原处)； (2)仪器和记录仪需要良好接地； (3)根据需要接一只0.25MF/250V的电容，从正或负的输入端与地端相接，正或负的接法根据实验决定(注意，不要使电容接在信号线的正负处)
基线不回零	(1)记录仪零点调节位置不正常； (2)由于柱的过多量的流失； (3)检测器污染； (4)记录仪故障	(1)用金属丝使记录仪信号输入短路校到零； (2)利用流失少的色谱柱； (3)清洗检测器； (4)维修记录仪

续表

故障现象	故 障 原 因	排 除 方 法
不规则,距离中有毛刺峰	(1)灰尘粒子或外来物质不规则地在火焰中燃烧; (2)绝缘子漏电或高阻连接继电器受潮漏电; (3)放大器故障	(1)保证检测器没有玻璃棉、分子筛及灰尘微粒进入; (2)清洗绝缘子或高阻开关等,清洗后烘干; (3)修理放大器
在相等间隔中有一定短毛刺	(1)水冷凝在氢气管路中; (2)漏气; (3)流路中有堵塞现象; (4)火焰跳动	(1)从管路中消除水并更换或活化氢气过滤器中的干燥剂; (2)检漏; (3)流路中清除杂质,若是色谱柱中有杂质,则可适当提高柱温; (4)调节合适的氢气和空气流量
基线噪声大	(1)色谱柱污染或固定液流失太大; (2)载气污染; (3)载气流速太高; (4)载气漏气; (5)接地不良; (6)高阻污染; (7)记录仪滑线污染; (8)记录仪不好; (9)进样器污染; (10)氢气流速太高或太低(FID); (11)空气流速太高或太低(FID); (12)空气或氢气污染; (13)水冷凝在 FID 中; (14)检测器电缆接触不良; (15)检测器绝缘性能下降; (16)检测器电极或喷吸底部污染	(1)更换色谱柱; (2)更换或再生载气过滤器; (3)重新调节载气流速; (4)检漏; (5)保证仪器接地良好; (6)找出污染高阻并清洗; (7)擦干净滑线电阻上污染物; (8)短路记录仪信号输入端,如仍有噪声则检修记录仪; (9)清洗进样器,清除硅橡胶残渣; (10)重新调节氢气流速; (11)重新调节空气流速; (12)更换氢气、空气过滤器; (13)增加 FID 温度,清除水分; (14)更换或修理电缆; (15)清洗检测器绝缘子; (16)清洗检测器
周期性基线波动	(1)色谱柱箱或检测器温控不良; (2)载气流量调节不当; (3)载气流量压力太低; (4)空气、氢气调节不当	(1)检查铂电阻,提高控制精度; (2)重调载气流量; (3)更换载气瓶; (4)重调空气、氢气流量

续表

故障现象	故障原因	排除方法
单方向基线漂移	(1)检测器温度大幅度增加或减小; (2)放大器零点漂移; (3)柱温大幅度增加或减小; (4)载气逐渐用完	(1)稳定检测器温度,若是开机后温度变化,属正常现象; (2)检修放大器; (3)稳定色谱柱温度,若是开机后温度变化,属正常现象; (4)更换载气瓶
程序升温后基线变化	(1)温度上升时柱流失增加; (2)柱流速未校正好; (3)色谱柱污染; (4)两根色谱柱固定液不一样	(1)选用适当的色谱柱或老化色谱柱; (2)校正柱流速; (3)更换色谱柱; (4)两根色谱柱固定液涂覆量应相等
升温时不规则,基线变化	(1)柱流失过多; (2)未选择好合适的操作条件; (3)柱污染; (4)硅橡胶升温时出现鬼峰	(1)选择适当色谱柱,使用柱温应远低于固定液最高使用温度; (2)选择合适的操作条件; (3)更换色谱柱; (4)硅橡胶使用前放在200℃烘16h

第三节 GC7890A型气相色谱仪的使用

美国Agilent公司生产的GC7890A型气相色谱仪是一种高档气相色谱仪,它具有强大的分离能力和良好的稳定性与可靠性,并具备实时智能化自我监测功能,且操作简便,广泛应用于国内外石油化工、精细化工、食品、制药、农药等行业。

一、仪器主要技术参数

1. 温度控制

(1) 温控范围 柱箱为室温4~450℃;−80~450℃(液氮),−55~450℃(干冰)。

(2) 升温速率 最大升温速率120℃/min,程序升温6阶7平台,环境干扰<0.01℃/℃。

2. 气路控制

采用 13 路 EPC 控制，压力设置精度 68.94Pa（0.01psi），保留时间锁定功能使保留时间重复性在百分之几到千分之几。

3. 进样方式

配置有分流/不分流毛细管进样口、吹扫填充柱进样口、冷柱头进样口、程序升温汽化进样口、多模式进样口、高压气体样品进样口等，可根据需要选择合适的进样方式。

4. 检测器性能

配置有质谱检测器（MSD）、氢火焰离子化检测器（FID）、热导检测器（TCD）、微电子捕获检测器（μ-ECD）、氮磷检测器（NPD）、火焰光度检测器（FPD）、原子发射检测器（FPD）、光离子化检测器（PID）等，可根据需要选择合适的检测器。常用检测器的性能特点如下。

(1) FID　最高使用温度 450℃，检测限＜5pg/s（丙烷），动态范围 10^7。

(2) TCD　最高使用温度 400℃，检测限＜400pg/mL（丙烷），动态范围 10^5。

(3) μ-ECD　最高使用温度 400℃，检测限＜0.008pg/s（高丙体 666），动态范围 10^4。

(4) FPD　最高使用温度 250℃，检测限 P＜0.9pg/s，S＜20pg/s（十二硫醇和磷酸三丁酯的混合物），动态范围 P 10^4，S 10^3。

(5) NPD　最高使用温度 400℃，检测限 N＜0.4pg/s（偶氮苯），P＜0.4pg/s（马拉硫磷），动态范围 N、P 10^3。

5. 仪器使用条件

① 仪器整机大小尺寸为 590mm（宽）×540mm（深）×500mm（高），重量为 50kg，安装时仪器上方需要留出 66cm 的空间，左侧或右侧需要留出 4～20cm 的空间（视具体配置而定）。

② 电源电压：AC220V（±10%）。

③ 环境条件：温度 20～27℃，相对湿度 50%～60%，海拔不高于 4615m。

④ 功率：2250W。

二、仪器结构和操作盘

1. 仪器结构

GC7890A 型气相色谱仪是整体式机型,其外形如图 5-33 所示,其后视图、俯视图如图 5-34 和图 5-35 所示,柱箱内情况如图 5-36 所示。

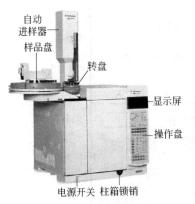

图 5-33 Agilent GC7890A 型气相色谱仪外形

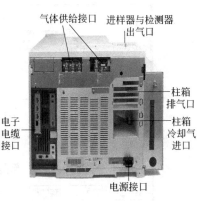

图 5-34 Agilent GC7890A 型气相色谱仪后视图

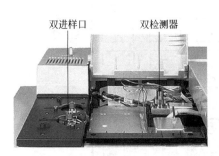

图 5-35 Agilent GC7890A 型气相色谱仪俯视图

图 5-36 Agilent GC7890A 型气相色谱仪柱箱内部图

2. 操作盘

图 5-37 显示了 GC7890A 型气相色谱仪的操作面板,各主要操作命令及其用途分述如下。

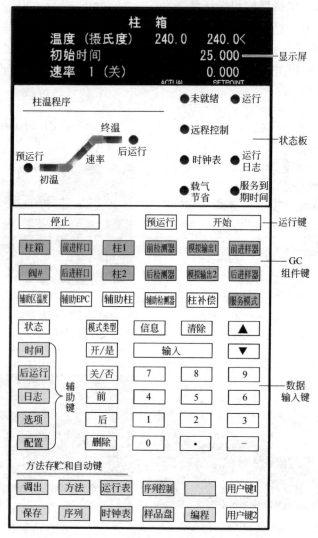

图 5-37 Agilent GC7890A 型气相色谱仪的操作面板

（1）运行键 这些键用来启动、停止和准备 GC 以运行样品。

①"预运行"键。激活所需进程，使 GC 进入相应方法（如关闭不分流进样的进样口吹扫流量或从载气节省模式恢复正常流量）

所述的启动状态。

②"开始"键。用于在手动进样后启动运行过程（如果正在使用自动液体进样器或气体进样阀，则运行将在适当的时间自动激活）。

③"停止"键。立即终止运行。如果在 GC 运行过程中按下此键，则运行过程中的数据可能会丢失。

（2）GC 组件键　这些键用来设置温度、压力、流量、流速及其他的方法操作参数。要显示当前设置，揿其中任一键。可以得到三行以上的信息。如需要，可使用滚动键查看其他行。要更改设置，可滚动到所需行，输入变更值，然后按 [Enter] 键。要查看上下文相关帮助，可揿"信息"键。

①"柱箱"键。设置柱箱温度，包括恒温和程序升温。

②"前进样口"与"后进样口"键。控制进样口操作参数。

③"柱 1"、"柱 2"与"辅助柱"键。控制色谱柱压力、流量或流速，可设置压力或流量程序。

④"前检测器"、"后检测器"键与"辅助检测器"键。控制检测器操作参数。

⑤"模拟输出 1"与"模拟输出 2"键。为模拟输出指定信号，模拟输出位于 GC 的背部。

⑥"前进样器"和"后进样器"键。编辑进样器控制参数，如进样量以及样品和溶剂清洗。

⑦"阀 ♯"键。允许配置或控制气体进样阀（GSV）和/或打开或关闭 1 至 8 号切换阀。设置多位阀位置。

⑧"辅助区温度"键。控制额外的温度区域，如加热阀箱、质量选择检测器、原子发射检测器传输线或"未知"设备。可用于温度程序。

⑨"辅助 EPC"键。为进样口、检测器或其他设备提供辅助气路。可用于压力程序。

⑩"柱补偿"键。创建色谱柱补偿谱图。

（3）状态键　对最常查看的参数进行设定值/实际值切换并显示"就绪"、"未就绪"和"故障"信息。如果未就绪状态灯闪烁，则表明发生故障。按"状态"键可查看未就绪的参数和所发生的故障。

(4) 信息键　通过此键可查看有关当前显示参数的帮助。

(5) 常规数据输入键

① "模式/类型"键。访问同样组件非数字设置相关联的可能参数列表。例如，若 GC 配置了分流/不分流进样口且按下了"模式/类型"键，则所列选项将为分流、不分流、脉冲分流或脉冲不分流。

② "清除"键。在按"输入"键前删除错误输入的设定值。

③ "输入"键。接受所输入的变更值或选择备用模式。每按一次将向上或向下滚动一行。示屏中的<表示有效行所在位置。

④ "数字"键。用来输入方法参数设置（完成输入后按"输入"键接受变更。）

⑤ "开/是"与"关/否"键。用来设置参数，如嘟嘟报警声、方法修改嘟嘟声和按键声，或用来打开或关闭设备，如检测器。

⑥ "前"与"后"键。多用于配置操作过程。例如，在配置色谱柱时用这些键来确定色谱柱所连接到的进样口和检测器。

⑦ "删除"键。删除方法、序列、运行表条目和时钟表条目。

三、GC7890A 型气相色谱仪基本操作

GC7890A 型气相色谱仪（配置 FID 与 ECD 双检测器、双毛细管柱、EZChrom Elite 化学工作站）的基本操作步骤如下。

1. 开机

① 打开载气、空气、氢气等气源，调节至合适输出压力。

② 打开 GC 电源开关，打开计算机显示器和主机电源开关，双击电脑桌面 EZChrom Elite 图标打开工作站（工作站主界面图标参考图 5-38）。

2. 编辑数据采集方法

① 点击"方法"菜单中的"仪器"进入仪器采集参数界面。

② 编辑自动进样器参数。点击"自动进样器"图标（也可直接在"操作盘"上点击"进样器"进行设置，设置后的结果显示在

"显示屏"上;大多数操作均可直接在"操作盘"上进行,下同,不再赘述),选择前进样器或后进样器,设置进样体积、清洗次数、样品清洗次数及清洗体积等,如图 5-38 所示。

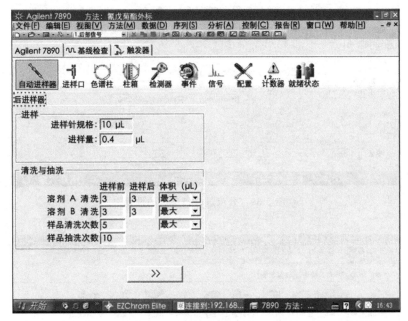

图 5-38 自动进样器参数的设置

③ 编辑进样口参数。点击"进样口"图标,进入分流/不分流参数设定画面。点击"SSL-前"或"SSL-后",选择"分流/不分流"进样模式,设置进样口温度、分流比、分流出口吹扫流量等参数,如图 5-39、图 5-40 所示。

④ 编辑色谱柱参数。点击"色谱柱"图标,选择恒定压力或恒定流量模式,设置平均线速度、压力、流量等参数,如图 5-41 所示。

⑤ 编辑柱箱参数。点击"柱箱"图标,设置平衡时间、最高柱箱温度、柱温(恒温或程序升温)等参数,如图 5-42 所示。

⑥ 编辑检测器参数。点击"检测器"图标,进入检测器参数设置画面。点击"FID 前"或"μECD 后",选择检测器温度、空

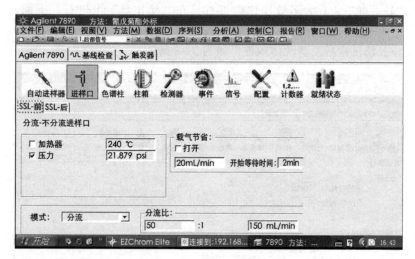

图 5-39 分流进样口参数的设置

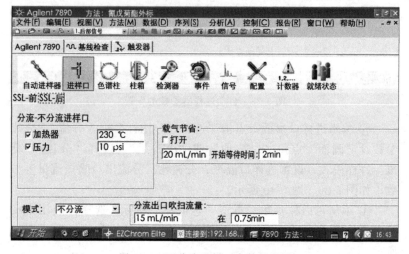

图 5-40 不分流进样口参数的设置

气与氢气流量、尾吹气流量等参数,如图 5-43、图 5-44 所示。

⑦ 根据需要编辑其他参数后,保存所有设置,并为新设置的方法命名,下次分析时即可直接调出该方法。

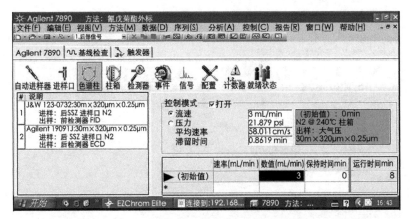

图 5-41 色谱柱的设置

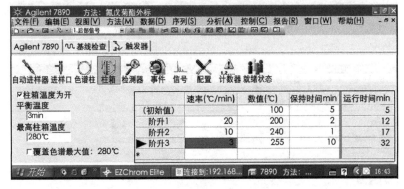

图 5-42 柱温（程序升温）的设置

3. 样品采集

① 点击"控制"菜单中的"预览运行"，观察基线状态；待基线稳定后结束预览运行。

② 如果要分析单个样品，则点击"控制"菜单中的"单次运行"即可；如果是自动进样器连续分析多个样品，则先设置样品ID，点击"控制"菜单中的"序列运行"后，仪器会按程序自动分析多个样品。

③ 点击"控制"菜单中的"停止运行"可提前结束样品分析；

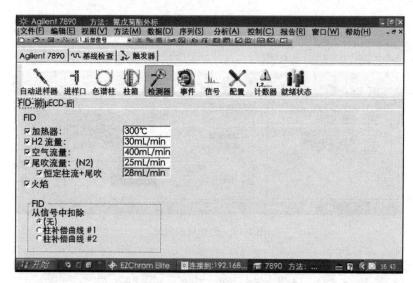

图 5-43 检测器（FID）参数的设置

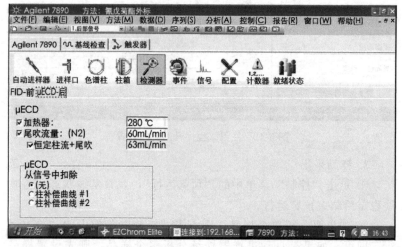

图 5-44 检测器（ECD）参数的设置

如果原来设定的停止时间太短，可点击"控制"菜单中的"延长运行时间"，设定需延长的运行时间。

4. 谱图优化与报告编辑

① 点击"文件"菜单,选择数据>打开,打开数据采集文件。

② 点击"方法"菜单,进入"积分事件表",编辑阈值、宽度等积分参数,然后点击"分析"菜单下的"分析",用编辑的积分参数处理当前谱图。

③ 选择合适的定量方法(归一化法、外标法等)。

④ 编辑报告格式,打印定量分析报告。

5. 结束工作

① 关闭 FID 火焰,关前/后进样口和前/后检测器的加热器。

② 设置柱箱温度为 40℃,待柱温到达 40℃后将"柱箱温度为开"前面方框的"√"勾掉。

③ 待进样口、检测器温度降至 100℃以下时,先退出工作站,再关 GC 电源。

④ 关载气、空气与氢气总阀。

四、仪器的安装

1. 工作环境

GC7890A 型气相色谱仪的工作环境见本节一-5。

2. 仪器的安装与调试

GC7890A 型气相色谱仪的安装主要有 8 个步骤。

① 将 GC 放在工作台上并取出检测器盖下的检测器端盖。

② 在后面板上,取下端盖并连通气体。根据需要安装所需的气体,如 FID 检测器需安装载气(N_2)、H_2 与空气;TCD 检测器需安装载气(H_2 或 He)。设置气体源压力并检查是否漏气。

③ 安装校验色谱柱。将制备好、老化过的色谱柱两端接上汽化室和检测器的接头。连接方法如下[填充柱的安装方法见第二节"GC9790 型气相色谱仪的使用"中的三-2(4)。]

a. 毛细管柱与进样器的连接。安装毛细管柱时,首先与汽化室连接,在汽化室柱接头上装好分流接头[见图 5-45(a)],并将分流出口管连接在柱箱内胆左侧的相应接头上,再在进样器内装上孔径为 $\phi 1.5 \sim 2mm$ 的玻璃衬管。采用大口径毛细管柱直接进样时,装上无分流出口管的柱接头[见图 5-45(b)],并在进样器内装上

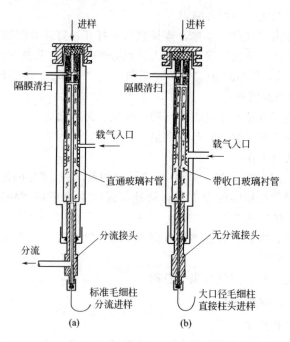

图 5-45　毛细管柱与进样器连接图

孔径为 $\phi 0.6 \sim 0.7 mm$ 的玻璃衬管。通上载气后，将毛细管柱出口端放在水中，看柱子是否堵（柱出口在水中冒小气泡表示畅通），然后封闭柱出口用皂液检查柱接头是否漏气，正常后再接检测器。分流进样时，毛细管柱应插入分流点以上；大口径毛细管柱一直插到玻璃衬管中收口处。分流流量可在分流排空接头处用皂膜流量计来测量（见图 5-46）。

b. 毛细管柱与检测器连接。毛细管柱与检测器连接前，先将尾吹接头装上检测器的柱接头上，并将尾吹气入口管连接在柱前内胆左侧的相应接头上。然后将毛细管柱的出口端插入尾吹接头中。采用标准毛细管柱时，应将毛细管柱一直插到离石英喷嘴口低 $1 \sim 2mm$ 处（见图 5-47）。采用大口径毛细管柱时，可在大口径毛细管柱出口端连接一段小口径毛细管柱，同样插到离喷嘴下 $1 \sim 2mm$ 为最佳。

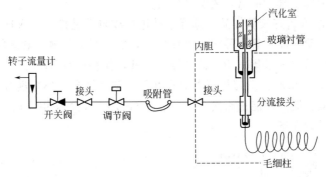

图 5-46 毛细柱分流流路图

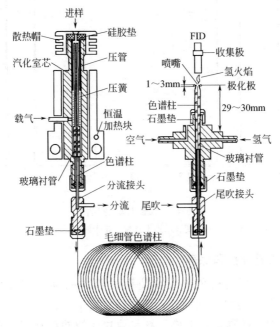

图 5-47 毛细管色谱柱与 FID 的连接

④ 安装自动进样器和样品盘,并将电缆连接到后面板。
⑤ 连接电源线和剩余电缆。
⑥ 打开 GC。调用正在使用的进样口和检测器的验证方法。等

到显示屏出现 Ready，表明已就绪。

⑦ 准备好校验样品，选择手动进样或自动进样，注入样品后，准备校验样品。将样品注入进样口后，揿"开始"键，采集色谱数据；色谱数据采集完毕，揿"停止"键，保存校验谱图。

⑧ 将校验谱图与检测器的标准色谱图（见图 5-48）进行比较，判断检测器的性能是否合格。至此，GC7890A 型气相色谱仪的安装与调试完毕。

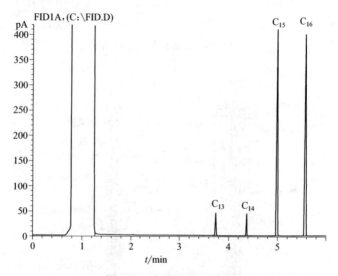

图 5-48　仪器校验色谱图

（图中 C_{13}、C_{14}、C_{15}、C_{16} 分别表示正十三烷、正十四烷、正十五烷与正十六烷）

五、仪器维护和保养

GC7890A 型气相色谱仪在使用过程中的维护和保养，除与 GC9790 型气相色谱仪相同外，还应注意以下问题。

① 定期更换隔垫，更换的频率取决于隔热的质量、进样次数与进样口使用的温度；在保证样品汽化效率的前提下，使用可行的最低温度可在一定程度上避免隔垫与 O 形圈的降解；使用时将隔垫拧得太紧，不但会降低隔垫寿命，还会导致进样针进样困难，甚至还会导致进样口漏气；使用干净衬管和干净的进样针可减少进样

口的污染。

② 载气通入前应先通过气体净化管或捕集肼,除去水分和氧,以保护色谱柱和延长检测器寿命。气体净化管的吸附剂(分子筛、105催化剂和和活性炭等)必须定期活化处理,以保持净化效果。

③ 色谱柱应定期进行检漏,因氧气进入色谱柱会严重破坏固定相,当固定相被加热时氧气的存在会使固定相快速降解,从而导致活性化合物的峰拖尾和分离度下降。

④ 如果色谱柱中存在非挥发性污染物(不能流出色谱柱的污染物),必要时需要从柱前截去损坏部分或者用溶剂冲洗色谱柱(样品的良好前处理可以避免这一情况的发生);如果色谱柱中存在半挥发性污染物(沸点比较高的组分),可通过烘烤色谱柱或经过高温下老化色谱柱以将其除去。

⑤ 热导检测器的操作必须严格遵守热导检测器先通载气后通热导桥电流的操作原则。在长期停机后重新启动操作时,应先通载气15min以上,然后进行检测器通电,以保证热导元件不被氧化或烧坏;更换硅胶垫时,务必先把热导池桥电流关掉;换好硅胶垫,通几分钟载气后,才能接通桥电流。

⑥ 柱箱温度设置必须低于色谱固定液的最高使用温度;检测器温度的设置应保证样品在检测器中不冷凝;汽化室进样器系统的温度设置应高于样品组分的平均沸点,一般高于柱箱温度$30\sim70$℃。

⑦ 用平面六通阀作气体取样时,气体流量和压力每次要保持重复一致,才能保证分析的重复性。平面六通阀旋转时只能放置在两端位置,而不能放在中间,中间位置将会导致载气被切断不通,从而会造成热导元件损坏。

⑧ 为了保护色谱柱和检测器,仪器关机时,应牢记在热导池尾吹排空接头处旋上闷头螺帽,以防止在切断载气后,外界空气中氧返进色谱柱和检测器系统。在高温使用后,尤其要注意必须在柱温和检测器降到70℃以下,才能关闭气源。

⑨ 连接色谱柱用密封圈应根据不同使用温度采用不同的材料。一般在200℃以下可采用硅橡胶垫圈;在250℃以下可采用聚四氟

乙烯圈；300℃以下可采用紫铜圈或柔性石墨圈。

⑩ 在采用小口径毛细管柱分流进样时，可在分流气路中分流调节阀前的流路中串接一段（ϕ3mm×0.5mm 管，长 50～60mm）活性炭（40～60 目）吸附管，用以吸附有机物，保护分流调节阀。

⑪ 微型 TCD 池室体积很小，载气流量不必很大，一般 20mL/min 即可。在联用毛细管柱时，通过毛细管柱的流量仅 1～3mL/min（在氢气载气下，采用大口径毛细管柱时，柱流量可达 10mL/min），所以必须在毛细管柱的出口处加上尾吹气，尾吹气流量一般为 10～15mL/min。必须指出的是：绝大部分 FID 毛细管柱系统中，尾吹气可以提高灵敏度。而在微型 TCD 毛细管柱系统中，尾吹气稀释了柱后流出组分的浓度，从而降低了检测器的灵敏度。所以，在保证仪器正常工作和保证柱效的情况下，尾吹气应尽量小些为好（尾吹气流量可用压力表来指示，0.02MPa 约为 20mL/min）。大口径毛细管柱是与微型 TCD 最佳配用的柱型，可充分发挥毛细管柱和 TCD 所固有的优点。

⑫ 微型 TCD 联用毛细管柱作程序升温时，应注意检测器温度要设置得足够高，一般要高于程序升温终温温度 20℃以上。同时，桥电流要设置得相当低，一般为 70～80mA 左右。此外，在程序升温分析前，对毛细管柱应进行充分的高温老化。

⑬ 开机使用 FID 时，必须先通载气、空气，再开温度控制。待检测器温度超过 100℃以上时，才能通氢气点火。FID 系统关机时，必须先关氢气熄火，然后再关闭温度控制。当柱温降至室温时，再关载气和空气。如果开机后 FID 温度低于 100℃就通氢气点火，或关机时不先熄火就降温，容易造成 FID 收集极积水，因而使放大器输入级绝缘下降，造成基线不稳；使用 FID 点火时，可将氢气开大些。点火后再慢慢将氢气流量调小。氮气：氢气为 (1.37～1.5)：1 为好，空气流量一般在 300mL/min。

六、常见故障分析和排除方法

GC7890A 型气相色谱仪的常见故障和排除方法参见本章第二节"GC9790 型气相色谱仪的使用"表 5-8。

第四节 技 能 训 练

训练 5-1　气路系统的安装和检漏

1. 训练目的

① 学会连接安装气路中各部件。

② 学习气路的检漏和排漏方法。

③ 学会用皂膜流量计测定载气流量。

2. 仪器与试剂

（1）仪器　GC9790 型气相色谱仪（或其他型号）、气体钢瓶、减压阀、净化器、色谱柱、聚四氟乙烯管、垫圈及皂膜流量计。

（2）试剂　肥皂水。

3. 训练内容与操作步骤

（1）准备工作

① 根据所用气体选择减压阀。使用氢气钢瓶，选择氢气减压阀（氢气减压阀与钢瓶连接的螺母为左旋螺纹）；使用氮气（N_2）、空气等气体钢瓶，选择氧气减压阀（氧气减压阀与钢瓶连接的螺母为右旋螺纹）。

② 准备净化器。清洗气体净化管并烘干。分别装入分子筛、硅胶。在气体出口处，塞一段玻璃棉（防止将净化剂的粉尘吹入色谱仪中）。

③ 准备一定长度（视具体需要而定）的不锈钢管（或尼龙管、聚四氟乙烯管）。

（2）连接气路

① 连接钢瓶与减压阀接口。

② 连接减压阀与净化器。

③ 连接净化器与 GC9790 型气相色谱仪。如图 5-49 所示，将气体净化器的出口接至气相色谱仪相应的进口上。

④ 连接色谱柱（柱一头接汽化室，另一头接检测器）。

（3）气路检漏

① 钢瓶至减压阀间的检漏。关闭钢瓶减压阀上的气体输出节

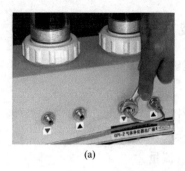 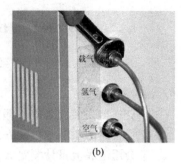

图 5-49 气体管道与气体净化器的连接 (a) 和
气体净化器与气相色谱仪的连接 (b)

流阀,打开钢瓶总阀门(此时操作者不能面对压力表,应位于压力表右侧),用皂液(洗涤剂饱和溶液)涂在各接头处(钢瓶总阀门开关、减压阀接头、减压阀本身),如有气泡不断涌出,则说明这些接口处有漏气现象。

② 汽化室密封垫圈的检查。检查汽化室密封垫圈是否完好,如有渗漏应更换新垫圈。

③ 气源至色谱柱间的检漏(此步在连接色谱柱之前进行)。用垫有橡胶垫的螺帽封死汽化室出口,打开减压阀输出节流阀并调节至输出表压为 0.4MPa;打开仪器的载气稳压阀(逆时针方向打开,旋至压力表呈一定值,如 0.2MPa);用皂液涂各个管接头处,观察是否漏气,若有漏气,需重新仔细连接。关闭气源,待半小时后,若仪器上压力表指示的压力下降小于 0.005MPa,则说明汽化室前的气路不漏气,否则,应仔细检查找出漏气处,重新连接,再行试漏,直至不漏气为止。

④ 汽化室至检测器出口间的检漏。接好色谱柱,开启载气,输出压力调至 0.2~0.4MPa。将柱前压对应的稳流阀圈数调至最大,再堵死仪器检测器出口处,用皂液逐点检查各接头,看是否有气泡溢出,若无,则说明此段气路不漏气(或关载气稳压阀,待半小时后,仪器上压力表指示的压力降小于 0.005MPa,说明此段不漏气,反之则漏气)。若漏气,则应仔细检查找出漏气处,重新连

接,再行试漏,直至不漏气为止。

(4) 转子流量计的校正

① 打开载气(本次实验用 N_2)钢瓶总阀,调节减压阀输出压力为 0.4MPa。

② 准确调节气相色谱仪总压为 0.3MPa。

③ 将皂膜流量计支管口接在气相色谱仪载气排出口(色谱柱出口或检测器出口)。

④ 调节载气稳流阀至圈数分别为 2.0、2.5、3.0、3.5、4.0、4.5、5.0、5.5、6.0 等示值处。

⑤ 轻捏一下皂膜流量计胶头,使皂液上升封住支管,并产生一个皂膜。

⑥ 用秒表(多数气相色谱仪自带秒表功能)测量皂膜上升至一定体积所需要的时间,记录相关数据。

⑦ 计算测得的与载气稳流阀圈数对应的载气流量 $F_皂$,并将结果记录在下表中。

稳流阀圈数	2.0	2.5	3.0	3.5	4.0	4.5	5.0	5.5	6.0
$F_皂$/(mL/min)									

(5) 结束工作

① 关闭高压钢瓶总阀,待压力表指针回零后,再将减压阀关闭(T 字阀杆逆时针方向旋松)。

② 关闭主机上载气净化器开关和载气稳压阀(顺时针旋松)。

③ 填写仪器使用记录,做好实验室整理和清洁工作,并进行安全检查后,方可离开实验室。

4. 注意事项

① 高压气瓶和减压阀螺母一定要匹配,否则可能导致严重事故。

② 安装减压阀时应先将螺纹凹槽擦净,然后用手旋紧螺母,确实入扣后再用扳手扣紧。

③ 安装减压阀时应小心保护好"表舌头",所用工具忌油。

④ 在恒温室或其他近高温处的接管,一般用不锈钢管和紫铜

垫圈,而不用塑料垫圈。

⑤ 检漏结束应将接头处涂抹的肥皂水擦拭干净,以免管道受损,检漏时氢气尾气应排出室外。

⑥ 用皂膜流量计测流速时每改变载气稳流阀圈数后,都要等一段时间(约 0.5~1min),然后再测流速值。

5. 数据处理

依据实验数据在坐标纸上绘制 $F_皂$-稳流阀圈数校正曲线,并注明载气种类和柱温、室温及大气压等参数。

6. 思考题

① 为什么要进行气路系统的检漏试验?

② 如何打开气源?如何关闭气源?

训练 5-2 气相色谱填充柱的制备

1. 训练目的

① 学习固定液的涂渍技术。

② 学习气-液色谱填充柱的装填和老化技术。

2. 仪器与试剂

(1) 仪器 托盘天平、分析天平、真空泵、标准筛、气相色谱仪(带 TCD)及不锈钢空柱(1~2m)。

(2) 试剂 6201 载体(60~80 目)、乙醚、邻苯二甲酸二壬酯(色谱纯)、盐酸(A.R.)及氢氧化钠(A.R.)。

3. 实验内容与操作步骤

(1) 选择、清洗和干燥色谱柱管

① 选择一根内径为 3mm,柱长为 1~2m 的不锈钢柱(若使用已用过的柱管,应先倒出原装填的固定相)。

② 清洗柱管。将选好的柱管用 50~100g/L 氢氧化钠热溶液反复抽洗柱管内壁 3~4 次后,用自来水抽洗,再用 $w(HCl)=10\%$ 的盐酸溶液抽洗 3 次,最后用自来水冲至中性。

③ 试漏烘干。将柱管一端堵住,另一端通入气体,用肥皂水检查有无漏气。若无漏气,再将柱管用蒸馏水冲洗至无 Cl^-,并抽去水分后于烘箱内 120℃ 左右干燥。

(2) 载体的预处理 称取 100g 60～80 目的 6201 红色硅藻土载体置于 400mL 烧杯中,加入 6mol/L 的盐酸溶液,浸泡 20～30min,然后用水清洗至中性,抽滤后转移至蒸发皿中,于 105℃ 烘箱内烘干 4～6h 后取出,冷却后,再用 60～80 目标准筛除去过细或过粗的筛分,并保存在干燥器内备用(若为已经预处理的市售商品载体,则可不必酸洗,但需要在 105℃ 烘箱内烘干 4～6h 后使用)。

(3) 估计载体和固定液的用量

① 估算载体用量($m_{载}$) 先根据柱管长度(L)和管内径(d)计算柱管容积,再过量 20%～40%。

柱管容积 $V_{柱} = \pi d^2 \cdot L/4$

当 $L=2m$,$d=3mm$ 时

$$V_{柱} = 3.14 \times 0.3^2 \times 200/4 = 14.1 \text{ (cm}^3\text{)}$$

② 按过量 30%计算

$$V_{实际} = 14.0 \times (1+30\%) = 18.2 \text{ (mL)}$$

用量筒取经筛分为 60～80 目的红色载体 18mL,然后称出其质量 m_S(准确至 0.01g)。

③ 计算固定液用量(m_L) 根据液载比及载体质量 m_S,计算固定液用量。本练习选用液载比为 10%,则

$$m_L = m_S \times (10/100)$$

在台秤上称取 m_L(g)固定液邻苯二甲酸二壬酯于 400mL 烧杯中。

(4) 配制固定液溶液

① 估算溶解固定液的溶剂用量。溶剂用量以恰能完全浸没载体为宜。一般按体积计算,为载体的 0.8～1.2 倍,本实验取 1.1 倍,即 20mL。

注意,所选溶剂应能溶解固定液,不可出现悬浮或分层等现象,同时溶剂应能完全浸没载体。本练习用乙醚作溶剂。

② 配制固定液溶液。在盛有固定液的烧杯中,加入 20mL 乙醚,搅拌使固定液溶解。

(5) 涂渍 把载体倒入装有固定液的烧杯中,轻轻摇匀。

(6) 挥发溶剂 将烧杯放通风橱中任溶剂自然挥发,并随时轻摇,待近干后再将烧杯置于红外干燥箱内,烘干 20~30min,最后再用 60~80 目筛子筛分。

(7) 柱子的装填 在已清洗烘干的不锈钢柱管一端塞入一小段玻璃棉,管口包扎纱布后,按图 5-50 所示通过三通活塞开关和缓冲瓶接真空泵减压抽气,另一端接一小漏斗,向小漏斗中连续加入固定相,并用小木棒轻轻敲打柱管,当漏斗中固定相不再下降时,说明柱已填满。此时使三通活塞通大气,然后关泵,去掉漏斗,并在这一端塞入一小段玻璃棉,作好进气端和出气端标记。

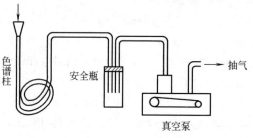

图 5-50 泵抽装柱示意

装柱前在台秤上先称好空柱质量,装完后再称一次实柱质量,两者之差便是装填量。

(8) 老化处理

① 把填充好的色谱柱的进口端(接小漏斗的一端)接入仪器的汽化室,另一端连接一小段细接管抵住玻璃棉后放空。

② 通入载气,控制较低流速(10~15mL/min)。开启色谱仪上总电源和柱室温度控制开关,调节柱室温度至 110℃ 进行老化处理 4~8h。然后接上检测器,并启动记录仪电源或色谱工作站,若记录的基线平直,说明老化处理完成,即可用于测定。

(9) 老化结束操作 老化结束后,关闭桥电流及其他电源,待柱温降到室温后关闭载气。

(10) 按下列格式填写实验记录

色谱柱编号_____;制备日期_____;柱材_____;柱长

_____；柱内径_____；

载体名称_____；筛目范围_____；载体用量_____mL_____g；

固定液名称_____；固定液用量_____g；溶剂名称_____溶剂用量_____mL；

载体涂渍方法_____；柱实际装填量_____g；液载比_____；

老化温度_____℃；时间_____h。

4. 注意事项

① 载体在浸泡、清洗和涂渍过程中不可用玻璃棒搅拌。

② 挥发溶剂时，烘烤温度不宜过高，以免载体爆裂。烘干过程中要经常轻摇烧杯，溶剂挥发应缓慢进行，否则涂渍不均匀。

③ 填充色谱柱时，不得敲打过猛，以免固定相破碎；填充后，若色谱柱内的固定相出现断层或间隙，则应重新装填。

5. 思考题

① 如何估计载体、固定液、溶剂的用量？

② 涂渍固定液时，为使载体和固定液混合均匀，可否采用强烈搅拌的方法？为什么？

③ 色谱柱为什么要老化处理？

训练 5-3　热导检测器灵敏度的测定

1. 训练目的

① 熟练掌握仪器的开、关机操作。

② 掌握热导检测器的使用方法。

③ 掌握热导检测器灵敏度的测试方法。

2. 仪器与试剂

(1) 仪器　气相色谱仪（带热导检测器）、色谱处理机、色谱柱（1.5m×3mm，6201红色载体，固定液为OV-101，液载比为10∶90）及微量注射器。

(2) 试剂　苯（分析纯）。

3. 测定原理

一个优良的检测器首先必须具备灵敏度高、检测限低的优点。

热导检测器是一种浓度型检测器,当样品组分随载气从色谱柱流出并进入检测器后,检测器所产生的电压信号的大小与样品在载气中的浓度成比例。单位浓度的样品在检测器中产生的信号值被定义为热导检测器的灵敏度,或简称 S 值。S 值的大小除因样品不同而异外,还与热导池的结构(如热丝材料、池体积大小等)、载气成分以及桥路电流大小有关。国产气相色谱仪规定测 S 值时,采用苯为样品,氢气为载气。S 值是衡量检测器灵敏度的重要指标,在仪器出厂时调校。新仪器的验收或在使用过程中抽查,均应测定这项指标。

热导检测器的 S 值可按下式计算。

$$S = 1.065 \times \frac{hW_{1/2}F_0}{m} \times T_{检}/T_{室} \quad (\text{mV} \cdot \text{mL/mg})$$

式中 h——峰高,mV;

$W_{1/2}$——半峰宽度,min;

F_0——柱后载气流速,mL/min;

$T_{检}$——273+TCD 温度,℃;

$T_{室}$——273+室温,℃;

m——样品质量,mg,可用进样量(μL)乘以苯的密度(0.88mg/μL)求得。

4. 训练内容与操作步骤

① 安装色谱柱。通载气,检查气路系统的气密性。用皂膜流量计对柱出口载气流量进行测量。

② 启动色谱仪,测试条件设置如下:柱温度100℃;汽化室温度150℃;检测器温度130℃;桥电流170~225mA;载气流速约为25mL/min。

③ 按仪器使用说明,将仪器调试到工作状态。

④ 打开色谱数据处理机,输入测量参数。

⑤ 待仪器稳定后,用微量注射器取苯1μL注入色谱仪,同时按下色谱数据处理机的 START 键。

⑥ 待色谱峰出完后,按下色谱数据处理机的 STOP 键,打印

出结果。

⑦ 重复进样 5 次，取峰面积的平均值计算灵敏度。

5. 思考题

① 测试 TCD 灵敏度时，灵敏度大小与载气流量是否有关？为什么？

② 使用 TCD 要注意哪些问题？如何按实验条件将仪器调试到工作状态？

训练 5-4　氢火焰离子化检测器灵敏度的测试

1. 训练目的

① 熟练掌握仪器的开、关机操作。

② 掌握氢火焰离子化检测器的使用方法。

③ 掌握氢火焰离子化检测器灵敏度的测试方法。

2. 测定原理

一个优良的检测器首先必须具备灵敏度高、检测限低的优点。氢火焰离子化检测器属质量型检测器，其灵敏度按下式计算。

$$S_t = \frac{2R_n V \rho}{h W_{1/2}} \times \frac{1}{1.065}$$

式中　R_n——基线噪声，mV；

$W_{1/2}$——半峰宽，s；

h——峰高，mV；

V——进样体积，μL；

ρ——样品质量浓度，μg/μL。

3. 仪器与试剂

（1）仪器　GC9790 型（FID）气相色谱仪（或其他型号仪器），色谱柱（5%OV-101，0.6m×2mm）及微量注射器。

（2）试剂　正辛烷、正十六烷、正十五烷及样品（0.03%正十五烷＋正十六烷，以正辛烷为溶剂）。

4. 训练内容与操作步骤

① 安装色谱柱。通载气，检查气路系统的气密性。

② 按 FID 开机步骤将仪器调整至如下条件：柱温度为 160℃，汽化室温度为 200℃，检测器温度为 200℃，载气流速约为 30mL/min，氢气流速为 40～50mL/min，空气流速为 400～500mL/min，衰减量至适当值。

③ 打开色谱数据处理机，输入测量参数。

④ 待仪器稳定后，用微量注射器取样品 0.5～1μL 注入色谱仪，同时按下色谱数据处理机的 START 键。

⑤ 待色谱峰出完后，按下色谱数据处理机的 STOP 键，打印出结果。

⑥ 重复进样 5 次，取峰面积的平均值计算灵敏度（以正十六烷计算灵敏度）。

5. 注意事项

① 点燃氢火焰时，应将氢气流量开大，以保证顺利点燃。判明氢火焰已点燃后再将氢气流量缓慢地降至规定值。氢气降得过快，会熄火。

② 注入样品体积必须准确，重现性好，每次插入和拔出注射器的速度应保持一致。

③ 若使用"衰减"，计算峰高时必须考虑。

6. 思考题

① 测定 FID 灵敏度为什么要准确进样？FID 灵敏度大小与载气流量是否有关？为什么？

② 点燃氢焰要注意什么？如何按实验条件将仪器调试到工作状态？

训练 5-5　程序升温毛细管柱色谱法分析白酒主要成分

1. 训练目的

① 掌握程序升温的操作方法。

② 熟悉毛细管柱的功能、操作方法与应用。

③ 了解毛细管柱色谱法分析白酒的主要成分。

2. 实验原理

程序升温是气相色谱分析中一项常用而且十分重要的技术。对于每一个欲分析的组分来说，都对应着一个最佳的柱温，但是当分析样品比较复杂，沸程很宽的时候必须采用程序升温来代替等温操作。程序升温的方式可分为线性升温和非线性升温，根据分析任务的具体情况，通过实验来选择适宜的升温方式，以期达到比较理想的分离效果。白酒主要成分的分析便是用程序升温来进行的，图5-51显示了程序升温毛细管柱色谱法分析白酒主要成分的分离谱图。

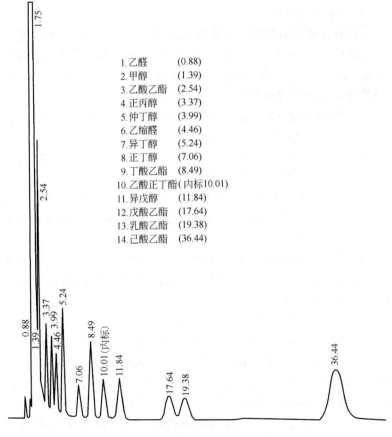

图 5-51　程序升温毛细管柱色谱法分析白酒主要成分的分离谱图

3. 仪器与试剂

(1) 仪器　GC7890A 型气相色谱仪（或其他型号气相色谱仪），交联石英毛细管柱（冠醚+FFAP，30m×0.25mm）及微量注射器（1μL）。

(2) 试剂　氢气、压缩空气、氮气，乙醛、甲醇、乙酸乙酯、正丙醇、仲丁醇、乙缩醛、异丁醇、正丁醇、丁酸乙酯、乙酸正丁酯（内标）、异戊醇、戊酸乙酯、乳酸乙酯、己酸乙酯（均为G.C.级），市售白酒一瓶。

4. 训练内容与操作步骤

(1) 标样和试样的配制

① 标准溶液的配制。准确称取乙醛、甲醇、乙酸乙酯、正丙醇、仲丁醇、乙缩醛、异丁醇、正丁醇、丁酸乙酯、异戊醇、戊酸乙酯、乳酸乙酯、己酸乙酯各 1g（精确至 0.2mg），用 60% 乙醇（无甲醇）溶液定容至 100mL。

② 内标溶液的配制。准确称取醋酸正丁酯 1g（精确至 0.2mg），用上述乙醇溶液定容至 100mL。

③ 混合标样的配制。分别吸取标准溶液与内标溶液各 1.00mL，混合后用上述乙醇溶液定容至 50mL。

④ 白酒试样的配制。准确称取白酒试样 10g（精确至 0.2mg，白酒称取质量可根据其中主要成分的含量作调整），加入内标溶液 1.00mL，混合均匀。

(2) 气相色谱仪的开机　打开载气、空气、氢气等气源，调节至合适输出压力；打开 GC 电源开关，双击电脑桌面 EZChrom Elite 图标打开工作站。

(3) 分析方法的编辑　按本章第三节"GC7890A 型气相色谱仪基本操作"中的三-2 的方法编辑分析方法，色谱操作条件：N_2 20mL/min；H_2 30mL/min；空气 400mL/min；尾吹（N_2）25mL/min；分流进样模式，分流比 50:1；柱温：初始温度 50℃，恒温 6min，以 4℃/min 的速率升至 220℃，恒温 10min；检测器 240℃；汽化室 260℃；进样量 0.4μL（自动进样器需要设置）；定量方法设定为内标法。分析方法设置完毕后，可通过"预运行"观察基线是否平直。

(4) 标样的分析　待基线平直后,依次用 1μL 微量注射器吸取乙醛、甲醇、乙酸乙酯、正丙醇、仲丁醇、乙缩醛、异丁醇、正丁醇、丁酸乙酯、异戊醇、戊酸乙酯、乳酸乙酯、己酸乙酯标样溶液 (均用 60% 乙醇溶液先进行稀释) 0.4μL,进样分析,记录下样品名对应的文件名,打印出色谱图和分析结果 (如果采用自动进样器,则应先编辑"序列",然后将上述标样溶液依次置于自动进样器中,点击"序列运行"即可)。

接着再用 1μL 微量注射器吸取混合标样 0.4μL 进样分析,记录下样品名对应的文件名,打印出色谱图和分析结果。平行测定 3 次。

(5) 白酒试样的分析　用 1μL 微量注射器吸取白酒试样 0.4μL,进样分析,记录下样品名对应的文件名,打印出色谱图和分析结果。平行测定 3 次。

(6) 结束工作　实验完成后,在 220℃ 柱温下老化 2h,按本章第三节"GC7890A 型气相色谱仪基本操作"中的三-5 的方法正常关闭气相色谱仪。清理实验台面,填写仪器使用记录。

5. 注意事项

① 毛细管柱易碎,安装时要特别小心。

② 不同型号的色谱柱,其色谱操作条件有所不同,应视具体情况作相应调整。

③ 进样量不宜太大。

6. 数据处理

(1) 定性　测定酒样中各组分的保留时间,求出相对保留时间值,即各组分与标准物 (异戊醇) 的调整保留时间的比值 $\gamma_{is}=t'_{R_i}/t'_{R_s}$,将酒样中各组分的相对保留值与标样的相对保留值进行比较定性。也可以在酒样中加入纯组分,使用被测组分峰增大的方法来进一步证实和定性。

(2) 求相对校正因子　相对校正因子计算公式如下。

$$f'_i = \frac{A_s m_i}{A_i m_s}$$

式中，A_i、A_s 分别为组分和内标的面积；m_i、m_s 分别为各组分和内标的质量。根据所测的实验数据计算出各个物质的相对校正因子。

（3）计算酒样中各物质的质量浓度　计算公式为

$$w_i = \frac{A_i}{A_s} \times \frac{m_s}{m_{样}} f'_i$$

7. 思考题

① 程序升温的起始温度如何设置？升温速率如何设置？

② 分流比如何调节？

③ 白酒分析时为什么用 FID，而不用 TCD？

练 习 五

一、知识题

1. 气相色谱仪的型号和种类繁多，但它们的基本结构是一致的，它们都由_____六大部分组成。

2. 气相色谱仪的载气是载送样品进行分离的_____，常用的载气为_____、_____、_____。

3. 气体钢瓶供给的气体经减压阀后，必须经_____净化处理，以除去_____。

4. _____进样装置用于常压气体进样。

5. 毛细管柱进样系统中，分流进样系统适用于_____的样品分析。

6. _____和_____是气相色谱仪中最常用的检测器。其中，_____属浓度型；_____属质量型。

7. 气相色谱仪的数据处理系统最基本的功能是将_____输出的模拟信号随_____的变化曲线画出来。

8. 色谱工作站是由一台微型计算机来实时控制色谱仪器，并进行_____和_____的一个系统。

9. 气相色谱仪的控制温度主要指对_____、_____、_____三处的温度控制。

10. 新制备的或新安装的色谱柱，使用前必须进行_____。

11. 使用热导检测器进行色谱分析，开机时应先通_____；关机时，除应先切断_____外，还应等_____温度降至50℃以下时，再关闭气源。

12. 设置温度控制参数时，柱箱温度设置必须低于色谱固定液的_____温度；检测器温度的设置应保证样品在检测器中不_____；汽化室进样器系统的温度设置应高于样品组分的_____，一般高于柱箱温度_____℃。

13. 开机使用 FID 时，必须先通_____、_____，再开温度控制。待检测器温度超过_____℃以上时，才能通氢气点火。

14. 使用 FID 点火时，可将氢气流量调在_____～_____MPa；点火后再慢慢将氢气流量调至_____～_____MPa。

15. 装在高压气瓶的出口，用来将高压气体调节到较小的压力是（　　）。
A. 减压阀；B. 稳压阀；C. 针形阀；D. 稳流阀

16. 下列试剂中，一般不用于气体管路的清洗的是（　　）。
A. 甲醇；B. 丙酮；C. 5%氢氧化钠水溶液；D. 乙醚

17. 在毛细管色谱中，应用范围最广的柱是（　　）。
A. 玻璃柱；B. 石英玻璃柱；C. 不锈钢柱；D. 聚四氟乙烯管柱

18. 使用热导检测器时，为使检测器有较高的灵敏度，应选用的载气是（　　）。
A. N_2；B. H_2；C. Ar；D. N_2-H_2 混合气

19. 试说明气路检漏的方法。

20. 怎样清洗气路管路？

21. 气体流量的测量和调节过程中要注意哪些问题？

22. 如何清洗进样口？

23. 简述色谱柱的老化方法。

24. 简述气相色谱柱的日常维护。

25. 简述使用 TCD 时，仪器开、关机的次序。

26. 简述使用 FID 时，仪器开、关机的次序。

27. TCD 的日常维护要注意哪些问题？

28. 试说明氢焰检测器的日常维护应注意哪些方面？

29. 使用微量注射器应注意哪些问题？

30. 如何清洗有污染物的 TCD 和 FID？

31. 试分析使用 TCD 时，出现热导信号无法调零的不正常现象的可能原因。

32. 氢火焰点不燃的可能原因是什么？如何排除？

33. 基线不回零的可能原因是什么？如何排除？

34. 试分析基线噪声大的可能原因。

二、操作技能考核题

1. 题目：内标法定量测定试样中甲苯含量

2. 考核要点

① 高压气瓶、减压阀、稳压阀、空气压缩机等的使用及气路的检漏。
② 标准溶液配制。
③ 仪器开机和工作条件的调试。
④ 进样操作。
⑤ 色谱数据处理机(或色谱工作站)的使用。
⑥ 仪器的关机操作。

3. 仪器与试剂

(1) 仪器 气相色谱仪,色谱柱(DNP柱,$\phi 4mm \times 2m$),FID检测器,色谱数据处理机(或工作站),氢气、氮气钢瓶,空气压缩机,微量注射器($1\mu L$),两支1mL通用注射器、两个试剂瓶(青霉素瓶)。

(2) 试剂 苯,甲苯(G.C.级),甲苯试样(C.P.),丙酮。

4. 实验步骤

① 配制标准溶液。取一个干燥洁净带胶塞的试剂瓶,称其质量(准确至0.001g,下同),用医用注射器吸取1mL色谱纯甲苯注入小瓶内,然后称量,计算出甲苯质量;再用另一支注射器取0.2mL苯(G.C.级)注入瓶内,再称量,求出瓶内苯的质量,摇匀备用。

② 配制甲苯试样溶液。另取一干燥洁净的试剂瓶,先称出瓶的质量,然后用注射器吸取1mL甲苯试样,注入瓶中,称出(瓶+甲苯)质量,再求出甲苯试样质量;然后再用注射器吸取0.1mL色谱纯的苯(内标物),称量后计算出加入苯的质量,摇匀。

③ 仪器的开机和调试。按规范开机并调试至正常工作状态。色谱条件如下。

载气(氮气):20~30mL/min;

柱温:90~95℃;

汽化室温度:120℃;

检测器温度:110℃;

空气:500~600mL/min;

氢气:20~30mL/min。

④ 打开色谱数据处理机(或色谱工作站),设置各种参数。

⑤ 标准溶液的分析。待基线稳定后,用微量注射器注入$0.2 \sim 0.4\mu L$标准溶液,待色谱图走完后记录样品名对应的文件名,打印出色谱图及分析测定结果并记录实验操作条件。重复操作3次。

⑥ 试样的分析。用微量注射器注入$0.2 \sim 0.4\mu L$的甲苯试样溶液,待色

谱图走完后记录样品名和对应的文件名,打印出色谱图及分析测定结果。重复操作两次。

⑦ 关机及实验结束工作。

⑧ 进行数据处理,报出结果(甲苯的质量分数)。

三、技能考核评分表

技能考核评分表见表 5-9。

表 5-9 气相色谱技能考核评分表

项目	考核内容	分值	扣分	备注
气路连接 (6)	高压气瓶减压阀的安装	2		
	减压阀与净化器的连接	2		
	净化器与仪器载气连接	2		
气路检漏 (6)	钢瓶至减压阀间检漏	2		
	气源至色谱柱间检漏	2		
	汽化室至检测器出口间检漏	2		
开机、调试 (24)	开机步骤	4		
	载气流量调节	2		
	柱箱温度调节	2		
	汽化室温度调节	2		
	检测器温度调节	2		
	点火前燃气、助燃气调节	2		
	点火操作	2		
	点火后燃气调节	2		
	基始电流调节	2		
	衰减选择	2		
	数据处理机参数设置	2		
测量操作 (12)	样品处理	2		
	注射器使用前处理	2		
	抽样操作	3		
	进样操作	3		
	数据处理机操作	2		

续表

项　目	考核内容	分值	扣分	备注
数据处理和报告填写 （4）	打印色谱图	1		
	结果计算	1		
	填写报告	2		
结束工作 （8）	关机操作	4		
	注射器使用后处理	2		
	整理实验台	1		
	处理实验废液	1		
结果准确度和精密度 （40）	精密度	18		
	准确度	22		

第六章 液相色谱仪的使用

第一节 概 述

相对于以气体作为流动相的气相色谱，凡是以液体作为流动相的任何一种色谱过程均称为液相色谱。液相色谱与气相色谱相比，液相色谱的最大特点是可以分离不可挥发而具有一定溶解性的物质或受热后不稳定的物质，根据固定相的形式，液相色谱可分为纸色谱（paper chromatography）、薄层色谱（thin-layer chromatography）和柱色谱（column chromatography）。目前液相色谱主要指柱色谱。柱色谱法按色谱过程的分离机制，可分为液固吸附色谱、液液分配色谱、键合相色谱、凝胶或空间排阻色谱、离子交换色谱和亲和色谱等。

高效液相色谱法（high performance liquid chromatograph，HPLC）起源于经典液相（柱）色谱法，采用了由全多孔或非多孔高效微粒固定相制备的色谱柱，由高压输液泵（high pressure transfer liquid pump）输送流动相，用高灵敏度检测器进行检测，实现了高柱效、高选择性、高灵敏度的快速分析，目前已成为影响最大、发展最快、应用最广泛的现代分析方法之一，广泛用于石油化工、有机合成、生理生化、医药卫生，乃至空间探索等几乎所有应用科学领域。

一、仪器工作原理

高效液相色谱仪是实现液相色谱分析的仪器设备，半个世纪以来，随着科学技术的发展，HPLC 仪器也经历了几次重大改进，至今已成为性能齐全，提供数据可靠，在分离科学领域中占据重要地位的分析仪器。

高效液相色谱仪的基本单元组成如图 6-1 所示，高效液相色谱

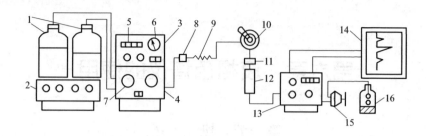

图 6-1 高效液相色谱仪的组成示意图

1—储液罐；2—超声脱气器；3—梯度洗脱装置；4—高压输液泵；
5—流动相流量显示；6—柱前压力表；7—输液泵泵头；8—过滤
器；9—阻尼器；10—六通进样阀；11—保护柱；12—色谱柱；
13—紫外吸收（或折射率）检测器；14—记录仪（或数据处
理装置）；15—背压调节阀；16—回收废液罐

系统至少应包括高压输液系统、进样器、色谱柱、检测器和工作站（仪器控制和数据处理系统）。目前市场上的商品仪器主要采用积木组合式系统，即高效液相色谱仪的各个部件相对独立，可根据使用目的的不同进行适当的链接，体现灵活多变的特点。

在液相色谱系统中，储液器储存流动相，流动相经过过滤和脱气，比例阀控制进入色谱柱的流动相流量和比例，由高压输液泵输送至色谱柱中。与此同时，样品溶液经进样阀或自动进样器注入流动相中，由流动相带入色谱柱中，样品组分依据在两相间作用能力的差别达到分离，分离后的各组分经检测器检测并输出各组分的色谱信号，再经放大器放大和数据处理系统的运算处理，获得的色谱图及分析结果可以显示、储存或打印。

二、仪器基本结构

1. 高压输液系统

高压输液系统一般包括储液器、高压输液泵、过滤器及梯度洗脱装置等。

（1）储液器 储液器的材料应耐腐蚀，可为不锈钢、玻璃、聚四氟乙烯或特种塑料聚醚醚酮（PEEK），容积一般以 0.5~2.0L 为宜。使用过程储液器应密闭，以防止溶剂蒸发引起流动相的变化。

（2）高压输液泵　高压输液泵是高效液相色谱仪的关键部件，其作用是将流动相以稳定的流速或压力输送到色谱柱中。

高压输液泵按输送流动相的性质一般可分为恒压泵和恒流泵两大类。目前，高效液相色谱仪普遍采用的是往复式恒流泵，特别是双柱塞型往复泵，用微处理器软件精密控制柱塞运动，具有液路缓冲器，可获得较高的流量稳定性，尤其适用于梯度洗脱。

（3）过滤器　在高压输液泵的进口和它的出口与进样阀之间，应设置过滤器。高压输液泵的活塞和进样阀阀芯的机械加工精密度非常高，微小的机械杂质进入流动相，会导致上述部件的损坏；同时，机械杂质在柱头的积累会造成柱压升高，使色谱柱不能正常工作。因此，管道过滤器的安装是十分必要的。

常见的溶剂过滤器和管道过滤器的结构见图 6-2。

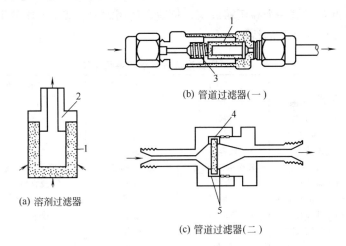

图 6-2　过滤器
1—过滤芯；2—连接管接头；3—弹簧；4—过滤片；5—密封垫

过滤器的滤芯是用不锈钢烧结材料制造的，孔径为 $2\sim3\mu m$，耐有机溶剂的侵蚀。若发现过滤器堵塞（发生流量减小的现象），可将其浸入稀 HNO_3 溶液中，在超声波清洗器中用超声波振荡 $10\sim15min$，即可将堵塞的固体杂质洗出。若清洗后仍不能达到要求,则应更换滤芯。

(4) 梯度洗脱装置　高效液相色谱仪有等度洗脱和梯度洗脱两种洗脱方式,前者保持流动相组成配比不变,后者则在洗脱过程中连续或阶段地改变流动相组成,它需要配有梯度洗脱装置。梯度洗脱装置依据梯度装置所能提供的流路个数可分为二元梯度、三元梯度等,依据溶液混合的方式又可分为高压梯度和低压梯度。

高压梯度又称内梯度,目前大多数高效液相色谱仪皆配有高压梯度装置,它是用两台高压输液泵将强度不同的两种溶剂 A、B 输入混合室,进行混合后再进入色谱柱。两种溶剂进入混合室的比例可由溶剂程序控制器和计算机来调节。此类装置的主要优点是两台高压输液泵的流量皆可独立控制,可获得任何形式的梯度程序,易于实现自动化。低压梯度又称外梯度,先按一定程序在常压下预先将溶剂在比例阀(混合器)中混合均匀,再用泵加压输入色谱柱。其优点是只需一个高压输液泵,价廉,使用方便。表 6-1 比较了各种梯度洗脱系统的特征。

表 6-1　不同梯度洗脱系统的特征比较

特　　性	二元高压梯度	二元低压梯度	多元低压梯度
可能洗脱范围	较广	较广	广
梯度的重现性	较好	好	较好
成本	较高	低	低
改变流动相	较容易	容易	较容易
机械性能	较简单、较可靠	简单、可靠	较简单、较可靠
自动化难易程度	容易	容易	较容易
对溶解气体的敏感性	较敏感	敏感	敏感
梯度准确性	较准确	准确	较准确
不同溶剂混合能力	较强	较强	强
对操作者的依赖性	较大	较大	较大
方便性	方便	方便	较方便

2. 进样器

(1) 六通阀进样阀　进样阀种类繁多,常用的六通阀进样阀,其结构如图 6-3 所示。进样体积可通过选择不同体积定量管来改变,常规高效液相色谱仪中通常使用的是 $10\mu L$ 和 $20\mu L$ 体积的定量管。

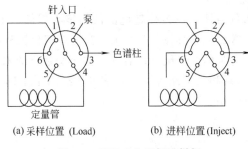

图 6-3　HPLC 六通阀进样阀

其手柄有两个位置：一个位置为采样位置（Load），如图 6-3(a)所示，此时可用平头微量注射器（体积应约为定量管体积的 4~5 倍）注入样品溶液，样品停留在定量管中，多余的样品溶液从 6 处溢出；另一个位置为进样位置（Inject），如图 6-3(b) 所示，此时流动相与定量管接通，样品被流动相带到色谱柱中进行分离分析。进样阀适于高压进样，定量精度高，重复性好，易于自动化；缺点是有一定死体积，会引起峰形变宽。目前，Rheodyne 的不锈钢（SS）7725i 和聚醚醚酮塑料（PEEK）9725i 阀是分析 HPLC 最受欢迎的进样阀。用于 HPLC 进样阀上的针头针尖是平的，而且表面经过了钝化处理，如图 6-4 所示，这样做是为了保护进样阀的转子密封和定子表面。

图 6-4　液相色谱注射器

（2）自动进样器　自动进样器是由计算机自动控制定量阀，按预先编制的注射样品操作程序进行工作。进样器的基本元件是利用微机控制系统控制的电磁阀电路、六通阀和采样针头、注射器。操作者只需将样品按顺序装入储样装置，自动进样器在微机控制下即可自动完成取样、进样、清洗等一系列操作指令，一次可进行几十个或上百个样品的分析，进样重复性高，适合作大量样品的分析，节省人力，可实现自动化操作。

3. 色谱柱

(1) 分离色谱柱　色谱柱是色谱仪的核心部件,主要由柱管、接头、过滤片等组成,如图6-5所示。常用液相色谱柱按照分离模式大致可以分为吸附、分配、键合相、离子交换、疏水作用、体积排阻(凝胶)、亲和及手性等类型,表6-2给出了不同类型色谱柱的分离原理及应用情况。

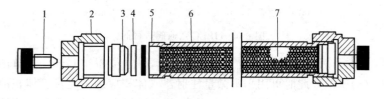

图6-5　色谱柱结构

1—塑料保护堵头；2—柱头螺丝；3—刃环；4—聚四氟乙烯O形圈；5—筛板；6—色谱柱管；7—填料

表6-2　不同类型色谱柱的分离原理及应用情况

柱类型	主要种类	分离原理	应用对象
吸附	硅胶、氧化镁、活性炭	基于溶质对固定相吸附能力的差异而分离	极性不同的化合物
分配	乙二醇、硝基甲烷、甲基聚硅氧烷	基于溶质在流动相和固定相之间分配系数差异而分离	烷烃、烯烃、芳烃、稠环、染料、甾族等化合物
反相	正十八烷、正辛烷、正丁烷、甲烷、苯基	基于溶质疏水性不同导致溶质在流动相和固定相之间分配系数差异而分离	大多有机物,多肽、蛋白质、核酸等生物大、小分子,样品一般溶于水中
正相	SiO_2、CN、NH_2	基于溶质极性不同导致在极性固定相上吸附强弱差异而分离	中、弱和非极性化合物,一般溶于有机溶剂
离子交换	磺酸基、季铵基	溶质电荷不同及溶质与离子交换固定相库仑作用力的差异进行分离	离子和可离解化合物
凝胶	凝胶渗透、凝胶过滤	基于分子的相对分子质量及尺寸不同使得溶质在多孔填料体系中滞留时间差异进行分离	可溶于有机溶剂或水的任何非交联型化合物

续表

柱类型	主要种类	分离原理	应用对象
疏水	丁基、苯基、二醇基	溶质的弱疏水性及疏水性对流动相盐浓度的依赖性使溶质得以分离	具弱疏水性及弱疏水性随盐浓度而改变的水溶性生物大分子
亲和	种类较多，如生物特效、染料配位	溶质与填料表面配基之间的弱相互作用力即非成键作用力所导致的分子识别现象进行分离	多肽、蛋白质、核酸等生物分子及可与生物分子产生亲和相互作用的小分子
手性	手性色谱	手性化合物与配基间的手性识别	手性拆分

其中，非极性烷基键合相是目前应用最广泛的柱填料，尤其是正十八烷反相键合相（简称 ODS），在反相液相色谱中发挥着重要作用，它可完成高效液相色谱分析任务的 70%~80%。

此外，色谱柱在装填料之前是没有方向性的，但填充完毕后的色谱柱是有方向的，即流动相的方向应与柱的填充方向（装柱时填充液的流向）一致。色谱柱的管外都以箭头显著地标示了该柱的使用方向（而不像气相色谱那样，色谱柱两头标明接检测器或进样器），安装和更换色谱柱时一定要使流动相能按箭头所指方向流动。

(2) 色谱柱的规格　一般采用直形柱管，由内部抛光的不锈钢管制成，表 6-3 总结了一般的商品化不锈钢色谱柱的特征。

表 6-3　色谱柱规格

类　型	内径/mm	长度/cm	粒度/μm
常规柱	3~4.6	3~25	3~10
细内径柱	2	10~25	3~10
半制备型	8~10	10~25	5~20
制备型	20~50	10~25	5~20
毛细管柱	30~50μm	15~50	

随着柱技术的发展，细内径柱受到人们的重视，内径 2mm 柱已作为常用柱，细内径柱可获得与粗柱基本相同的柱效，而溶剂的消耗量却大为下降，这在一定程度上除减少了实验成本以外，也降低了废弃流动相对环境的污染和流动相溶剂对操作人员健康的

损害。

（3）保护柱 所谓保护柱，即在分析柱的入口端，装有与分析柱相同固定相的短柱（5～30mm 长），其作用是收集、阻断来自进样器的机械和化学杂质，以保护和延长分析柱的使用寿命。现在市场上供应的结构新颖可更换柱芯式设计的保护柱，由保护柱套和可更换的保护柱芯两部分组成（见图 6-6）。

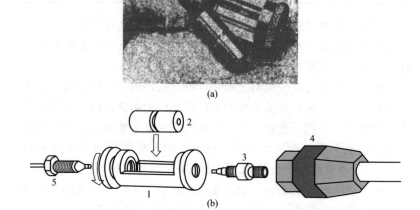

图 6-6 保护柱及其与分析柱的连接示意图
(a) 放在手中的保护柱；(b) 保护柱与分析柱的连接
1—保护柱套；2—保护柱芯；3—PEEK 标准通用接头；
4—分析柱接头；5—连接六通进样阀接头

采用保护柱会使分析柱损失一定的柱效，因此选择保护柱的原则是在满足分离要求的前提下，尽可能选择对分离样品保留值低的短保护柱。保护柱装填的填料较少，价格较低，为消耗品，通常可分析 50～100 次样品，柱压力降呈现增大的趋势就是需要更换保护柱的信号。

（4）色谱柱恒温装置 提高柱温有利于降低溶剂黏度和提高样品溶解度，改变分离度，也是保留值重复稳定的必要条件，特别是对需要高精度测定保留体积的样品分析而言尤为重要。

高效液相色谱仪中常用的色谱柱恒温装置有水浴式、电加热式和恒温箱式三种。实际恒温过程中要求最高温度不超过100℃，否则流动相汽化会使分析工作无法进行。

4. 检测器

高效液相色谱仪的检测器分两类：第一类为通用型检测器；第二类为选择性检测器。通用型检测器是指色谱柱流出液中的所有组分物质都能被检测，这类检测器包括折射率检测器、电导检测器和蒸发光散射检测器等；选择性检测器是指只能选择性地检测色谱柱流出液中的某一组分物质，是根据组分物质的某种特性进行检测的，这类检测器包括紫外-可见光检测器、荧光检测器等。

常见检测器的性能指标如表 6-4 所示。

表 6-4　常见检测器的性能指标

检测器 性能	紫外吸收	示差折射	荧光	蒸发光散射	电化学
测量参数	吸光度	折射率	荧光强度	散射光强度	电流
类型	选择型	通用型	选择型	通用型	选择型
线性范围	10^5	10^4	10^3	较小	10^6
灵敏度/(g/mL)	10^{-10}	10^{-7}	10^{-11}	10^{-10}	10^{-12}
检测限/g	10^{-9}	10^{-6}	10^{-10}	10^{-10}	10^{-3}
用于梯度洗脱	可以	不可以	可以	可以	不可以
对流量敏感性	不敏感	不敏感	不敏感	不敏感	敏感
对温度敏感性	不敏感	10^{-4}℃	低	不敏感	2%/℃

（1）紫外-可见光检测器　紫外-可见光检测器，结构简单，使用维护方便，一直是 HPLC 中应用最广泛的检测器，几乎是所有的液相色谱仪的必备检测器。这类检测器灵敏度高、线性范围宽，对流速和温度变化不敏感，可用于梯度洗脱。但是样品必须在可见光区或紫外光区有吸收。通常情况下，大多数样品在紫外区域内检测，因此紫外-可见光检测器，也简称紫外吸收检测器（ultraviolet absorption detector，UVD）。

紫外-可见光检测器与紫外-可见分光光度计的工作原理相同，都是依据朗伯-比尔定律，可以输出色谱图（即吸光度-保留时间曲线)、吸收光谱图(即吸光度-波长曲线)。

紫外-可见光检测器的结构与普通紫外-可见光分光光度计基本相同(如图 6-7 所示),主要区别在于检测池,紫外吸收检测器的检测池为样品流过的光学通道,也称流通池。一般标准池体积为 5~8μL,光程长为 5~10mm,内径小于 1mm,目前常用的流通池的结构为 H 形,如图 6-7 所示,流动相从池下方中间流入后,分成两路,按相反方向流动,并从上方中间汇合流出。

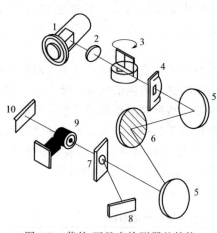

图 6-7 紫外-可见光检测器的结构
1—氘灯;2—透镜;3—滤光片;4—狭缝;
5—反射镜;6—光栅;7—分束器;
8—参比光电二极管;9—检测池;
10—样品光电二极管

(2) 光电二极管阵列检测器 普通的紫外-可见光检测器只能测定某一波长时吸光度与时间关系曲线,即只能作二维谱图。近年来发展的光电二极管阵列检测器(photo-diode-array detector,PDAD)与普通紫外检测器的区别主要在于进入流通池的不再是单色光,获得的检测信号不再是单一波长上的,而是在全部紫外光波长上的色谱信号,即能够同时测定吸光度、时间、波长三者的关系,通过计算机处理,可显示出具有三维空间的立体色谱光谱图,如图 6-8 所示。因此它不仅可进行定量检测,还可提供组分的光谱定性信息。

(3) 示差折光检测器 示差折光检测器(refractive index detector,RID),又称折射率检测器,是一种通用型检测器,它是通过连续监测参比池和测量池中溶液的折射率之差来测定试样浓度的检测器。常见示差折光检测器按结构可分为反射式、偏转式、干涉式和克里斯塔效应等类型。偏转式折光检测器池体积大,测量范围宽,一般只在制备色谱和凝胶渗透色谱中使用。通常的 HPLC 都

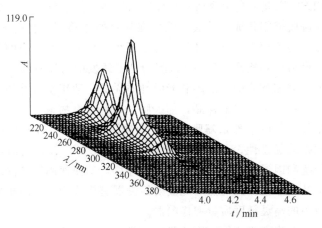

图 6-8　PDAD 得到的吸光度-时间-波长三维谱图

使用反射式折光检测器，因其池体积很小（小于 5μL），可获得较高灵敏度。

示差折光检测器的普及程度仅次于紫外检测器。此检测器对温度的变化敏感，使用时温度变化要求保持在 ±0.001℃ 范围内。此检测器对流动相流量变化也敏感，要求流动相组成完全恒定，稍有变化都会对测定产生明显的影响，因此一般不宜作梯度洗脱。此外，示差折光检测器灵敏度较低，不宜用作痕量分析。

（4）荧光检测器　荧光检测器（fluorescence detector，FLD）是利用某些溶质在受紫外光激发后，能发射可见光（荧光）的物质来进行检测的。对不产生荧光的物质，可使其与荧光试剂反应，制成可发生荧光的衍生物再进行测定。荧光检测器的最大优点是极高的灵敏度和良好的选择性，一般来说，它的灵敏度比紫外检测器要高 10～1000 倍，可达 μg/mL 级，对于痕量组分的选择性检测是一种强有力的检测工具，因此在生物化工、临床医学检验、食品检验、环境监测中获得广泛的应用。荧光检测器也可用于梯度洗脱，测定中不能使用可熄灭、抑制或吸收荧光的溶剂作流动相。

（5）蒸发光散射检测器　蒸发光散射检测器（evaporative light scattering detector，ELSD）和 RID 一样，同属于通用型检测器,ELSD原理是利用流动相与被检测物质之间蒸气压的差异,将色谱柱洗脱液雾化成气溶胶,然后在加热的漂移管中将溶剂蒸发,在光散射检测池中不挥发性的组分粒子可以使从光源发出的光受到散射,最后得到检测。ELSD检测的是不挥发的溶质颗粒,因此其响应值与被测物质的官能团和光学性质无关,适用于各种物质,尤其对于一些较难分析的样品,如磷脂、皂苷、生物碱、甾族化合物等无紫外吸收或紫外末端吸收的化合物更具有其他HPLC检测器无法比拟的优越性。此外,ELSD与RI和UV比较,它消除了溶剂的干扰和因温度变化而引起的基线漂移,即使使用梯度洗脱也不会产生基线漂移。因此蒸发光散射检测器有望成为高效液相色谱全新的通用的高灵敏度质量型检测器。

(6) 电化学检测器 电化学检测器(electrochemical detector)是根据电化学分析方法设计的,主要有两种类型:一是根据溶液的导电性质,通过测定离子溶液电导率的大小来测定离子浓度,如用于离子色谱法的电导检测器(electrical conductivity detector, ECD);二是根据化合物在电解池中工作电极上所发生的氧化还原反应,通过电位、电流和电量的测定来确定化合物在溶液中的浓度,如安培检测器。

5. 色谱工作站(仪器控制和数据处理系统)

20世纪80年代末期至现在,由于微型计算机的普及推广,兼具仪器控制和数据处理功能的色谱工作站逐渐成为微处理机的换代产品,已作为国内外生产的所有液相色谱仪的标准配置。色谱工作站的硬件由微型计算机和接口组成,目前市场上普通的微型计算机即能满足色谱工作站的配置要求;色谱工作站的软件已不再局限于结果处理和分析,而可以控制色谱仪的各种程序动作。一般色谱工作站主要具备以下功能。

(1) 自行诊断功能 可对色谱仪的工作状态进行自我诊断,并能用模拟图形显示诊断结果,可帮助色谱工作者及时判断仪器故障并予以排除。

(2) 全部操作参数控制功能 色谱仪的操作参数,如柱温、流动相流量、梯度洗脱程序、检测器灵敏度、最大吸收波长、自动进样器的操作程序、分析工作日程等,全部可以预先设定,并实现自动控制。

(3) 智能化数据处理和谱图处理功能　可由色谱分析获得色谱图的各个参数值,包括色谱峰的保留时间、峰面积、峰高、半峰宽和色谱柱的柱效、分离度、拖尾因子等,并可按归一化法、内标法、外标法等进行数据处理,打印出分析结果。谱图处理功能包括谱图的放大、缩小,峰的合并、删除、多重峰的叠加等。

(4) 进行计量认证的功能　工作站储存有对色谱仪器性能进行计量认证的专用程序,可对色谱柱控温精度、流动相流量精度、氖灯和氘灯的光强度及使用时间、检测器噪声、自动进样器的线性等进行监测,并可判定是否符合计量认证标准。

此外,色谱工作站还具有控制多台仪器的自动化操作功能、网络运行功能,还可运行多种色谱分离优化软件、多维色谱系统操作参数控制软件等,详细情况可参阅有关专著。

总的说来,色谱工作站的出现,不仅大大提高色谱分析的速度,也为色谱分析工作者进行理论研究、开拓新型分析方法创造了有利的条件。可以预料,随着电子计算机技术的迅速发展,色谱工作站的功能也会日益完善。

三、常用仪器型号和主要性能

常用仪器型号和主要性能如表 6-5 所示。

表 6-5　高效液相色谱仪的生产厂家、型号、性能与主要技术指标

生产厂家	典型仪器型号	性能与主要技术指标
美国珀金埃尔默(PE)	PE200	200LC 泵为通用泵,可变性强,可从一元提升至四元溶剂系统;输液泵流量为 0.01~10mL/min;流量精确度优于 $\pm 0.3\% RSD$;最高耐压为 42MPa;785A 紫外检测器波长范围为 190~700nm;波长精度 $< \pm 1nm$;波长重复性 $< \pm 0.5nm$;基线噪声 $\leqslant \pm 1 \times 10^{-5} AU$;基线漂移 $\leqslant 1 \times 10^{-4} AU/h$
美国安捷伦 Agilent	HP 1100	双柱塞具有独特的伺服控制系统,进行变冲程驱动;流量范围为 0.001~10mL/min;流量精确度为 $< 0.3\% RSD$;最高耐压 40MPa(5mL/min),20MPa(10mL/min);紫外-可见光检测器波长范围为 190~600nm(氘灯);基线噪声 $\leqslant \pm 0.75 \times 10^{-5} AU$;基线漂移 $\leqslant 1.0 \times 10^{-4} AU/h$;波长精度为 1nm

续表

生产厂家	典型仪器型号	性能与主要技术指标
大连依利特	P1201	双柱塞往复泵,小凸轮驱动短行程柱塞杆设计;流量范围为 0.001~9.999mL/min;流量精确度≤0.075%RSD;最高耐压 42MPa(0.001~5.000mL/min),20MPa(5.001~9.999mL/min) 紫外-可见光检测器波长范围为 190~650nm;基线噪声≤±0.5×10^{-5}AU;基线漂移≤1.0×10^{-4}AU/h
北京北分瑞利	BFS5100	双柱塞往复泵,用微处理器软件控制柱塞运动;输液泵流量 0.01~9.99mL/min;流量分辨率为 0.01mL/min;稳定性为≤±1.0%RSD;最高耐压为 42MPa 紫外检测器波长范围为 190~700nm;波长精度≤±2nm;波长重复性≤±0.4nm;柱温箱温度范围为 15~150℃;温控精度为±0.5℃
日本岛津 Shimadzu	LC20A	分析型泵流量范围为 0.001~10.000mL/min;流量精确度优于±0.06%RSD;最高耐压 40MPa;紫外检测器(SPD-20A)波长范围为 190~700nm,(SPD-20AV)波长范围为 190~900nm;波长准确度为 1nm 以下;波长精密度 0.1nm 以下;基线噪声为±0.25×10^{-5}AU;基线漂移≤±1.5×10^{-4}AU/h
日本岛津 Shimadzu	LC-2010HT	通过高速进样及多样品处理大幅提高了分析效率的一体型 HPLC。如果使用自动启动、停机功能、自动有效性功能,则可实现分析、管理自动化,进一步提高了生产效率。另外,图解式画面和模块功能使操作更为便利。 输液泵采取微冲程串联双柱塞方式,可梯度洗脱;采用自动进样器,进样速度 15s(10mL 进样时),样品处理数 350(1mL 小瓶);紫外检测器基线噪声≤±2.5×10^{-6}AU
美国沃特世 Waters	Alliance HPLC	系统核心是 e2695 分离单元及其集成的溶剂与样品管理功能,保证系统与系统之间的性能一致和高重现性,双路溶剂清洗降低交叉污染,满足质谱检测器对 HPLC 的快速分析需要。 流速精度≤0.075%RSD;流速准度±1%;梯度精度≤0.15%RSD;系统滞后体积<650μL(包括自动进样器),不随反压变化
美国戴安	SUMMIT P680A	流量设定范围为 0.001~10mL/min(梯度),0.001~20mL/min(等度);流量精确度为+0.1%RSD;最高耐压为 50MPa;压力脉冲<1% 四通道紫外-可见光检测器(UVD 170U)波长范围为 200~595nm,程序可调;波长精度为±0.75nm(UV),±1.5nm(Vis);基线噪声≤±5μAU;漂移<500μAU/h

续表

生产厂家	典型仪器型号	性能与主要技术指标
上海天美	LC2000	LC2130 四元梯度泵流量范围为 $0.001\sim9.999\text{mL/min}$;流量精度优于 $\pm0.075\%RSD$;最高耐压为 39.2MPa LC2030 紫外检测器波长范围为 $190\sim600\text{nm}$;波长准确度 $\leqslant2\text{nm}$;基线噪声 $\leqslant\pm1\times10^{-5}\text{AU}$;基线漂移 $\leqslant2.5\times10^{-4}\text{AU/h}$
上海伍丰	EX1600	EX1600 采用领先的微电脑技术无需中央控制器,即可实现网络化、智能化、自动化各项功能,并且各单元能够完全协调互动。 1600PQ 四元低压梯度泵流量范围为 $0.001\sim9.999\text{mL/min}$;流量精度优于 $\pm0.06\%RSD$;最高耐压为 42MPa 1600UV 紫外检测器波长范围为 $190\sim700\text{nm}$;波长准确度 $\leqslant0.1\text{nm}$;基线噪声 $\leqslant\pm0.2\times10^{-5}\text{AU}$;基线漂移 $\leqslant0.3\times10^{-4}\text{AU/h}$
	LC-100	高压恒流泵流量范围为 $0.001\sim9.999\text{mL/min}$;流量精确度 $\leqslant0.15\%RSD$;流量准确度 $\leqslant2\%RSD$;最高耐压 42MPa 紫外检测器波长范围为 $190\sim600\text{nm}$;波长精度 $\pm2\text{nm}$;波长重复性 $\leqslant0.5\text{nm}$;基线噪声 $\leqslant5\times10^{-5}\text{AU}$;基线漂移 $\leqslant5\times10^{-4}\text{AU/h}$

注：AU 为吸光度单位，1AU 即光程为 10mm 的吸光度值，下同。

四、液相色谱仪的发展趋势

1. 液相色谱-质谱联用（LC-MS）

色谱、质谱的在线联用将色谱的分离能力与质谱的定性功能结合起来，实现对复杂混合物更准确的定量和定性分析，同时也简化了样品的前处理过程，使样品分析更简便。

液相色谱流动相流速一般为 1mL/min，如果流动相为甲醇，其汽化后换成常压下的气体流速为 560mL/min，这比气相色谱流动相的流速大几十倍，而且一般溶剂还含有较多的杂质。因此，在进入质谱计前必须要先清除流动相及其杂质对质谱计的影响。

液相色谱的分析对象主要是难挥发和热不稳定物质，这与质谱仪中常用的离子源要求样品汽化是不相适应的。

为了解决上述两个矛盾以实现联用，可以研究一种接口以协调液相色谱和质谱的不同特殊要求；或者改进液相色谱（采用微型柱，降低流动相流量等）和质谱（主要是离子化方法）以使用它们相互之间逐渐靠近以达到能够联用的目的，或者同时考虑上述两个办法。实际过程中一般是选用合适的接口来解决的。

常用于液相色谱-质谱联用技术的接口主要有移动带技术(MB)、热喷雾接口、粒子束接口(PB)、快原子轰击(FAB)、电喷雾接口(ESI)等。其中，电喷雾接口的应用极为广泛，它可用于小分子药物及其各种体液内代谢产物的测定，农药及化工产品的中间体和杂质的鉴定，大分子蛋白质和肽类分子量的测定，氨基酸测序及结构研究以及分子生物学等许多重要的研究和生产领域，并有如下优点：①具有高的离子化效率，对蛋白质而言接近100%；②有多种离子化模式可供选择；③对蛋白质而言，稳定的多电荷离子的产生，使蛋白质分子量测定范围可高达几十万甚至上百万；④"软"离子化方式使热不稳定化合物得以分析并产生高丰度的准分子离子峰；⑤将气动辅助电喷雾技术运用在接口中，使得接口可与大流量（约 1mL/min 的 HPLC 联机使用）；⑥仪器专用化学站的开发使得仪器在调试、操作、LC-MS 联机控制、故障诊断等各方面都变得简单可靠。

电喷雾接口的结构如图 6-9 所示。接口主要由大气压离子化室和离子聚焦透镜组件构成。喷口一般由双层同心管组成，外层通入氮气作为喷雾气体，内层输送流动相及样品溶液。某些接口还增加

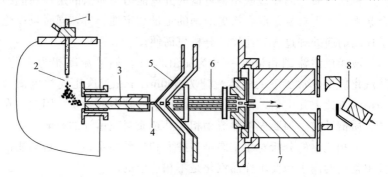

图 6-9 电喷雾接口的结构示意图

1—液相入口；2—雾化喷口；3—毛细管；4—CID 区；5—锥形分离器；6—八极杆；7—四极杆；8—HED 检测器

了"套气"(sheath gas)设计,其主要作用为改善喷雾条件以提高离子化效率。

离子化室和聚焦单元之间由一根内径为 0.5mm 的,带惰性金属(金或铂)包头的玻璃毛细管相通。它主要作用为形成离子化室和聚焦单元的真空差,造成聚焦单元对离子化室的负压,传输由离子化室形成的离子进入聚焦单元并隔离加在毛细管入口处的 3~8kV 的高电压。此高电压的极性可通过化学工作站方便地切换以造成不同的离子化模式,适应不同的需要。离子聚焦部分一般由两个锥形分离和静电透镜组成,并可以施加不同的调谐电压。

以一定流速进入喷口的样品溶液及液相色谱流动相,经喷雾作用被分散成直径约为 $1~3\mu m$ 的细小的液滴。在喷口和毛细管入口之间设置的几千伏的高电压的作用下,这些液滴由于表面电荷的不均匀分布和静电引力而被破碎成为更细小的液滴。在加热的干燥氮气的作用下,液滴中的溶剂被快速蒸发,直至表面电荷增大为库仑排斥力大于表面张力而爆裂,产生带电的子液滴。子液滴中的溶剂继续蒸发引起再次爆裂。此过程循环往复直至液滴表面形成很强的电场,而将离子由液滴表面排入气相中。进入气相的离子在高电场和真空梯度的作用下进入玻璃毛细管,经聚焦单元聚焦,被送入质谱离子源进行质谱分析。

在没有干燥气体设置的接口中,离子化过程也可进行,但流量必须限制在每分钟数微升,以保证足够的离子化效率。如接口具备干燥气体设置,则此流量可大到每分钟数百微升乃至 $1000\mu L$ 以上,这样的流量可满足常规液相色谱柱良好分离的要求,实现与质谱的在线联机操作。

电喷雾接口的主要缺点是它只能接受非常小的液体流量($1~10\mu L/min$),这一缺点可以通过采用最新研制出来的离子喷雾接口(ISP)所克服。

LC-MS 技术已经在药物、化工、临床医学、分子生物学等许多领域中获得广泛的应用。大量有机合成中间体、药物代谢物、基因工程产品等的分析结果,为生产和科研提供了许多有价值的数据,解决了许多在此之前难以解决的问题。

2. 超高压液相色谱

在进行色谱方法建立时,人们力求在尽可能短的分析时间内获得尽可能多的样品信息。因此,高效、快速的色谱分离方法始终是分析学家追求的目标。在液相色谱方法中,采用小粒径的填料通常可以得到更高的柱效及更快的分离速度。使用亚 $2\mu m$ 填料,由于色谱柱的孔隙率低,在相同流速下产生的压力大,因此产生了超高压液相色谱(ultrahigh-pressure liquid chromatography,UHPLC)。超高压液相色谱的使用压力一般超过 40MPa。也有人把使用压力在 100MPa 以上的才称为 UHPLC,而使用压力在 40~100 MPa 之间的称为 UPLC,即超高效液相色谱。与通常采用的 $5\mu m$ 填料色谱柱相比,使用亚 $2\mu m$ 填料不仅柱效更高,而且通过改进仪器条件,可以使分离时间更短,峰容量更大,能够更好地满足复杂样品对分离分析的要求。

Waters 公司在 2003 年首先推出了 Acquity UPLC 系统,其采用小颗粒填料,在高压下运行。商品化的超高压液相色谱仪器的序幕由此揭开。基于同样原理,Thermo 公司和 Jasco 公司也相继推出了耐压 104MPa 的液相色谱系统。而 Agilent 和岛津公司则通过升高温度来降低柱压,尽管同样使用小颗粒填料,但系统压力只有 60 MPa。

减小色谱柱填料的粒径只是 UPLC 的一个方面,而且这种填料还必须具备高度的稳定性和耐压性,另外需要与之匹配的耐高压色谱溶剂管理系统、能够缩短进样时间的快速进样装置、能够检测极窄色谱峰的高速检测器,以及经过优化能够显著减少柱外效应的系统体积、更快的检测速度等诸多条件的支持与保障,才能充分发挥小颗粒技术的优势。详细情况可参阅有关文献和专著。

LC-MS 已经是液相色谱发展的主流,能够充分发挥 LC 高分离度和 MS 高灵敏度的优势,UPLC 与 MS 的联用使这种优势更加明显:一方面,UPLC 系统达到最佳线速度时流动相流速一般在 0.25~0.5mL/min 之间,这与质谱能承受的流速更加匹配(API 接口一般能承受 0.2mL/min),使离子化效率增加;另一方面,UPLC 的分离度比传统 HPLC 有很大提高,其色谱峰扩展很小,峰浓度很高,这样不但有利于化合物的离子化,同时有助于与基质杂质分离，在一定程度上能降低基质效应，从而使灵敏度和重现性得到提高。

3. 微柱液相色谱

微柱液相色谱（μ-LC）是指采用内径为 $0.10\sim1.00$mm 色谱柱的液相色谱装置。与常规液相色谱相比，μ-LC 可以使用较小颗粒的固定相，具有更高的柱效和更快的分析速度，其总分离效能可达 15 万理论塔板/m 以上。此外，固定相和流动性比常规 HPLC 节省 97% 以上，样品消耗减少 90%，环境污染小。1976 年，日本 JASCO 公司推出了第一台商品化 μ-LC 仪器，随后，各大色谱仪器公司也相继推出了自己的产品。

与常规分离分析系统不同，微型流动分离分析系统的液体流量在 nL/min 级至 μL/min 级，并要求流量/压力可控、流动相组成和流向可控。目前 μ-LC 多采用螺旋注射泵及往复柱塞泵作为输液泵。紫外-可见光检测器因其普适性而成为 μ-LC 系统最常用的检测器，与微柱相适配的池体积应在 nL 级或 μL 级。μ-LC 采用的微柱可分为填充柱和整体柱两种，采用粒度较小的 3μm 或 5μm 填料，C_{18} 反相填料是最常用的微柱填料。详细情况可参阅有关文献和专著。

由于 μ-LC 具有进样体积小、分析速度快等常规液相色谱所无法比拟的优点，在生化分析、手性分离、神经科学、蛋白质及多肽的研究以及医药、工业聚合物与添加剂的分析等领域具有广阔的应用前景。由于 μ-LC 的柱流量小，所以易与其他类型或模式的色谱联用分析复杂样品。气相色谱、毛细管电泳、质谱等均可与其联用，相信随着各种接口装置设计的完善，无论在普通分离，还是在复杂生物样品体系的分离鉴定中，μ-LC 将是不可或缺的分离手段。

4. 二维液相色谱

对于复杂样品的分离，使用一种分离模式往往不能提供足够的分辨率，组合不同的分离模式构建多维系统是解决这一问题的有效途径。1984 年 Giddings 提出多维分离的概念，随着微加工技术的发展，多维分离技术得到较快的发展，并已在生命科学、环境科学等诸多领域得到应用。

二维液相色谱是将分离机理不同而又相互独立的两根或多根色

谱柱串联起来构成的分离系统。样品经过第一根柱子进入接口中，通过浓缩、捕集或切割进一步被切换进入第二维及后续的监测器中。二维分离采用两种不同的分离机理分析样品，即利用样品的两种不同特性把复杂混合物（如肽）分成单一组分，这些特性包括分子尺寸、等电点、亲水性、疏水性、电荷、特殊分子内作用（亲和）等，在一维分离系统中不能完全分离的组分，可能在二维系统中得到更好的分离。与一维色谱相比，分辨率、分离能力得到较大的提高。

二维液相色谱大多采用柱结合模式，柱间切换的设计对样品的分离效果及整个系统的性能都有很大影响，因此设计和优化切换模式是二维色谱研究的重点。柱切换通常可分为部分和整体切换两种模式。部分切换模式即采用中心切割技术，只使一维分离的部分组分进入到第二维中，对感兴趣的一种或几种组分加以进一步分析。整体切换模式即全二维液相色谱模式（comprehensive HPLC），在全二维系统中，从一维洗脱出来的不连续组分，有规则间隔地进入下一维分离模式中。使用捕集柱捕集一维洗脱物、使用样品环储存一维洗脱物、使用平行柱交替分析样品是几种常用的切换技术。为了达到更好的切换与分离效果，不同的切换技术也可以组合使用。详细情况可参阅有关文献和专著。

二维液相色谱具有不同寻常的峰容量，不同分离模式之间的合理的创造性组合是多维分离技术研究的重要内容和方向。随着二维液相色谱技术的不断发展，其在蛋白质组学研究中必将发生更大的作用，在其他如聚合物工业、制药工业等领域也将会显示出越来越重要的作用。

第二节　P1201型高效液相色谱仪的使用

一、仪器主要技术指标

P1201型高效液相色谱仪是由小凸轮驱动短行程柱塞设计的高精密输液泵及全封闭集成微型分光技术设计的高灵敏、高稳定紫外-可见光检测器组成。

1. P1201型高压恒流泵技术指标

① 流量设定范围：0.001～9.999mL/min，设定步长 0.001mL/min。

② 流量准确度：≤±0.2％（1.0mL/min，8.5MPa，水，室温）。

③ 流量稳定性：RSD≤0.075（1.0mL/min，8.5MPa，水，室温）。

④ 最高工作压力：42MPa（0.001～5.000mL/min）；20MPa（5.001～9.999mL/min）。

⑤ 压力准确性：显示压力误差≤±3％或 0.5MPa 以内。

⑥ 压力脉动：≤1.0％。

⑦ 泵的密封性：压力 40MPa，时间 10min，压降不大于 0.5MPa。

⑧ 电源：AC 220V（±10％），频率50Hz。

⑨ 功耗：180W。

2. UV1201 型紫外-可见光检测器技术指标

① 灯源：氘灯。

② 波长范围：190～650nm。

③ 谱带宽度：8nm。

④ 波长准确性：±1nm。

⑤ 波长重复性：±0.1nm。

⑥ 波长程序时间设定范围：0.1～999.9min。

⑦ 响应时间：0.1～4.9s。

⑧ 基线噪声：≤±0.5×10^{-5} AU。

⑨ 基线漂移：≤1.0×10^{-4} AU/h。

⑩ 线性范围：≥1.8AU（5％）。

⑪ 检测池：分析池的光程为 10mm，体积为 10μL；
制备池的光程为 4mm，体积为 8μL；
微量池的光程为 3mm，体积为 1.2μL。

⑫ 电源：AC 220V（±10％），50Hz。

⑬ 功耗：120W。

二、仪器结构

1. 仪器配置

(1) 单泵系统（等度分析） 该系统相对简单，主要由 P1201

高压恒流泵、Rheodyne7725i 高压样品进样阀、高效液相色谱柱、UV1201 紫外-可见光检测器及带泵控功能的色谱工作站组成,其外形如图 6-10 所示。

图 6-10 单泵系统示意图
1—P1201 高压恒流泵;2—Rheodyne7725i 进样阀;
3—高效液相色谱柱;4—UV1201 紫外-可见光检测器

(2) 二元高压梯度系统 该系统主要由 P1201 高压恒流泵 A、P1201 高压恒流泵 B、Rheodyne7725i 高压样品进样阀、高效液相色谱柱、UV1201 紫外-可见光检测器及带泵控功能的色谱工作站和梯度混合器组成,其外形如图 6-11 所示。

2. 仪器主要组成部件和辅助设备

(1) P1201 高压恒流泵 P1201 高压恒流泵是小凸轮驱动短行程柱塞的双柱塞串联式往复恒流泵,输液脉动;采用步进电机细分控制技术,使得电机在低速运行平稳;浮动式导向柱塞的安装方式,加上精选的进口高质量柱塞杆和密封圈等关键部件,保证泵长期运行的输液稳定性和耐用性;流动相压缩系数和流速准确性双重校正保证极高的流量准确度;通过色谱工作站控制能够方便地得到高精度二元高压梯度系统,同时能够实现流动相的流速梯度,满足生产和科研的各种要求。

(2) UV1201 紫外-可见光检测器 该检测器主要由光学单元、数据采集和控制电路,以及数据处理软件等部分组成。

图 6-11　高压梯度系统示意图
1—P1201 高压恒流泵 A；2—P1201 高压恒流泵 B；3—UV1201 紫外-可见光检测器；4—梯度混合器；5—Rheodyne7725i 进样阀

光学单元采用双光路全息凹面光栅单色仪，减少了光能量的损失；采用高精度的步进电机驱动光栅转角机构，使检测波长的准确度和精密度更高；采用高能量氘灯作为光源，使检测器的波长范围可延伸至 650nm；采用了 24 位 $\triangle\text{-}\Sigma$ A/D 转换技术和基于 MSP430 单片机的双 CPU 结构，实现了高精度的数据采集、数据处理及系统管理。检测器信号输出可通过 RS-232 或 USB 两种接口直接与电脑连接，仪器之间的互联采用的是 RS-485 的通信方式，使整个 HPLC 系统的结构更为简洁、合理。

（3）溶剂过滤装置　所有溶剂在使用之前必须经过严格过滤，除去微小的机械杂质，以防这些微粒磨损泵的活塞、堵塞柱头垫片、阻塞进样阀或输液管道。除去机械杂质最简单的办法是使用真空泵的微膜过滤除去杂质。微膜过滤具有不同孔径、不同材质，应用时可根据需要选用。

（4）溶剂脱气装置　流动相进入高压泵前必须进行脱气处理，否则流动相通过色谱柱时气泡受到高压而压缩，流至检测器时因压力降低而将气泡释放,增加基线噪声,严重时会造成分析灵敏度下降、基线不稳,使仪器不能正常工作,在梯度洗脱时这种情况尤其突出。常用的脱气方法有超声波振荡脱气、惰性气体鼓泡吹扫脱气以及在线(真空)脱气三种。

超声波振荡脱气的方法是将装有流动相的储液器放入超声波水槽中,脱气10~20min即可。该法操作简便,又能基本满足日常分析的要求,因此,目前仍被广泛采用。

3. P1201高压恒流泵控制面板的键盘功能

P1201高压恒流泵前面板上键盘的功能说明如下(见图6-12)。

图6-12 P1201高压恒流泵前面板及按键部分示意图

(1) 运行/停止   用于控制恒流泵的运行与停止,按一次后运行指示灯亮,泵开始按照设定的流速输送液体,在外部控制情况下按该键可以暂停。

(2) 冲洗   按此键一次,泵以大流速冲洗系统,主要用于流动相置换和冲出系统内的气泡。

(3) 清除   该键有两个作用,输入不正确数据的退位修改和解除报警。

(4) 操作菜单   用于两个功能菜单之间的相互转换及功能菜单与主界面间的转换,连续按此键依次显示两个功能菜单与主界面,在每一个功能菜单下按此键后达到下一个功能菜单。

(5) ▲和▼键   在两个功能菜单下按▲和▼键,连续循环转换各个参数。

(6) ⏎ 确认键　在任何状态下，修改相应参数后按确认键后光标移动到下一个参数并闪动。

(7) · 小数点键。

(8) 0～9 数字键。

(9) 电源指示灯　指示电源开关。

(10) 运行指示灯　表明泵的运行状态，灯亮表明泵正在按照界面显示流速输送液体。

(11) 液晶显示屏　提供当前信息，可以根据显示信息进行设定和输入。

(12) 冲洗指示灯　0（灯灭）：柱塞杆不清洗；1（绿色）：柱塞杆始终清洗；2（黄色）：柱塞杆清洗 2min 停 10min。

4. UV1201 检测器控制面板的键盘功能

UV1201 检测器前面板上键盘的功能说明如下（见图 6-13）。

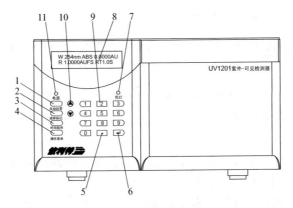

图 6-13　UV1201 检测器前面板示意图

(1) 自动回零　按下该键可使显示吸收信号（ABS）自动回零，同时检测器输出给色谱工作站的信号也为零。

(2) 进样标记　每按键一次，检测器会产生一脉冲信号，在色谱工作站记录信号上作为标记。

（3）|时间程序| 用于时间波长程序的开始和终止。在 MENU 2 WAVELENGTH PROGRAM 状态下按此键后开始按照设定的时间波长程序进行检测，再按此键，即终止时间波长程序，回到主界面。

（4）|操作菜单| 用于三个功能菜单之间的相互转换及功能菜单与主界面间的转换，连续按此键依次显示三个功能菜单与主界面，在每一个功能菜单下按此键后达到下一个功能菜单。

（5）|·| 小数点键。

（6）|↵|确认键 在任何状态下，修改相应参数后按确认键后光标移动到下一个参数并闪动。

（7）氘灯 指示灯亮表示氘灯点燃。

（8）液晶显示屏 提供当前信息，可以根据显示信息进行设定和输入。

（9）|0|~|9| 数字键。

（10）|▲|和|▼|键 在三个功能菜单下按|▲|和|▼|键，连续循环转换各个参数。

（11）电源指示灯 指示电源开关。

三、仪器的安装

1. 仪器安装条件

① 为了保证仪器良好工作状态和长期使用的稳定性，必须避开腐蚀性气体和大量的灰尘。

② 仪器运行环境的温度，要求在 5℃ 和 40℃ 之间，温度波动小于 ±2℃/h，避免将仪器安装在太阳直射的地方。

③ 房间内相对湿度应低于 80%。

④ 避免将仪器安装在能产生强磁场的仪器附近；若电源有噪声，需要噪声过滤器。

⑤ 使用易燃或有毒溶剂时，要保证室内有良好的通风；当使

用易燃溶剂时,室内禁止明火。

⑥ 仪器应安装在平整、无振动的坚固台面,宽度至少 80cm。

⑦ 仪器必须有良好的接地。

2. 输液泵溶剂管路系统的安装

(1) 准备工作　准备一个容积为 500mL 以上,瓶盖上有一个 3~4mm 小孔的储液器。

(2) 泵头入口与储液器的连接　将聚四氟乙烯输液管组件与泵的入口相连接,另一端穿过储液器瓶盖上的小孔后与溶剂过滤头相连。

(3) 泵与进样阀的连接　用不锈钢管(配连接螺钉和密封刃环)连接恒流泵液体出口与进样阀入口(为了保证样品较少扩散,进样阀与色谱柱之间以及色谱柱与检测器之间的连接管尽量要短)。

新购买的管路需经过清洗后才能使用,清洗顺序为氯仿→甲醇(或无水乙醇)→水→1mol/L 硝酸→水→甲醇→氮气流吹干;聚四氟乙烯管使用前用甲醇冲洗即可。

3. 混合器的连接

P1201 恒流泵用于二元高压梯度分析时,为保证流动相混合均匀,要使用混合器。将两台 P1201 恒流泵的出口分别与外接混合器的两个输入口连接,混合器出口与进样阀入口连接。

4. 检测器的连接

(1) UV1201 检测器的检测池靠下方的连接管是检测器的入口,用连接螺钉上紧色谱柱出口和检测器检测池入口,以防止气泡渗入至检测池内。

(2) 用裁截成合适长度的聚四氟乙烯管将检测器检测池出口连接至废液瓶中。

5. 色谱系统的连接

色谱系统的连接见图 6-14(以下连接以梯度系统为例,等度系统去掉一个泵即可,其他同梯度系统)。

6. 计算机与色谱系统的连接

可分别使用 RS232 接口或 USB 接口进行数据通信线的连接,

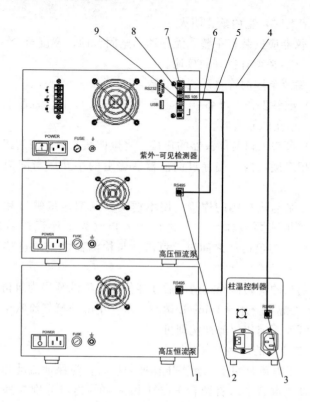

图 6-14　P1201 色谱系统连接图

1—泵控接口 A（该接口与对应的泵控线 A 连接）；2—泵控接口 B（该接口与对应的泵控线 B 连接）；3—柱温箱控制接口（该接口与对应的柱温箱控制线连接）；4—柱温箱控制线（用于控制柱温箱的连接线）；5—泵控线 A（用于控制泵 A 的连接线）；6—泵控线 B（用于控制泵 B 的连接线）；7～9—用于与控制线连接的 RS485 控制接口

如图 6-15 所示。通信连接完成后，在计算机上进行 EC2006 色谱数据处理工作站软件的安装。

四、仪器的系统测试

对于新安装的仪器、长时间搁置需重新使用的仪器或对分析结果有怀疑时，有必要对整个色谱系统进行一次全面的测试，以保证

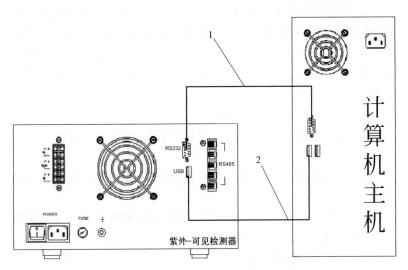

图 6-15 计算机与色谱系统接口通信连接图
1—RS232 接口通信连接；2—USB 通信连接

分析结果的可靠性。

1. 单泵系统测试步骤

① 取一合适的色谱柱，一般正相系统选 SiO_2 柱，反相系统选 C18 柱。

② 按色谱柱厂家出厂时提供的色谱柱评价报告要求配制流动相。

③ 排除恒流泵管路中的气泡。

④ 按色谱柱厂家提供的色谱柱评价报告设定流量。

⑤ 检查泵的密封性能。

a. 接上色谱柱并启动恒流泵，检测压力是否稳定，若不稳定，可能泵头处还有气泡未排尽。

b. 将压力上限设为 25MPa，启动泵，使压力升至 25MPa 时自动停泵，观察压力是否下降（此时进样阀的输液管路应封闭），如压力下降比较快，则说明泵头内的单向阀、进样阀或管路接头密封不严。

c. 反之，如果压力不下降或者 20s 以后压力开始缓慢下降，则说明泵头内的单向阀、进样阀或管路接头密封合格。对于 P1201 恒流泵，当超压指示灯亮十多秒钟后，压力显示将自动慢慢降为零，此时泵头实际压力不为零，必须把放空阀打开，再显示的压力是真正的零。

⑥ 用量筒或移液管检测泵的流量重复性。

⑦ 按厂家提供的色谱柱评价报告将检测器波长设定为所需波长。

⑧ 按厂家提供的色谱柱评价报告配制用来评价柱效的标准样品。

⑨ 待基线平稳后，多次进样，分析结果的重现性可证明系统运转是否正常。

2. 梯度系统测试

梯度系统除了对每个输液泵进行密封性能和样品分析重现性检查外，还要运行梯度曲线进行测试，以便了解系统的梯度性能。

① 单泵密封性能检查、流量重复性检查步骤与上述"单泵系统测试"相同。

② 梯度性能检查

a. 取两瓶 500mL 的甲醇，各标上 A 和 B。

b. 在 A 瓶内加入 0.2mL 丙酮，在 B 瓶内加入 0.8mL 丙酮，超声脱气。

c. 在进样阀出口与检测器入口接一根 1.6mm×250mm 的不锈钢管。

d. 设定检测波长为 254nm。

e. 设定总流量为 1.0mL/min，A、B 泵各为 50%，冲洗直到基线平稳。

f. A 泵 100%、B 泵 0% 运行 10min，以保证 A、B 泵中流动相已经得到充分的置换。

g. 按照表 6-6 设置梯度曲线，运行数据采集，检查各台阶曲线在变化处是否近似垂直，否则梯度混合不理想。

表 6-6 梯度曲线设置

顺 序	时间/min	流量/mL	泵 A/%	泵 B/%	梯度曲线
1	0	1.0	100	0	0
2	2	1.0	80	20	0
3	4	1.0	60	40	0
4	6	1.0	40	60	0
5	8	1.0	20	80	0
6	10	1.0	0	100	0
7	12	1.0	100	0	0

五、仪器操作方法

1. 仪器的基本操作步骤

① 准备分析用流动相

a. 选择分析所用试剂（推荐用色谱纯试剂）配制成流动相，并用 0.45μm 滤膜过滤，灌入储液器中，置于超声波清洗器中脱气 10～20min。

b. 将带有过滤头的输液管线插入储液器中，并确保浸没在溶剂中。

② 打开高压输液泵电源，用所选的流动相以 1mL/min 的流速平衡。

③ 打开紫外-可见光检测器电源，设定所选用的波长和程序，预热。

④ 打开智能型接口的电源。

⑤ 打开计算机，进入色谱工作站，并设定一分析方法。

⑥ 在泵、检测器、接口都准备好的情况下，按检测器自动调零，进样，仪器自动采集数据，自动计算，并打印出结果报告。

⑦ 用适当的溶剂清洗整个色谱系统。

⑧ 依次关闭检测器、接口、计算机和泵。

2. P1201 型输液泵的具体使用方法

① 按下泵的电源开关，仪器开始自检，自检结束后显示页面（主界面）如图 6-16 所示。在该界面下可直接修改流速和最高限

```
FLOW        1.000    mL/min
P 10.0  MPa   Pmax  20.0
```

图 6-16 P1201 泵的主界面

压，如需修改某个参数，在该状态下可以用▲和▼键将光标移到要设定和修改的参数处，键入新的参数值后按确认键即可。如要开始或停止泵的运行按运行/停止键即可。

注意，如果是第一次使用 P1201 泵，开机通过自检后主界面中的参数均是 P1201 泵默认参数，否则 P1201 泵保持第一次使用后，也即是关机前的全部参数。

② 按操作菜单键一次，进入 P1201 泵的“MENU1 BASIC OPERATION”功能状态（见图 6-17）。

```
          MENU1
BASIC        OPERATION
```

图 6-17 P1201 泵的“MENU1”界面

在该状态下，通过用▲和▼键可以循环进入泵的流速（见图 6-18）、最高限压值（见图 6-19）和最低限压值（见图 6-20）和柱塞杆清洗设定界面（见图 6-21），对相应值进行设定和修改；

```
FLOW:       1.000     mL/min
```

图 6-18 泵的流速设定界面

```
   Pmax:   20.0     MPa
```

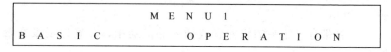

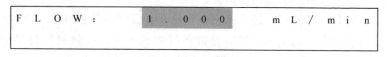

图 6-19 最高限压值设定界面

```
P m i n :        0 . 0         M P a
```

图 6-20　最低限压值设定界面

```
S E A L    W A S H I N G :          O F F
1 . O F F    2 . O N 1    3 . O N 2    ?
```

图 6-21　柱塞杆设定界面

1—表示停止柱塞杆清洗功能；2—表示连续清洗柱塞杆；3—表示间歇清洗柱塞杆

注意，所有输入参数如果超出参数的设定范围，P1201泵不会接受，继续保持原来的参数值。

泵在工作中对系统的压力进行实时检测，如果压力到达设定的上限或泵启动1min内没有达到下限，则泵将发出报警信号并停泵。

③ 再按 操作菜单 键一次，进入P1201泵的"MENU2 ADVANCED OPERATION"功能状态（见图6-22）。在该状态下，通过用 ▲ 和 ▼ 键可以循环进入泵的A/B泵序号分配、流动相压缩系数调整、流速校正系数和压力显示单位转换设定界面（见图6-23），对相应值进行设定和修改。这些属于P1201恒流泵的高级功能，具体操作可参阅"P1201高压恒流泵用户使用手册"。

```
                 M E N U  2
A D V A N C E D      O P E R A T I O N
```

图 6-22　P1201泵的"MENU2"界面

④ P1201泵可以显示三种压力单位❶，可在压力显示单位转换设定界面（见图6-23）光标处输入相应参数值。

⑤ 再按 操作菜单 键一次，回到P1201泵主界面，如要开始或

---

❶　三种压力单位之间的转换关系为1MPa=10bar，1MPa=145.04psi。

```
Pressure         Unit  :      MPa
1.MPa    2.bar       3.psi         ?
```

图 6-23　压力显示单位转换设定界面

停止泵的运行按 运行/停止 键即可。

3. UV1201 紫外-可见光检测器的具体使用方法

（1）开机时的状态　打开电源开关，电源指示灯亮，液晶显示屏亮，仪器开始进行系统自检，自检通过后显示界面如图 6-24 所示（波长、输出范围等参数显示值是上次关机前的设定值），同时前面板氘灯指示灯亮。

（2）定波长分析

① 在主界面（见图 6-24）状态下按前面板上确认键后，波长第一位光标闪烁，可以输入新的波长参数。

```
W 254nm    ABS   1.0000AU
R 2.0000AUFS       RT   1.0S
```

图 6-24　UV1201 检测器的主界面

② 确认后，按 ▲ 和 ▼ 键，根据光标移动的位置可以继续输入"范围：R"，再确认可以输入"上升时间：RT"，确认后即可到初始状态。上述输入过程中如果中途输入错误，光标处会显示"ERR"，提示重新输入，输入完毕，按确认键返回最初状态（无光标闪烁）。

（3）使用光谱扫描程序

① 按 操作菜单 键一次，显示"MENU1 SPECTRUM OPERATION"设定界面，如图 6-25 所示，进行光谱扫描程序参数设定。

```
            MENU 1
   SPECTRUM    OPERATION
```

图 6-25　UV1201 检测器的"MENU 1"界面

②在该状态下按 ▲ 和 ▼ 键依次进入扫描波长设定、扫描步长、扫描速度设定的子菜单（见图 6-26～图 6-28），在不同子菜单界面下通过数字键设定光谱扫描波长范围即起始波长（SCAN BGN）及结束波长（SCAN END）、的扫描步长值（SCAN STEP，1～10nm）、扫描速度（PLOT SPEED，1～10nm/s），按确认键确认后，光标消失，设定完成。如果输入数据错误，出现提示信息，可重新输入正确的值。

```
SCAN    BGN           190 nm
INPUT        190 → 650 nm
```

```
SCAN    END           190 nm
INPUT        190 → 650 nm
```

图 6-26　"MENU 1"扫描波长设定子菜单界面

```
SCAN    STEP          1 nm
INPUT            1 → 10 nm
```

图 6-27　"MENU 1"扫描步长设定子菜单界面

```
PLOT   SPEED    10 nm/sec
INPUT            1 → 10 nm
```

图 6-28　"MENU 1"扫描速度设定子菜单界面

(4) 使用波长程序分析，用于设定特定时间下测定波长的变化

① 按 操作菜单 键两次，显示 "MENU2 WAVELENGTH PROGRAM" 设定界面，如图 6-29 所示，进行波长程序参数设定。

```
           MENU 2
WAVELENGTH       PROGRAM
```

图 6-29　UV1201 紫外-可见检测器的 "MENU 2" 界面

② 按 ▲ 和 ▼ 键依次显示 9 个子菜单（见图 6-30），可设定 9 个波长和时间值，在每一菜单下输入一组波长（190～650nm）和时间（0.1～999.9min）值，输入后按确认键，然后转入下一组数据。

```
T 0            0 . 0 m i n
W 0      2 1 4 n m
```

```
T 1            1 . 0 m i n
W 1      2 5 4 n m
```

```
T 2            2 . 0 m i n
W 2      3 2 4 n m
```

```
T 3            3 . 0 m i n
W 3      3 8 4 n m
```

```
T 4            4 . 0 m i n
W 4      4 1 8 n m
```

```
T 5            5 . 0 m i n
W 5      5 2 4 n m
```

```
T 6            6 . 0 m i n
W 6      4 1 8 n m
```

```
T 7            7 . 0 m i n
W 7      2 5 4 n m
```

```
T 8            8 . 0 m i n
W 8      2 1 4 n m
```

图 6-30 "MENU 2"波长程序设定的 9 个子菜单界面

注意，输入超过检测器设定范围的数据后仪器提示错误，需重新输入数据；如波长时间段小于 9 个，后面所有的时间和波长设定值应与前一个相同。

③ 按 波长程序 键，开始按照设定值运行波长时间程序，显示界面如图 6-31 所示。

```
A B S                    0 . 0 0 0 5        A U
W 0    2 1 4 n m    T₁    0 0 0 . 2 m i n
```

图 6-31　波长程序运行界面

④ 波长程序完成后，自动回到主界面（见图 6-24）。在运行过程中也可以按"波长程序"键随时中止时间波长程序，显示取消界面后回到主界面。

(5) 查看检测器工作参数

① 按 操作菜单 键 3 次，进入 "MENU 3 DETECTOR PARAMETER" 界面，如图 6-32 所示。

```
              M E N U  3
D E T E C T O R      P A R A M E T E R
```

图 6-32　检测器 "MENU 3" 界面

② 按 ▲ 和 ▼ 键进入氘灯、钨灯开关状态设定界面（见图 6-33），按确定键后光标闪烁，用 ▼ 键可改变氘灯和钨灯的开关状态。

```
D 2 L A M P            O N
W   L A M P            O N
```

图 6-33　氘灯、钨灯开关状态设定界面

③ 按 ▲ 和 ▼ 键进入氘灯使用时间显示界面（见图 6-34），该

项内容用户不能自行更改。

```
D 2 L A M P    R U N T I M E    0 0 1 2 h
W   L A M P    R U N T I M E    0 0 0 0 h
```

图 6-34 氘灯使用时间显示界面

④ 按 ▲ 和 ▼ 键进入氘灯、钨灯开启次数显示界面（见图 6-35），该项内容不能自行更改。

```
D 2 L A M P    S T R I K E    0 0 1 0
W   L A M P    S T R I K E    0 0 0 0
```

图 6-35 氘灯开启次数显示界面

⑤ 按 ▲ 和 ▼ 键进入氘灯能量显示界面（见图 6-36），该项内容用户不能自行更改。

```
D 2 L A M P    E N E R G Y    2 5 8 3 6
W   L A M P    E N E R G Y    4 4 5 4 9
```

图 6-36 氘灯能量显示界面

六、EC2006 色谱工作站

EC2006 软件基于 Windows98/2000/XP 操作平台，采用了最新的软件设计技术（O-O 技术），32 位完全独立的应用程序，硬件部分采用最新 24 位 A/D 芯片、16 位单片机，RS232 及 USB 通信标准，可实现对 P1201 高效液相色谱仪的实时反馈与控制，集多位色谱专家与众多客户的实际应用经验，数据处理功能更准确。

1. 性能指标

① 操作系统：Windows 2000/XP。

② 控制方式：实时上位和下位机双模式控制，完全独立双

通道。

③ 工作方式：前后台实现数据采集、计算、整理、储存和打印。

④ 通信方式：RS232，RS485，USB 或网络。

⑤ 测量范围：$-100\text{mV} \sim +2\text{V}$。

⑥ 信号分辨力：$2\mu\text{V}$。

2. 使用方法

(1) 方法设定

① 运行 EC2006 色谱数据处理工作站应用程序，就会进入 EC2006 色谱数据处理工作站的主操作界面，如图 6-37 所示。

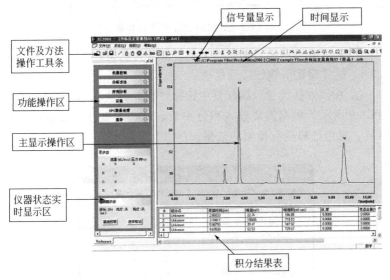

图 6-37　EC2006 色谱数据处理工作站的主操作界面

② 在左侧［分析方法］栏中点击［分析方法］，在弹出的"方法设置"属性页中选择数据采集方法，屏幕弹出窗口如图 6-38 所示。

a. 鼠标双击并更改采集时间；

b. 点［搜索］按钮更改缺省文件路径；

c. 选择是否使用自动进样器；

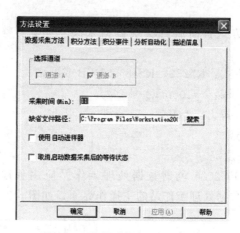

图 6-38 数据采集方法设置界面

d. 选择是否取消启动数据采集后的等待状态;

e. 按 [确定] 按钮接受修改。

③ 在"方法设置"属性页中选择"积分方法",弹出窗口,如图 6-39 所示,根据需要输入积分参数,这些参数作为数据采集结束后,对色谱峰进行检测的依据。

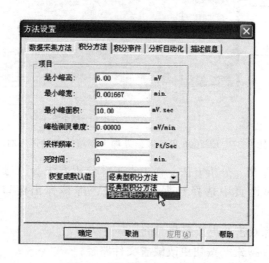

图 6-39 积分方法设定界面

④ 在"方法设置"属性页中选择"积分事件",弹出窗口,如图 6-40 所示,积分事件表是为设定积分期间需要按时间次序变化的参数,采用积分事件表可以完善和补充积分参数,处理复杂样品的积分参数以获得满意的分析结果。

图 6-40 积分事件设定界面

⑤ 在所有方法都设定以后,用户可以将方法保存在自定义文件夹中,也可以将方法存入方法库,下次使用同样方法时可以直接调用。

(2) 系统控制 系统控制主要是用来对色谱仪器实施控制的应用程序。EC2006 色谱数据处理系统可以对泵、四元低压梯度混合器、阀、柱温箱、检测器、AD 适配器、自动进样器等设备进行控制,并且能够实时查询到相应设备的运行状态,它是工作站的重要组成部分之一。此处重点介绍程序对泵的控制,其他控制的具体操作可参阅"EC2006 色谱数据处理工作站用户使用手册"第 4 章。

① 等度控制。确认系统已连接好泵,在左侧[仪器控制]栏中点击[仪器控制],默认即显示"泵控制"属性页,如图 6-41 所示。该页面上所显示参数为系统所查询到的泵当前运行状态。用户可以在此重新设置或修改流量等各项参数,以完成对泵的控制(压

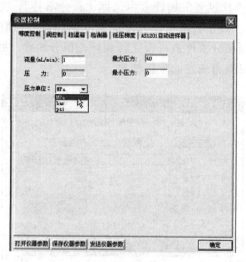

图 6-41 等度控制界面

力为泵实际压力值，不可更改），设置完毕后，鼠标点击［发送仪器参数］，泵将会按照所设置的参数运行或停止。（在控制泵前，请先仔细阅读泵的说明书，首先将泵控制的菜单项［NUMBER］设置为［P-A］，才能有效地进行等度控制操作。）

② 梯度控制。确认系统已连接好两台泵，在［仪器控制］对话框中选择"高压梯度"属性页，屏幕弹出窗口如图 6-42。窗口的上面部分是梯度控制表，下面部分是设定的梯度参数曲线显示区。点击添加按钮进入添加梯度项窗口，根据需要依次输入各项参数，输入完毕单击确定按钮，依此类推输入其他梯度项，也可用删除、清除表格等重新编辑梯度列表，编辑完梯度控制表后，可通过点击显示按钮查看曲线形状，同时在数据采集屏幕上可观察到梯度曲线。完毕后，点击确定按钮，返回主屏幕（在控制泵前，请先仔细阅读泵的说明书。首先将两台泵的菜单项［NUMBER］分别设置为［P-A］和［P-B］，才能有效地进行梯度控制操作）。

(3) 启动数据采集

① 打开已储存的方法文件，进行基线检测后，点击"数据"菜单下"启动数据采集"项或快捷键，准备开始数据采集。

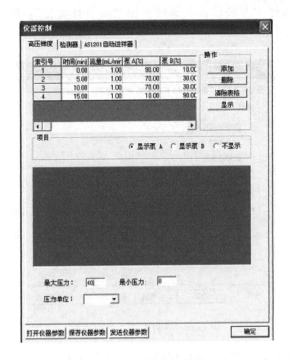

图 6-42　高压梯度控制界面

②按下 EC2006 色谱数据处理工作站遥控触发开关或键盘的"S"键以启动数据采集。

(4) 结束数据采集

①按照事先设定方法的时间运行，时间到自动停止数据采集。

②点击"数据"菜单下的"结束数据采集"项或快捷键，手动停止数据采集。

(5) 存储谱图信息　点击"文件"菜单下的"存储数据"项或快捷键，起文件名（文件名可包括 256 个字符）后点击"保存"按钮进行存储，此时工作站将同时存储相同文件名的数据文件、方法文件、仪器文件、打印信息文件和描述文件。

(6) 分析自动化　批量样品重复分析时，常常需要"数据采集"、"存储"反复操作，该工作站提供自动实现该功能的程序。

① 选择"方法设置"属性页中"分析自动化",屏幕弹出界面,如图 6-43 所示。

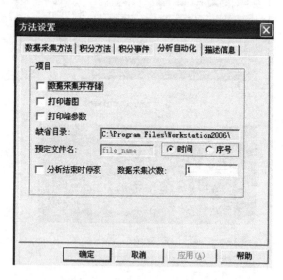

图 6-43 分析自动化控制界面

② 可任选"项目"中的选项,存储文件名前部分填在"预定文件名"的空白框中,其后部分可选"时间"(进样时计算机时钟)或"序号"(1,2,3,…),每次分析结束后,工作站会自动根据顺序加入文件名的后部分。

③ 完成"项目"中的选项后,工作站处于进样等待状态。

(7) 谱图处理　谱图处理是对采集的谱图进行处理的应用程序,包括对谱图进行重新积分,调整色谱峰的起落点,删除和增加一个色谱峰以及谱图之间进行相加、相减、相除,峰参数比较及以文本形式输出数据文件等功能,可根据需要点击各种功能的相关菜单和快捷键进行处理。具体操作可参阅"EC2006 色谱数据处理工作站用户使用手册"第 6 章。

(8) 定量分析　EC2006 色谱数据处理工作站提供的几种计算方法为外标法、内标法、峰面积归一化法及带校正因子的归一化法。实际工作时选择一种方法,输入相关数据,EC2006 色谱数据处理工作站将根据已存储的各峰的保留时间、峰面积、峰高等参数信息计算组分浓度。具体操作可参阅"EC2006 色谱数据处理工作站用户使用手册"第 7 章。

(9) 打印谱图

① 点击"打印谱图"按钮，设置在报告中是否选择打印谱图。

② 点击"打印峰参数"按钮，设置在报告中是否选择打印峰参数。

③ 点击左侧［报告］栏中［打印信息设置］，弹出界面如图 6-44 所示，可输入标题、操作条件等信息。

④ 打印谱图。

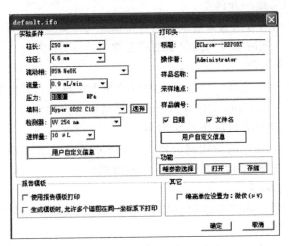

图 6-44　打印信息设置界面

七、仪器的维护和保养

1. 仪器的工作环境

为了正常使用仪器，必须注意以下要点。

① 仪器运行环境温度要求在 4～40℃ 之间，温度波动小于±2℃/h（最好室内有空调设施）。

② 房间内相对湿度应低于 80%。

③ 避免将仪器放在太阳直射的地方，避免冷、热源对仪器产

生直接影响，导致检测器基线漂移和噪声提高。

④ 避免恒流泵安装在能产生强磁场的仪器附近，若电源有噪声，需要安装噪声过滤器。

⑤ 使用易燃或有毒溶剂时，要保证室内有良好的通风；当使用易燃溶剂时，室内禁止明火。

⑥ 避免在有腐蚀性气体或大量灰尘的地方安装仪器，否则会影响仪器的正常运转，并且缩短仪器的使用寿命。

⑦ 仪器必须安装在平整、无振动的坚固台面，宽度至少为80cm。

⑧ 色谱仪必须有良好的接地。

2. 日常维护和保养

按适当的方法加强对仪器的日常保养与维护可适当延长仪器的使用寿命，同时也可保证仪器的正常使用。

(1) 储液器

① 完全由色谱纯溶剂组成的流动相不必过滤，其他溶剂在使用前必须用 $0.45\mu m$ 的滤膜过滤，以保持储液器的清洁。

② 用普通溶剂瓶作流动相储液器时，应不定期废弃瓶子（如每月一次），买来的专用储液器也应定期用酸、水和溶剂清洗（最后一次清洗应选用色谱纯的水或有机溶剂）。

(2) 输液泵

① 每次使用之前应放空排除气泡，并使新流动相从放空阀流出20mL左右。

② 更换流动相时一定要注意流动相之间的互溶性问题，如更换非互溶性流动相则应在更换前使用能与新旧流动相互溶的中介溶剂清洗输液泵。

③ 如用缓冲溶液作流动相或已一段时间不使用泵，工作结束后应从泵中用含量较高的超纯水或去离子水洗去系统中的盐，然后用纯甲醇或乙腈冲洗。

④ 不要使用多日存放的蒸馏水及磷酸盐缓冲溶液，如果应用许可，可在溶剂中加入 $0.0001\sim0.001\text{mol/L}$ 的叠氮化钠。

⑤ 溶剂的质量或污染以及藻类的生长会堵塞溶剂过滤头，从

而影响泵的运行，清洗溶剂过滤头具体方法是：取下过滤头→用硝酸溶液（1+4）超声清洗 15min→用蒸馏水超声清洗 10min→用吸耳球吹出过滤头中液体→用蒸馏水超声清洗 10min→用吸耳球吹净过滤头中水分，清洗后按原位装上。

⑥ 仪器使用一段时间后，应用扳手卸下在线过滤器的压帽，取出其中的密封环和烧结不锈钢过滤片一同清洗，具体方法同上，清洗后按原位装上。

⑦ 使用缓冲溶液时，由于脱水或蒸发盐在柱塞杆后部形成晶体，泵运动时这些晶体会损坏密封圈和柱塞杆，应该经常清洗柱塞杆后部的密封圈，具体方法是：将合适大小的塑料管分别套入所要清洗泵头的上、下清洗管→用注射器吸取一定的清洗液（如去离子水）→将针头插入连接上清洗管的塑料管另一端→打开高压泵→缓慢将清洗液注入清洗管中，连续重复几次即可。

⑧ 如果泵长时间不用，必须用去离子水清洗泵头及单向阀，以防阀球被阀座"粘住"，泵头吸不进流动相（具体操作可参阅"P1201 高压恒流泵用户使用手册"，最好由维修人员现场指导）。

⑨ 柱塞和柱塞密封圈长期使用会发生磨损，应定期更换密封圈，同时检查柱塞杆表面有无损耗。

⑩ 实验室应常备密封圈、各式接头、保险丝等易耗部件和拆装工具。

（3）进样器

① 样品瓶应清洗干净，无可溶解的污染物。

② 使用平头进样针进样。

③ 自动进样器的针头应有钝化斜面，侧面开孔；针头一旦弯曲应该换上新针头，不能弄直了继续使用；吸液时针头应没入样品溶液中，但不能碰到样品瓶底。

④ 为了防止缓冲盐和其他残留物留在进样系统中，每次工作结束后应冲洗整个系统。

（4）色谱柱

① 在进样阀后加流路过滤器（$0.5\mu m$ 烧结不锈钢片），挡住来

源于样品和进样阀垫圈的微粒。

② 在流路过滤器和分析柱之间加上"保护柱",收集阻塞柱进口的来自样品的降低柱效能的化学"垃圾"。

③ 流动相流速不可一次改变过大,应避免色谱柱受突然变化的高压冲击,使柱床受到冲击,引起紊乱,产生空隙。

④ 色谱柱应在要求的 pH 范围和柱温范围下使用,不要把柱子放在有气流的地方或直接放到阳光下,气流和阳光都会使柱子产生温度梯度,造成基线漂移,如果怀疑基线漂移是由温度梯度引起的,可以设法使柱子恒温。

⑤ 样品量不应过载,进样前应将样品进行必要的净化,以免对色谱柱造成损伤。

⑥ 应使用不损坏柱的流动相,在使用缓冲溶液时,盐的浓度不应过高,并且在工作结束后要及时用纯水冲洗柱子,不可过夜。

⑦ 每次工作结束后,应用强溶剂(乙腈或甲醇)冲洗色谱柱,柱子不用或储藏时,应封闭储存在惰性溶剂中(见表 6-7)。

表 6-7 固定相的封存和禁用溶剂

固定相	硅胶、氧化铝、正相键合相	反相色谱填料	离子交换填料
封存溶剂	2,2,4-三甲基戊烷	甲醇	水
禁用溶剂	二氯代烷烃、酸、碱性溶剂		

⑧ 柱子应定期进行清洗,以防止有太多的杂质在柱上堆积(反相柱的常规洗涤办法是:分别取甲醇、三氯甲烷、甲醇/水各 20 倍柱体积冲洗柱子)。

⑨ 色谱柱使用一段时间后,柱效将会下降,必须进行再生处理(如反相色谱柱再生时用 25mL 纯甲醇及 25mL 甲醇:氯仿为 1:1 的混合液依次冲洗柱子)。

⑩ 对于阻塞或受伤严重的柱子,必要时可卸下不锈钢滤板,超声洗去滤板阻塞物,对塌陷污染的柱床进行清除、填充、修补工作,此举可使柱效恢复到一定程度(80%),有继续使用的

价值。

(5) 检测器

① 检测池清洗。将检测池中的零件（压环、密封垫、池玻璃、池板）拆出，并对它们进行清洗，一般先用硝酸溶液（1+4）超声清洗，再分别用纯水和甲醇溶液清洗，然后重新组装（注意，密封垫、池玻璃一定要放正，以免池玻璃压碎，造成检测池泄漏），并将检测池池体推入池腔内，最后拧紧固定螺杆。

② 更换氘灯

a. 关机，拔掉电源线（注意，不可带电操作），打开机壳，待氘灯冷却后，用旋具将氘灯的 3 条连线从固定架上取下（记住红线的位置），将固定灯的两个螺钉从灯座上取下，轻轻将旧灯拉出。

b. 戴上手套，用酒精擦去新灯上灰尘及油渍，将新灯轻轻放入灯座（红线位置与旧灯一致），将固定灯的两个螺钉拧紧，将 3 条连线拧紧在固定架上。

c. 检查灯线是否连接正确，是否与固定架上引线连接（红-红相接），合上机壳。

③ 更换钨灯

a. 关机，拔掉电源线（注意，绝不可带电操作），打开机壳。

b. 从钨灯端拔掉灯连线，旋松钨灯固定压帽，将旧灯从灯座上取下。

c. 将新灯轻轻插入灯座（操作时要戴上干净手套，以免手上汗渍沾污氘灯石英玻璃壳；若灯已被沾污，应使用乙醇擦净后再安装），拧紧压帽，灯连线插入灯连接点（注意，带红色套管的引线为高压线，切不可接错，否则极易烧毁氘灯），合上机壳。

八、常见故障分析和排除方法

液相色谱仪器在运行过程中出现故障，其现象是多样的，这里只描述基本故障的症状及排除时所要采取的措施（见表 6-8、表 6-9 及表 6-10）。

表 6-8 输液泵常见故障分析和排除方法

故障现象	故 障 原 因	排 除 方 法
输液不稳,并且压力波动较大	(1)泵头内有气泡; (2)原溶液仍留在泵腔内; (3)气泡存于溶液过滤头的管路中; (4)单向阀不正常; (5)柱塞杆或密封圈漏液; (6)管路漏液; (7)管路阻塞	(1)通过放空阀排出气泡或用注射器通过放空阀抽出气泡; (2)加大流速并通过放空阀彻底更换旧溶剂; (3)振动过滤头以排除气泡,若过滤头有污物,用超声波清洗,若超声清洗无效,更换过滤头;流动相脱气; (4)清洗或更换单向阀; (5)更换柱塞杆或密封圈,更换损坏部件; (6)上紧漏液处螺钉,更换失效部分; (7)清洗或更换管路
泵运行,但无溶剂输出	(1)泵腔内有气泡; (2)气泡从输液入口进入泵头; (3)泵头中有空气; (4)单向阀方向颠倒; (5)单向阀阀球座粘连或损坏; (6)溶剂储液瓶已空	(1)通过放空阀冲出气泡,用注射器通过放空阀抽气泡; (2)上紧泵头入口压帽; (3)在泵头中灌注流动相,打开放空阀并在最大流量下开泵,直到没有气泡出现; (4)按正确方向安装单向阀; (5)清洗或更换单向阀; (6)灌满储液瓶
实际流速低于设定值	(1)单向阀不正常; (2)过滤头有污物	(1)清洗或更换单向阀; (2)清洗或更换过滤头
不输送溶剂(泵不运行)	电源开关未开	打开电源开关
压力升不高	(1)放空阀未关紧; (2)管路漏液; (3)密封圈处漏液	(1)旋紧放空阀; (2)上紧漏液处,更换失效部分; (3)清洗或更换密封圈
压力上升过高	(1)管路阻塞; (2)管路内径太小; (3)在线过滤器阻塞; (4)色谱柱阻塞	(1)找出阻塞部分并处理; (2)换上合适内径管路; (3)清洗或更换在线过滤器的不锈钢筛板; (4)更换色谱柱

续表

故障现象	故障原因	排除方法
运行中停泵	(1)压力超过高压限定; (2)停电	重新设定最高限压,或更换色谱柱,或更换合适内径管路
泵流速变小	(1)泵内气泡聚集; (2)溶剂过滤器阻塞; (3)泵中两溶液不互溶; (4)柱塞密封泄漏; (5)压缩补偿调节失灵	(1)打开放空阀,让泵在高流速下运行,排除气泡; (2)打开泵头入口压帽,如溶剂不能很快流出输液管,说明过滤堵塞,需清洗或更换; (3)用一介于两溶液之间的过渡溶剂来溶解两互不溶解的溶剂; (4)更换柱塞密封; (5)检查或更换(参见说明书)
流速过高	(1)流速补偿失灵; (2)PC板失灵; (3)压缩补偿调节失灵	(1)检查或更换(参见说明书); (2)更换PC板; (3)检查或更换
流量不稳	(1)泵头内聚集气泡; (2)泵内溶剂分层; (3)泵头松动; (4)输液管路漏液或部分堵塞	(1)打开放空阀,让泵在高流速下运行,排除气泡; (2)使用过渡溶剂使两者互溶; (3)拧紧泵头固定螺钉; (4)逐段检查管路进行排除
没有压力	(1)两泵头均有气泡; (2)进样阀泄漏; (3)泵连接管路漏	(1)同"泵流速变小"中(1)的排除方法; (2)检查排除; (3)用扳手上紧接头或换上新的密封刃环
压力波动	(1)其中一个泵头内聚集了气泡; (2)泵中两溶剂不能互溶; (3)高压系统中有泄漏(入口隔膜,进样阀,入口紧固件); (4)泵的单向阀已脏	(1)打开泵出口,在最大流量下开泵,直到气泡消失; (2)如果需要的话,向泵中灌注流动相,用一介乎两溶液之间的过渡溶剂来溶解两互不溶解的溶剂; (3)检查排除; (4)拆去泵的进出口连接管,用25~50mL 1mol/L 硝酸溶液清洗单向阀,随后用蒸馏水清洗,更换单向阀
泵有"嗡嗡"声,不能正常启动	(1)电机失灵; (2)线电压过低	(1)停泵检查; (2)增加线电压

续表

故障现象	故障原因	排除方法
柱压太高	(1)柱头被杂质堵塞；	(1)拆开柱头,清洗柱头过滤片,如杂质颗粒已进入柱床堆积,应小心翼翼地挖去沉积物和已被污染的填料,然后用相同的填料填平,切勿使柱头留下空隙,另一方法是在柱前加过滤器；
	(2)柱前过滤器堵塞；	(2)清洗柱前过滤器,清洗后如压力还高可更换上新的滤片,对溶剂和样品溶液过滤；
	(3)在线过滤器堵塞	(3)清洗或更换在线过滤器
泵不吸液	(1)泵头内有气泡聚集； (2)入口单向阀堵塞； (3)出口单向阀堵塞； (4)单向阀方向颠倒	(1)排除气泡； (2)检查更换之； (3)检查或更换； (4)按正确方向安装单向阀
开泵后有柱压,但没有流动相从检测器中流出	(1)系统中严重漏液； (2)流路堵塞； (3)柱入口端被微粒堵塞	(1)修理进样阀或泵与检测器之间的管路和紧固件； (2)清除进样器口、进样阀或柱与检测器之间的连接毛细管或检测池的微粒； (3)清洗或更换柱入口过滤片,需要的话另换一根柱子;过滤所有样品和溶剂
柱压升高,流量减少	(1)色谱柱,保护柱堵塞； (2)检测池或检测器的入口管部分堵塞	(1)清洗或更换柱入口过滤片,需要的话更换色谱柱； (2)拆卸并清洗检测池和管路

表 6-9　检测器常见故障分析和排除方法

故障现象	故障原因	排除方法
基线噪声	(1)检测池窗口污染；	(1)用 1mol/L 的 HNO_3、水和新溶剂冲洗检测池,卸下检测池,拆开清洗或更换池窗石英片；
	(2)样品池中有气泡；	(2)突然加大流量赶出气泡；在检测池出口端加背压($0.2\sim0.3$MPa)或连一 0.3mm×($1\sim2$)m 的不锈钢管,以增大池内压；
	(3)检测器或数据采集系统接地不良；	(3)拆去原来的接地线,重新连接；
	(4)检测器光源故障；	(4)检查氘灯或钨灯设定状态,检查灯使用时间、灯能量、开启次数,更换氘灯或钨灯；
	(5)液体泄漏；	(5)拧紧或更换连接件；
	(6)很小的气泡通过检测池；	(6)流动相仔细脱气,加大检测池的背压,系统测漏；
	(7)有微粒通过检测池	(7)清洗检测池,检查色谱柱出口筛板

续表

故障现象	故 障 原 因	排 除 方 法
基线漂移	(1)检测池窗口污染； (2)色谱柱污染或固定相流失； (3)检测器温度变化； (4)检测器光源故障； (5)原先的流动相没有完全除去； (6)溶剂储存瓶污染； (7)强吸附组分未从色谱柱中洗脱	(1)同"基线噪声"中(1)； (2)再生或更换色谱柱,使用保护柱； (3)系统恒温； (4)更换氘灯或钨灯； (5)用新流动相彻底冲洗系统置换溶剂,或采用兼容溶剂置换； (6)清洗储液器,用新流动相平衡系统； (7)在下一次分离之前用强洗脱能力的溶剂冲洗色谱柱,使用溶剂梯度
记录仪或工作站上出现大的尖峰	(1)检测池内有气泡通过； (2)记录仪或检测器接地不良	(1)溶剂脱气并彻底冲洗系统,检查连接系统是否漏液； (2)消除噪声来源,确保良好接地
负峰	(1)检测器输出信号的极性不对； (2)进样故障； (3)使用的流动相不纯	(1)颠倒检测器输出信号接线； (2)使用进样阀,确认在进样期间样品环中没有气泡； (3)使用色谱纯的流动相或对溶剂进行提纯
记录仪或工作站信号阶梯式上升；平头峰；基线不能回零	(1)记录仪的增益和阻尼控制不当； (2)检测器的输出范围设定不当； (3)记录仪或检测器接地不良	(1)调节增益和阻尼,修理记录仪； (2)重新设定检测器的输出范围； (3)确保良好接地
记录仪、积分仪或工作站在零点不平衡	(1)记录仪、积分仪或工作站故障； (2)样品池中有空气； (3)从样品池出来的光能量严重减弱； (4)光源等故障； (5)检测器与记录仪、积分仪或工作站之间的电路接触不良； (6)色谱柱固定相流失严重； (7)原先的流动相污染； (8)流动相吸收太强	(1)修理； (2)增大流量冲洗色谱系统除去气泡；在检测器出口加背压,流动相脱气； (3)检查光路,清除堵塞物,清洗检测器或更换池窗； (4)更换氘灯或钨灯； (5)检查和紧固连接线； (6)更换色谱柱,改变流动相条件； (7)彻底冲洗系统； (8)改用紫外吸收弱的溶剂,改变检测波长

续表

故障现象	故障原因	排除方法
基线随着泵的往复出现噪声	仪器处于强空气中或流动相脉动	改变仪器放置,放在合适的环境中,用一调节阀或阻尼器以减少泵的脉动
随着泵的往复出现尖刺	检测池中有气泡	卸下检测池的入口管与色谱柱的接头,用注射器将甲醇从出口管端推进,以除去气泡

表6-10 根据色谱图的变化判断仪器故障分析及其排除方法

故障现象	故障原因	排除方法
进样后不出峰	(1)检测方式选择不当导致样品无吸收; (2)试样溶液浓度太低,而检测灵敏度不高; (3)检测器到记录仪之间的输入信号线连接不好或断开; (4)记录仪的信号线接错; (5)进样用注射器堵塞或泄漏,使样品溶液不能进入进样阀	(1)应正确选择检测器,如样品无紫外吸收就不应选UV检测器,而应选其他的检测器; (2)应适当提高样品浓度和进样量,并提高检测灵敏度; (3)修理接好信号线,并将灵敏度调到适宜的位置; (4)检查接线,并正确连接; (5)修理注射器或更换新注射器
进样不出峰或者峰高不正常	(1)注射器泄漏; (2)阀转子上针头密封垫磨损导致泄漏; (3)选用的注射器针头与阀不匹配; (4)定子与转子接触密封面损坏引起内通道断路; (5)定体积量管堵塞	(1)更换新注射器; (2)更换新的零件; (3)更换合适的针管; (4)损坏不严重经重新研磨可恢复其性能,否则更换新的转子; (5)设法打通或者更换
出现无名峰	(1)转子针头密封垫及进样针导管污染; (2)阀样品通路清洗不干净	(1)清洗阀的样品通路; (2)清洗阀的样品通路

续表

故障现象	故障原因	排除方法
峰形拖尾	(1)定体积量管与阀连接出现死区； (2)进样器内有污染或不干净； (3)色谱柱选择不当,试样与固定相间有作用； (4)进样技术差； (5)样品在流动相中溶解度小； (6)进样量太大； (7)色谱柱与阀的连接管连接处出现死区	(1)更换新管消除死区； (2)可先用硫酸：硝酸：水为2：1：4的混合物溶液清洗,接着用蒸馏水清洗,然后用丙酮或乙醚等溶剂清洗、烘干； (3)更换色谱柱； (4)提高进样技术； (5)选用对试样溶解能力强的溶剂作为流动相； (6)减少进样量； (7)重新装柱或更换
分离度变差	(1)柱端固定相板结； (2)柱端床层塌陷； (3)柱子寿命已到； (4)进样量过大； (5)样品浓度过大； (6)试样溶解不完全； (7)试样黏度大； (8)色谱柱污染,柱效下降	(1)挖掉修补,重填固定相； (2)修补柱端； (3)更换新柱； (4)减少进样量； (5)减小配样浓度； (6)换溶剂使其完全溶解； (7)减少进样量,降低进样浓度； (8)更换柱子或以极性溶剂冲洗
保留时间不重复	(1)更换流动相时,旧流动相未完全被顶替掉； (2)正相柱中流动相脱水不完全； (3)柱温变化； (4)缓冲溶液容量不够； (5)柱内条件变化； (6)柱塌陷或形成短路通道	(1)延长平衡时间； (2)重新脱水； (3)柱恒温； (4)用较浓的缓冲溶液； (5)稳定进样条件,调节流动相； (6)更换色谱柱
出现无规律色谱峰	长期进样滞留在柱中的组分被洗脱出来	用强极性溶剂冲洗,再用流动相平衡

续表

故障现象	故 障 原 因	排 除 方 法
平顶峰	(1)色谱柱超载； (2)记录仪灵敏度过高； (3)记录仪机械部分有故障； (4)记录仪接收的信号超过了测量范围； (5)检测池及其透镜、池窗等光学附件污染	(1)减少进样量； (2)适当降低记录仪的灵敏度； (3)再参照有关说明书进行修理； (4)改变记录仪量程； (5)清洗检测池以及透镜、池窗等光学附件
出负峰	(1)记录仪或检测器极性接反； (2)用示差折光检测器检测时,样品的折射率小于流动相溶剂的折射率； (3)使用的流动相不纯净； (4)样品池与参比池接反； (5)进样故障； (6)光电池与放大器接错； (7)用 UV 检测器时,溶解样品所用的溶剂与流动相溶剂不能互溶或两溶剂 pH 不同	(1)纠正极性连接错误； (2)若要得到正峰,可改变检测器或记录仪的极性； (3)使用纯净的流动相； (4)调换； (5)使用进样阀,确认在进样期间样品环中没有气泡； (6)检查后正确连接； (7)应尽量采用能与流动相溶剂互溶的溶剂来溶解样品,最好用流动相作为样品溶剂
色谱峰未分开	(1)色谱柱分离度低,柱效不高； (2)色谱柱或色谱条件(溶剂、检测器、温度、流速、柱子等)选择不当； (3)柱子过载； (4)流动相流速过大； (5)柱中填料流失过多,增加了柱外效应； (6)进样技术不佳	(1)选择高效柱或重新装柱； (2)再行试验选择最佳色谱分离条件； (3)减少进样量或采用"再循环分离"技术； (4)适当降低流速； (5)更换色谱柱； (6)提高进样技术

续表

故障现象	故障原因	排除方法
有空峰(假峰)	(1)不同批号不同处理条件的溶剂分别用来溶样或作为流动相时,易出空峰； (2)流动相溶剂中有杂质或气泡,用该流动相配样,自然会出空峰； (3)样品中未知物； (4)柱未平衡(尤其是离子对色谱)； (5)进样阀残余峰； (6)样品溶剂洗脱(与流动相的组成不同)； (7)用不同批号的溶剂溶解样品	(1)最好使用同一批溶剂,又是在同一条件下处理过的,用它分别作为流动相或溶样,则有可能避免出假峰； (2)对流动相溶剂,应坚持使用前以 $0.5\mu m$ 过滤膜过滤和脱气后再用； (3)处理样品； (4)重新平衡柱,用流动相作样品溶剂； (5)每次用后用强溶剂清洗阀； (6)用流动相溶解样品,大大减少进样量； (7)应尽量采用同一溶剂和相同处理条件的溶剂溶样,若非用异样溶剂时,应注意空峰给实验带来的影响
基线不能回零	(1)样品黏度大； (2)进样量太大,柱超载； (3)溶解样品的溶剂与流动相溶剂不互溶； (4)柱效低,柱内有空隙； (5)进样装置部分堵塞	(1)应适当减小样品浓度,并采用低黏度流动相溶剂； (2)减少进样量； (3)尽量采用能互溶的溶剂来溶解试样； (4)改用高效柱或重新装柱； (5)检修进样器并清洗之
基线有噪声	(1)记录仪与检测器信号输出接触不良； (2)电压不稳； (3)接地线不好； (4)泵中有气泡,泵压不稳； (5)溶剂纯度不高,背景吸收强,透光差； (6)检测池污染； (7)若用 RI 检测时,环境温度变化太大； (8)样品或参比池中有气泡； (9)检测器光源(灯泡)故障； (10)紧固件或连接件泄漏； (11)进样装置部分堵塞； (12)由泵的冲程引起的规则脉冲； (13)隔膜泄漏	(1)检查并接好信号线； (2)采取稳压措施； (3)应改用良好的接地线； (4)用前述的方法赶除聚集于泵头内的气泡； (5)提纯溶剂或选纯度比较高(至少应为分析纯级)、透光性好的溶剂作为流动相； (6)清洗检测池； (7)应采用恒温或温度变化不大的环境做实验； (8)突然加大流量赶出气泡,在检测器出口加背压以增大池内压(如果检测池耐压的话)； (9)更换光源； (10)拧紧或更换紧固件； (11)检修进样器并清洗； (12)连接脉冲阻尼装置,使用无脉冲泵； (13)更换隔膜;最好使用进样阀

续表

故障现象	故障原因	排除方法
基线漂移	(1)溶剂储槽污染； (2)强吸附组分未从柱上洗脱； (3)由微粒造成注入口、进样阀、柱入口的部分堵塞； (4)溶剂分层； (5)泵输出的缓慢改变； (6)检测器污染； (7)柱污染或"流失"； (8)检测器温度变化； (9)光源故障	(1)清洗储槽，装入新流动相冲洗柱子； (2)在下一次分离之前用强流动相从柱中洗脱所有的组分，使用溶剂梯度清洗柱子； (3)清洗进样系统和柱入口过滤片； (4)采用合适溶剂； (5)检查流量，如果泵的输出随温度变化，应控制温度； (6)清洗； (7)再生或更换(如果再生不成功)柱子，使用预柱； (8)使系统恒温； (9)更换光源灯
基线噪声大，且漂移	(1)环境温度变化大； (2)色谱系统未达平衡； (3)柱子污染； (4)示差折光检测器池裂开	(1)采取恒温措施； (2)应延长色谱系统流动相平衡时间； (3)用大流量极性溶剂冲洗柱子，更换柱子； (4)检查更换
基线不规则地漂移	(1)色谱柱污染变脏； (2)溶剂纯度差； (3)泵密封不好； (4)用RI检测时，两溶剂互溶性不好； (5)环境温度变化大(指使用RI检测器)； (6)管路漏； (7)色谱柱没有完全平衡； (8)溶剂直接吸收了空气中的水分，使RI检测器不稳定	(1)冲洗柱子，重新装柱或更换新柱子； (2)更换纯溶剂； (3)检查维修泵密封或更换密封圈； (4)使两溶剂能很好地互溶混合，必要时可采取搅拌方式； (5)应采取恒温措施； (6)检查管路，并消除泄漏处； (7)应延长冲洗时间，使柱子达平衡； (8)阻止溶剂与潮湿空气接触或用干燥剂干燥溶剂

续表

故障现象	故障原因	排除方法
记录仪基线上出现大的尖峰	(1)检测池内有气泡通过； (2)实验室内其他电气装置(例如：恒温烘箱、其他色谱仪等)的影响	(1)溶剂脱气并彻底冲洗系统，检查紧固件是否有空气漏入系统； (2)消除噪声来源；确保装置接地良好；用绝缘变压器使仪器绝缘
基线阶梯式上升	(1)记录仪的增益和阻尼控制不当； (2)记录仪或仪器接地不良	(1)调节增益和阻尼旋钮，修理记录仪； (2)小心使装置接地
色谱峰无规则地摆动	检测池内有气泡	排除检测池气泡
峰重现性差	(1)注射器针头太长，样品液部分漏掉； (2)进样技术欠佳，表现为峰面积忽大忽小； (3)管路有漏处； (4)仪器没有充分稳定； (5)实验条件发生变化； (6)注射器有泄漏或单堵塞现象； (7)进样速度不一致； (8)进样阀开关不灵，阀门没有充分打开； (9)样品溶解度小，进样后有少量在流动相中析出； (10)流动相流速发生改变	(1)选用合适的针头； (2)认真掌握注射器进样技术，使注射器进样重复性小于5%； (3)检查修复； (4)对仪器再次预热稳定冲洗平衡； (5)应使实验条件(检测器灵敏度、流速、温度等)尽可能一致； (6)修复或更换注射器； (7)掌握一样的进样速度； (8)维修检查进样阀开关； (9)溶解试样的溶剂应选对试样有好的溶解能力且能与流动相互溶的溶剂； (10)用内标物定期检查流动相流速
峰分裂(一个组分有两个峰)	(1)样品中可能有异构体； (2)样品不稳定，有部分分解； (3)进样量大，柱超载； (4)柱子中有孔隙	(1)按异构体特征选择分离条件，使两峰达完全分离； (2)采取措施，防止试样部分组分的分解； (3)减少进样量； (4)更换柱子
峰展宽	(1)进样体积过大； (2)柱外体积过大； (3)流动相黏度过高； (4)保留时间过长； (5)样品过载	(1)减少进样体积； (2)减小检测池等体积； (3)增加柱温，采用低黏度流动相； (4)等度洗脱时增加强溶剂浓度，或采用梯度洗脱； (5)稀释样品，或采用小体积样品

第三节　PE200LC 型液相色谱仪的使用

一、仪器主要技术参数

1. PE200LC 型输液泵技术指标

① 流量设定范围：0.01～10.0mL/min，设定步长 0.01mL/min（0～0.99mL/min）和 0.1mL/min（1.0～10.0mL/min）。

② 流量准确度：±1%（1mL/min，7MPa，水，室温）。

③ 流量精度：$RSD<0.3\%$（1mL/min，7MPa，水，室温）。

④ 最高工作压力：42MPa（0.01～10.0mL/min）。

⑤ 温度：10～35℃。

⑥ 相对湿度：20%～80%。

⑦ 电源：交流电 100～240V，频率 50/60Hz（±1%）。

⑧ 功耗：70W。

2. PE785A 型紫外-可见光检测器技术指标

① 光源：氘灯+钨灯。

② 波长范围：190～360nm（氘灯），190～700nm（氘灯+钨灯）。

③ 谱带宽度：5nm。

④ 波长准确性：±1nm。

⑤ 波长重复性：±0.5nm。

⑥ 光路：双光束。

⑦ 基线噪声：$\leqslant \pm 1\times 10^{-5}$ AU［210～280nm，1.0s，乙腈/水（50/50），1mL/min］。

⑧ 基线漂移：$\leqslant 1\times 10^{-4}$ AU/h（预热稳定后）。

⑨ 扫描速率：0.2～1.0nm/s。

⑩ 电源：100～240V，50/60Hz（±1%）。

⑪ 功耗：65W。

二、仪器的主要组成部件

1. PE200LC 型高压输液泵

PE200LC 型高压输液泵适用于各种液相色谱系统，一台输液泵即可完成一元等度或二元甚至四元梯度洗脱，结构简单，可变性强，能满足复杂样品的分析需要。面板上几个功能键可快速便捷地编辑方法和分析序列，液晶屏幕显示各种参数，操作简单醒目。最多可储存20个方法，随时进行调用、修改和删除。屏幕实时显示运行时间、流量及溶剂含量，方便直观。图6-45所示为PE200LC型高压输液泵外观。

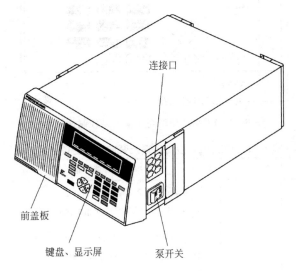

图6-45 PE200LC型高压输液泵外观

2. Model 785 A型紫外-可见光检测器

Model 785 A型紫外-可见光检测器可进行190～700nm宽范围测定，在紫外-可见波长范围内均可进行灵敏度高、稳定性好的分析，具有固定波长测定、时间-波长程序测定和波长扫描三种工作模式，可自动调零，液晶显示屏可同时显示多种参数，使仪器操作简单，仪器工作状态一目了然。

3. 控制面板上各键的功能

PE200LC型高压输液泵控制面板示意见图6-46，相应键的功能见表6-11。四元泵显示主屏幕见图6-47，PE785A紫外-可见光检测器仪器面板见图6-48，其相应各键的功能见表6-12。

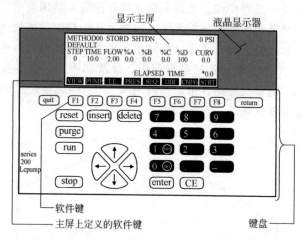

图 6-46　PE200LC 型高压输液泵控制面板示意

表 6-11　PE200LC 型高压输液泵前面板上各键的功能

键	名称	功能描述
功能键	F1～F8	与液晶显示屏上的各功能键相对应 F1-VIEW　可观察流动相配比及运行走势 F2-PUMP　流动相等比或梯度程序设定 F3-T. E.　定时事件或准备时间设定 F4-PRES　泵的最大和最小压力设定 F5-SEQ　自动序列设定 F6-DIR　储存或调出方法 F7-CNFG　显示和设定仪器配置 F8-STRT　启动泵
输入键	quit	消除所有修改的编辑内容，重新显示原先屏幕
	return	储存所有修改和编辑内容，重新显示原先屏幕
	enter	保留输入的值，并移动光标至下一个位置
	CE	清除输入的值，重新显示先前的值

第六章 液相色谱仪的使用 407

续表

键	名称	功能描述
泵控制键	reset	停止现在运行的方法,返回到STEP0条件
	purge	清洗泵系统
	run	在STEP1步开始运行泵方法
	stop	停泵和复位到方法STEP0
数字键	0～9	输入数字
	1 yes	按yes回答yes/no的提示
	0 no	按no回答yes/no的提示
	·	输入小数点
	—	输入一负值
编辑键	insert	插入一复制STEP步进行编辑
	delete	除去现在STEP步
	↑↓←→	上、下、左、右箭头可移动光标位置

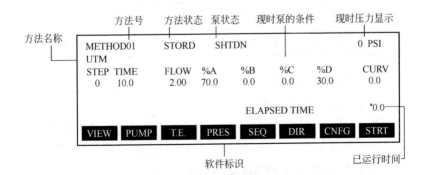

图6-47 四元泵显示主屏幕

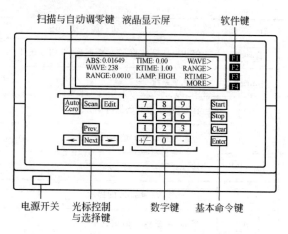

图 6-48 PE785A 紫外-可见光检测器仪器面板

表 6-12 PE785A 紫外-可见光检测器前面板上各键的功能

键	名称	功能	键	名称	功能
功能键	Auto Zero	自动调零键	数字键	0～9	数字键
	Edit	编辑扫描程序		·	小数点
	Scan	进入扫描状态		+/−	输入正负值
命令键	Start	开始运行程序	光标控制与选择键	Prev.	光标向上移
	Stop	停止运行程序		Next	光标向下移输入
	Clear	清除错误输入		→	进入下一级主屏
	Enter	确认用户的输入		←	返回上一级主屏

三、仪器操作方法

1. 仪器基本操作流程

具体操作方法可参阅本章第二节"P1201 型高效液相色谱仪的使用"中的五-1。

2. PE200LC 型泵的具体使用方法

（1）输液泵开机

① 按下泵的电源开关，仪器开始自检。

② 待仪器自检完毕后，检查并确认泵的配置（原理与 P1201 高压输液泵基本相同，具体操作可参照仪器说明书）。

(2) 常规方法建立（以单元泵为例）

① 返回主屏幕（见图 6-49），建立一个方法。

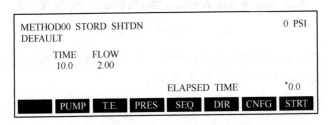

图 6-49　泵的主屏幕（方法屏幕）

② 按 PUMP 键，显示屏幕如图 6-50 所示，设定或修改泵控制参数。

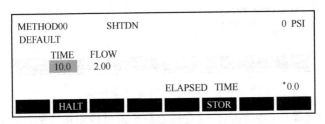

图 6-50　泵控制参数设定界面

如果要修改某个参数，可使用上、下、左、右移动键将光标移至要修改的参数处，输入新的参数值后按 enter 键即可。修改完毕后，按 return 键回到主屏幕。

③ 按 T.E. 键，显示屏幕如图 6-51 所示，设定或修改时间事件和准备时间。

准备时间值（READY）如未经设定，仪器缺省值为 999min，一旦设定准备时间（例如 10min），当泵走完一个方法后，如不再进样或没有按 run 键运行方法时，泵自动停止运行。

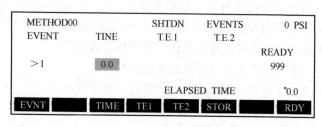

图 6-51 时间事件设定界面

定时事件能控制继电器接触闭合器,从而控制辅助仪器(柱切换阀、自动进样器、馏分收集器等)。

④ 按 PRES 键,显示屏幕如图 6-52 所示,设定或修改压力限定值。

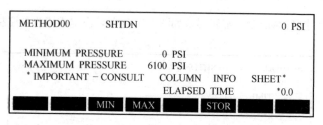

图 6-52 压力限定值设定界面

设定操作压力限,如设定压力最小值可检测系统是否泄漏,设定压力最大值,可保护色谱柱免受突然变化的高压冲击。当压力低于最小设定值或超过最大设定值时,泵会停止。

⑤ 按 STOR 键可储存方法,并建立方法名称。

⑥ 调出或删除方法。在方法屏幕(见图 6-49)上按 DIR 键,屏幕上出现方法列表,按 RCL 键并输入方法号即可调出所需方法;用上、下箭头键选择要删除的方法,按 delete 键即可删除。

(3) 等度方法的建立 用 PE200LC 泵混合固定组分比例的溶剂(溶剂存放在 A、D 储液器中)

① 按 PUMP 键,显示屏幕如图 6-53 所示,STEP0 步为平衡

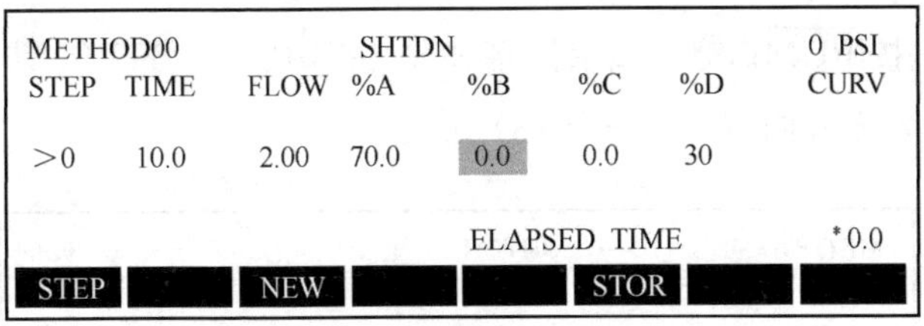

```
METHOD00          SHTDN                              0 PSI
STEP  TIME  FLOW  %A    %B    %C    %D    CURV

>0    10.0  2.00  70.0  0.0   0.0   30

                              ELAPSED TIME           *0.0
STEP        NEW                     STOR
```

图 6-53 等度方法中多元溶剂组成设定界面

步，移动光标输入平衡时间和流量值，并按选定流动相组成输入比例值（如在%A下输入70%，%D会自动变成30%）。

② 按 enter 键到 STEP1 步，如图 6-54 所示，移动光标输入分析时间、流量值、%A、%D，溶剂组成比应与 STEP0 步相同。

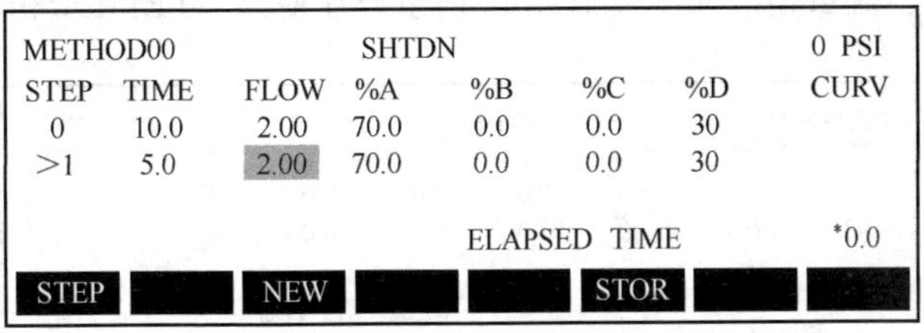

```
METHOD00          SHTDN                              0 PSI
STEP  TIME  FLOW  %A    %B    %C    %D    CURV
0     10.0  2.00  70.0  0.0   0.0   30
>1    5.0   2.00  70.0  0.0   0.0   30

                              ELAPSED TIME           *0.0
STEP        NEW                     STOR
```

图 6-54 等度方法 STEP1 步设定界面

③ 按 STOR 键可储存方法，并建立方法名称，如图 6-55 所示。

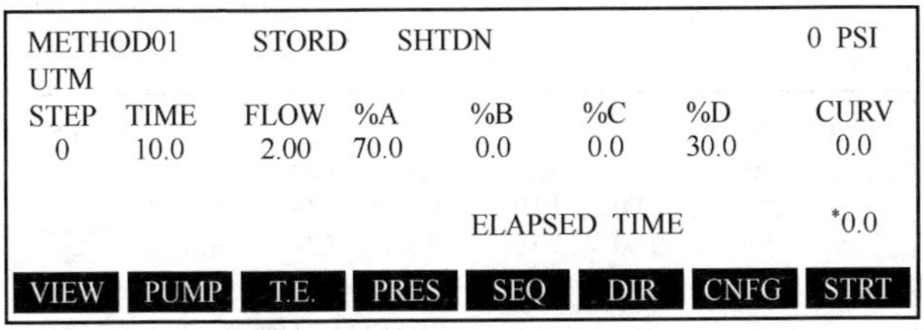

```
METHOD01     STORD    SHTDN                          0 PSI
UTM
STEP  TIME  FLOW  %A    %B    %C    %D    CURV
0     10.0  2.00  70.0  0.0   0.0   30.0  0.0

                              ELAPSED TIME           *0.0
VIEW  PUMP  T.E.  PRES  SEQ   DIR   CNFG  STRT
```

图 6-55 等度方法显示界面

（4）梯度方法的建立　用 PE200LC 泵在混合溶剂中同时改变

溶剂比例（溶剂存放在 A、D 储液器中）

① 按 PUMP 键，显示屏幕如图 6-56 所示，STEP0 步为平衡步，设置方法同本节"三-2-(3)-①"。

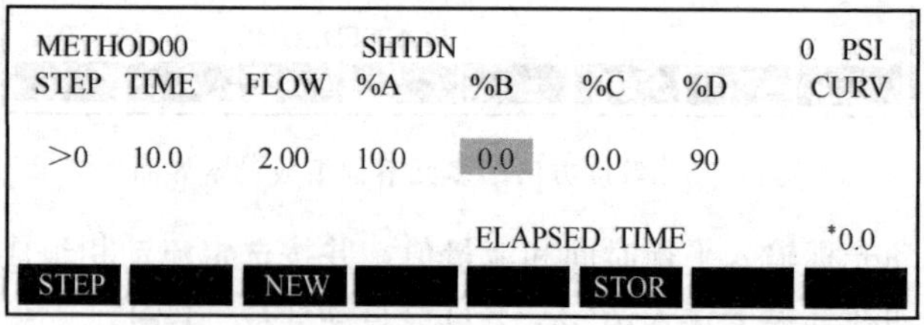

```
METHOD00        SHTDN                           0 PSI
STEP  TIME  FLOW  %A    %B    %C    %D    CURV
>0    10.0  2.00  10.0  0.0   0.0   90
                          ELAPSED TIME        *0.0
STEP        NEW              STOR
```

图 6-56　梯度方法中多元溶剂组成设定界面

② 按 enter 键到 STEP1 步，如图 6-57 所示，移动光标输入分析时间、流量值、%A、%D，溶剂组成比应与 STEP0 步相同。

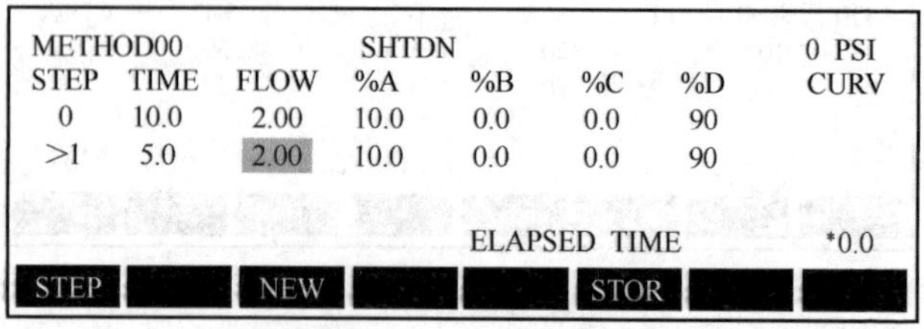

```
METHOD00        SHTDN                           0 PSI
STEP  TIME  FLOW  %A    %B    %C    %D    CURV
 0    10.0  2.00  10.0  0.0   0.0   90
>1    5.0   2.00  10.0  0.0   0.0   90
                          ELAPSED TIME        *0.0
STEP        NEW              STOR
```

图 6-57　梯度方法 STEP1 步设定界面

③ 按 enter 键到 STEP2 步，如图 6-58 所示，移动光标输入分析时间、流量值，%A 改为 7070%，%D 自动改为 30%，CURV

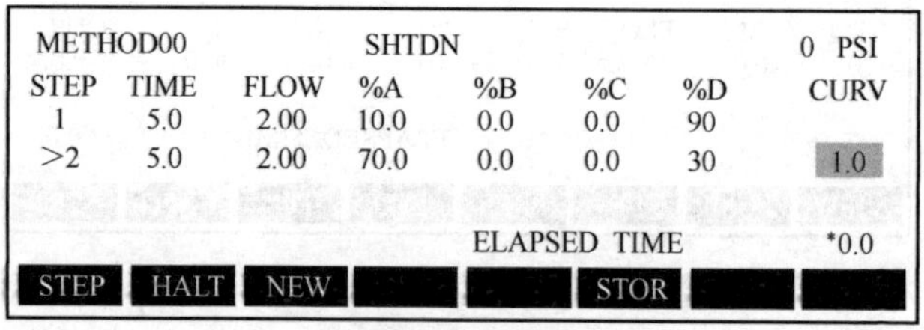

```
METHOD00        SHTDN                           0 PSI
STEP  TIME  FLOW  %A    %B    %C    %D    CURV
 1    5.0   2.00  10.0  0.0   0.0   90
>2    5.0   2.00  70.0  0.0   0.0   30    1.0
                          ELAPSED TIME        *0.0
STEP  HALT  NEW              STOR
```

图 6-58　梯度方法 STEP2 步设定界面

值输入 1 表示走线性梯度方式,即表示%A 在 5min 内逐步从 10%→70%。

④ 按 enter 键到 STEP3 步,如图 6-59 所示,移动光标输入分析时间、流量值、%A、%D,溶剂组成比与 STEP2 步相同,即表示在 70%A 的溶剂比例下继续运行 3min。

```
METHOD00           SHTDW                        0 PSI
STEP  TIME  FLOW   %A    %B    %C    %D    CURV
 2    5.0   2.00   70.0  0.0   0.0   30    1.0
>3    3.0   2.00   70.0  0.0   0.0   30
                          ELAPSED TIME       *0.0
[STEP] [HALT] [NEW]              [STOR]
```

图 6-59　梯度方法 STEP3 步设定界面

⑤ 按 STOR 键可储存方法,并建立方法名称(见图 6-60)。

```
METHOD01   STORD   SHTDN              0 PSI
UTM-GRAD
STEP  TIME  FLOW   %A    %B    %C    %D    CURV
 0    10.0  2.00   10.0  0.0   0.0   90.0  0.0
                          ELAPSED TIME       *0.0
[VIEW] [PUMP] [T.E.] [PRES] [SEQ] [DIR] [CNFG] [STRT]
```

图 6-60　梯度方法的显示界面

图 6-61 为该梯度方法设置后溶剂组成随时间变化示意。

⑥ 设定和修改定时事件,设定和修改压力限定值同单元泵操作。

(5) 放空排气　开始分析前,先要冲洗掉原来残余的流动相,并用现在选定的流动相灌满泵。具体操作如下。

① 打开泵面板上左边门,把抽液针筒插入 purge 阀口,打开 purge 阀。

② 按 purge 键,出现清洗泵屏幕,按 FLOW 键输入流速(例如 5mL/min)。

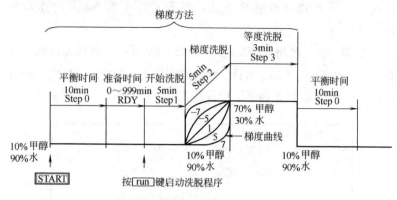

图 6-61 溶剂组成随时间变化示意

③ 按 enter 键，泵启动，收集约 50mL 流动相或看不到抽出气泡后，按 stop 键，停泵，关 purge 阀。

(6) 启动泵，执行方法　此时屏幕显示用户所要执行的方法屏幕，检查进样阀、色谱柱和检测器的管路连接，确定正常后，按 start 键，泵启动，流动相开始以所设置的流速平衡整个色谱系统。

3. Model 785A 型紫外-可见光检测器的具体使用方法——定波长分析

① 打开前面板上的电源开关，出现主屏幕，如图 6-62 所示。

```
ABS:0.01649        TIME:0.00         WAVE>
WAVE:238           RTIME:1.00        RANGE>
RANGE:0.0010       LAMP:HIGH         RTIME>
                                     MORE>
```

图 6-62　785A 型紫外-可见光检测器主屏幕

② 仪器预热完成后，仪器面板上各参数显示值自动回到上次关机前的状态，并自动回零，屏幕显示如图 6-63 所示。

③ 按 WAVE 键 F1，在第四行出现 ENTER WAVELENGTH, NM_（如图 6-64 所示），输入检测波长值（如 254nm），并按

```
ABS:0.01649           TIME:0.00              WAVE>   line1
WAVE:238              RTIME:1.00             RANGE>  line2
RANGE:0.0010          LAMP:HIGH              RTIME>  line3
MODEL 785A DETECTOR READY                    MORE>   line4
```

图 6-63　预热完成显示界面

Enter 键。

```
ABS:0.01649           TIME:0.00              WAVE>   line1
WAVE:238              RTIME:1.00             RANGE>  line2
RANGE:0.0010          LAMP:HIGH              RTIME>  line3
ENTER WAVELENGTH,NM__                        MORE>   line4
```

图 6-64　检测波长输入界面

④ 同理，按 RANGE 键 F2，在第四行出现 ENTER RANGE，AUFS_，输入吸收值的满量程值（0.0005～3 范围内）；如果使用 1022，Turbochrom 或其他色谱工作站则不必输入该项值。

⑤ 同理，按 RTIME 键 F3，在第四行出现 ENTER RISE-TIME，SEC_，输入时间常数（一般为 1s）。

⑥ LAMP 状态为 HIGH 时，表示光源灯能量充足，满足分析。

⑦ 待 HPLC 系统稳定后，即可分析样品。进样后，TIME 显示分析进行的时间，ABS 显示样品的实际吸收值。

该检测器还具备检测波长编程分析和波长扫描功能，使用时可参阅说明书。

4．TURBO EL 色谱工作站的使用方法

（1）打开窗口　点击桌面上 Nav4 图标，打开工作站导航图窗口，如图 6-65 所示。

（2）建立一个完善的分析方法

① 选择快速开始（Quick Method），进入快速方法编辑。

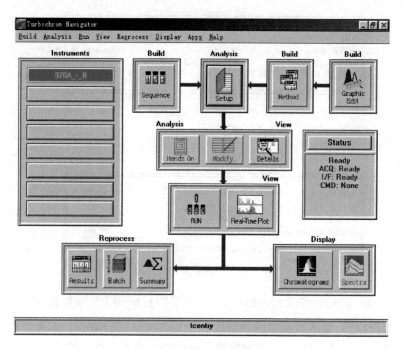

图 6-65 工作站导航图窗口

② 在一系列对话框中设定仪器参数，建立一个快速方法，并将其保存（有关仪器参数的详细说明和快速方法的更多信息，可参阅《Turbochrom User's Guide》的第 6、12 章）。

(3) 建立分析样品序列表

① 单击样品序列（Vial List）按钮，打开样品序列窗口。

② 根据样品情况输入序列信息，完成样品序列编辑，并将其保存（有关样品序列的详细内容，可参阅《Turbochrom User's Guide》的第 12 章）。

(4) 采集数据

① 完成以上设定激活方法后，导航图显示工作站准备就绪（Status Ready），开始采集数据。

注意，如果是自动进样器或带连动装置的手动进样器，只要一进样，工作站自动开始采样；如果手动进样器未装联动装置，则要在进样的同时,按接口面板上"Start"钮激活采样。

② 打开实时显示谱图窗口(Real-Time Plot),观察色谱图变化,可根据实际出峰情况适当调整显示窗口的标尺参数。

③ 分析结束或停止运行后,谱图按所设置样品名称和序列自动保存(有关数据采集的详细内容,可参阅《Turbochrom User's Guide》的第12章)。

(5) 调整谱图和数据处理

① 打开已储存的原始数据文件,用图形编辑优化的方法对色谱图进行优化处理参数,储存结果文件(有关内容可参阅《Turbochrom User's Guide》的第10章)。

② 建立组分表,逐一编辑色谱峰对应的组分信息,获取分析结果(有关内容,可参阅《Turbochrom User's Guide》的第8章)。

(6) 结果打印

① 打开报告格式编辑页,根据要求设定所需报告格式(有关内容,可参阅《Turbochrom User's Guide》的第9章)。

② 将结果文件以所建立的报告格式打印出来。

四、仪器的维护和保养

仪器的工作环境、日常维护与保养与P1201型高效液相色谱仪相同,可参阅本章第二节的"七"。

五、常见故障分析和排除方法

液相色谱仪器常见故障分析和排除方法基本相同,具体可参阅本章第二节的"八"。

第四节 其他液相色谱仪使用方法简介

一、LC-20A型高效液相色谱仪的使用方法简介

1. 仪器的主要组成部件

LC-20A型液相色谱仪基本配置包括LC-20AD型并联双柱塞往复输液泵、CTO-20AC型柱温箱、SPD-20A型紫外-可见光检测器等独立单元。通过 CBM-20A 型系统控制器可以统一控制这些单元的操作，也可以独立对各个单元进行操作。LC solution 工作站全面支持各个单元的控制直至分析数据采集、报告、数据管理。

LC-20AD 型输液泵操作面板见图 6-66，图中各键的功能列于表 6-13。

2. LC-20A 型液相色谱仪的基本操作

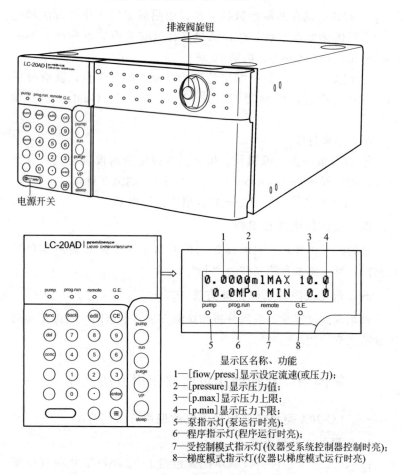

图 6-66　LC-20AD 型输液泵操作面板示意图

表 6-13　LC-20AD 型输液泵操作面板各键功能介绍

序号	名称	含义或功能
1	Display	Display 键。用来显示操作键
2	. - 9	数字键。用于参数值输入
3	enter	设定每一条目设定的输入值
4	func	功能键。按此键,仪器顺序进入其他功能设置
5	back	退回键。如当编辑时间程序时,按此键退回至前一步设置;向后滚动辅助功能设定屏幕
6	edit	(从初始屏幕)转入时间程序的编辑模式
7	CE	清除键。初始化屏幕;取消错误输入的数据或清除显示屏显示的错误信息并取消报警
8	del	删除显示屏上时间顺序的单独一行
9	conc	设定梯度分析中的液体浓度
10	pump	"启动/停止"输液泵
11	run	"启动/停止"时间程序
12	purge	清洗管道或排除管道气泡的"启动/停止"控制键
13	VP	从初始屏幕切换至 VP 模式
14	sleep	关闭显示屏,此键对仪器运行无任何作用

LC-20A 型液相色谱仪基本操作步骤如下。

(1) 开机前准备工作　与本章第二节"P1201 型高效液相色谱仪的使用"中的"五-1-①"基本相同。

(2) 打开工作站软件　开启电源,依次打开 LC-20AD 输液泵、CTO-20AC 型柱温箱、SPD-20A 型紫外-可见光检测器，最后打开 CBM-20A 型系统控制器电源开关，打开 LC solution 工作站软件。

(3) 输液泵基本参数设置（以恒定流量传输模式为例） 打开输液泵电源开关后，输液泵的微处理机首先对各部分被控制系统进行自检，并在显示屏内显示操作版本后，状态指示灯变为绿色，屏幕显示初始信息如图 6-67(a) 所示。（压力检查、排除空气等具体操作可参照仪器说明书）。

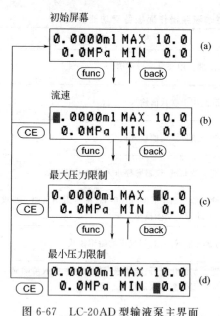

图 6-67 LC-20AD 型输液泵主界面

按 func 键一次，光标在 [fiow/press] 字段闪烁 [如图 6-67(b) 所示]，提示可以进行流量设定，输入所需流量值并按 ENTER 键，新值设定，返回初始屏幕。要修改其他参数，按 func 键进一步访问其他辅助功能。在初始屏幕上按 func 键两次，光标在 [p.max] 字段闪烁 [如图 6-67(c) 所示]，此时可输入仪器在上述流量下的最大限压。在初始屏幕上按 func 键三次，光标在 [p.min] 字段闪烁 [如图 6-67(d) 所示]，此时可输入仪器在上述流量下的最小限压。上述基本设置完成后，将排液阀以顺时针方向尽量旋转以关闭排液阀，按 CE 键可回到初始屏幕。按 pump 键，泵指示灯亮，输液泵以设定流量向色谱柱输送流动相，在显示屏中可以监测到系统内压力的变化情况。要停止操作，再次按 pump 键，送液停止，泵指示灯熄灭（有关恒定压力传送模式的操作，以及低压梯度、高压梯度的操作可参照仪器说明书)。

(4) SPD-20A型紫外检测器基本参数设置(以单波长模式为例) 按 CE 键可回到初始屏幕 [如图 6-68(a) 所示], 按 func 键一次, 出现 [PARAMETER] 界面 [如图 6-68(b) 所示], 按 ENTER 键, 出现 [LAMBDA1] (通道1波长设定) 界面 [如图 6-68(c) 所示], 通过数字键输入设定值, 然后按 ENTER 键, 新值设定, 返回初始屏幕。

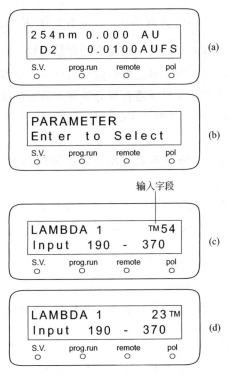

图 6-68 SPD-20A 型紫外检测器主界面

(5) LC solution 工作站的使用 以上参数设定的操作也可在 LC solution 工作站中完成, 点击 Instrument Parameter 图标进入仪器参数设定界面，仪器参数设定可自行填写参数或直接调用方法（具体操作可参照 LC solution 工作站软件操作说明书）。点击 Data Acquisition 图标进入采集数据编辑方法界面，编辑积分参数，方法设定完成后，进行方法保存。点击 Download 图标，向仪器传送参数。系统开始运行，检查各单元参数与方法设定是否一致。等待系统平衡。可以观察检测器输出信号变化，如输出信号稳定不变，即认为接近平衡，可以调零等待，确认系统平衡后，准备进样分析。

(6) 进样（以单针进样为例） 点击工作站上 Single Start 图标，在出现的采样对话框中编辑相应的样品参数。点击 OK 图标后开始进样操作。每个样品到设定时间分析结束，根据方法中的积分参数，所有色谱数据会自动进行积分处理。数据结果的后处理及报告内容的编辑、打印可参照 LC solution 工作站软件操作说明书进行。

二、Agilent 1100 型高效液相色谱仪的使用方法简介

1. 仪器的主要组成部件

仪器的外形结构如图 6-69 所示，主要组成部分如下。

① 溶剂舱，可放四个溶剂瓶，分别占用 A、B、C、D 四个管路。

② 在线真空脱气机。

③ 四元低压梯度泵。

④ 自动进样器（100 个样品管，进样量 $0 \sim 100 \mu L$）。

⑤ 柱温箱（$-5 \sim 80℃$）。

⑥ 可变波长检测器（VWD）。

2. Agilent 1100 型液相色谱仪的基本操作

① 开机前的准备工作与本章第二节"P1201 型高效液相色谱仪的使用"中的"五-1-①"基本相同。

② 打开计算机并运行 Bootp Server 程序，依次打开 Agilent 1100 LC 各模块电源，待其自检完毕后，双击"Instrument 1 On-

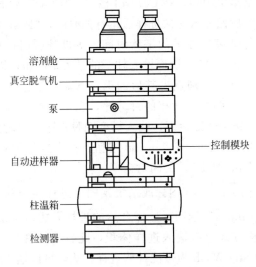

图 6-69 Agilent 1100 型高效液相色谱仪的外形结构

line"图标,进入工作站界面。

③ 从"View"菜单中选择"Method and Run control"画面,单击"View"菜单中的"Show top toolbar"、"Show status toolbar"、"System diagram"及"Sampling diagram"项,使其命令前有"√"标志,来调用所需的界面。

④ 排除管道气泡或冲洗管道。把流动相放入溶剂瓶中,打开 Purge 阀,单击 Pump 图标,出现参数设定子菜单,单击"Setup pump"选项,进入泵编辑画面。设"Flow"为 5mL/min,单击"OK"。单击 Pump 图标,出现参数设定菜单,单击"Pump control"选项,选中"On",单击"OK",则系统开始冲洗,直到管线内(由溶剂瓶到泵入口)无气泡为止,切换通道继续冲洗,直到所有要用通道无气泡为止。单击 Pump 图标,出现参数设定菜单,单击"Pump control"选项,选中"Off",单击"OK"关泵,关闭 Purge 阀。

⑤ 单击 Pump 图标,出现参数设定菜单,单击"Setup pump"

选项，进入泵编辑画面，在 Control 栏下，"Flow"后面输入流速，"Stop Time"后面输入每次进样后运行的时间，"Post Time"后面输入每次运行结束后柱子的平衡时间（等度洗脱时此项可忽略）；在 Pressure Limits Max 后面输入柱子的最大耐高压，以保护柱子；在 Solvents 栏下，分别点击其后的上、下箭头按钮或直接输入设定 A、B、C、D 四个流动相的百分比，在文本框中输入各流动相的名称；在 Timetable 栏下，输入梯度洗脱程序（当时间行不够时可以点击右侧的 Insert 或 Append 按钮，插入或添加新的行）；设置完毕后，点击"OK"，关闭对话框。

⑥ 点击 Instrument 图标或系统视图中进样器图标，在菜单中选择"Setup Inject"选项，选择合适的进样方式。Standard Injection 标准进样方式只能输入进样体积，此方式无洗针功能；Injection with Needle Wash 为带洗针的进样方式，可以输入进样体积和洗瓶位置，此方式针从样品瓶抽完样品后，会在洗瓶中洗针。在 Injection Volume 后输入进样体积，在 Wash Vial 后输入洗瓶的位置，在 Use injector program 栏下可以点击 Edit 键进行进样程序编辑。设置完毕后，点击"OK"，关闭对话框。

⑦ 点击 Instrument 图标或系统视图中柱温箱图标，在菜单中选择"Setup column thermostat"选项，在 Temperature 栏下设定柱温或选择 Not Control，点击"OK"，关闭对话框。

⑧ VWD 检测器参数设定。在"Wavelength"下方的空白处输入所需的检测波长，如 254nm，在"Peak width (Response time)"下方点击下拉式三角框，选择合适的响应时间，如 >0.1min (2s)。在 Timetable 栏下可以插入一行，输入随时间切换的波长，点击"OK"，关闭对话框。

⑨ 从"Method"菜单中选择 Run time checklist，选中其中的 Data acquisition，点击"OK"。从 Method 菜单中选择 Save method as，输入方法名，点击"OK"，关闭对话框。

⑩ 从"Run Control"菜单中选择 Sample info，在 Data file 栏中选择 Prefix/Counter，在 Prefix 框中输入前缀，在 Counter 框中

输入计数器起止位置，在 Sample Parameters 栏下 Vial 后的框中输入样品瓶所在的位置，点击"OK"，关闭对话框。

⑪ 单击系统视图中右下角的 on 按钮，系统开始平衡，当平衡结束后单击屏幕上的 Start 按钮，系统开始按照设定的方法进样测定，并记录色谱图。

第五节 技 能 训 练

训练 6-1 高效液相色谱柱性能的评价

1. 实验目的

① 了解高效液相色谱仪的基本结构和工作原理。

② 初步掌握高效液相色谱仪的基本操作。

③ 学习高效液相色谱柱效能的测定方法。

2. 基本原理

一支色谱柱的好坏要用一定的指标来进行评价。通常色谱柱要求的主要指标包括：理论塔板数 N，峰不对称因子（A_s），两种不同溶质的选择性（α），色谱柱的反压，保留值的重现性，键合相浓度及色谱柱的稳定性等。一个合格的色谱柱评价报告至少应给出色谱柱的基本性能参数，如柱效能（即理论塔板数 N）、容量因子 k、分离度 R 及柱压降等。

理论塔板数 $\qquad N = 5.54 \left(\dfrac{t_R}{W_{1/2}} \right)^2$

容量因子 $\qquad k = \dfrac{t_R'}{t_0}$

分离度 $\qquad R = \dfrac{2(t_{R2} - t_{R1})}{W_1 + W_2} = \dfrac{1.177(t_{R2} - t_{R1})}{W_{1/2}^{(1)} + W_{1/2}^{(2)}}$

式中 $\quad t_R$——保留时间；

$\quad\quad t_R'$——调整保留时间；

$\quad\quad t_0$——死时间；

W_1，W_2——峰宽；

$W_{1/2}$——半峰宽。

评价液相色谱柱的仪器系统应满足相当高的要求：一是液相色谱仪器系统的死体积应尽可能小；二是采用的样品及操作条件应当合理，在此合理的条件下，评价色谱柱的样品可以完全分离并有适当的保留时间。表6-14列出了评价各种液相色谱柱的样品及操作条件。

表6-14 评价各种液相色谱柱的样品及操作条件[①]

柱	样 品	流动相	进样量	检测器
烷基键合相柱（正癸烷，正十八烷）	苯、萘、联苯、菲	甲醇：水(85：15)	10μg	UV 254nm
苯基键合相柱	苯、萘、联苯、菲	甲醇：水(57：43)	10μg	UV 254nm
氰基键合相柱	三苯甲醇、苯乙醇、苯甲醇	正庚烷：异丙醇(93：7)	10μg	UV 254nm
氨基键合相柱（极性固定相）	苯、萘、联苯、菲	正庚烷：异丙醇(93：7)	10μg	UV 254nm
氨基键合相柱（弱阴离子交换剂）	核糖、鼠李糖、木糖、果糖、葡萄糖	水：乙腈(98.5：1.5)	10μg	示差折光检测
SO_3H键合相色谱柱（强阳离子交换剂）	阿司匹林、咖啡因、非那西汀	0.05mol/L 甲酸胺：乙醇(90：10)	10μg	UV 254nm
R_4NCl键合相柱（强阴离子交换剂）	尿苷、胞苷、脱氧胸腺苷、腺苷、脱氧腺苷	0.1mol/L 硼酸盐溶液(加 KCl)(pH9.2)	10μg	UV 254nm
硅胶柱	苯、萘、联苯、菲	正己烷	10μg	UV 254nm

① 线速为1mm/s，对柱内径为5.0mm的色谱柱最大流量大约为1mL/min。

3. 仪器及试剂

（1）仪器 高效液相色谱仪（任一型号），紫外-可见光检测器（任一型号），正十八烷烷基键合相色谱柱（5μm，4.6mm×150mm），平头微量注射器（10μL或25μL），超声波清洗器，流动相过滤器及无油真空泵。

（2）试剂 苯、萘、联苯、菲（分析纯），甲醇、正己烷（色谱纯），二次蒸馏水。

4. 实验内容及操作步骤

(1) 准备工作

① 流动相的预处理。配制甲醇：水为 85 : 15 的流动相，用 $0.45\mu m$ 的有机滤膜过滤后，装入流动相储液器内，用超声波清洗器脱气 10~20min。

② 标准溶液的配制

a. 标准储备液：配制含苯、萘、联苯、菲均为 $1000\mu g/mL$ 的正己烷溶液，混匀备用。

b. 标准使用液：用上述储备液配制含苯、萘、联苯、菲均为 $10\mu g/mL$ 的正己烷溶液，混匀备用。

③ 色谱柱的安装和流动相的更换。将正十八烷色谱柱安装在色谱仪上，将流动相更换成甲醇：水为 83 : 17 的溶液。

④ 高效液相色谱仪的开机。按仪器操作说明书规定的顺序依次打开仪器各单元，并将仪器调试到正常工作状态，流动相流速设置为 $1.0mL/min$，柱温 30℃；检测器波长设为 254nm，打开工作站电源并启动系统软件。

打开输液泵旁路开关，排出流路中的气泡，启动输液泵。

(2) 标样的分析

① 待基线稳定后，用平头微量注射器进样（进样量由进样阀定量管确定），将进样阀柄置于"Load"位置时注入样品，在泵、检测器、接口、工作站均正常的状态下将阀柄转至"Inject"位置，仪器开始采样。

② 从计算机的显示屏上即可看到样品的流出过程和分离状况。待所有的色谱峰流出完毕后，停止分析（运行时间结束后，仪器也会自动停止采样），记录好样品名对应的文件名（已知出峰顺序为苯、萘、联苯、菲）。

③ 重复进样 2~3 次。

④ 从工作站中调出原始谱图，对谱图进行优化处理后，打印出色谱图和分析结果。

(3) 结束工作

① 关机

a. 所有样品分析完毕后,让流动相继续流动 10~20min,以免色谱柱上残留样品中的强吸附杂质。

b. 关闭色谱数据工作站。

c. 关闭接口、检测器电源。

d. 根据色谱柱说明书上的指导清洗柱子,从泵和系统中除去有害的流动相。

e. 周末停用仪器,可用甲醇:水为 60:40 的溶液冲洗整个系统。

注意,溶剂在环境中暴露 24h 以上,必须在使用前再过滤或弃去,以免污染泵。

f. 关泵。

② 清理台面,填写仪器使用记录。

5. 注意事项

① 各实验室的仪器设备不可能完全一样,操作时一定要参照仪器的操作规程。

② 用平头微量注射器吸液时,防止气泡吸入的方法是:将擦干净并用样品清洗过的注射器插入样品液面以下,反复提拉数次,驱除气泡,然后缓慢提升针芯至刻度。

③ 色谱柱的个体差异很大,即使是同一厂家的同种型号的色谱柱,性能也会有差异。因此,具体的色谱条件(主要是指流动相的配比)及评价样品应根据所用色谱柱的出厂说明书作适当的调整。

④ 如果仪器长期停用,完成实验后还应卸下色谱柱,将色谱柱两头的螺帽套紧,先用水,再用异丙醇冲洗泵,确保泵头内灌满异丙醇;从系统中拆下泵的输出管,套上管套;从溶剂储液器中取出溶剂入口过滤器放入干净袋中。

6. 数据处理

① 记录实验条件:色谱柱类型,流动相及配比,检测波长,进样量等。

② 测量各色谱图中苯、萘、联苯、菲的保留时间 t_R 及对应色谱峰的半峰宽 $W_{1/2}$,计算各对应峰的理论塔板数(柱效能)n,分

离度 R 等（一般色谱工作站具有直接计算这些值的功能，只需在结果报告中选中即可显示结果）。

训练 6-2　混合维生素 E 的反相 HPLC 分析条件的选择

1. 实验目的
① 学习 HPLC 最佳分析条件的选择方法。
② 学习仪器的基本操作。

2. 实验原理

维生素 E（V_E）主要有 α，β，γ 和 δ 4 种异构体，其中又以 α-异构体的生理作用为最强。其天然品为右旋体（d-α），合成品为消旋体（dl-α），一般药用为合成品。药典中收载为维生素 E，dl-生育酚及其乙酸酯与琥珀酸钙盐、dl-α-生育酚及其乙酸酯与琥珀酸酯，也就是说，通常所说的 V_E 是一个混合物，除了游离的生育酚羧酸酯可能同时存在外，也可能共存多种结构异构体，甚至还可能有其他共存有机物。

V_E 的分离既可以用反相 HPLC，也可以用正相 HPLC，本实验采用反相 HPLC。反相 HPLC 用的是非极性或弱极性填料分离柱（如 ODS 柱），流动相是极性或比固定相极性强的溶剂（如甲醇、乙醇），样品因在两相中的分配系数的差异而得到分离。色谱分析条件主要包括色谱柱、流动相组成与流速、色谱柱温度、检测波长等。通过实验主要了解流动相组成对样品的保留和分离的影响，基本目标是将 α-V_E 与其他成分分离。

3. 仪器与试剂

（1）仪器　高效液相色谱仪（任一型号），紫外-可见光检测器（任一型号），ODS 色谱柱（$5\mu m$，$4.6mm \times 150mm$），平头微量注射器（$10\mu L$ 或 $25\mu L$），超声波清洗器，流动相过滤器及无油真空泵。

（2）试剂　混合维生素 E、α-V_E 标准品（分析纯），无水乙醇（色谱纯），二次蒸馏水。

4. 训练内容与步骤

（1）准备工作

① 流动相的预处理。分别将无水乙醇与蒸馏水用 $0.45\mu m$ 的有机滤膜过滤后，装入流动相储液器内，用超声波清洗器脱气 $10\sim20min$。

② 混合维生素 E 的配制。称取混合维生素 E 试样 $200\sim300mg$（准确至 $0.1mg$）于一洁净 50mL 的烧杯中，用处理过的无水乙醇溶液溶解并定容至 50mL 的容量瓶中。使用时用无水乙醇稀释 5~10 倍。

③ α-V_E 标准溶液的配制。称取 α-V_E 标准样品 250mg（准确到 $0.1mg$）于一洁净 50mL 烧杯中，用处理过的无水乙醇溶液溶解并定容至 250mL 的容量瓶中，此为标样储备溶液。使用时用无水乙醇或流动相稀释 5 倍。

④ 高效液相色谱仪的开机。按训练 6-1 "高效液相色谱柱性能的评价"中"4-(1)-④"进行，流动相流速设置为 $1.0mL/min$，柱温 30℃；检测器波长设为 292nm。

（2）流动相为 95%乙醇的样品分析

① 配制乙醇：水为 95：5 的流动相。如果仪器带两个输液泵，应设定好比例分别输送乙醇和水。打开输液泵旁路开关，排出流路中的气泡，启动输液泵。

② 待基线稳定后，用微量注射器取略大于进样器定量管体积的混合维生素 E 样品。

③ 待样品中所有成分出峰完毕后，停止采样。

④ 进样 α-V_E 标准样品。

（3）流动相为 90%乙醇的样品分析　将流动相换成乙醇：水为 90：10，重复（2）中②~④的操作。

（4）流动相为 85%乙醇的样品分析　将流动相换成乙醇：水为 85：15，重复（2）中②~④的操作。

（5）结束工作　按训练 6-1 "高效液相色谱柱性能的评价"中"4-(3)"进行。

5. 注意事项

同训练 6-1 "高效液相色谱柱性能的评价"中"5"。

6. 数据处理

① 比较用不同浓度乙醇作流动相时混合维生素 E 的分离效果。将不同流动相组成下各色谱峰的保留时间、峰面积和峰高整理成表。

② 根据 3 次试验结果确定 α-V_E 与其他成分分离的最佳无水乙醇与水的配比。

练 习 六

一、知识题

1. 高效液相色谱仪最基本的组件是 ＿＿＿＿、＿＿＿＿、＿＿＿＿、＿＿＿＿和＿＿＿＿。

2. 高压输液系统一般包括 ＿＿＿＿、＿＿＿＿、＿＿＿＿和＿＿＿＿等。

3. 高压输液泵按输送流动相的性质不同可分为＿＿＿＿和＿＿＿＿两大类。

4. 梯度洗脱装置依据溶液混合的方式可分为＿＿＿＿和＿＿＿＿。

5. 安装和更换色谱柱时应注意流动相的方向应与＿＿＿＿。

6. 高效液相色谱仪的检测器分两类:第一类为通用型检测器,包括＿＿＿＿、＿＿＿＿;第二类为选择性检测器,包括＿＿＿＿、＿＿＿＿、＿＿＿＿等。

7. 常用的溶剂脱气方法有＿＿＿＿、＿＿＿＿以及＿＿＿＿三种。

8. 输液泵面板上的冲洗键或 Purge 键的作用是＿＿＿＿和＿＿＿＿。

9. 一般输液泵可显示三种压力单位,分别为 MPa、bar 和 psi,它们之间的转换关系为:1MPa=＿＿＿＿ bar;1psi=＿＿＿＿ MPa。

10. 一般评价烷基键合相色谱柱时所用的流动相为（　）
A. 甲醇-水（85∶15）；　　　B. 甲醇-水（57∶43）；
C. 正庚烷-异丙醇（93∶7）；　D. 水-乙腈（98.5∶1.5）

11. （　）在输送流动相时无脉冲。
A. 气动放大泵　　　　　　　B. 单活塞往复泵
C. 双活塞往复泵　　　　　　D. 隔膜往复泵

12. 下列检测器中,（　）属于质量型检测器。
A. UV-Vis　　B. RI　　C. FD　　D. ELSD

13. 简述六通阀进样器工作原理。

14. 简述高效液相色谱仪的日常维护。

15. 简述溶剂过滤头或在线过滤器的清洗方法。
16. 输液泵显示压力过高主要由哪些因素引起？应如何排除？
17. 检测器出现基线噪声主要由哪些因素引起？应如何排除？

二、操作技能考核题

1. 题目：高效液相色谱法测定饮料中的咖啡因
2. 考核要点
① 制备符合液相色谱要求的流动相和试液。
② 分析色谱柱的选择和安装。
③ 按照操作规程正确操作高效液相色谱仪。
④ 熟练操作与液相色谱仪配套使用的计算机。
⑤ 设计相应的表格，正确记录原始数据以及数据的正确处理。
⑥ 文明操作。
3. 仪器与试剂
（1）仪器　高效液相色谱仪（任一型号），紫外-可见光检测器（任一型号），正十八烷烃基键合相色谱柱（$5\mu m$，$4.6mm \times 150mm$），平头微量注射器（$10\mu L$ 或 $25\mu L$），超声波清洗器，流动相过滤器及无油真空泵。
（2）试剂　咖啡因标准品（分析纯），甲醇（色谱纯），二次蒸馏水及待测饮料试液。
4. 实验内容和步骤
（1）准备工作
① 流动相的预处理。配制甲醇：水为 20∶80 的流动相 1000mL，并进行处理。
② 标准溶液的配制
a. 配制浓度为 0.25mg/mL 的咖啡因标准储备液 100mL，用流动相溶解。
b. 标准使用液：用上述储备液配制质量浓度分别为 $25\mu g/mL$、$50\mu g/mL$、$75\mu g/mL$、$100\mu g/mL$ 及 $125\mu g/mL$ 的系列标准溶液。
③ 试样的预处理。市售饮料用 $0.45\mu m$ 水相滤膜减压过滤后，置于冰箱中冷藏保存。
④ 色谱柱的安装和流动相的更换。将正十八烷色谱柱安装在色谱仪上，将流动相更换成甲醇：水为 20∶80 的溶液。
⑤ 高效液相色谱仪的开机。开机，将仪器调试到正常工作状态，流动相流速设置为 1.2mL/min；检测器波长设为 254nm，打开工作站。
打开输液泵旁路开关，排出流路中的气泡，启动输液泵。
（2）标样的分析

① 待基线稳定后，用平头微量注射器分别进系列标准溶液 20μL，记录下样品名对应的文件名。

② 每个样品平行测定 2～3 次。

（3）饮料样品的分析

① 重复注射饮料样品 20μL 2～3 次，分析结束后记录下样品名对应的文件名。

② 从工作站中调出原始谱图，将饮料样品的分离谱图与咖啡因标准溶液谱图比较即可确认饮料中咖啡因的出峰位置。

如果样品中咖啡因的色谱峰面积超出曲线范围，可用流动相适当稀释饮料样品。

（4）结束工作

① 关机。所有样品分析完毕后，按正常的步骤关机。

② 清理台面，填写仪器使用记录。

5. 数据处理

① 用标准系列溶液的实验数据绘制工作曲线（A-ρ）。

② 从工作曲线上求得饮料中咖啡因的质量浓度 ρ(mg/mL)。

三、技能考核评分表

技能考核评分表见表 6-15。

表 6-15　高效液相色谱法技能考核评分表

项目	考核内容		记录	分值	扣分
流动相的处理（10）	溶液混合比例	正确		2	
		不正确			
	滤膜选择	正确		1	
		不正确			
	抽滤装置的安装	规范		2	
		不规范			
	抽滤方法	正确		1	
		不正确			
	流动相脱气	脱		2	
		未脱			
	流动相脱气时间	15～20min		2	
		过短或过长			

续表

项目	考核内容		记录	分值	扣分
容量瓶、移液管使用操作（10）	移液管使用前洗涤	合格		1	
		不合格			
	吸液操作	熟练		1	
		不熟练			
	管尖是否有气泡	无		1	
		有			
	流尽后停留15s后取出	已停		1	
		未停			
	容量瓶洗涤	合格		1	
		不合格			
	稀释至总体积1/3～2/3时初步混匀	已摇匀		1	
		未摇匀			
	稀释过程瓶塞	未盖		1	
		盖			
	稀释至离刻度线0.5cm放置	已放置1～2min		1	
		未放置			
	稀释是否超过刻度线	正确		1	
		超过			
	摇匀操作	规范		1	
		不规范			
分析前准备（25）	色谱柱的选择	正确		3	
		不正确			
	色谱柱的安装方向	正确		2	
		不正确			
	色谱柱的安装方法	正确		2	
		不正确			

续表

项目	考核内容		记录	分值	扣分
分析前准备（25）	输液泵的开启	正确		1	
		不正确			
	流动相的更换（滤头、管线）	规范		2	
		不规范			
	放空排气	已进行		3	
		未进行			
	排除管道气泡或冲洗管道	规范		2	
		不规范			
	流量参数设定	正确		1	
		不正确			
	时间参数设定	正确		1	
		不正确			
	色谱系统平衡	已进行		5	
		未进行			
	检测器预热	已进行		2	
		未进行			
	波长参数设定	正确		1	
		不正确			
分离分析（15）	打开工作站	正确		1	
		不正确			
	方法设定（采集时间、通道、积分方法等）	正确		5	
		不正确			
	进样针洗涤	规范		1	
		不规范			
	取样体积	正确		1	
		不正确			
	进样方式	正确		1	
		不正确			

续表

项目	考核内容		记录	分值	扣分
分离分析（15）	进样阀位置（采样时处于Load,进样时处于Inject）	正确		2	
		不正确			
	启动数据采集	正确		1	
		不正确			
	结束数据采集	正确		1	
		不正确			
	存储谱图信息	已进行		1	
		未进行			
	是否有失败进样	无		1	
		有			
文明操作（3）	实验过程台面	整洁有序		1	
		脏乱			
	废液、纸屑等	按规定处理		1	
		乱扔乱倒			
	实验后试剂、仪器放回原处	已放		1	
		未放			
记录数据处理和报告（7）	原始记录	完整、规范		1	
		欠完整、不规范			
	是否使用法定计量单位	是		1	
		否			
	有效数字运算	符合规则		1	
		不符合			
	计算方法及结果	正确		2	
		不正确			
	报告（完整、明确、清晰）	规范		2	
		不规范			

续表

项目	考 核 内 容		记录	分值	扣分
结果评价（30）	定性结果	正确		3	
		不正确			
	定量结果精密度（相对平均偏差）	<0.2%		10	
		>0.2%			
	定量结果准确度	在允差范围内		15	
		在允差范围外			
	完成时间(从称样到报出结果)	结束时间		2	
		实用时间			

注：此表是针对考核题和考核时所用仪器设计的，更改试题或仪器型号不同，表中某些项目应作适当改动。

第七章 原子发射光谱仪的使用简介

第一节 概 述

原子发射光谱法（atomic emission spectrometry，AES）是根据试样中被测元素的原子（或离子），在光源中被激发而发射的特征光谱（characteristic spectrum）来进行元素的定性和定量的分析方法。

一、仪器工作原理

通常组成物质的原子处于最稳定的基态（ground state），其能量最低。当原子受到外界能量（如电能、热能或光能）作用时，原子的外层电子就从基态跃迁到更高的能级状态即激发态（excited state）。处于激发态的原子很不稳定，约经 10^{-8} s 后，原子跃迁回基态或其他较低的能级，以光辐射的形式释放出多余的能量，产生光谱。原子发射光谱是由于原子的外层电子在不同能级之间的跃迁而产生的。利用物质的原子发射光谱来测定物质的化学组成的方法，称为光谱分析法或发射光谱分析法。

发射光谱的能量可用下式表示，即

$$\Delta E = E_2 - E_1 = h\nu = h\frac{c}{\lambda}$$

式中 　E_2——高能级的能量；

　　　　E_1——低能级的能量；

　　　　h——普朗克常数；

　　　　ν 及 λ——分别为发射光的频率和波长；

　　　　c——光速。

由上式可知，每一条发射光谱的谱线的波长，与跃迁前后的两个能级之差成反比。由于原子内的电子轨道是不连续的（量子化的），故得到的光谱是线光谱（line spectrum）。因为组成物质的各种元素的原子结构不同，所产生的光谱也就不同，也就是说，每一种元素的原子都有它自己的特征光谱线。原子发射光谱法的研究对象就是被分析物质所发出的线光谱。通过检测这些特征谱线是否出现，以鉴别某种元素是否存在，这是光谱定性分析的基本原理。

同样，在一定条件下，这些特征光谱线的强弱与试样中欲测元素的含量符合罗马金-赛伯经验公式，即

$$I = Ac^b$$

式中　b——自吸收系数；

　　　I——谱线强度；

　　　c——元素含量；

　　　A——发射系数。

发射系数 A 与试样的蒸发、激发和发射的整个过程有关，与光源类型、工作条件、试样组分、元素化合物形态以及谱线的自吸收现象也有关系，由激发电位及元素在光源中的浓度等因素决定。元素含量很低时谱线自吸收很小，这时 $b=1$；元素含量较高时，谱线自吸收现象较严重，此时 $b<1$。因此，实际使用过程中，往往采用公式的对数形式，这样，只要 b 是常数，就可得到线性的工作曲线。由此可见，在一定条件下，谱线强度只与试样中原子浓度有关，通过测量元素特征光谱线的强度，可以鉴定元素的含量，这正是原子发射光谱定量分析的基础。

二、仪器的基本组成部分

发射光谱分析过程分为三步，即激发、分光和检测。第一步是利用外加能量的作用（激发光源）使试样蒸发出来，然后离解成原子，或进一步电离成离子，最后使原子或离子得到激发，产生特征辐射；第二步是利用光谱仪把将发射的各种波长的辐射按波长顺序展开为光谱；第三步是利用检测系统对分光后得到的不同波长的辐射进行检测，由所得光谱线的波长，对物质进行定性分析，由所得光谱线的强度，对物质进行定量分析。

物质光谱的获得过程和分析过程，可以分别进行，也可以同时

进行，前者属于摄谱分析法，后者属于目视及光电直读分析法。

发射光谱仪通常包括激发光源、分光系统（光谱仪）及检测系统三个主要部分，摄谱分析仪器还应包括观察光谱、测定波长和强度的仪器，光电直读仪器则还有数据处理及系统控制系统。如图7-1所示。

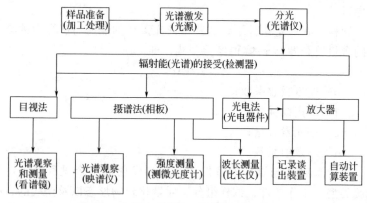

图 7-1　发射光谱分析过程及所用仪器框图

1. 激发光源

原子发射光谱分析的光源向试样提供一定的能量，促使样品蒸发、原子化（和电离），进而激发样品中各元素的原子（和离子）产生发射光谱。因而光源可看成发射光谱分析的基础，光源本身的特性在很大程度上影响光谱分析的灵敏度和准确度。对于原子发射光谱分析而言，一般对光源性能的要求为：蒸发、原子化和激发能力强、稳定性好、分析样品组成影响小、分析线性范围宽、适应各种类型样品测定。常用的光源由 20 世纪 40 年代的直流电弧、交流电弧、高压电火花占统治地位，发展到 70~80 年代电感耦合等离子体光源（inductively coupled plasma，ICP）成为主流。此外，一些实用光源，如直流等离子体喷焰（direct current plasmajet，DCP）、电容耦合微波等离子体（capacitively coupled microwave plasma，CMP）、微波诱导等离子体（microwave induced plasma，MIP）及激光微探针和各种串联光源（如 GD-MIP、ICP-MIP、激光蒸发-MIP 等）也大有发展潜力。

各种类型的光源具有各自的特性（激发温度、蒸发温度、热性质、强度、稳定性等）和应用范围，适用于不同分析对象和不同的分析要求。各种常用发射光谱激发光源的性能及其应用范围可归纳于表 7-1。

表 7-1　常用光源性能比较

光源种类	蒸发温度	激发温度/K	蒸发能力	激发能力	稳定性	灵敏度	应用范围
火焰	高	2000～3000	大	小	差	低	碱金属、碱土金属
直流电弧	高	4000～7000	大	小	差	好	矿物、难挥发元素
交流电弧	中等	4000～7000	中	中	较好	好	定量分析、合金低含量元素
电火花	较低	10000	小	大	好	中	难激发元素、中高含量元素
等离子体炬	很高	4000～7000	小	大	很好	高	大多数元素的定量分析
激光	很高	10000	小	大	好	很高	微区、不导电试样

2. 光谱仪

光谱仪是用来观察光源光谱的仪器，它将光源发射的电磁波分解为一定次序排列的光谱。光谱仪的分类方法很多，按色散元件的不同，摄谱仪可分为棱镜摄谱仪、光栅摄谱仪和干涉光谱仪三类。

3. 光谱记录及检测系统

光谱记录及检测系统的作用是接受、记录并测定光谱。常用的记录和检测方法有看谱法、摄谱法和光电直读法，如图 7-2 所示。看谱法以眼睛为检测器，以看谱镜或看谱计为分光系统。看谱镜只能用于定性分析，看谱计可进行半定量和定量分析。摄谱法将从光学系统输出的不同波长的辐射能在感光板上转为黑的影像，再通过测微光度计测定谱线黑度，进行定量分析。而光电直读法以光电倍增管代替感光板作为检测器，利用光电测量的方法直接测定谱线波长和强度。近年来，光电二极管阵列（PDA）、电感耦合器件（CCD）、电荷注入器件（CID）以及固态光学多道检测系统（CTDS）等检测器也开始应用于原子发射光谱仪中。

三、常用仪器型号和主要性能

常用仪器型号和特点如表 7-2 所示。

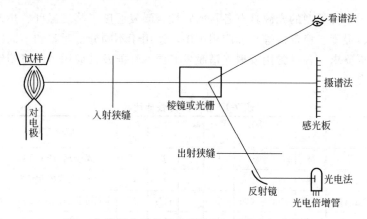

图 7-2 发射光谱分析的看谱法、摄谱法与光电法

表 7-2 常用原子发射光谱仪型号和特点

生产厂家	仪器型号	技 术 参 数	仪 器 特 点
美国利曼 Leeman Labs	Prodigy 全谱直读等离子体发射光谱仪(ICP)	中阶梯光栅,大面积、程序化固态检测器阵列 L-PAD; 波长范围 165~800nm; 分辨率≤0.005nm(200nm); 焦距 800mm,色散率 0.06nm/mm(200nm); RF 发生器:40.68MHz,水冷	大面积、程序化固态检测器阵列 L-PAD,较原 CID 检测器大 4 倍; 高色散率、高分辨率、高准确度; 检测器像素≥100 万,全谱直读检测,一次曝光完成; 非破坏性智能数据读取处理,超级检出能力; 超稳定光学结构
美国瓦里安 Variam	700-ES 系列 ICP-OES 电感耦合等离子原子发射光谱仪	波长范围 175~785nm,波长连续覆盖,完全无断点; RF 发生器频率为 40.68MHz; 信号稳定性≤1%RSD (4h); 焦距 0.4m,中阶梯光栅刻线 924 线/mm; 完成 EPA 22 个元系列测定时间小于 5min	高效稳定的射频发生系统; 高分辨率的中阶梯光栅交叉色散光学系统; 专利的冷锥接口技术,完全消除低温尾焰; 超过百万感光点 CCD 检测器,灵敏度高且防电子溢流; 功能强大的多任务软件结合全中文在线多媒体帮助

续表

生产厂家	仪器型号	技 术 参 数	仪 器 特 点
德国斯派克 Spectro	SPECTRO CIROS VISION 全谱直读电感耦合等离子体发射光谱仪	光谱范围 120~800nm；全息光栅，2924 线/mm；动态范围大于等于 8 个数量级；每分钟测 73 个元素，每小时可测 60 多个样品	一维色散+22 个 CCD 检测器设计，检测器无需超低温冷却，无需氩气吹扫保护； 全波长覆盖，120~800nm 的波长范围，可以分析 10^{-6} 级卤素； 专利密闭充氩循环光路系统，检测 190nm 以下谱线，无需气体吹扫； 3s 实现全谱扫描； 所有气体流量采用质量流量计计算机控制，炬管位置由三维步进电机计算机控制，自动化程度高
	SPECTRO LAB 直读光谱仪	帕邢-龙格结构的光学装置，光栅焦距 750mm；波长范围 120~800nm；一级光谱分辨率 6pm；允许最多分析通道 72 个（采用三个分光室组合方式）；光栅刻线 3600 条/mm，2400 条/mm，1800 条/mm 可选	多光学系统设计，每台仪器设置 3 个光学系统；专利的充氮气（UV-PLUS™）紫外光学系统，用于分析小于 230nm 波长； 数学式电流控制激发光源（CCS）； 快速分析，标准检测时间 18s； TRS 时间解析光谱技术，降低检出限和提高分析精度； SSE 单火花测量技术，分析金属的夹杂物； SPECTRO Spark Analyzer 软件便于分析操作，每一步操作都简单直观
美国 PE	Optima2100DV 型电感耦合等离子体发射光谱仪	稳定性<1%RSD/h；精密度≤0.5%RSD；大多数元素检出限可达 $(0.1 \sim 1) \times 10^{-9}$；波长范围为 165~782nm；波长分辨率<0.006nm (200nm)；光栅刻线 79 条/mm	独创的光路设计，大大提高了紫外区的灵敏度； 全新设计的 40.68MHz 自激式固态 RF 发生器； 先进的高量子化效率、低噪声固态检测器； 灵活的双向观测系统，观测高度在线可调； 多用户、多任务的操作软件，独特的谱线解析功能

续表

生产厂家	仪器型号	技术参数	仪器特点
日本岛津 Shimadzu	PDA-5500/7000 真空光谱发射仪	帕邢-龙格结构的光学装置,凹面光栅曲率半径 0.6m; 光栅刻线 2400 条/mm; 波长范围 121~589nm; 设定分析通道 64 个	HPSG-500 型多功能火花光源,可用软件设定转换、激发频率; 脉冲正态分布(PDA)测光法,可定量测定酸溶物和非酸溶物; 采用 TRS 时间解析光谱技术,降低检出限和提高分析精度; PDA-5500 为单基体仪器;PDA-7000 为多基体仪器,在电极架上有改进
	ICPE-9000 电感耦合等离子体发射光谱仪	光栅刻线 79 条/mm; 光栅级次 38~135 级; 波长范围 167~800nm; 分辨率<0.008nm(200nm 处)	采用晶体管固态高频发生器,雾化效率高,载气可以用工业氩气(99.95%),节约成本; 真空型中阶梯光栅分光器; 大面积、高分辨率 CCD 检测器; ICPEsolution 软件支持,实现分析波长自动选择、共存元素信息自动生成、定性分析、定量分析、保存全波长区域数据
北京科创海光	WLY100-2 型电感耦合等离子体发射光谱仪	波长范围为 200~800nm,内部充氮可扩充至 80~800nm; 波长重复性为 0.005nm; 波长扫描步距 0.001nm; 线性范围为 5 个数量级; 数据重现性<2.5%RSD	自激式光源,频率为 40MHz,功率为 1.0~1.6kW; 竖式单色器设计; 单个通道,顺序扫描; 光栅 2400 条/mm 或 3600 条/mm 可选,焦距 1m; 分析速度快,每分钟可分析 6 种以上元素,可实现多元素同时分析

续表

生产厂家	仪器型号	技 术 参 数	仪 器 特 点
北京科创海光	SPS8000型电感耦合等离子体发射光谱仪	精密度≤2% RSD； 动态范围为5个数量级； 光学分辨率 0.001nm(194nm)； 波长范围为175~800nm； 波长重复性≤0.002nm； 波长示值误差±0.001nm	双单色器最大寻峰时间5s； 单个通道，顺序扫描； 检测器为双光电倍增管； 入/出峰固定； 前级单色器焦距20cm，全息凹面衍射光栅； 阶梯光栅单色器焦距30cm，中阶梯平面衍射光栅； 观察高度0~30mm(测微头精确调整)； 40.68MHz他激式RF发生器
北京纳克	Lab Spark 750火花直读金属元素光谱仪	帕邢-龙格结构的光学装置，光栅焦距750mm； 高发光全息光栅，刻线2400条/mm； 谱线范围120~800nm； 分辨率优于0.01nm； 最多可检测通道30个	激发能量、频率连续可调全数字固态光源； 闪耀技术制作的高发光全息光栅，光传输率为60%，光强损失率为40%，性能优于普通全息光栅； 直接放大和高速数据采集、单次火花放电数值解析的专利技术(SDA)有效提高分析精度，可变延时积分技术，大大降低背景干扰
北京瑞利	WLD-2D电感耦合等离子体多道光谱仪	帕邢-龙格结构的光学装置，光栅焦距750mm； 波长范围180~540nm； 光栅刻线2400条/mm； 分析精密度$RSD<0.2\%$； 检出限一般可达10^{-8}~10^{-10}g/mL	全新的固态光源，具有正反向功率保护、驻波比保护和温度保护等特点，性能更加稳定可靠； 全新蠕动泵进样系统，精确控制进样速度； 新型光电倍增管安装结构设计，可以设置更多的通道，最多可达40个； 新型出射狭缝设计，结构合理，调试方便快捷，光学系统漂移小； 新型采集控制系统设计，自动化程度高，抗干扰能力强

续表

生产厂家	仪器型号	技术参数	仪器特点
北京瑞利	WLD-4C 光电直读光谱仪	凹面光栅曲率半径 750mm,光栅刻线 2400 条/mm; 波段范围 175～450nm; 色散率 0.55nm/mm 分析精密度 $RSD \leqslant 0.2\%$	仪器结构设计合理,更加小型化、集成化; 采用高集成化采集和控制系统,自动化程度高; 采用高重复性、高稳定性的激发光源,激发频率在 150～600Hz 之间变化,根据用户所分析材质选用,以达到最佳的分析效果; 采用 Windows 系统下的中文操作软件,方便简捷; 采用局部恒温,既保证了仪器的正常运行,又降低了对环境的要求
	WLD-2C 型 ICP 多道光电直读光谱仪	分光系统光栅刻线 2400 条/mm; 波段范围为 190～500nm; 测量系统测量精度为 0.2%; 动态范围 10^6; 分析精密度 $RSD \leqslant 1.5\%$	优良的激发光源,40MHz 自激稳定式带功率反馈控制电路的高频发生器; 灵敏度高,检出限好,元素检出限在 ng/mL 级; 浓度范围宽,可到 4～5 个数量级; 多元素同时分析,速度快,样品消耗量少; 具有动态扣除背景的功能; 集成设计的数据采集控制板,置于微机内部,抗干扰能力强

注:由于资料掌握不全面,再加上型号更新快,此表有些技术指标可能不够准确,仅供参考。

四、原子发射光谱仪的发展趋势

在原子光谱分析的发展过程中,人们从光谱仪器的光源、分光系统和检测器等方面,不断加以改进,发展了火花、等离子体、辉光放电等不同特点的光谱分析方法和仪器,使仪器向高灵敏度、高选择性、快速、自动、简便和经济实用发展。

传统的以光电倍增管为检测器的电弧和火花光谱仪仍在进一步发展，并开发出高动态范围的光电倍增管检测器（HDD），检测灵敏度和线性范围都有较大的提高。在测光方式上，通过对火花激发机理的研究和计算机软件的应用，提出峰值积分法（PIM）、峰辨别分析（PDA）、单火花评估分析（SSE）和单火花激发评估分析法（SEE）和原位分布分析技术（OPA），这些技术相应的硬件和软件的应用，可以明显地提高复杂样品的分析灵敏度和准确度，可以直接测定高纯金属中 $\mu g/mL$ 级的痕量元素。

电感耦合等离子体为光源的发射光谱仪器，具有发射光谱多元素同时分析的特点，又兼具溶液分析的灵活性，是元素分析的理想方法之一。这类仪器的光学系统及检测系统采用高刻线全息光栅或中阶梯双色散系统和高性能固体检测器，体现了当前光谱分析仪器的各种高新技术，是具有高分辨率及高灵敏度、高度自动化及数字化的分析仪器。

采用辉光放电为激发光源的发射光谱仪器，是一种在低氩气压下放电原理上发展起来的光谱分析技术，在表面分析领域得到迅速发展。这类仪器具有稳定性高、谱线锐、背景小、干扰少、能分层取样的优点，已成为一种用于各种材料成分分析和深度分析的有效分析手段。

原子发射光谱仪的自动化程度也得到不断发展，面向冶金工业生产的全自动光谱仪，从自动制样、测量到报出结果仅需 90s，实现无人自动操作。直读光谱仪的结构和体积也发生了很大变化，出现了结构紧凑型直读光谱仪、小型台式或便携式的直读仪器，作为冶金、机械等行业中金属料场的分析工具，使光谱仪器向更为实用和更为普及的应用发展。

20 世纪 90 年代，在 ICP 发射光谱仪上率先采用了中阶梯光栅与棱镜双色散系统，产生了二维光谱，适合于采用 CCD、CID 一类面阵式检测器，发展起一类兼具光电法与摄谱法的优点，又能最大限度获取光谱信息的同时型仪器。

第二节　WLD-2C 型 ICP 直读光谱仪的使用

WLD-2C 型 ICP 直读光谱仪是以电极耦合高频等离子体为激发光源的多通道同时型光电直读光谱仪，可用于环境监测、地质、冶金、化工、农业、食品及医学等行业，用作微量及痕量元素的快速自动分析。

一、仪器主要技术参数

1. 高频发生器

① 振荡频率：40MHz。

② 输出功率：$0.7\sim1.6$kW。

③ 输出功率稳定性：0.5%。

2. 气路及进样系统

① 雾化器：LB 型同心高盐雾化器。

② 雾室：双管雾室。

③ 炬管：三路气石英炬管或四路气石英炬管。

④ 载气压力稳定性：0.5%。

⑤ 可选用氢化法进样。

3. 分光系统

① 光路形式：Paschen-Runge 型。

② 波段范围：$190\sim500$nm。

③ 凹面光栅：曲率半径 750mm、刻线密度 2400 条/mm、刻划面积 30×50（mm^2）、逆线色散 0.55nm/mm（一级）。

④ 入射狭缝宽度：$25\mu m$。

⑤ 出射狭缝宽度：$50\mu m$。

⑥ 分光室恒温：(30 ± 0.5)℃。

4. 测控系统

① 测量方式：分段积分。

② 测量精度：$RSD<0.2\%$。

5. 计算机系统

① 硬件配置：通用机，80 列中英文打印机，14inGRT，微机

数据采集控制板，键盘，鼠标。

② 软件主要功能：建立分析控制表，建立工作曲线，校正工作曲线，样品分析，回归法分析，标准加入法分析，手动鼓轮描迹，折射板扫描，折射板归峰位，动态扣除背景，仪器灯曝光测量，分析精密度测定及元素检出限测定。

二、仪器结构

WLD-2C 型 ICP 直读光谱仪外形及结构如图 7-3 和图 7-4 所示。

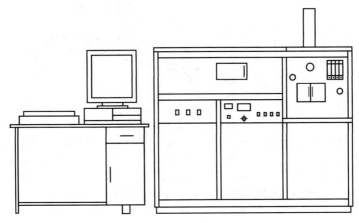

图 7-3　WLD-2C 型 ICP 直读光谱仪外形

1. 激发光源

本仪器的激发光源是电感耦合等离子炬（ICP），ICP 是由高频发生器提供的，该发生器由晶体振荡倍频级、缓冲驱动级、功率放大级、阻抗匹配网络、自动功率控制电路及其保护装置等部分构成。

当高频发生器接通高压后，高频发生器向套在石英炬管外的负载线圈输送高频振荡电流，线圈周围产生交变磁场，磁力线在炬管内是轴向的，在线圈外是椭圆形的闭合曲线，此时炬管内虽然有交变磁场，却不能形成等离子体，因为氩气没有电离，仍是电的非导体。用真空探漏仪（Tasla 线圈）在炬管的辅助气入口处激发几个

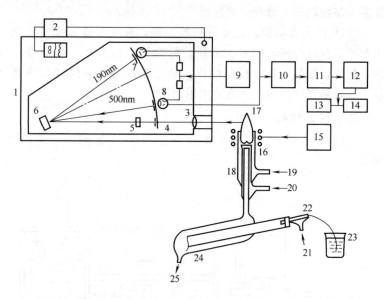

图 7-4 WLD-2C 型 ICP 直读光谱仪结构示意
1—分光计；2—温度控制系统；3—聚光镜；4—入射狭缝；5—折射板；6—衍射光栅；
7—出射狭缝；8—光电倍增管；9—负高压电源；10—积分放大；11—数据采集；
12—微处理器；13—显示器；14—打印机；15—高频发生器；16—高频感
应圈；17—等离子体焰炬；18—炬管；19—冷却气；20—辅助气；
21—载气；22—雾化器；23—样品溶液；24—雾室；25—废液

火花，使少量氩气电离，所产生的电子和离子在交变磁场的感应下，在炬管内沿闭合回路加速流动，于线圈部位形成涡流，此时负载线圈相当于一个高频变压器的初级线圈，而涡流相当于只有一匝的短路次级，电子和离子被高频场加速，在运动过程中与气流碰撞，发生附加电离，出现更多的电子和离子，同时产生热，达到高温被点燃，形成稳定的能够自持的等离子体焰炬。

2. 进样与激发

本仪器采用比较成熟的溶液进样法。被测样品溶液由载气流动产生的负压吸入雾化器的中心管内。在其出口处，溶液被内外管之间的高速载气流破碎成细小的微粒进入雾室。经雾室的筛选，大颗粒的雾滴凝聚成废液由雾室底口排除。细微的气溶胶由载气载入炬管的内管,送进 ICP 中心通道。ICP 焰炬感应区的温度约 10000K,标准分析区的温度约 7000K,含有样品的气溶胶微粒被载气送入 ICP 中心通道后,在高温状态下,气溶胶中的溶剂水、酸被完全汽化,气溶胶微粒被充分蒸发、原子化。处于中心通道内的浓度很大的自由原子,在氩气氛和高温状态下以很大的概率与电子、亚稳态氩原子发生碰撞,而被激发或电离,形成一个辐射源,发射出很强的原子和离子光谱。

3. 光学系统

光学系统由聚光镜、入射狭缝、折射板、凹面光栅、出射狭缝和光电倍增管等组成(见图 7-5)。

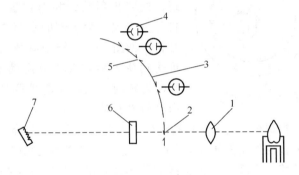

图 7-5 光学系统

1—聚光镜;2—入射狭缝;3—罗兰圆;4—光电倍增管;
5—出射狭缝;6—折射板;7—凹面光栅

在 ICP 中被激发而发射的波长与强度各不相同的混合光,充分照射聚光镜,经聚光镜后,以 1∶1 的比例成像于入射狭缝,再透过折射板投射到凹面光栅的刻划面上,该刻划面同时起色散和成像作用。光栅采用帕邢-龙格(Paschen-Runge)型装置,设光栅工作面的曲率半径为 R,那么入射狭缝置于半径为 $R/2$,并与光栅凹球面的中心点相切的圆上,这个以光栅的曲率半径为直径的圆即罗兰圆。在预先选定的各分析线波长位置上设置一组出射狭缝,每一个出射狭缝对应一条分析线,每一个出射狭缝后安置一个相应的光电倍增管,在出射狭缝前设置光栏,遮住不必要的杂光,这样一来,待分析的光谱线通过各对应的出射狭缝到各自的光电倍增管阴极上,通过光电倍增管的光电转换作用,使电测量系统得到相应电信号,进行数据处理。

(1) 聚光镜 聚光镜安装在一个聚光镜架上,它把分光室和炬管室分开,样品被激发后的混合光通过聚光镜聚光照明入射狭缝,聚光镜主要起增加照明狭缝的作用。

(2) 入射狭缝 入射狭缝与谱线之间是物像关系,入射狭缝的质量与谱线的质量有直接的关系,其宽度为 $(25\pm3)\mu m$。入射狭缝可以在罗兰圆的切线方向上作往复运动,实现谱线对出射狭缝相对位置的扫描,打开分光仪正面上部的小门就是测微鼓轮(见图7-6),转动测微鼓轮,即可达到使入射狭缝往复运动的目的,当鼓轮转动1格时,谱线沿罗兰圆方向移动约 $3.5\mu m$。

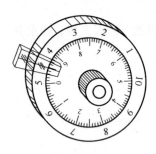

图 7-6 测微鼓轮

(3) 折射板 石英折射板组位于入射狭缝后,并且靠近入射狭缝。折射板的作用是使入射光产生平移,使各光谱线在相应出射处也发生偏移,实现各通道谱线轮廓描述,继而确定动态扣背景的位置。

(4) 光栅 凹面光栅是分光系统的心脏部分,主要作用是分光和成像,它的定位精度十分重要,因此将其置于一个刚性、强度十分可靠的底座上。仪器出厂前已作了准确的调整,并采用了可靠的连接方式,即使有较大的振动也不会改变其位置,故仪器的操作者不用作任何调整,并且不准用任何物品碰触光栅的刻划表面,假如光栅发生了位置移动,操作者千万不要自己调整,只能让生产厂有经验的人员用专用仪器重新定位。

(5) 出射狭缝 出射狭缝安装在罗兰圆轨道上,它的宽度有 $50\mu m$ 和 $75\mu m$ 两种,它的位置在未确定之前是可以任意移动的。仪器出厂前已将它和所选用的分析谱线进行对准,并且牢牢地捆在罗兰圆轨道上,一般情况下不用进行调整,对应每个出射狭缝安装一个光电倍增管,将光信号转换成电流信号。

(6) 光电倍增管　光电倍增管型号选用 R300、R306、R427 三种,其管帽、管脚、管座及进光窗口应保持清洁。光电倍增管灵敏度高,在室内照明的情况下,如果接通高压,由于电流过大,将会烧毁管子,因此,尽管仪器有保护装置,在开启分光室盖子之前一定要关掉光电倍增管的负高压。

(7) 恒温系统　分光室置于机内的局部恒温环境中,以保证光学系统的稳定性。由轴流风机,500W、220V 电加热器及控温仪组成恒温系统,控温仪的控制精度为±0.5℃。此系统在分光室周围形成气体对流,以保持极为稳定的局部温度,保证仪器的稳定性。温度一般设在 30℃,大大降低了仪器对环境温度的要求。

4. 氩气系统

工作气体采用惰性气体氩气,氩气的化学性质不活泼,很难与其他元素结合,对系统的稳定性有利,要求氩气纯度为 99.99%。

两个氩气钢瓶经减压后连接一个三通接头,合为一路,串接一个压力表。连接两个三通接头,分为三路气,分别送入三个流量计,经流量计调整流量后,分别送入炬管的冷却器接嘴、辅助气接嘴及雾化器,如图 7-7 所示。

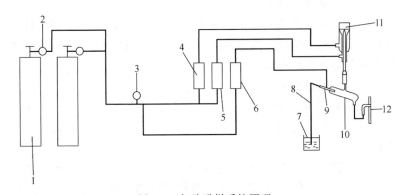

图 7-7　气路进样系统原理

1—氩气瓶;2—减压器;3—压力表;4—冷却气流量计;5—辅助气流量计;
6—载气流量计;7—样品;8—毛细管;9—雾化室;
10—雾室;11—炬管;12—h 形弯管

高频感应圈由紫铜管绕制而成，共3圈，两边分接高频发生器高、低压，端口与循环水接通，感应圈固定在聚四氟乙烯托板上。炬管选用ICP光谱分析用的低气流石英炬管，该炬管由口径不同的3根石英管烧结而成，同心度要求高，外管进冷却气，中管进辅助气，内管进载气。内管顶端收缩成约1.5mm的锥孔，可加大载气喷出的速度，有利于冲开ICP焰炬，形成中心通道。炬管固定在聚四氟乙烯托板上。

雾化器选用同心LB型高盐雾化器，该雾化器由两根口径不同的化学性能稳定的硬质玻璃管烧结而成，内管（中心管）喷嘴处内径小于0.2mm，外管长出内管，并呈喇叭口，内、外管同心度要求极高，环行缝隙很小，0.03～0.05mm，雾化器置于雾室入口处，用O形密封圈密封。

雾室选用双管雾室，该雾室由两根口径不同的普通玻璃管烧结而成，气溶胶出口处靠近内、外管烧结处。这种雾室与其他雾室相比，稳定性好，记忆效应小。

h形废液管由普通玻璃烧成，实际上它是一个h形三通接头，一端经塑料管与雾室相接，一端经塑料管与废液瓶相接，第三端与大气相通。h形管高低可调。

5. 冷却水循环系统

高频感应线圈在工作状态下会产生热，为避免高温烧坏线圈，应在制成线圈的紫铜管内通水冷却。为防止管内结垢，应采用去离子水或蒸馏水循环冷却。

水泵采用微型磁性泵。

6. 数据采集及处理系统

数据采集及处理系统包括积分箱、模/数转换单元及输入、输出控制单元。

（1）积分箱　由积分板、积分器输出板和积分器控制板组成。

① 积分板。每块积分板有4组积分电路，可以接收4个通道的光电流，从右向左顺序排列。它受积分控制板的控制，进行积分或放电，积分电路的积分电压输出馈送到积分器输出板。

积分板选用高输入阻抗、低噪声、低失调的高质量运算放大器

AD545 和高绝缘电阻、低介质损耗的积分电容器，印制板选用大面积接地和接地保护环技术。

② 控制板。从计算机扩展板输出的控制信号，是一个并行的 16 位二进制码，通过控制板译码，从而达到对积分板上每一个通道的积分、控制、短路及电压输出等控制作用。

③ 输出板。输出板实际上由 3 片 AD7506 级联而形成 48 道多路转换器，其输入为各通道的积分电压，输出则与 A/D 转换单元的模拟信号输入端相连，通道的切换由控制板控制。

(2) 模拟接口板　模拟接口板完成数据采集、折射板转动、疲劳灯开关及积分箱控制功能，插在计算机主机的扩展槽中，它具有计算机主机与电源完全隔离的功能，避免计算机数据处理系统被仪器电源干扰，所采用的隔离部件是光电耦合器。数据转换芯片为 AD574A，是 12 位模拟量/数字量转换芯片，转换精度在 $0.1\%\sim1\%$ 之间。另外，板上还设计有 16 位数据输出和 8 位数据输入。

7. 电源供给系统

电源供给系统包括电源箱和高压衰减器。电源箱可以输出供给光电倍增管的 $-1\mathrm{kV}$，$20\mathrm{mA}$ 的直流电流，以及供给积分箱、疲劳灯、步进电机的低压电源，所有电路集成在一块印制板上。

高压衰减器可以调整光电倍增管的电源电压，以保证系统工作在线性区内，但由于分段积分的工作方式具有很宽的动态范围，因此极少甚至不用调节它。衰减器面板上标明了各衰减开关对应的通道号，开关上的"+"表示升高电压，"-"表示降低电压，电压分 10 挡可调。

三、仪器操作方法

1. 主机的启动

① 接通局部恒温电源，将主机总电源插头接到配电盘 220V 电源上，恒温系统开始工作，将温度调节旋钮置于 30℃ 位置上。

② 接通单相交流稳压器。开启低压、高压开关，4h 后分光室温度平衡，负高压达到稳定状态，主机处于正常工作状态。

2. 高频发生器的启动

① 接通电源。打开发生器稳压电源，当按下发生器面板上

"电源"按钮时,延时约1min,"高压断"指示灯亮,表明各挡灯丝和栅偏压均加上。

② 首先接通抽风机电源,让炬管室顶部的排气管道工作。

③ 开气后,调节低压阀,使输出压力为0.2MPa,调节炬管室前面的流量计使冷却气流量为12L/min,辅助气流量为0.5L/min,开启载气流量计,此时,进样毛细管必须置于水中。三路气开启后,维持几分钟,排走进样系统中的空气,以利于点火。

④ 点火。顺时针方向旋转载气流量计旋钮,关闭载气,按下"点火"开关,若点火顺利,一次即可点燃。从观察孔可看到火焰的形式,此时立即开启载气流量计旋钮,以免烧坏炬管的内管喷口。

⑤ 焰炬形成后,调节辅助气流量为0.3L/min,冷却气流量仍为12L/min。此时高频发生器入射功率约为1kW。若功率增加,冷却气也要相应增加。

⑥ 在此状态下运行30min,发生器稳定便可进行测定分析。

3. 计算机系统的启动

接好计算机系统的电源之后,按此顺序操作:打开打印机、显示器、计算机主机电源开关,计算机会自动执行应用程序,显示主菜单。关机时,顺序相反。

4. 工作参数的选择

影响ICP-AES分析结果的因素很多,其中与ICP放电特性关系最密切的有3个:高频发生器的入射功率、观察高度及载气压力。

准备好二次去离子水。

对具有代表性的Cd或Co,制备浓度为$10\mu g/mL$元素溶液,使用手动描迹程序确定入射狭缝位置,并把鼓轮放在最佳点。

(1) 高频功率的选择　高频功率的大小对ICP-AES的检测能力有影响,在一定的功率范围内,增大功率,可使ICP温度升高、谱线强度增大,但背景也有不同程度的增加。入射功率多少合适,一般用计算信背比的方法,此值最大时的入射功率数值最佳。具体方法如下。

① 进样杯内装纯水，调节入射功率，检测 11 次，记录功率值 P_1、P_2、$\cdots$、P_n，以及对应光强值 I_{b1}、I_{b2}、$\cdots$、I_{bn}。

② 用 10μg/mL 元素溶液进样，功率值测定仍为 P_1、P_2、$\cdots$、P_n，对应光强值为 I_1、I_2、$\cdots$、I_n。

信背比 S_{BR} 计算式如下。

$$S_{BR}=\frac{I_n-I_{bn}}{I_{bn}}$$

式中　I_n-I_{bn}——功率为 P_n 时的净光强；

　　　I_{bn}——功率为 P_n 时的背景值。

S_{BR} 最大时所对应的入射功率值为最佳点。一般而言，入射功率的综合值在 0.8~1.5kW 之间，故在此范围内选最佳点即可。当入射功率超过 1kW 时，冷却气流量应当相应增大，以免烧毁炬管。

(2) 观测高度的选择　观测高度是指测量时所截取的 ICP 中心通道的某一段的中心到高频感应圈上缘的垂直距离。

由于 ICP 的温度、电子密度、背景的辐射均随观测高度的不同而异，因此具有不同标准温度的元素及其谱线的最佳辐射区也将各异。

对于本仪器而言，入射狭缝的有效高度为 6mm，选择一个折中条件的观测高度，一般情况下，该高度均适合于各元素。

调整"炬管调节机构"的垂直螺杆，可达到垂直方向平移炬管的目的。调节时，可从观察窗读出高度值。

(3) 载气压力的选择　对同一支雾化器而言，不同的载气压力，将对应于不同的样品提升量，从而得出不同的谱线强度及背景值。一般而言，增大载气压力，将会增大样品的提升量，谱线强度也将增强。但是超过一定的限度，由于载气压力增大，流量也随之增大，将会造成 ICP 中心通道的温度降低及样品气溶胶在通道中的停留时间缩短，从而导致谱线强度减弱，因此，对每一支雾化器，载气压力有一个最佳值，通过实验方法可以选择出一个折中的载气压力值，以适合于多种元素同时分析。

调节低压阀，可达到改变载气压力的目的，压力表可指示出压力值。

冷却气及辅助气对 ICP 影响不很大，高频发生器功率为 1kW 时，冷却气流量为 12L/min，点火时辅助气流量为 0.5L/min。

对于入射功率、观测高度、载气压力 3 个工作参数的选择，必须用实验方法认真进行，这是因为这 3 个参数的优劣直接影响着 ICP-AES 分析的精密度及检出限。

上述三项工作做完后，仪器处于最佳工作点，即可进行各项分析。

5. 关机

（1）关掉高频发生器及气路的步骤

① 按下仪器前面板"高压断"按键开关，此时，"高压断"指示灯亮，ICP 焰炬熄灭。

② 关闭氩气钢瓶的高压阀，待压力表指针回零后，则气路关闭。

③ 关掉抽风机电源。

（2）关机注意事项

① 如果间断工作时间短（如 24h），可不必关掉局部恒温电源及负高压电源。

② 炬管室前面板上的三路氩气流量计在关机时最好不动，这样在下次开机时可保持其位置。

四、自激稳定式 ICP 光源的使用

1. 开启光源操作顺序

① 电子管 FU-915S 的冷却。无论是水箱冷却还是自来水冷却，只要有一定的水压（$\geqslant 0.1$kPa），水压继电器有吸合声即可。若无吸合声，说明水压小，可调水压继电器的压力，流量保证为 8~10L/min。

② 负载线圈的冷却。若和电子管冷却水连用，看透明管是否有水在流动，若用循环泵供水，则看泵是否转动，流量保证为 2L/min，若无水流会烧坏塑胶管。

③ 开启 APS 稳压电源。

④ 开启电源箱右上方的 Q1 开关（ICP 光源总开关），等待约 1min，控制面板上灯丝开关绿色指示灯亮。此时光源正在预热

灯丝。

⑤ 开氩气。冷却气流量为 10～15L/min，等离子体流量为 0.5～1L/min，载气流量为 0.3～0.5L/min。

⑥ 再等约 1min，高压下面左边绿色指示灯亮，为点弧做好准备。

⑦ 按一下高压合开关，焰炬开关绿色指示灯亮，此时按点弧开关即可。

⑧ 若点弧不成功，按一下高压断（此过程时间不能太长，1～2s），关闭载气，重新点弧，点着弧后再开载气。

⑨ 若控制面板上过流红色指示灯亮，应按一下复位开关，等待 1min 后再点弧，若仍然点不燃弧，则说明出现故障，应停机检修。

2. 设备正常工作状态时多用表的读数

设备正常工作状态时多用表的读数如表 7-3 所示。

表 7-3 多用表读数（正常工作状态）

多用表开关位置	指示内容	读数（电压/电流）
1	12V 电源	12V±0.5V
2	栅极电流(1A)	0.15～0.3A
3	高频电流(30A)	16～25A
4	阳极电流(3A)	0.7～1.1A
5	阳极电压(3kV)	1900～2500V
6	灯丝电流(100A)	50～60A

3. 关闭光源操作顺序

关闭是开启的逆过程，顺序为关闭控制面板上高压→等待 1～2min→关闭氩气→关闭灯丝→关闭 Q1（ICP 光源总开关）→关闭 APS 稳压电源→关闭冷却水。

4. 注意事项

① 准确调节设备的工作状态，正常工作状态下多用表的读数和冷却气、等离子气及载气均在允许值范围内。

② 在夏季温度比较高的情况下，负载线圈表面会凝结小水珠，必须用干布擦去水珠后方能点火，否则负载线圈易打火，烧坏炬管

或发生其他故障。

五、WLD-2C（7502C）ICP 直读光谱仪软件的使用

1. 简介

该软件主要使用中文 Visual Foxpro 3.0 编写，数据处理部分使用 BorlandC ++4.5 编写。可在 Windows 3.x 和 Windows95/98 的中文操作系统下运行。此软件具备了 ICP 光谱分析的基础功能，包括分析控制表的建立、曲线的建立、曲线的标准化、样品的定量分析、动态扣背景、标准加入法分析、通道扫描及检出限的测定等。由于采用标准的 Windows 界面管理和良好的容错功能，使分析员的操作更加方便、更加快捷。

2. 软件的使用

（1）程序启动　待 Windows 启动后，用鼠标双击屏幕上的"ICP"图标，此时屏幕显示如图 7-8 所示。

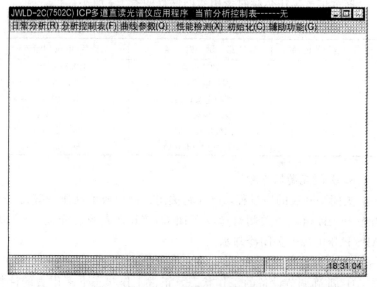

图 7-8　ICP 应用程序的主窗口

（2）分析控制表的建立、修改、删除和备份

① 在菜单列表中选择"分析控制表"，屏幕如图 7-9 所示。

在图 7-9 的窗口中可以选择、修改、新建、删除一个新的分析控制表。

② 新建一个新的分析控制表

a. 单击图 7-9 所示窗口中的"新建"按钮，弹出窗口如图7-10 所示。

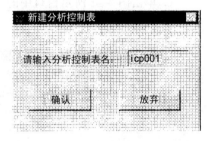

图 7-9 "分析控制表"对话框　　图 7-10 "新建分析控制表"对话框

b. 在图 7-10 所示输入框中输入想建立的分析控制表的名称，例如输入"icp001"，然后单击"确认"按钮，程序将建立一个默认的分析控制表，如图 7-11 所示。

图 7-11　分析控制表的窗口

在图 7-11 所示窗口中，可以输入分析人员的姓名（默认是"BRAIC"）。它包括 5 个页面："分析方法"、"选择元素"、"标样浓度"、"测量参数"和"光源参数"。在"分析方法"中可以选择"标准曲线法"、"标准加入法"、"动态法扣背景"、"空白法扣背景"以及是否"扣干扰"。分析人员可以根据不同的分析要求来选择。这里以选择"标准曲线法"、"空白法扣背景"和不扣干扰为例，其他的方法后面再作介绍。

c. 单击图 7-11 所示窗口中的"选择元素"，屏幕显示如图 7-12 所示。

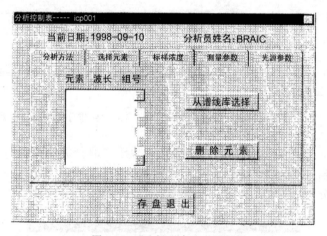

图 7-12 "选择元素"对话框

d. 单击图 7-12 所示的"从谱线库选择"按钮，屏幕将以元素周期表的模式显示出所有可分析元素（仪器不能分析的元素用灰色表示，能分析的元素按照金属和非金属用不同的颜色来表示），如图 7-13 所示。

e. 鼠标单击图 7-13 中待分析元素的图标（例如"Fe"元素，列入第二组标准样品中），弹出窗口如图 7-14 所示（包括该元素的谱线波长、参考检出限、干扰情况等内容）。

在图 7-14 中输入元素组号 2，然后单击"确认"钮，就会返回到图 7-13 所示窗口。如此反复操作，直到选择完需要的所有元素

第七章　原子发射光谱仪的使用简介　463

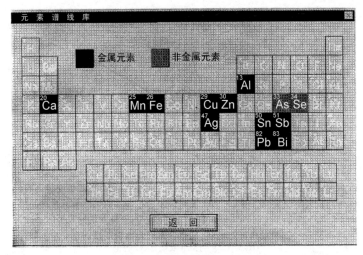

图 7-13 "元素谱线库"对话框

为止。

f. 单击图 7-13 中的"返回"钮，退到"分析控制表"的窗口（见图 7-11）中。这时在元素列表中会看到所选的 Cu、Fe 元素。使用"删除元素"键可以在选择好的元素表中删除不想要的元素。

g. 在"分析控制表"的窗口（见图 7-11）中选择"标样浓度"，屏幕显示如图 7-15 所示。

图 7-15 中"标样点数"栏是指每组标样各配制了几个浓度点，以用来建立定量分析时的工作曲线。程序默认值是 2 点，范围是

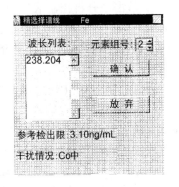

图 7-14 "精选择谱线"对话框

17 点。如果选择了 1 点，程序自动将空白样品作为工作曲线的一个点。当点数小于 3 点时，程序按一次方程拟合曲线；当点数大于或等于 3 点时，程序将按二次方程拟合曲线。单击各组的"输入浓度"按钮，屏幕会给出一个输入表格。在输入表格中，可以依次输

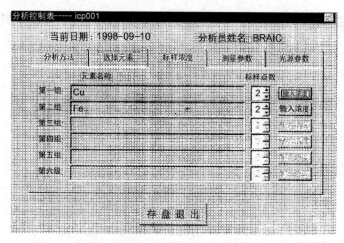

图 7-15 "标样浓度"对话框

入各组元素的浓度。浓度单位在标题栏中有提示。本软件的浓度默认单位是 $\mu g/mL$。输入完毕后,按键盘上的 Esc 键可以返回分析控制表窗口。按照以上步骤,依次输入每组的各元素浓度。

h. 单击"分析控制表"窗口(见图 7-11)中的"测量参数",输入分析时的测量参数,也就是输入分析时各元素通道的光电倍增管的负高压挡位,以及光电倍增管的曝光时间。屏幕显示如图 7-16 所示。

首先在图 7-16 中输入曝光时间(程序的默认值是 5s,范围是 1~20s),然后单击"输入参数"按钮,屏幕会给出一个输入表格,显示了所有被选择元素的名称、组号、通道号和高压。在高压一栏中可以输入高压挡位(范围是 0~9,依次增大)。输入完毕后,按 Esc 键返回"分析控制表"的窗口(见图 7-11)。

i. 单击"分析控制表"的窗口(见图 7-11)中的"光源参数",在给出的窗口中可以依次输入实用优选的入射功率、反射功率、观察高度、冷却气流量、辅助气流量及载气流量等参数。

j. 完成以上五个页面的工作后,单击"存盘退出"按钮,就可以将以上输入的内容存入硬盘中。

③ 以后作分析时程序会自动调出这些参数供分析员选择、修

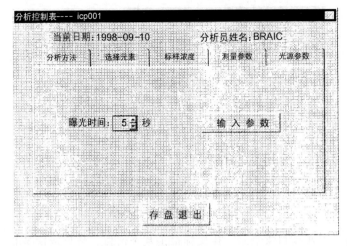

图 7-16 "测量参数"对话框

改或删除。修改时，实际上是重复以上工作。删除时，一定要确保在以后工作中不需要使用它；否则需作分析控制表的软件备份，以防止以后还要使用它。

(3) 工作曲线的建立、修改和标准化

① 单击主菜单窗口（见图 7-8）中的"曲线参数"，选择"建立曲线"，程序将根据分析员建立的分析控制表，提示分析员依次准备好空白、第一组样品的第一点、第二点……，第二组样品的第一点、第二点……。举例说明，"烧空白"的窗口如图 7-17 所示。

单击图 7-17 的"烧空白"按钮，程序会再次提示用户准备好空白样品。准备好所提示的样品后，单击"确定"按钮，程序将调用采集过程，依次对显示的元素谱线光强进行采集，并实时在屏幕上显示出来。如果对这样烧样的结果不太满意，可以重新烧样；否则单击"继续"按钮，程序会显示下一个窗口，提示用户准备相应的样品。依次烧完所有的样品后，程序将拟合这些元素的工作曲线，并存入硬盘中。

② 单击主菜单窗口（见图 7-8）中的"曲线参数"，选择"显示曲线"，在窗口中，显示出所有元素的曲线形状。对每条曲线，

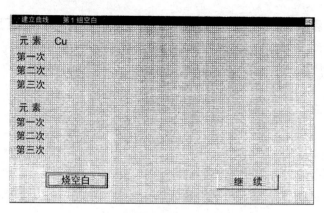

图 7-17 "烧空白"对话框

都有一个小窗口来显示。用鼠标单击某个窗口,将显示这条曲线的详细信息。包括曲线形状、各点浓度、光强、线性相关系数、二次项系数、一次项系数、常数项系数、偏转系数、平移系数的曲线形状以及新的各个参数。建议有经验的分析员才能对曲线进行修改,一般来说,如果曲线不理想,最好重新建立。单击"退出"按钮,可以返回到上一级窗口,对其他的曲线进行编辑。

③ 当电源电压的变化、聚光镜的污染等因素引起仪器的漂移导致测量误差,则原来所建立的工作曲线计算分析结果已不适用,此时可以采取重新建立曲线,或者使用"曲线标准化"[关于曲线标准化的原理可参阅"WLD-2C(7502C)ICP直读光谱仪软件"的使用说明书]。

单击主菜单窗口(见图 7-8)中的"曲线参数",选择"曲线标准化",程序会显示出和建立曲线时一样的窗口,并提示用户准备好相应的样品(一个元素的含量在分析范围的上限,即在曲线的上端,称之为"高标",另一个元素的含量在分析范围的下限,即在曲线的下端,称之为"低标")。只要按照窗口的提示去做,就可以完成标准化的工作。这里不再作详细演示。

④ 如果用户在"分析控制表"(见图 7-11)里选择了"动态法扣背景",那么烧空白的窗口就没有了。这时背景的扣除是通过

"波峰处的光强减去波峰两端一定位置处的光强"来实现的。

⑤ 如果用户在"分析控制表"（见图 7-11）里选择了"标准加入法"，标准加入法的操作过程同标准曲线法基本相似，但不需要建立曲线。

(4) 未知样品的定量分析

① 选择好"分析控制表"后，单击主菜单窗口（见图 7-8）中的"日常分析"，选择"样品定量分析"，屏幕显示如图 7-18 所示。

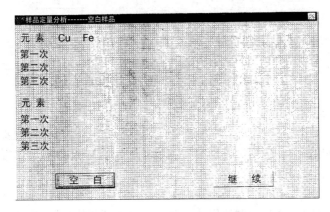

图 7-18 "样品定量分析"对话框

② 单击图 7-18 中"空白"按钮，屏幕将提示分析员准备好空白，窗口中会实时显示出空白光强的大小。如果满意，单击"继续"按钮，进入下一个窗口；如不满意，可以重烧。

③ 单击"烧样"按钮，准备好后，程序自动采集待测样品中的各个元素的光强，并显示在屏幕上。

④ 然后单击"继续"按钮，屏幕显示如图 7-19 所示。

窗口显示了最后待测样品的分析结果，包括元素的名称、净光强和含量。依次输入样品名称、样品称重、稀释体积。

⑤ 单击"按溶液浓度"，屏幕将显示出样品在溶液中的浓度；单击"按百分含量"，屏幕将显示样品在固体中的百分含量。

⑥ 单击"打印"按钮可以将结果打印出来，作为今后查询的依据。也可以单击"存盘"将这次分析结果存入硬盘，方便日后在

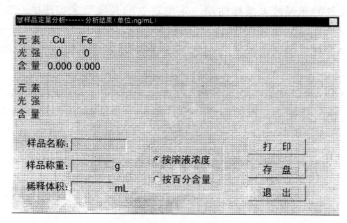

图 7-19 "样品定量分析——分析结果"对话框

计算机中查询。

(5) 初始化 在主菜单窗口（见图 7-8）中还有一项重要的内容"初始化"，包括"硬件接口初始化"、"折射板归零"、"折射板描迹"、"鼓轮描迹"四项。

① 如果分析过程中，需要关闭主机但不能关闭计算机（比如正在打印），这时需要使用这一功能。单击"初始化"，选择"硬件接口初始化"，单击"确定"按钮，即开始硬件接口初始化。

② 在平时的状态下，折射板应该与入射光垂直，这样鼓轮描迹才有意义。"折射板归零"就可以完成这项工作。所以，在做鼓轮描迹前，最好先做"折射板归零"的工作。直接单击"初始化"，选择"折射板归零"就可以。

如果在做动态法扣背景的时候突然断电，或者是计算机死机了，那么重新启动后的第一件事就是做"折射板归零"，以便使系统恢复对折射板的控制。

③ 在仪器安装调整完毕之后的使用过程中，一般要求每 8h 通过移动入射狭缝对出射狭缝进行一次扫描，这一过程称作"描迹"。具体的作法如下。

a. 单击"初始化"，选择"鼓轮描迹"，屏幕显示如图 7-20 所示。

b. 输入参数的原则是最好把整个谱线都包含进去,步长要适中。

c. 输入完毕后,单击"确定"按钮,屏幕显示如图 7-21 所示(坐标横轴表示扫描的范围,坐标纵轴表示光强)。

d. 准备好样品后,单击"扫描"按钮。在扫描过程中,每听到计算机的喇叭响一声,按

图 7-20 选择"鼓轮描迹"后屏幕显示

步长旋转一次鼓轮位置,则计算机显示一红色线段,标志当前位置的光强值,所扫描出的线段形状为一峰形。如果光强值大于 10000,则停留在边框的上沿。当扫描到终止位置时,屏幕按峰值的最大光强值重画。当鼠标在白色窗口中移动时,"当前位置"处将显示鼠标所在位置的值,"当前光强"处显示所在位置的光强。如果样品中还含有其他元素,可以在"通道号数"中输入该元素的通道号再单击"重画"按钮,窗口中将显示该元素的扫描波形。在"曝光时间"中可以输入描迹时的曝光时间,范围是 1~20s。将鼠

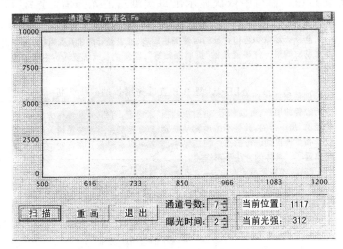

图 7-21 "鼓轮描迹——扫描"对话框

标放在波峰处,或者放在半波的中央处,记录此时的"当前位置",旋转鼓轮到达这一位置,就完成了描迹的全部工作。

e. 单击"退出"按钮可返回主菜单窗口(见图 7-8)。

④ 如果选择"动态法扣背景",在确定左、右扣背景位置时,初学者可以利用"折射板扫描"来确定。它具体的操作方法和"鼓轮描迹"一样,只是不需要转动鼓轮,程序控制折射板按所输入的左、右位置和步长自动进行扫描。扫描完毕,就可以在屏幕上确定左、右扣背景的位置。

六、仪器性能测定

1. 灯曝光精密度测定

在进行此项测定之前,要将对可见光不感光的 R427 型光电倍增管换成 R300 型。

在不开光源的情况下,打开仪器内部的疲劳灯。开高压、开低压,使测量系统及计算机系统处于工作状态,调用主菜单窗口(见图 7-8)中"性能检测"项中的"灯曝光"。在窗口中输入曝光时间(程序默认的范围是 $1\sim20s$),通常情况下,时间越长,精度越高(可以选择平时作分析的曝光时间)。选择好曝光时间后,单击"开始"按钮,窗口中依次显示出每次测量的光强值,连续 11 次,最后显示 RSD,要求此项测定在疲劳灯预热 30min 以后进行,所采集的光强值不能太小,一般约为 50000,RSD 应小于 0.2%,如有大于此值的,应作进一步分析,可查看故障分析表(见表 7-4)。

表 7-4 WLD-2C 型 ICP 直读光谱仪的故障分析

故 障 现 象	故 障 原 因
点不起火	(1)三路氩气不合适; (2)氩气冲洗时间不够
光源不稳	(1)雾室液面过高; (2)氩气流量不稳,有漏气处
所有灯曝光很差	(1)高压电源输出不稳定; (2)实验灯接触不良; (3)高压插头插座没插牢; (4)积分箱输出控制芯片损坏

续表

故　障　现　象	故　障　原　因
个别灯曝光很差	(1)光电倍增管失效； (2)光电倍增管座损坏； (3)高压衰减器拨盘开关损坏； (4)该元素对应积分板损坏
精密度很差	(1)雾化器不通畅； (2)气路不稳； (3)光源不稳； (4)供电稳压器有故障
分析结果很差	(1)条件选择不当； (2)雾化器有故障； (3)入射狭缝没对准； (4)测量系统有故障

2. 暗电流检查

暗电流主要用来检测光电倍增管在不受光照射时，输出是否超过标准。因为即使光阴极不受光的照射，本身也有微弱的电流，而且电气系统也会有漏电流通过。当光电倍增管老化或损坏时，就会影响分析的准确度。这项指标可以检测出光电倍增管的好坏。

开机状态同灯曝光精密度测定，调用主菜单窗口（见图 7-8）中"性能检测"项中的"暗电流"，操作方法同灯曝光精密度测定，所得结果是光电倍增管在完全无光照的情况下所输出的噪声信号，依次可以找出性能差的光电倍增管。

3. 元素检出限的测定

检出限是仪器稳定性与灵敏度的综合反映，因此，检出限是评价仪器性能优劣的一项重要指标。按照国际电感耦合等离子体检出限委员会公布的检出限大纲，用下面公式可以得到检出限为

$$C_L = n \frac{S_b}{S}$$

式中　S——灵敏度；

S_b——空白背景的标准偏差；

n——与置信度有关的系数（这里选用委员会建议的 $n=2$）。

调用主菜单窗口（见图 7-8）中"性能检测"项中的"检出

限"，首先烧空白，经过多次烧样后，求出标准偏差 S_b；然后配置高、低标准样品各一瓶，分别进样，求出灵敏度 S；最后求出元素的检出限 C_L。

4. 仪器精密度测定

影响仪器精密度的因素，除测量系统外，还有光源与进样系统，故应在仪器全系统处于稳定的工作状态下，测定仪器的精密度。准备好一瓶浓度已知（浓度为其检出限的 100 倍）的样品，选择一个建立好曲线分析控制表，调用主菜单窗口（见图 7-8）中"性能检测"项中的"分析精密度"，程序将顺序显示 11 次回收的浓度值，最后显示出相对标准偏差 RSD。此项测定检验了仪器整个系统的运行稳定程序。

5. 出缝一致性检查

高频发生器处于工作状态，点燃 ICP。

选用 $10\mu g/mL$ 的某固定元素，如 Cd、Co、As 中的一个，调用主菜单窗口（见图 7-8）中"初始化"项中的"鼓轮描迹"，一般可以围绕入缝位置的正常值±20 格左右进行扫描。运行该程序，可以查看某固定元素的谱线峰值对准出缝时的入缝位置是否偏移。

更换其他元素进样，运行上述程序，可以分别查看各元素谱线在相应出缝处的位置状况。各通道的出缝位置相差不应大于入缝组手动鼓轮示值的 2 个小格（$\pm 8\mu m$）。

七、仪器的维护和保养

1. 仪器的工作环境

① 试验室内温度为 15～25℃，相对湿度不大于 70%，且无任何粉尘及腐蚀性气体。

② 建议悬挂暗室窗帘，以便于在安装及日后维修时调整光路。

③ 仪器需供给纯度为 99.99% 的氩气，若使用低纯度氩气，会使等离子体难以启动，并且稳定度差，氩气中水分过多，则等离子体根本不能点燃。

④ 仪器供电电源为 AC 50Hz、单相 220V、10kV·A。为了保证仪器的分析精度，应配置一台功率为 7.5kV·A，精度为 1% 的交流稳压器。

⑤ 仪器的接地电阻小于4Ω。建议使用直径为50mm以上，长度2m以上的铜管或铜棒作为接地导体。埋设时，接地导体周围加适量食盐和木炭。引入室内的地线线缆应焊接在接地导体上，线缆尽量减少弯曲，必须弯曲时，弯曲半径尽可能大些。

⑥ ICP光源需要独立的排气系统，炬管室排风口上方应设有防腐蚀的排风管道，与室外相通。通风机流量要求为600～1000m^3/h。抽风管直径为10cm，风管与设备接口处做成可拆卸的一段风管，有挡风板，能够调节风量。

⑦ 水源要求：ICP光源的电子管FU-915S的冷却水流量要求为8～10L/min，冷却线圈的冷却水流量要求为2L/min，冷却水的水质应有较高的纯度，可用自来水也可用水箱循环供水，否则对电子管有损坏。

2. 日常维护与保养

① 保持实验室内和设备的清洁卫生。

② 定期检查设备元件焊接处有无松脱，元件是否紧固良好。

③ 连接软管。在工作过程中，应注意观察气路及进样系统各连接处是否漏气，漏气会导致流量不稳。如果毛细管与雾化器连接处松脱，会使进样系统进空气，从而可能导致炬管发出尖锐的或其他不正常响声，也可能导致熄火。

气路系统采用塑料管作管道，如果连接处塑料管老化失去弹性，可用刀片切去一小段，重新连接。

④ 雾化器。由于雾化器中心管喷口很细（约0.2mm），当样品溶液有杂物或溶液浓度过高时，可能会导致雾化器提升量降低，严重时将堵塞雾化器。

当上述情况发生时，按下高频发生器"高压断"，熄灭ICP，旋转载气流量计旋钮，关闭载气，一手握住雾室，一手拿住雾化器，将它们脱开。然后开载气，用食指轻轻按住雾化器喇叭口，让载气反向回吹中心管往复几次，确认没问题后，恢复原状，继续工作。若使用这种方法仍不能排除时，只有将雾化器卸下来放在20%的王水中，泡1～2天后取出，用自来水冲净后继续使用。

雾化器的中心管既细又薄，装卸过程中应当十分小心仔细，以免损坏。

⑤ 炬管。由于操作不当,ICP 点燃后未开载气,有可能将炬管的内管喷口烧熔堵塞;或者冷却气过小烧坏炬管的外管;若高频发生器功率失控,也会烧坏炬管。炬管被烧,可以从观察窗看到 ICP 焰炬呈红色,这是石英中的硅(Si)被激发所致,此时应更换炬管,更换方法如下。

a. 首先关闭 ICP,关闭氩气。

b. 然后松开聚四氟乙烯托板右侧的紧固螺钉,让炬管松开,在炬管的冷却气及辅助气处加点水,用钟表改锥轻轻拨去套在接嘴处的塑料管,同样脱开炬管与雾室之间连接的塑料管,此处的塑料管如果粘接较紧,可用刀片切下,卸下烧毁的炬管。

c. 先在炬管下端套一段与雾室连接用的塑料管(套时加点水),长度与旧件一致,将炬管顶部置入聚四氟乙烯托板,穿过高频感应圈,塑料管的另一端套入雾室接嘴,套上冷却气及辅助气塑料管,与辅助气接嘴处绕上点火线触发丝。

d. 最后,调整炬管高度,让炬管中管的端面距高频感应圈的下缘之间的尺寸为 3~4mm,锁紧托板右侧的紧固螺钉,调整高频感应圈的位置,使感应圈内孔与炬管外管的同轴度尽可能好。

⑥ 聚光镜。仪器使用时间长了,聚光镜会落上尘埃,造成灵敏度降低,可以进行清洗。清洗的方法如下。

开启主机机柜上盖,在分光室右侧有一长形连接器,开启连接器上盖板,可见到固定聚光镜的筒形镜座。不必卸下镜座,用脱脂棉球蘸取混合液(无水乙醇:乙醚 = 5:1)甩干,从透镜中心向外转圈擦洗,换脱脂棉再重复一次。擦洗完毕,盖上盖子恢复原样。

聚光镜不允许硬物触碰。如果表面落有灰尘,可用干净的吸耳球吹去灰尘或用脱脂棉蘸混合液轻轻擦拭。

⑦ 凡是更换一次雾化器或更换一次炬管后,都必须对观测高度、载气压力这两个工作参数进行小范围的重新选择。

⑧ 经常检查气路系统、雾化系统和炬管装置是否符合运行要求;经常检查线圈的冷却水管有无漏水现象,保证机器正常运行。

⑨ 在工作过程中，应当经常观察雾室底端的液面高度，此高度以液面与雾室内管下端刚刚接触为好。如果液面过低，液滴滴落会影响进样的稳定性；如果液面过高，将损失一部分气溶胶，影响灵敏度。调整 h 形玻璃管的高度，即可控制雾室内液面的高度，调整应在 ICP 点燃后，载气压力及流量固定的状态下进行。

八、故障分析与处理

光电直读光谱仪是光、机、电一体化的大型精密产品，很多部位的修理、调试需由生产厂家有经验的人员完成，有些工作还需要专门的工具与仪器，但也有一些故障，用户完全可以自行检修，可参照表 7-4 进行分析，如有可能应及时处理。

第三节 技 能 训 练

训练 7-1 ICP 光源的观察和分析参数的研究

1. 训练目的

① 熟悉 ICP 光源各区的特征。

② 学习 ICP 光源分析主要工作条件的选择方法。

2. 实验原理

ICP 光源是一个非均匀的等离子体，各区温度相差很大。常用的标准分析区具有适宜的激发温度，可以获得较高的信噪比。本实验用钇焰法确定该区位置，以选取最佳观测高度。影响谱线强度和背景发射的另一个主要因素是载气（中心通道气）的流量。本实验通过改变载气流量的办法改变分析参数、测量谱线强度和背景强度，研究在何种条件下可得到最好的信噪比。

3. 仪器与试剂

（1）仪器 顺序等离子体光谱仪，高频发生器。

（2）试剂 1mg/mL 的钇标准储备溶液，$1000\mu g/mL$ 铁标准储备溶液。

4. 训练内容与步骤

① 分别配制 $500\mu g/mL$ 的钇标准溶液和 $10\mu g/mL$ 的铁标准溶

液,其酸度为5%盐酸。

② 开启高频发生器及光谱仪的电源。预热20min后,校正分光器波长。

③ 点燃等离子体。喷进500μg/mL钇标准溶液,观察等离子体中心通道的颜色。在感应线圈上部的等离子体中心通道成宝石蓝颜色区域为标准分析区,选择此区域进行光谱测量可得到较好的分析精度和灵敏度。

④ 调节载气流量为0.5L/min、0.6L/min、0.7L/min,用扫描光谱图程序绘制Fe(Ⅱ)259.940nm的铁光谱图。扫描窗宽为0.5nm。数据存入计算机。

⑤ 关闭电源,停机。

⑥ 从微机中提取所获得的3张铁扫描光谱图。处理后求得其谱线峰值强度及背景强度(259.901nm处),求得谱线背景强度比。

5. 注意事项

① 等离子体发射很强的紫外光,易伤害眼睛,切勿直接观察等离子体发光,应通过有色玻璃防护窗观察。

② 工作完毕后,先熄灭等离子体,再关闭冷却气流。

③ 工作完毕后,用去离子水清洗进样系统5min。

6. 数据处理

① 记录仪器参数:高频功率、频率。

② 记录气流参数:载气、冷却气、辅助气流量。

③ 雾化进样500μg/mL钇标准溶液后,观察并记录正常分析区位置。

④ 记录不同载气流量(或压力)时,Fe(Ⅱ)259.940nm处谱线强度和259.901nm处背景强度值。

⑤ 计算不同载气流量时的Fe(Ⅱ)259.940nm的信噪比。

训练7-2 ICP发射光谱法测定饮用水中总硅

1. 训练目的

① 了解顺序扫描光谱仪操作的方法。

② 学会 ICP 光谱分析线的选择和扣除光谱背景的方法。

③ 学会获取扫描光谱图的方法。

2. 实验原理

ICP 发射光谱分析法具有灵敏度高、操作简便及精度高的特点。其中心通道温度高达 4000~6000K，可以使容易形成难熔氧化物的元素原子化和激发。本实验所测定的元素硅就属于用火焰光源难测定的元素。

3. 仪器与试剂

（1）仪器　顺序扫描型等离子体光谱仪，1 支 250mL 容量瓶，1 支 5mL 吸量管。

（2）试剂　纯氩气钢瓶，标准硅储备液（1mg/mL），二次重蒸去离子水，饮用水试样。

4. 训练内容与操作步骤

（1）准备工作

① 配制硅标准溶液。移取 1mg/mL 标准硅储备液 2.5mL 于 250mL 容量瓶中，用二次重蒸去离子水稀释至标线，摇匀，此为 $10\mu g/mL$ 的硅标准溶液。

② 仪器的开机。按仪器说明书启动等离子体光谱仪，用汞灯进行波长校正，点燃等离子体，预燃 20min。

（2）标样的测定和工作曲线的绘制

① 获得扫描光谱图。用扫描程序，扫描窗 0.5nm，积分时间 0.1s，共扫描 4 条硅谱线，它们分别是 Si 288.159nm、Si 251.611nm、Si 250.690nm 及 Si 212.412nm。读出其峰值强度，在谱线两侧选择适宜的扣除背景波长，并读出光谱背景强度。

② 用单元素分析程序进行标准化。喷雾进样高标准溶液（$10\mu g/mL$）及低标准溶液（本实验用二次重蒸去离子水）。绘制标准曲线，记下截距和斜率。积分时间 1s。

（3）试样的测定　进饮用水试样，进行样品测定，平行测定 5 次，记录测定值，计算出精密度。

（4）结束工作　熄灭等离子体，关计算机及主机电源，整理仪器台面。

5. 注意事项

① 为节约工作氩气，准备工作全部完成后再点燃等离子体。

② 应先熄灭等离子体光源再关冷却氩气，否则，将烧毁石英炬管。

③ 硅酸盐离子在酸性溶液中易形成不溶性的硅酸或胶体悬浮于水中。如果出现这种情况，将堵塞进样系统的雾化器，故用于测定硅的饮用水试样应避免酸化及放置时间过长。

6. 数据处理

① 计算几条硅的谱线的背景比，选用谱线强度及谱线背景比均高的硅线作为分析线，并记录该线的扣除光谱背景波长。

② 绘制标准曲线，求出样品中硅的浓度。

③ 计算平行测定 5 次的精密度。

练 习 七

1. 原子发射光谱分析过程分为三步：_____、_____和_____。

2. 原子发射光谱仪主要由_____、_____及_____三部分组成。

3. 原子发射光谱仪中的激发光源主要有_____、_____、_____和_____等。

4. 按色散元件的不同，摄谱仪可分为_____摄谱仪和_____摄谱仪。

5. 常用的记录和检测方法有_____和_____两种。

6. 电感耦合等离子体光源简称_____，是由_____提供的。

7. ICP 工作气体采用惰性气体_____，分作三路，分别作_____气、_____气和_____气。

参 考 文 献

[1] 刘珍主编. 化验员读本. 第4版. 北京：化学工业出版社，2004.
[2] 黄一石主编. 仪器分析. 第2版. 北京：化学工业出版社，2008.
[3] 陈培榕，邓勃主编. 现代仪器分析实验与技术. 第2版. 北京：清华大学出版社，2006.
[4] 张剑荣，戚苓，方惠群. 仪器分析实验. 北京：科学出版社，1999.
[5] 董慧茹主编. 仪器分析. 北京：化学工业出版社，2000.
[6] 傅若农编著. 色谱分析概论. 北京：化学工业出版社，2000.
[7] 骆巨新主编. 分析实验室装备手册. 北京：化学工业出版社，2003.
[8] 于世林编著. 图解高效液相色谱技术及应用. 北京：科学出版社，2009.
[9] 李彤，张庆合，张维冰编著. 高效液相色谱仪器系统. 北京：化学工业出版社，2005.
[10] 郑国经，计子华，余兴编著. 原子发射光谱分析技术及应用. 北京：化学工业出版社，2010.
[11] 严秀平等编著. 原子光谱联用技术. 北京：化学工业出版社，2005.
[12] 穆华荣主编. 分析仪器维护. 北京：化学工业出版社，2000.
[13] 朱良漪主编. 分析仪器手册. 北京：化学工业出版社，1997.
[14] 高向阳主编. 新编仪器分析. 北京：科学出版社，2004.
[15] 邓勃主编. 分析化学辞典. 北京：化学工业出版社，2003.
[16] 彭图治，王国顺主编. 分析化学手册. 电化学分析分册. 北京：化学工业出版社，1999.
[17] 李浩春主编. 分析化学手册. 气相色谱分析分册. 北京：化学工业出版社，1999.
[18] 邓勃等主编. 分析仪器与仪器分析概论. 北京：化学工业出版社，2005.
[19] 武杰等编著. 气相色谱仪器系统. 北京：化学工业出版社，2007.
[20] [美] Kenneth A. Rubinson 等著. 现代仪器分析（影印版）. 北京：科学出版社，2003.
[21] 翁诗甫编著. 傅里叶变换红外光谱仪. 北京：化学工业出版社，2005.
[22] [美] Robert M. Silverstein 等著. 有机化合物的波谱解析. 药明康德新药开发有限公司分析部译. 上海：华东理工大学出版社，2007.
[23] 傅若农编著. 色谱分析概论. 第2版. 北京：化学工业出版社，2005.
[24] 张玉奎，张维冰，邹汉法主编. 分析化学手册——液相色谱分析. 北京：化学工业出版社，2000.
[25] 高向阳主编. 新编仪器分析. 第2版. 北京：科学出版社，2004.
[26] [美] John A. Dean 主编. 分析化学手册. 常文保等译. 北京：科学出版社，2003.
[27] 江苏江分电分析仪器有限公司编. WK-2D型微库仑综合分析仪使用说明书.

[28] 江苏江分电分析仪器有限公司编.WA-1C型水分测定仪使用说明书.
[29] 上海精密科学仪器有限公司.ZD-4A型自动电位滴定仪使用说明书.
[30] 上海电子光学研究所.pHS-3F型酸度计使用说明书.
[31] 江苏无锡科达仪器厂编.ZYD-1型自动永停滴定仪使用说明书.
[32] 上海精密科学仪器有限公司.722型可见分光光度计使用说明书.
[33] 上海电子光学研究所编.UV-754型紫外可见分光光度计使用说明书.
[34] 北京瑞利分析仪器公司编.UV-1801紫外/可见分光光度计使用说明书.
[35] 上海精密科学仪器有限公司编.AA320原子吸收分光光度计使用说明书.
[36] 北京普析通用仪器有限公司编.TAS-990原子吸收分光光度计使用说明书.
[37] Perkin Elmer编.SP RX I FTIR使用说明书.
[38] Perkin Elmer编.Spectrum v3.02工作软件使用说明书.
[39] 温岭福立分析仪器有限公司编.GC9790气相色谱仪使用说明书.
[40] Agilent编.GC7890A型气相色谱仪使用说明书.
[41] Agilent编.EZChrom Elite化学工作站使用说明书.
[42] Perkin Elmer-上海技术中心编.用户培训教材.
[43] 大连依利特科学仪器有限公司编.P1201型高压恒流泵使用说明书.
[44] 大连依利特科学仪器有限公司编.UV1201紫外可见检测器使用说明书.
[45] 大连依利特科学仪器有限公司编.EC 2006色谱数据处理工作站用户使用手册.
[46] Perkin Elmer编.PE 200型高效液相色谱泵操作手册.
[47] Perkin Elmer编.785A紫外/可见波长可编程检测器操作手册.
[48] Perkin Elmer编.Turbo EL色谱工作站操作手册.
[49] 岛津国际贸易(上海)有限公司编.LC 20AD高压恒流泵使用说明书.
[50] 岛津国际贸易(上海)有限公司编.SPD 20A/20AV紫外可见光检测器使用说明书.
[51] 北京瑞利分析仪器公司编.WLD-2C型ICP直读光谱仪使用说明书.
[52] 北京瑞利分析仪器公司编.自激稳定式ICP光源使用说明书.
[53] 北京瑞利分析仪器公司编.WLD-2C(7502C)ICP直读光谱仪软件使用说明书.
[54] JJG 178—2007《紫外、可见、近红外分光光度计》.
[55] JJG 694—2009《原子吸收分光光度计》.
[56] GB/T 925—2007《化学试剂 电位滴定法通则》.
[57] GB/T 9724—2007《化学试剂 pH值测定通则》.
[58] GB/T 6682—2008《分析实验室用水规格和试验方法》.